자동차 운전면허 시험안내

1 장내기능시험

채점기준 *기능시험의 채점은 전자채점방식으로 한다.

1) 기본조작

시험항목	감점기준	감점방법
가) 기어변속	5	• 시험관이 주차 브레이크를 완전히 정지 상태로 조작하고, 응시생에게 시동을 켜도록 지시하였을 때, 응시생이 정지 상태에서 시험관의 지시를 받고 기어변속(클러치 페달조작을 포함한다)을 하지 못한 경우
나) 전조등 조작	5	• 정지 상태에서 시험관의 지시를 받고 전조등 조작하지 못한 경우(하향, 상향 각 1회씩 전조등 조작시험을 실시한다)
다) 방향지시등 조작	5	• 정지 상태에서 시험관의 지시를 받고 방향지시등을 조작하지 못한 경우
라) 앞유리창닦이기 (와이퍼) 조작	5	• 정지 상태에서 시험관의 지시를 받고 앞유리창닦이기(와이퍼)를 조작하지 못한 경우

비고 : 기본조작 시험항목은 가)~라) 중 일부만을 무작위로 실시한다.

2) 기본 주행 등

시험항목	감점기준	감점방법
가) 차로 준수	15	• 나)~차)까지 과제수행 중 차의 바퀴 중 어느 하나라도 중앙선, 차선 또는 길가장자리구역선을 접촉하거나 벗어난 경우
나) 돌발상황에서 급정지	10	• 돌발등이 켜짐과 동시에 2초 이내에 정지하지 못한 경우 • 정지 후 3초 이내에 비상점멸등을 작동하지 않은 경우 • 출발 시 비상점멸등을 끄지 않은 경우
다) 경사로에서의 정지 및 출발	10	• 경사로 정지검지구역 내에 정지한 후 출발할 때 후방으로 50센티미터 이상 밀린 경우
라) 좌회전 또는 우회전	5	• 진로변경 때 방향지시등을 켜지 않은 경우
마) 가속코스	10	• 가속구간에서 시속 20킬로미터를 넘지 못한 경우
바) 신호교차로	5	• 교차로에서 20초 이상 이유 없이 정차한 경우
사) 직각주차	10	• 차의 바퀴가 검지선을 접촉한 경우 • 주차브레이크를 작동하지 않을 경우 • 지정시간(120초) 초과 시(이후 120초 초과시마다 10점 추가 감점)
아) 방향지시등 작동	5	• 출발시 방향지시등을 켜지 않은 경우 • 종료시 방향지시등을 켜지 않은 경우
자) 시동상태 유지	5	• 가)부터 아)까지 및 차)의 시험항목 수행 중 엔진시동 상태를 유지하지 못하거나 엔진이 4천RPM이상으로 회전할 때마다
차) 전체지정시간 (지정속도유지) 준수	3	• 가)부터 자)까지의 시험항목 수행 중 별표23 제1호의2 비고 제6호다목1)에 따라 산정한 지정시간을 초과하는 경우 5초마다 • 가속 구간을 제외한 전 구간에서 시속 20킬로미터를 초과할 때마다

합격기준

각 시험항목별 감점기준에 따라 감점한 결과 100점 만점에 80점 이상을 얻은 경우 합격으로 한다. 다만 다음의 어느 하나에 해당하는 경우에는 실격으로 한다.

실격

가) 점검이 시작될 때부터 종료될 때까지 좌석안전띠를 착용하지 않은 경우
나) 시험 중 안전사고를 일으키거나 차의 바퀴가 하나라도 연석에 접촉한 경우
다) 시험관의 지시나 통제를 따르지 않거나 음주, 과로 또는 마약 대마 등 약물 등의 영향으로 정상적인 시험 진행이 어려운 경우
라) 특별한 사유 없이 출발지시 후 출발선에서 30초 이내 출발하지 못한 경우
마) 경사로에서 정지하지 않고 통과하거나, 직각주차에서 차고에 진입해서 확인선을 접촉하지 않거나, 가속코스에서 기어변속을 하지 않는 등 각 시험코스를 어느 하나라도 시도하지 않거나 제대로 이행하지 않은 경우
바) 경사로 정지구간 이행 후 30초를 초과하여 통과하지 못한 경우 또는 경사로 정지구간에서 후방으로 1미터 이상 밀린 경우
사) 신호 교차로에서 신호위반을 하거나 앞 범퍼가 정지선을 넘어간 경우

2 도로주행시험

채점기준

시험항목	세부항목	감점
1. 출발전 준비	차문닫힘 미확인	5
2. 운전자세	출발 전 차량점검 및 안전 미확인	7
3. 출발	주차 브레이크 미해제	10
	정지 중 기어 미중립	5
	20초 내 미출발	10
	10초 내 미시동	7
	주변 교통방해	7
	엔진 정지	7
	급조작·급출발	7
	심한 진동	5
	신호 안함	5
	신호 중지	5
	신호계속	5
	시동장치 조작 미숙	5
4. 가속 및 속도유지	저속	5
	속도 유지 불능	5
	가속 불가	5
5. 제동 및 정지	엔진브레이크 사용 미숙	5
	제동방법 미흡	5
	정지 때 미제동	5
	급브레이크 사용	7
6. 조향	핸들조작 미숙 또는 불량	7
7. 차체 감각	우측 안전 미확인	7
	1미터 간격 미유지	7
8. 통행구분	지정차로 준수위반	7
	앞지르기 방법 등 위반	7
	끼어들기 금지 위반	7
	차로유지 미숙	5
9. 진로변경	진로변경 시 안전 미확인	10
	진로변경 신호 불이행	7
	진로변경 30미터 전 미신호	7
	진로변경 신호 미유지	7
	진로변경 신호 미중지	7
	진로변경 과다	7
	진로변경 금지장소에서의 진로변경	7
	진로변경 미숙	7

3 응시자격

1. 연령 및 경력

면허기준

시험응목	세부과목	문항
시행 안내		10
응시자격		10
10. 교통사고 등	교차로 통행방법	7
	긴급자동차	7
	피통행	7
	어린이 통학버스 특별보호	7
	운전면허 및 운전자의 의무	10
11. 자녀 동승	어린이 카시트 미장착	5
	동승 안전띠 미장착	5
	동승 유아 안전인 기억 미장착	5

응시기준

① 도로교통법상 운전경력이 있으며, 70점 이상 운전자로 한다.
② 다만 65세 이상인 사람은 해당 면허증 소지자 및 교통안전교육을 이수하고 그 합격증을 교부받은 자로서 운전면허 소유자로 인정되는 것으로 한정할 수 있다.

1. 3년 이상 운전면허를, 플러스 도소 통행법상 인식 운전면허 소지, 공무원법상 인식 운전면허 소지로서 그 면허의 소지자 등에 해당하는 교통안전교육 이수 과정을 이수한 자

2. 운전자가 미숙으로 인한 사고에서 발생 1년 이상 경력이 있는 자의 운전자와 같이 도로교통 공무원 등이 사용한 기관

3. 음주, 마약, 피로 등에 대해서 운전이 어려운 상황을 사용 중 단체지정을, 피해 단체기자가 사업자 면허를 가지고 수어 각인 대상자 등

4. 법 제5조에 따른 안전에 의한 시간이 없는 경우

5. 법 제10조의2 및 제12조 제1항 및 제12조의2의 음주 피해 운전자의 적당한 사정에 따라 필요한 동일 혹은 위축 공정한 영역

6. 법 제12조 및 제12조의2에 따라 어린이 보호구역, 노인보호구역 보호구역에 지정되어 있어 속도 초과로 죽은 고급처방 등

7. 법 제13조의3항에 따라 중앙으로부터 수혜 등록을 해야하는 경우

8. 법령 위반 여부 요인 정의 시간조작 시 속도 높이 10킬로미터 이상 초과한 경우

9. 법 제29조에 따라 긴급자동차의 우선통행이나 긴급자동차에 진로를 양보하지 않은 경우

10. 법 제51조에 따른 어린이통학버스의 특별보호의무를 위반한 경우

11. 시행기간 동안 자동차운전면허를 취득하지 아니한 경우

2. 응시가 안되는 경우

(1) 응시 수 없는 경우
① 첫 18세 미만인 자(원동기장치자전거는 만 16세 미만)
② 정신질환(정신지체, 정신이상, 정신질환 등)이 있는 자

① 제1종 보통 면허 및 제2종 면허는 : 18세 이상
② 원동기장치자전거 면허 : 16세 이상
③ 제1종 대형 및 특수 면허는 : 19세 이상으로 운전경력이 1년

3. 응시자격 정지

참고 결격기간이 없는 경우

법령위반에 의한 개정신청자가 없을 때 같은 연락 없어 응시가

(2) 일정기간 응시가 안되는 경우
① 1년 제한 : 무면허 운전, 2개가지 과실에서 면허, 3회 이상 음주운전 자
② 2년 제한 : 허위 부정한 수단으로 면허 취득, 3회 이상 주취 운전 자
③ 3년 제한 : 음주운전으로 인해 교통사고 발생 자
④ 4년 제한 : 음주운전, 허위사고, 과로운전 도 사망에서 이탈한 자
⑤ 5년 제한 : 음주운전, 약물운전 중 사망사고 발생 자 면허

4. 전산망에(장면회시)가

① 시험장소 : 운전면허시험장이나 경찰서 지정장소에 대해 시험장을 확인 후 응시시점에 운전면허시험장 또는 지정장소에 해당 방문하여 가능할 것

② 시험응시 : 도로교통공사 운전면허시험장은 시험응시, 인터넷 홈페이지(www.dla.go.kr)에서도 예약 가능하다.

※ 응시접수 : 시도경찰청 및 운전면허시험장의 근무시간 안에 응시 접수하는 것이 접수시간이 어려움으로, 응시접수서, 신청서 및 신청서를 가져가 운전면허시험장에 가능한 접수한다.

■ 정신점수(도로표지시)기준

항목	제1종 운전면허	제2종 운전면허
시력 (안경이나 콘택트)	・ 두 눈을 뜨고 잰 시력 0.80 이상 ・ 한 쪽 눈 시력 0.50이상	・ 두 눈을 뜨고 잰 시력 0.50이상 ・ 한 쪽 눈이 상실되면 한 쪽 눈의 시력 0.60이상
색맹	빨강, 녹색, 노랑 식별이 가능	
청력	55db의 소리가 들릴 수 있는 것(보청기 사용한)	・ 40db의 소리가 들릴 수 있는 것
운동 신경	・ 운동신경이 있는 경우 그 장애의 정도가 운전에 지장이 없다고 공단이 통과한 경우	

5. 교통안전교육

교통안전교육을 받는 경우는 교통안전관리공단 이수기관에서 해당하는 1시간(1시간) 등을 받아야 하며, 장시 면허 등 응시생가 시행 개정보장이 경우가 있는 이수하여야 한다. 응시생가 시행 개정보장이 경우가 있는 이수하여야 한다.

한다(다만, 자동차운전전문학원의 경우 학과교육수료로 면제된다).

※취소 후 재취득자는 특별안전교육(6시간)을 수강하여야 함.

	취소자 안전교육	취소자 안전교육
교육대상	운전면허를 취득하고자 하는 사람	면허취소 후 재취득하고자 하는 사람
교육시간	학과시험 전까지 1시간	학과시험 전까지 6시간
교육내용	시청각교육	취소사유별 법규반, 음주반
준비물	수수료 무료 신분증(신분증 인정범위)	수수료 24,000원 신분증(신분증 인정범위)

6. 학과시험 및 합격기준

2010년 7월 1일부터 기존 종이 학과시험에서 컴퓨터를 이용한 학과시험을 전면적으로 실시한다.

(1) 시험방법
① 응시원서 접수 후 빈자리가 있을 경우 즉시 응시가 가능하다(시험일자 예약접수는 불가).
② 시험관이 지정하는 번호와 좌석 번호가 일치하여야만 시험에 응시할 수 있다.
③ PC를 이용한 학과시험은 컴퓨터의 모니터 화면을 통해 문제를 보고 마우스로 정답을 클릭(또는 손가락으로 터치)하는 방식으로 시험을 치른다.
④ 컴퓨터 수성 싸인펜이 필요없으며 기존 종이 시험과 달리 잘못된 정답을 수정할 수 있다.
⑤ 컴퓨터에 익숙하지 않은 사람도 응시가 가능하다.
⑥ 시험문제의 유형은 응시자나 컴퓨터마다 각각 다를 수 있다.
⑦ 3지선다형 1택, 4지선다형 1택 또는 2택, 5지선다형 2택 유형의 문장형 문제, 안전표지 문제, 사진형 문제, 일러스트형 문제로 39문제 출제 및 동영상 1문제, 총 40문제

(2) 시험내용
① 운전면허의 종류와 관리 등
② 자동차 운전에 필요한 지식

(3) 주의사항
① 50분간 실시하며 시험시간 경과시 자동 종료되며, 시작 후 30분간 퇴실불가
  ※지각시 입장불가(불참·불합격 처리됨)
② 응시원서에 기재된 시간 10분 전 입실완료
③ 신분증 소지, 지정좌석 착석, 대리시험 여부 등 확인
④ 시험종료 후 문제지·답안지를 시험관에게 제출하고 퇴실

(4) 합격기준 및 결과발표
① 문제를 풀고 종료 버튼을 클릭하면 바로 합격, 불합격 판정이 되므로 종료 버튼을 신중하게 클릭한다.
② 점수를 확인 후 시험관에게 응시표를 제출하여 합격, 불합격 판정 도장을 받는다(1종:70점이상, 2종:60점 이상 합격)

(5) 기타
학과 합격시 합격일로부터 1년이내 기능시험에 합격해야 함, 1년이내 기능시험 불합격시 신규접수)

(6) 문제유형별 문항수 및 배점

문항별	문장형		안전표지	사진형	일러스트형	영상형
형태별	4지 1답	4지 2답	4지 1답	5지 2답	5지 2답	4자 1답
배점	2점	3점	2점	3점	3점	5점
문항수	17	4	5	6	7	1
점수(100)	34	12	10	18	21	5

※ 합격 기준 : 제1종 면허 70점 이상
　　　　　　 제2종 면허 60점 이상

7. (장내)기능시험

최초 1종 보통, 2종 보통 기능시험 전에 기능의무교육 3시간을 이수해야 한다.

(1) 채점항목
굴절, 곡선, 방향전환(전면주차방식), 교차로, 평행주차, 철길건널목, 횡단보도, 경사로, 지정시간 준수, 기어변속, 돌발, 급정지 등 11개 항목

(2) 채점방식
100점 만점 기준 감점방식으로 전자채점

(3) 합격기준
① 컴퓨터 채점기에 의항여 감점방식으로 채점
② 1종 대형 및 1, 2종 보통: 80점 이상
③ 1종 특수, 2종 소형, 원동기: 90점 이상

(4) 실격기준
① 특별한 사유 없이 30초 이내 출발하지 못한 때
② 경사로 코스, 굴절 코스, 곡선 코스, 방향전환 코스, 기아변속 코스 및 평행주차 코스를 어느 하나라도 이행하지 아니한 때
③ 특별한 사유 없이 교차로 내에서 30초 이상 정차한 때
④ 시험 중 안전사고를 일으키거나 단 1회라도 차로를 벗어난 때

(5) 기타
① 필기시험 합격일로부터 1년 이내에 기능시험에 합격하고 연습운전면허를 발급받아야 함.
② 응시원서의 유효기간은 최초의 필기시험일부터 1년간으로 하되, 제1종 보통연습면허 또는 제2종 보통연습면허를 받은 때에는 그 연습운전면허의 유효기간으로 함.
③ 기능시험 응시 후 불합격자는 불합격 다음날부터 3일 경과 후에 재응시가 가능
④ 30분전까지 입장완료해야 함.

8. 도로주행연습

① 장내기능(코스)시험에 합격한 응시자에게는 연습운전면허증을 교부하여 주고 또한 운전면허시험장에서 응시표에 표기해 주기도 한다.
② 연습운전면허에 유효기간은 1년이고, 정식 운전면허를 취득한 경우에는 그 효력이 상실된다.

9. 도로주행시험

① 도로주행시험은 제1종 보통 및 제2종 보통면허를 취득하고자 하는 사람에 대하여 실시한다.
② 도로주행시험은 시험관이 응시자의 운전능력에 대하여 도로에서 시험하며, 시험거리는 5km 이상으로 한다.
③ 도로주행시험은 도로주행시험용 자동차를 사용하여 시험 항목을 측정하는 방식으로 채점하여야 한다.
④ 합격기준 : 총배점 100점 중 제1 · 2종 공히 70점 이상 얻은 때 합격으로 한다.
⑤ 응시원서 접수 시 원하는 시험일시와 장소를 예약 접수할 수 있다.

(1) 시험유형
응시생이 시험차를 운전하여 시험관이 지정한 도로주행코스 약 30분간 주행하면서, 안전운전에 필요한 교통법규, 운전예절 및 지시 사항 등을 준수하여야 함.

(2) 시험항목
운전자세, 제동 및 출발장치 조작, 지각 및 반응, 차체 감각, 통행구분, 진로 전환, 교차로 통행, 주행, 속도 및 앞지르기, 법규 준수, 사용자 태도 등 총 31개 항목

(3) 합격기준
통행구분, 진로전환, 속도유지 등 운전능력, 법규 준수사항 등 도로주행시험 항목 31개 항목을 100점 만점 기준 70점 이상 채점한 경우 합격으로 한다.

(4) 불합격
① 3회 이상 출발불능, 클러치 조작 불량으로 인한 엔진정지, 급브레이크 사용, 급조작 · 급출발 또는 그 밖에 운전능력이 현저하게 부족한 것으로 인정할 수 있는 행위를 한 경우
② 교통사고를 일으키거나 야기할 우려가 있는 경우
③ 시험관의 지시 및 통제를 따르지 않거나 음주, 과로 또는 약물 등의 영향으로 정상적인 시험 진행이 어려운 경우
④ "5분 이상" 지연 출발, 교차로 내 정차 등 교통소통에 지장을 주는 경우
⑤ 이미 감점한 점수의 합계가 합격기준에 미달됨이 명백한 경우
⑥ 법규위반으로 교통사고를 유발한 경우, 어린이보호구역 등에서 교통법규를 위반한 경우

(5) 재응시기간
① 도로주행시험에 불합격한 사람은 불합격한 날부터 3일이 지난 후에 다시 도로주행시험에 응시할 수 있다.(유효기간 2년 이내)
② 도로주행시험 응시 후 불합격자가 불합격한 날로부터 3일 경과 후 응시 가능합니다.

<mark>참고</mark> **2010. 2. 24 도로주행시험 개정사항**

• 도로주행시험 31개 항목(4개 영역 배제) : 운전자세, 지시도 등 준수
해제 조작 준수, 차로이용
• 합격기준 강화(4개) : 출발지연, 최저속도 위반, 신호위반 정지, 어린이 통학버스 보호 위반

11. 정상검사 및 면허증 갱신

(1) 제1종 운전면허의 정기적성검사
① 면허증의 표시연월일을 기준으로 한 정기적성검사
② 정기적성검사 기간 : '99. 4. 30일 이후 면허취득자 및 정기검사 기간(65세 이상 5년)
(2) 제2종 운전면허
① 개시일기간 만료일이 2001. 6. 29 이전인 2종 면허인 경우 : 면허증상의 표시 갱신기간
② 개시일기간 만료일이 2001. 6. 30 이후인 2종 면허인 경우 : 면허증상에 표시되어 있지 않으며 9년이 되는 때부터 6개월간(기간이 지나면 과태료 2만원~3만원 납부 후에 "이의신청"으로 가능신청할 수 있음)

<mark>참고</mark> **수시적성검사**
안질환, 신경증 등의 신체장애, 인지 등 정상운전에 지장을 줄 때

<mark>참고</mark> **정기적성검사 명기**
별도 고지가 없으며 정기 적성검사 기간 내에 사전 이에 없이 경찰청 인터넷사이트 그 밖의 여러 매체를 통해서 쉽게 알 수 있다.

12. 운전면허의 종류별 운전할 수 있는 차량

(1) 제1종 면허의 종류 : ① 대형 ② 보통 ③ 소형 ④ 특수면허 구분
제1종 대형 사업용 및 자가용자동차 모두를 운전할 수 있다.
① 제1종 대형면허 : 승용차, 승합차, 화물차, 긴급자동차, 건설기계(덤프트럭 등 8종 및 마이너스 3종), 3,000cc 미만 원자재 특수자동차, 그 밖에 12인 이상 승차의 이륜차(단 원자재 특수자동차(트레일러), 견인차) 제외
② 제1종 보통면허 : 승용차, 승합차(15인 이하), 화물차(12톤 미만), 10인 이하 원자재 특수자동차(트레일러, 견인차 제외), 12인승차, 이륜차, 제1종 보통 연습면허로 운전할 수 있는 자동차
③ 제1종 소형면허 : 트레일러, 레카, 제1종 보통면허로 운전할 수 있는 자동차

(2) 제2종 면허의 종류 : ① 보통 ② 소형 ③ 원동기장치자전거 면허로 구분
제2종 면허는 자가용자동차를 운전할 수 있다(단, 영업용 제외).
① 제2종 보통면허 : 승용차, 승합차(10인 이하), 화물차(4톤 이하), 3.5톤 이하의 원자재 특수자동차(트레일러, 견인차 제외)
② 제2종 소형면허 : 125cc 초과 2륜차 및 원동기장치자전거
③ 원동기장치자전거 : 모든 면허로 운전할 수 있다.

운전면허 학과시험 요점정리

1. 도로교통법의 목적및 용어의 정의

1 도로교통법의 목적

도로에서 일어나는 교통상의 모든 위험과 장해를 방지하고 제거하여 교통의 흐름을 안전하고 원활하게 하는데 그 목적이 있다.

2 용어의 정의

(1) 도 로
① 『도로법』에 의한 도로 : 고속국도, 일반국도, 특별(광역)시도, 지방도, 시도, 군도, 구도
② 『유료도로법』에 의한 유료도로 : 통행료를 징수하는 도로
③ 『농어촌도로 정비법』에 따른 농어촌도로 : 농어촌 지역 주민의 교통편익과 생산·유통 활동 등에 공용되는 공로 중 고시된 도로
④ 그 밖에 현재 특별하지 않은 여러 사람이나 차량이 통행되고 있는 개방된 곳(공지, 해변, 광장, 공원, 유원지, 제방, 사도 등)
※ 개방되지 아니하고 출입이 제한된 아파트 단지 내의 주차장이나 학교 교정, 또는 유료주차장 내 등은 도로교통법상 도로에 해당되지 않는다.

(2) 자동차 전용도로
자동차만 통행할 수 있는 도로로서 어느 특정된 자동차만 통행할 수 있는 도로는 아니다. 예를 들면 고속도로, 고가도로 등과 같이 자동차만 통행할 수 있는 자동차 전용의 도로를 말한다.

(3) 고속도로
자동차의 고속교통에만 사용하기 위하여 지정된 도로.
※ 보행자 및 이륜차 등은 통행이 금지된다.

(4) 차 도
연석선(차도와 보도를 구분하는 돌, 또는 콘크리트 등으로 이어진 선), 안전표지나 그와 비슷한 공작물로써 경계를 표시하여 모든 차의 교통에 사용하도록 된 도로의 부분을 말한다.

(5) 중앙선
차마의 통행을 방향별로 명확하게 구분하기 위하여 도로에 황색실선 또는 황색점선 등의 안전표지로 표시한 선이나 중앙분리대·울타리 등으로 설치한 시설물을 말하며, 가변차로가 설치된 경우에는 신호기가 지시하는 진행방향의 가장 왼쪽의 황색점선을 말한다.

※ 중앙선 표시는 편도 1차로인 경우 황색실선 또는 황색점선으로 표시하고, 편도 2차로 이상의 경우에는 황색복선으로 설치한다. 고속도로의 경우는 황색복선 또는 황색실선과 점선을 복선으로 설치한다.

(6) 차로
차마가 한 줄로 도로의 정하여진 부분을 통행하도록 차선에 의하여 구분되는 차도의 부분을 말한다.

(7) 차 선
차로와 차로를 구분하기 위하여 그 경계지점을 안전표지에 의하여 표시한 선.
※ 차선은 백색점선(떨어져 있는 선)으로 표시하는 것이 원칙이나 교차로, 횡단보도, 철길건널목 등은 표시하지 않는다.
※ 백색점선(파선)은 자동차 등이 침범할 수 있는 선이며, 백색실선(이어져 있는 선)은 자동차가 침범할 수 없는 선이다.

(8) 자전거도로
안전표지, 위험방지용 울타리나 그와 비슷한 공작물로써 경계를 표시하여 자전거의 교통에 사용하도록 된 『자전거 이용 활성화에 관한 법률』 제3조 각호의 도로를 말한다.

(9) 보 도
연석선, 안전표지나 그와 비슷한 공작물로써 그 경계를 표시하여 보행자(유모차 및 보행보조용 의자차를 포함)의 통행에 사용하도록 된 도로의 부분〈개정〉
※ "보행보조용 의자차"라 함은 수동 휠체어, 전동 휠체어 및 의료용 스쿠터를 말한다.
※ 유모차, 보행보조용 의자차를 밀고 가는 사람은 보도로 통행하여야 한다.

(10) 길가장자리 구역
보도와 차도가 구분되지 아니한 도로에서 보행자의 안전을 확보하기 위하여 안전표지 등으로 경계를 표시한 도로의 가장자리 부분을 말한다.

(11) 횡단보도
보행자가 도로를 횡단할 수 있도록 안전표지로써 표시한 도로의 부분을 말한다.

(12) 교차로
'+'자로, 'T'자로 그 밖에 둘 이상의 도로(보도와 차도가 구분되어 있는 도로에서는 차도)가 교차하는 부분을 말한다.

(13) 안전지대
도로를 횡단하는 보행자나 통행하는 차마의 안전을 위하여 안전표지 그와 비슷한 공작물로써 표시한 도로의 부분을 말한다.
※ ① 보행자용 안전지대 : 노폭이 비교적 넓은 도로의 횡단보도 중간에 "교통섬"을 설치하여 횡단하는 보행자의 안전을 기한다.

(14) 신호기
신호기란 도로교통에 관하여 문자·기호 또는 등화를 사용하여 진행·정지·방향전환·주의 등의 신호를 표시하기 위하여 사람이나 전기의 힘으로 조작하는 장치를 말한다.
※ 신호등과 점멸등의 차이는 점멸등은 공사현장이나 철길건널목 앞에 위치하여 등화가 계속 점멸이 되고 있는 등을 말하며, 기호 등을 예로 들어서 화살표 등이 해당이 된다.

(15) 안전표지
주의·규제·지시 등을 표시하는 표지판이나 도로의 바닥에 표시하는 기호·문자 또는 선 등을 말한다.

(16) 차마(車馬): 차와 우마를 말한다.
 1) 차(車)
  ① 자동차   ② 건설기계
  ③ 원동기장치자전거   ④ 자전거
  ⑤ 사람 또는 가축의 힘이나 그 밖의 동력에 의하여 도로에서 운전되는 것. 다만, 철길이나 가설된 선에 의하여 운전되는 것과 유모차와 보행보조용 의자차는 제외한다.
 2) 우마(牛馬): 교통운수에 사용되는 가축을 말한다.

(17) 자동차
철길이나 가설된 선에 의하지 아니하고 원동기를 사용하여 운전되는 차(견인되는 자동차도 자동차의 일부로 본다)로서 다음의 차를 말한다.
 1) 「자동차관리법」에 의한 다음의 자동차(원동기장치자전거 제외)
  ① 승용자동차   ② 승합자동차
  ③ 화물자동차   ④ 특수자동차
  ⑤ 이륜자동차
 2) 「건설기계관리법」에 의한 다음의 건설기계
  ① 덤프 트럭   ② 아스팔트 살포기
  ③ 노상안정기   ④ 콘크리트 믹서 트럭
  ⑤ 콘크리트 펌프   ⑥ 천공기(트럭적재식)
  ⑦ 3톤 미만의 지게차

(18) 원동기장치자전거
 ① 「자동차관리법」에 의한 이륜자동차 중 배기량 125cc이하의 이륜자동차
 ② 배기량 50cc미만(전기를 동력으로 하는 경우에는 정격출력 0.59kW미만)의 원동기를 단 차
※ 이륜차 중 배기량 125cc를 초과하는 모든 이륜자동차는 대형 125cc 이하인 것은 소형기장치자전거에 해당해 된다.

(19) 자전거
「자전거이용 활성화에 관한 법률」 제2조 제1호에 따른 자전거를 말한다.

(20) 긴급자동차
다음의 자동차로서 그 본래의 긴급한 용도로 사용되고 있는 자동차를 말한다.
 ① 소방자동차   ② 구급자동차

(21) 주차
운전자가 승객을 기다리거나 화물을 싣거나 차가 고장나거나 그 밖의 사유로 인하여 차를 계속 정지상태에 두는 것 또는 운전자가 차에서 떠나서 즉시 그 차를 운전할 수 없는 상태에 두는 것을 말한다.

(22) 정차
운전자가 5분을 초과하지 아니하고 차를 정지시키는 것으로서 주차 외의 정지상태를 말한다.
※ 정차를 원칙적으로 속도 제한 구역지역에 정차하여 있다.

(23) 운 전
도로에서 차마를 그 본래의 사용방법에 따라 사용하는 것을 말한다.(조종을 포함한다)
※ 운전의 4대 원칙 : 인지가 느리고, 판단이 잘못, 반응이 짧지 늦고 그 조작 실수로 인한 교통사고

(24) 초보운전자
처음 운전면허를 받은 날(운전면허를 받은 자가 운전면허의 효력이 정지된 경우에는 그 후 다시 운전면허를 받은 날을 말한다)부터 2년이 지나지 아니한 사람을 말한다. 이 경우 원동기장치자전거면허만을 받은 사람이 원동기장치자전거면허 외의 운전면허를 받은 경우에는 처음 운전면허를 받은 것으로 본다.

(25) 서 행
운전자가 차를 즉시 정지시킬 수 있는 정도의 느린 속도로 진행하는 것을 말한다.
※ 브레이크를 조작하여 정지거리가 1m 이내의 속도(대략 10km/h 이하)

(26) 앞지르기
차의 운전자가 앞서가는 다른 차의 옆을 지나서 그 차의 앞으로 나가는 것을 말한다.
※ 다른 교통에 주의하면서 안전한 방법으로 앞지르기 하여야 한다.

(27) 일시정지
차의 운전자가 그 차의 바퀴를 일시적으로 완전히 정지시키는 것을 말한다.
※ 자동차 이용안전수칙의 공공장소의 정지, 5초 정지 등을 통해서 주차 할 수 있는 곳이다.

(28) 모범운전자
무사고운전자 또는 유공운전자의 표시장을 받거나 2년 이상 사업용 자동차 운전에 종사하면서 교통사고를 일으킨 전력이 없는 사람으로서 경찰청장이 정하는 바에 따라 선발되어 교통안전 봉사활동에 종사하는 사람을 말한다.

2 운전자의 책임과 운전예절

1 운전자의 사회적 책임

① 도로교통법규를 준수하고 안전운전을 하여야 한다.
② 차량검사를 필하고 자동차손해배상책임보험 등에 가입된 자동차 등을 운전하여야 한다.
③ 자동차 소유자 또는 운전자는 타인의 교통을 방해하지 않도록 한다.

2 안전운전의 마음가짐

① 인명존중과 양보하는 마음가짐
② 안전운전과 방어운전
③ 공익정신과 준법정신・질서 지키기
④ 교통예절 지키기
⑤ 겸손과 상대방을 배려하는 마음가짐

3 교통사고 발생 시 책임

① 형사상의 책임 : 징역, 금고, 벌금 등
② 행정상의 책임 : 운전면허 취소 및 정지 등
③ 민사상의 책임 : 손해배상 등

3 자동차의 점검 및 고장분별

1 동력발생장치(엔진)

자동차를 주행시키기 위해서는 차륜을 계속 돌리는 힘(구동력)이 필요한데, 그 힘을 발생시키는 장치가 엔진이다.
자동차의 엔진에는 가솔린(휘발유) 엔진, 디젤(경유) 엔진, 액화가스(LPG) 엔진 등이 있다.

(1) 가솔린 엔진
연료와 공기의 혼합가스를 전기불꽃에 의하여 폭발시켜 동력을 얻는다.

(2) 액화석유가스(LPG) 엔진
가솔린 엔진에서 연료장치만을 개조하여 가솔린 대신 액화석유가스(LPG)를 연료로 하여 동력을 얻는다.

(3) 디젤 엔진
실린더 내에 흡입된 공기만을 흡입, 압축공기에 경유를 분사시켜「자연 착화로 동력」을 얻는다.
※ 디젤 엔진은 주로 무거운 물건을 운반하는 대형차 종류인 화물차나 버스 등에 많이 사용된다.

2 연료・윤활・냉각장치

(1) 연료장치
연료 탱크에 있는 가솔린을 연료 펌프에 의하여 기화기(또는 연료분사장치)까지 압송시켜 연소하기 쉬운 혼합기를 만들어서 실린더에 공급한다.
※ 연료공급순서 : 연료 탱크 → 연료 필터 → 연료 펌프 → 기화기(또는 연료분사장치)

(2) 윤활장치
자동차 엔진의 작동부분에 윤활유(엔진 오일)를 공급하여 원활한 작동과 기계마모방지 및 냉각, 방청작용 등을 위한 역할을 한다.

♣ 엔진 오일 레벨 게이지 (유량계) 점검요령
① 평탄한 곳에서 시동을 걸기 전에 점검한다.
② 오일 레벨 게이지의 L과 F 사이에서 F 문자선까지 엔진 오일을 유지하게 한다.
③ 엔진 오일의 색(담황색)과 점도를 점검
　1. 검은색 오일 : 엔진 오일 심한 오염
　2. 우유색 오일 : 냉각수가 혼입된 상태의 오일
　3. 엔진 오일 과다 주입 : 머플러에서 백색연기 배출
④ 엔진 오일 교환은 차종이나 사용상태에 따라 다르며, 정기적으로 새 오일로 교환해 준다.

(3) 냉각장치
엔진이 계속 작동하게 되면 혼합가스의 폭발열에 의해 고온이 되어 엔진이 과열된다. 이 과열된 엔진을 적정온도로 유지할 수 있게 냉각시켜 엔진의 작동을 원활하게 하는 장치이다.

♣ 냉각수의 점검
엔진 시동을 끄고 평탄한 곳에서 라디에이터 캡을 열고 점검한다.
① 냉각수가 부족할 때에는 산성이나 알칼리성이 없는 물인 증류수나 수돗물 등의 깨끗한 물로 보충한다.
② 냉각수가 부족하거나 누수되면 엔진 과열(오버 히트)의 원인이 된다.
③ 겨울철에는 엔진이 얼지 않도록 냉각수에 부동액을 넣어 사용한다.

♣ 엔진 시동 시 주의사항
① 엔진 스위치를 돌려 시동되면 즉시 키에서 손을 뗀다. (엔진이 시동되었는데도 스위치를 계속 돌리면 시동 모터의 전기자가 소손된다)
② 시동 스위치를 돌려 시동 모터를 5~10초 회전시켰는데도 엔진이 시동되지 않을 때에는 잠시 쉬었다가 다시 시동을 걸어본다.
③ 시동이 걸렸으면 여름철에는 1분 정도, 겨울철에는 2분 정도 엔진을 워밍 업(난기운전)을 시킨 후 출발한다.
④ 야간 시동 시에는 전조등을 끄고 시동(시동 모터에 강한 전류를 공급하여 기동력을 크게 한다)해야 한다.

3 원심력방지차

(1) 롤링시

① 바퀴의 공기압을 매우 크게 하고, 광폭타이어를 사용한다.
② 공기압이 충분한 상태에서 주행하지 않는다.
③ 튜블리스 타이어를 사용하고 자동차의 바퀴 축 등 이상이 있으면 사용치 않는다.

(2) 방지기(프레임/이음새)

롤링시 원심력에 정지되어 있던 관성력이 차량 흔들림으로 바뀌어 뒤에 있던 정치력이 정치선을 떠나 미끄러지거나 관성운동 등의 영향을 받는다.

♣ 발생 노면이 모자 수의

① 시용타이어는 공기압력을 해야 하지 않아 한다.
※ 주행중 시동장치 크기가 크지 않아 30분 이상에 한번 후 주행을 한다.
② 노면이 물기가 없지 배기지 않도록 주의한다.
③ 후진시 자동차를 정지한 정지거리 후 바퀴내 조정한다.
④ 제동시 급사가 잘 바뀌지지 장에 마어는 충분하 공간 후 공사를 한다.

다음 5시마 읽고 다시 읽어본다.

4 고압 및 지동방지

(1) 고압방지

자동차의 진동하중이 바퀴가 공진기 공회전시 발생등 원심한 거리 마찰로 발생을 방지하는 것이다.

♣ 고압방지 노면 주의

① 충동은 자주 방지해 타이어 공진을 듣기 크게 낮추거나 내려 한다.
② 자동차 정치 공회전 노면 공진기 좋지 않기 때와 타 가 수동방식이 좋지 않기 때와
③ 주행중 브레이크 정치 힘 출발 노면 수동으로 미지로 주어서 정지 효과가 있다.
④ 사용중 타이어 발크에서 배기기 집정하지 힘들어 크게 된 해서 정치를 크게 한다.

※ 동바름 공진방지: 정지시이어 정지를 할때 바퀴에 이상이 없는 공진이 작용로 생긴다.

(2) 지동방지

1) 공(동)방지
타이어의 패턴 때와 자동차의 공회전에 조정가가 거지는다.

5 타이어

(1) 공기압 타이어 무기명

타이어는 공기압에 의하여 공회전을 아이디어 확정 조 힘을 사용하는 공회전 한다.

① 공기압이 높은 때: 공회전이 듣고 일정피가 높고 정치력이 약하며 타이어가 마모가 잘되 낮지 않고 충돌이 크게 된다.
② 공기압이 낮은 때: 노면에 중심이 많고 붙지않 않고 조정이 되고 크게 정치가 떤다.
③ 고속도로는 가정하기 때 타이어 공기를 10~20% 정도 더 주입하고 공회전 정치를 높였 주의한다.(스탠딩 웨이빙 정치 힘을 위해)

(2) 타이어 정치

① 타이어 공기압이 일정 조정 공회를 있정한다.
② 타이어 트럭의 중 깊이를 일정한다.(1.6mm 정치)
③ 타이어 공기 등 해외 이용정도 일정한다.
④ 볼 밸런스 트레드 정치기 공정인다.(정치공정사)
⑤ 타이어 일정지를 앞으로 약 20,000km 주행 서기마다 타이어를 이지를 교환한다.

(3) 타이어 이상현상

① 수(하)드롤플레이닝(hydroplaning)현상: 물이 덮은 노면 타이어 정치가 공회전자를 타이어 홈 이 쌀 배제하지 못할 때 물이 뒷쪽 스(시)트 정치에 의한 수마(waterplaning)현상 : 고속주행시 타이어가 내부의 정치가 높지고 크고 타이어가 공회전가 뒷쪽에 정치한다.(대 약 20% 측에 베이션)

4 신호기 · 교통안전표지

1 신호기

(1) 신호등의 종류 · 배열 · 신호순서

신호등의 종류		등화의 배열순서	신호(표시)순서
차량등	4색등	적 · 황 · 녹색 화살 · 녹	① 녹 → ② 황 → ③ 적 및 녹색화살 → ④ 적 및 황 → ⑤ 적
	3색등	적 · 황 · 녹	① 녹 → ② 황 → ③ 적
보행등	2색등	적 · 녹	① 녹 → ② 녹색점멸 → ③ 적

※ 교차로와 교통여건상 특별히 필요하다고 인정되는 장소에서는 신호의 순서를 달리하거나 녹색화살표시 및 녹색 등화를 동시에 표시할 수 있다.

(2) 신호의 종류와 뜻
1) 차량 신호등 〈개정〉
① 원형등화

신호의 종류	신호의 뜻
① 녹색의 등화	1. 차마는 직진 또는 우회전할 수 있다. 2. 비보호 좌회전지 또는 비보호 좌회전표시가 있는 곳에서는 좌회전할 수 있다.
② 황색의 등화	1. 차마는 정지선이 있거나 횡단보도가 있을 때에는 그 직전이나 교차로의 직전에 정지하여야 하며, 이미 교차로에 차마의 일부라도 진입한 경우에는 신속히 교차로 밖으로 진행하여야 한다. 2. 차마는 우회전할 수 있고 우회전하는 경우에는 보행자의 횡단을 방해하지 못한다.
③ 적색의 등화	차마는 정지선, 횡단보도 및 교차로의 직전에서 정지하여야 한다. 다만, 신호에 따라 진행하는 다른 차마의 교통을 방해하지 아니하고 우회전할 수 있다.
④ 황색등화의 점멸	차마는 다른 교통 또는 안전표지의 표시에 주의하면서 진행할 수 있다.
⑤ 적색등화의 점멸	차마는 정지선이나 횡단보도가 있을 때에는 그 직전이나 교차로의 직전에 일시정지한 후 다른 교통에 주의하면서 진행할 수 있다.

① 화살표 등화

신호의 종류	신호의 뜻
① 녹색화살표 등화	차마는 화살표시 방향으로 진행할 수 있다.
② 황색화살표 등화	화살표시 방향으로 진행하려는 차마는 정지선이 있거나 횡단보도가 있을 때에는 그 직전이나 교차로의 직전에 정지하여야 하며, 이미 교차로에 차마의 일부라도 진입한 경우에는 신속히 교차로 밖으로 진행하여야 한다.
③ 적색화살표 등화	화살표시 방향으로 진행하려는 차마는 정지선, 횡단보도 및 교차로의 직전에서 정지하여야 한다.
④ 황색화살표 등화 점멸	차마는 다른 교통 또는 안전표지의 표시에 주의하면서 화살표시 방향으로 진행할 수 있다.
⑤ 적색화살표 등화 점멸	차마는 정지선이나 횡단보도가 있을 때에는 그 직전이나 교차로의 직전에 일시정지한 후 다른 교통에 주의하면서 화살표시 방향으로 진행할 수 있다.

2) 사각등화 (차량 가변등) : 가변차로에 설치

① 녹색화살표시의 등화(하향)	② 적색×표 표시의 등화	③ 적색×표 표시 등화의 점멸
차마는 화살표로 지정한 차로로 진행할 수 있다.	차마는 ×표가 있는 차로로 진행할 수 없다.	차마는 ×표가 있는 차로로 진행할 수 없고, 이미 진입한 경우에는 신속히 그 차로 밖으로 진로를 변경한다.

3) 보행 신호등 : 횡단보도에 설치

녹색의 등화	녹색등화의 점멸	적색의 등화
보행자는 횡단보도를 횡단할 수 있다.	보행자는 횡단을 시작하여서는 아니되고, 횡단하고 있는 보행자는 신속하게 횡단을 완료하거나 그 횡단을 중지하고 보도로 되돌아와야 한다.	보행자는 횡단을 하여서는 아니된다.

(3) 신호기의 신호와 수신호가 다른 때
도로를 통행하는 보행자와 운전자는 교통안전시설이 표시하는 신호 또는 지시와 교통정리를 위한경찰공무원 등의 신호 또는 지시가 다른 경우에는 경찰공무원 등의 신호 또는 지시에 따라야 한다.

※ 경찰공무원의 진행신호인 경우에는 적색신호의 교차로에서도 진행할 수 있다.

(4) 자전거 신호등
1) 자전거 주행 신호등
① 녹색 : 자전거는 직진 또는 우회전할 수 있다.
② 황색 : 자전거는 정지선이 있거나 횡단보도가 있을 때에는 그 직전이나 교차로의 직전에 정지해야 하며, 이미 교차로에 차마의 일부라도 진입했으면 신속히 교차로 밖으로 진행해야 한다. 자전거는 우회전할 수 있지만 우회전할 때 보행자의 횡단을 방해하지 못한다.
③ 적색 : 자전거는 정지선, 횡단보도 및 교차로의 직전에서 정지해야 한다. 다만, 신호에 따라 진행하는 다른 차마의 교통을 방해하지 않고 우회전할 수 있다.

2) 자전거 횡단 신호등
① 녹색 : 자전거는 자전거횡단도를 횡단할 수 있다.
② 적색점멸 : 자전거는 횡단을 시작하면 안되고, 횡단하고 있는 자전거는 신속하게 횡단을 종료하거나, 횡단을 중지하고 진행하던 차도 또는 자전거도로로 되돌아와야 한다.
③ 적색 : 자전거는 자전거횡단도를 횡단해서는 안된다.

※ 자전거를 주행할 때 자전거주행신호등이 설치되지 않은 장소에서는 차량신호등의 지시에 따른다.

※ 자전거횡단도에 자전거횡단 신호등이 설치되지 않은 경우 자전거는 보행신호등의 지시에 따른다.

5 자전거 통행방법

1 자전거 통행

(1) 자전거 도로가 설치된 도로
자전거 공지가 따로 있는 곳에서는 지정된 자전거 도로로 통행하여야 하며 자전거 도로가 설치되어 있지 않은 곳에서는 도로(중앙선)의 우측 가장자리로 통행하여야 한다.

(2) 도로 이외의 곳을 통행하는 때
자전거 운전자는 안전표지로 자전거 통행이 허용된 경우를 제외하고는 보도를 통행하여서는 아니된다. 보도를 통행하는 경우에는 보도 중앙으로부터 차도 쪽 또는 길 가장자리 쪽으로 통행하여야 하며, 보행자의 통행에 방해가 될 때에는 일시정지 하여야 한다.
※ 보도 이외의 장소를 통행할 경우: 공원, 광장, 차로가 설치되지 아니한 도로 등

(3) 도로의 중앙이나 좌측부분을 통행할 수 있는 경우
1) 도로가 일방통행인 경우
2) 도로의 파손, 도로공사나 그 밖의 장애 등으로 도로의 우측 부분을 통행할 수 없는 경우

2 교통안전표지·도로안내표지

(1) 안전표지의 종류 (제 4장 참기 참고)
1) 주의표지: 도로의 상태가 위험하거나 그 부근에 위험물이 있는 경우에 필요한 안전조치를 할 수 있도록 이를 도로사용자에게 알리는 표지
2) 규제표지: 도로교통의 안전을 위하여 각종 제한·금지 등의 규제를 하는 경우에 이를 도로사용자에게 알리는 표지
3) 지시표지: 도로의 통행방법, 통행구분 등 도로교통의 안전을 위하여 필요한 지시를 하는 경우에 도로사용자가 이를 따르도록 알리는 표지
4) 보조표지: 주의·규제·지시 등의 주기능을 보충하여 도로사용자에게 알리는 표지
5) 노면표시: 주의·규제·지시 등의 내용을 노면에 기호·문자 또는 선으로 도로사용자에게 알리는 표지

(2) 도로안내표지의 종류 (제 4장 참기 참고)
1) 시외도로: 사각바탕 — 녹색표지 — 백색글자
2) 시내도로: 사각바탕 — 청색표지 — 백색글자
3) 관광지: 사각바탕 — 갈색바탕 — 백색글자
※ 도로의 종류에 따른 노선표지 마크

자동차전용 시도 / 지방도 / 국가지원지방도
일반국도 / 읍면도 / 고속도로

1 자전거 통행

(1) 자전거 도로가 설치된 도로
자전거 공지가 따로 있는 곳에서는 지정된 자전거 도로로 통행하여야 하며 자전거 도로가 설치되어 있지 않은 곳에서는 도로(중앙선)의 우측 가장자리로 통행하여야 한다.

(2) 도로 이외의 곳을 통행하는 때
자전거 운전자는 안전표지로 자전거 통행이 허용된 경우를 제외하고는 보도를 통행하여서는 아니된다. 보도를 통행하는 경우에는 보도 중앙으로부터 차도 쪽 또는 길 가장자리 쪽으로 통행하여야 하며, 보행자의 통행에 방해가 될 때에는 일시정지 하여야 한다.
※ 보도 이외의 장소를 통행할 경우: 공원, 광장, 차로가 설치되지 아니한 도로 등

(3) 도로의 중앙이나 좌측부분을 통행할 수 있는 경우
1) 도로가 일방통행인 경우
2) 도로의 파손, 도로공사나 그 밖의 장애 등으로 도로의 우측 부분을 통행할 수 없는 경우

2 자전거 통행방법(특례)
〈10. 6. 30. 시행〉

(1) 자전거 도로 통행
1) 자전거 도로가 설치되어 있는 곳: 자전거의 자전거 도로 통행
2) 자전거 도로가 설치되어 있지 아니한 곳: 자전거의 도로 우측 가장자리 통행
3) 길가장자리 구역의 통행: 안전표지로 자전거 통행을 금지한 구간을 제외하고는 자전거 운전자가 보행자의 통행에 방해가 될 때에는 서행하거나 일시정지 하여야 한다.

(2) 자전거 도로 통행
1) 보도를 통행할 수 있는 경우: 또는 신체장애로 인하여 자전거를 이용할 수 있는 경우, 안전표지로 자전거 통행이 허용된 경우 단, 이 경우에는 보도 중앙으로부터 차도쪽 또는 길가장자리 쪽으로 통행하여야 하며 보행자의 통행에 방해가 될 때에는 서행하거나 일시정지 하여야 한다.
2) 나란히(병진)통행금지: 자전거의 운전자는 안전표지로 통행이 허용된 경우를 제외하고는 2대 이상이 나란히 차도를 통행하여서는 아니된다.

(3) 자전거의 도로횡단
1) 횡단보도로 통행하는 경우: 자전거의 운전자가 횡단보도를 이용하여 도로를 횡단할 때에는 자전거에서 내려서 자전거를 끌고 보행하여야 한다.
2) 자전거횡단도로 통행하는 경우
① 자전거 운전자가 자전거를 타고 도로를 횡단하고자 하는 때에는 자전거횡단도를 이용하여야 한다.
② 자전거가 횡단도를 통행하고 있는 때에는 차마의 운전자는 자전거의 횡단을 방해하거나 위험을 주지 아니

하도록 그 자전거횡단도 앞(정지선이 설치되어 있는 곳에서는 그 정지선)에서 일시정지하여야 한다.

3. 차로에 따른 통행

(1) 차로에 따라 통행할 의무
① 차마의 운전자는 차로가 설치되어 있는 도로에서는 그 차로를 따라 통행하여야 한다.
② 지방경찰청장이 통행방법을 따로 지정한 때에는 그 지정한 방법에 따라 통행하여야 한다.

> ♣ **차로의 설치**
> ① 차로의 설치는 지방경찰청장이 한다.
> ② 도로에 차로를 설치할 때에는 노면표시(안전표지 참조)로 표시하여야 한다.
>
> ③ 차로의 너비는 3m 이상(좌회전 전용차로의 설치 등 부득이한 때 275cm 이상)
> ④ 차로는 횡단보도·교차로 및 철길건널목에는 설치할 수 없다.
>   ※ 비포장도로에는 차로를 설치할 수 없다.
> ⑤ 보도와 차도의 구분이 없는 도로에 차로를 설치하는 때에는 보행자가 안전하게 통행할 수 있도록 그 도로의 양쪽에 길가장자리 구역을 설치해야 한다.

(2) 차로에 따른 통행구분
① 도로의 중앙에서 오른쪽으로 2 이상의 차로(전용차로가 설치되어 운용되고 있는 도로에서는 전용차로를 제외한다)가 설치된 도로 및 일방통행로에 있어서 그 차로에 따른 통행차의 기준은 다음 표와 같다.

차로에 따른 통행차의 기준 (일반도로) <10. 11. 24 시행>

차종 도로 (차로)	승용 자동차, 중·소형 승합자동차 (35인 승 이하)	대형 승합차(36인 승 이상), 적재중량 1.5톤이하 화물자동차	적재중량 1.5톤초과 화물자동차, 특수자동차, 건설기계, 이륜자동차, 원동기장치자전거, 자전거 및 우마차
편도 4차로	1, 2차로	3차로	4차로
편도 3차로	1차로	2차로	3차로
편도 2차로	1차로	2차로	2차로

(주) 1. 모든 차는 위 지정된 차로의 오른쪽(우측) 차로로 통행할 수 있다.
2. 앞지르기할 때는 위 통행기준에 지정된 차로의 바로 옆 왼쪽 차로로 통행할 수 있다.
3. 이 표에서 열거한 것 외의 차마와 위험물 등을 운반하는 자동차는 도로의 오른쪽 가장자리 차로로 통행하여야 한다.

② 차로의 순위는 도로의 중앙선쪽에 있는 차로부터 1차로(일방통행도로에서는 도로의 왼쪽부터 1차로)로 한다.

(3) 전용차로 통행금지
전용차로로 통행할 수 있는 차가 아닌 차는 전용차로로 통행하여서는 아니된다.
다만, 다음의 경우에는 그러하지 아니한다.
① 긴급자동차가 그 본래의 긴급한 용도로 운행되고 있는 경우
② 전용차로 통행차의 통행에 장해를 주지 아니하는 범위 안에서 택시가 승객의 승·하차를 위하여 일시 통행하는 경우
③ 도로의 파손·공사나 그 밖의 부득이한 경우

전용차로로 통행할 수 있는 차

전용차로의 종류		통행할 수 있는 차량
버스 전용 차로	일반 도로	1. 36인승 이상의 대형 승합자동차 2. 36인승 미만의 시내·시외·농어촌 사업용 승합자동차 3. 어린이 통학버스(신고필증 교부차에 한함) 4. 노선을 지정하여 운행하는 16인승 이상 통학·통근용 승합자동차 5. 국제행사 참가인원 수송의 승합자동차(기간 내에 한함) 6. 25인승 이상의 외국인 관광객 수송용 승합자동차
	고속 도로	9인승 이상 승용자동차 및 승합자동차(승용자동차 또는 12승 이하의 승합자동차는 6인 이상이 승차한 경우에 한한다)
다인승 전용차로		3인 이상 승차한 승용·승합자동차
자전거전용차로		자전거

※ 전용차로의 차선설치는 편도 3차로 이상의 도로에 설치(청색실선과 점선)
• 단선 : 출·퇴근 시간에만 운영하는 구간
• 복선 : 그 외의 시간까지 운영하는 구간

4. 진로변경

(1) 차의 신호
모든 차의 운전자는 좌회전·우회전·횡단·유턴·서행·정지 또는 후진하거나 같은 방향으로 진행하면서 진로를 바꾸려고 하는 때에는 손이나 방향지시기 또는 등화로써 그 행위가 끝날 때까지 신호를 하여야 한다.

1) 신호를 행할 시기
① 좌·우회전 시 : 교차로 가장자리에 이르기 전 30m 이상의 지점부터 신호한다(좌·우측 방향지시기를 사용할 것).
② 일반도로에서는 30m 이상의 지점부터 신호한다.
③ 고속도로에서는 100m 이상의 지점부터 신호한다.
④ 정지, 후진, 서행 시에는 그 행위를 하고자 할 때에 신호한다.
⑤ 뒤차에 앞지르기를 시키고자 할 때에는 그 행위를 시키고자 할 때에 신호한다.

2) 신호의 방법
① 좌·우회전, 횡단, 유턴, 진로변경 시에는 방향지시기를 조작한다.
  ※ 수신호 • 좌회전 시 : 왼쪽팔을 수평으로 펴서 차체의 좌측 밖으로 내밀 것
  • 우회전 시 : 왼팔을 좌측 밖으로 내어 팔꿈치를 굽혀 수직을 올릴 것
② 정지할 때는 제동등을 켠다.
  ※ 수신호 : 팔을 차체 밖으로 내어 45도 밑으로 펼 것
③ 후진할 때는 후진등을 켠다.
  ※ 수신호 : 팔을 차체 밖으로 내어 45도 밑으로 펴서 손바닥을 뒤로 향하게 하여 그 팔을 앞뒤로 흔들 것
② 서행할 때는 제동등을 점멸한다.
  ※ 수신호 : 팔을 차체 밖으로 내어 45도 밑으로 펴서 상하로 흔들 것

(2) 진로변경 금지
1) 진로변경 금지
모든 차의 운전자는 차의 진로를 변경하고자 하는 경우에 그 변경하고자 하는 방향으로 오고 있는 다른 차의 정상적인 통행에 장애를 줄 우려가 있는 때에는 진로를 변경하여서는 아니된다.

5 원지기기

(1) 원지기기 일반
① 모든 자동차 운전자는 다음의 경우에 원지기를 할 수 있는 음향장치(이하 경음기라 한다)를 울려야 한다.
② 운전자는 불필요하게 경음기를 자주 또는 반복적으로 울리거나, 음향의 크기·고저 등을 변화시키거나 특수한 음향을 내는 등 다른 사람에게 피해를 주는 방법으로 경음기를 울려서는 안 된다.

(2) 자동차의 원지기기 사용법
① 자동차의 경음기는 다른 자동차나 보행자에게 위험을 경고하기 위하여 사용하여야 하며, 연속적으로 또는 장시간 계속하여 울려서는 안 된다.

(3) 원지기기 금지 구간
① 모든 차의 운전자는 다음의 어느 하나에 해당하는 곳에서는 원지기를 울려서는 아니 된다.

(4) 원지기기 금지(경음기)
① 운전자가 고의로 다른 운전자를 놀라게 하고 있는 경우

---

(4) 기어들기(새치기) 금지
모든 차의 운전자는 법령의 규정 또는 경찰공무원의 지시에 따르거나 위험을 방지하기 위한 경우가 아니면 운전하는 차를 갑자기 앞지르거나 속도를 줄이는 등의 급제동을 하여서는 아니 된다.

2) 서로 마주보고 진행하는 때
좁은 도로에서 자동차(긴급자동차 제외)가 서로 마주보고 진행할 때에는 다음의 자동차가 도로의 우측 가장자리로 피하여 진로를 양보하여야 한다.
① 비탈길의 좁은 도로에서 자동차가 서로 마주보고 진행하는 경우에는 올라가는 자동차가 양보
② 비탈길의 좁은 도로 외의 좁은 도로에서 사람을 태웠거나 물건을 실은 자동차와 동승자가 없고 물건을 싣지 아니한 자동차가 서로 마주보고 진행하는 경우에는 동승자가 없고 물건을 싣지 아니한 자동차가 양보

(3) 진로양보 의무

1) 느린속도로 가고자 하는 경우
모든 차(긴급자동차 제외)의 운전자는 뒤에서 따라오는 차보다 느린 속도로 가고자 하는 경우에는 도로의 우측 가장자리로 피하여 진로를 양보하여야 한다.

2) 자동차사이의 진로양보 금지
자동차의 운전자는 안전표지(진로양보 표시)로 특히 지정한 곳에서는 진로를 양보하지 아니하여도 된다. 다만, 통행 구분이 설치된 도로의 경우에는 그러하지 아니하다.

3) 통행 우선·순위 금지
자동차의 운전자가 다른 자동차와 정차하거나 주차할 때에는 다른 자동차의 통행에 방해가 되지 않도록 하여야 한다.

---

6 긴급자동차

(1) 긴급자동차의 정의
긴급한 용도로 다른 자동차의 통행에 우선하여 그 긴급을 요하는 곳으로 사용되고 있는 자동차를 말한다.

1) 대통령령이 정하는 긴급자동차
① 경찰용자동차 중 범죄수사·교통단속 기타 긴급한 경찰업무 수행에 사용되는 자동차
② 국군 및 주한국제연합군용 자동차 중 군내부의 질서유지나 부대의 질서있는 이동을 유도하는데 사용되는 자동차
③ 수사기관의 자동차 중 범죄수사를 위하여 사용되는 자동차
④ 다음의 어느 하나에 해당하는 시설 또는 기관의 자동차 중 도주자의 체포 또는 수용자·보호관찰 대상자의 호송·경비를 위하여 사용되는 자동차 (교)도소·구치소 및 그 지소, 소년원 및 보호관찰소

2) 사용자의 신청에 의해 시·도경찰청장이 긴급자동차로 지정하는 자동차
① 전기사업·가스사업 기타 공익사업에 종사하는 기관에서 긴급복구를 위한 응급작업에 사용되는 자동차
② 민방위업무를 수행하는 기관에서 긴급예방 및 복구를 위한 출동에 사용되는 자동차
③ 도로관리를 위하여 응급작업에 사용되거나 운행이 제한되는 자동차를 단속하기 위하여 사용되는 자동차
④ 전신·전화의 수리공사 등 응급작업에 사용되는 자동차

(2) 긴급자동차의 운행
① 경찰용자동차의 긴급자동차의 지정을 받고자 하는 자는 사용본거지를 관할하는 시·도경찰청장에 신청하여야 한다.
② 긴급자동차로 운행되는 경우에는 비상등을 켜거나 경보음을 발하면서 운행하여야 한다.

※ 긴급자동차의 응시
1. 소방자동차, 별안구급자동차, 교통단속자동차: 소식·동색
2. 교도업무자동차: 녹색
3. 시·도경찰청장이 긴급자동차로 지정하는 자동차: 흰색

(3) 긴급자동차의 우선 및 특례

1) 긴급자동차의 우선 통행
긴급자동차는 긴급하고 부득이한 경우에는
① 도로의 중앙이나 좌측부분을 통행할 수 있다.
② 정지하여야 하는 경우에도 불구하고 정지하지 아니할 수 있다. 이 경우 교통의 안전에 특히 주의하면서 통행하여야 한다.

※ 정지하여야 할 경우란 : 신호등의 표시에 다른 정지, 보도 등에서의 직전 정지, 건널목의 직전정지, 횡단보도 등의 직전정지, 지정장소에서의 일시 정지 등이다.

2) 긴급자동차에 대한 특례
긴급자동차에 대하여는 다음을 적용하지 아니한다.
① 자동차 등의 속도제한(다만, 긴급자동차에 속도를 제한한 경우에는 제한을 적용한다)
② 앞지르기의 금지
③ 끼어들기의 금지

※ 소방자동차가 화재를 진화하러 출동중일 때에는 긴급자동차에 해당되나, 화재를 진화하고 소방서로 되돌아갈 때에는 긴급용무가 끝났으므로 긴급자동차 업무수행으로 보지 않는다.

(4) 긴급자동차에 대한 피양

① 교차로 또는 그 부근에서 긴급자동차가 접근할 때 : 교차로를 피하여 도로의 우측 가장자리에 일시정지
(다만, 일방통행 도로에서 우측 가장자리로 피하여 정지하는 것이 긴급자동차의 통행에 지장을 주는 때에는 좌측 가장자리로 피하여 일시정지)

② 교차로 이외의 곳에서 긴급자동차가 접근한 때 : 도로의 우측 가장자리로 피하여 진로를 양보
(다만, 일방통행 도로에서 우측 가장자리로 피하는 것이 긴급자동차의 통행에 지장을 주는 때에는 좌측 가장자리로 피하여 양보)

6 정차와 주차

1 정차 및 주차 금지장소

① 차도와 보도가 구분된 도로의 보도(단, 차도와 보도에 걸쳐 설치된 노상주차장에 주차하는 경우는 제외)
② 교차로와 그 가장자리부터 5m 이내의 곳
③ 도로의 모퉁이로부터 5m 이내의 곳
④ 횡단보도와 그 횡단보도로부터 10m 이내의 곳
⑤ 건널목과 그 건넓혹으로부터 10m 이내의 곳
⑥ 안전지대 사방으로부터 10m 이내의 곳
⑦ 버스의 운행시간 중 버스정류장을 표시하는 기둥, 판, 선이 설치된 곳으로부터 10m 이내의 곳
⑧ 지방경찰청장이 안전표지로 지정한 곳

2 주차 금지장소

① 터널 안 또는 다리 위
② 화재경보기로부터 3m 이내의 곳
③ 소방용 기계나 기구가 설치된 곳으로부터 5m 이내의 곳
④ 소방용 방화물통으로부터 5m 이내의 곳
⑤ 소화전이나 소방용 방화물통의 흡수구 흡수관을 넣는 구멍으로부터 5m 이내의 곳
⑥ 도로공사를 하고 있는 경우에는 그 공사구역의 양쪽 가장자리 5m 이내의 곳
⑦ 지방경찰청장이 안전표지로 지정한 곳

7 교차로 통행방법

1 교차로의 통행

(1) 우회전 방법
미리 도로의 우측 가장자리를 서행하면서 우회전하여야 한다. 이 경우 우회전하는차의 운전자는 신호에 따라 정지 하거나 진행하는 보행자 또는 자전거에 주의하여야 한다.

※ 교차로 측단 30m 이상 지점에서부터 우측 방향지시기를 켠 후 우측 차로를 따라 서행으로 교차로를 통과한다.

(2) 좌회전 방법
미리 도로의 중앙선을 따라 서행하면서 교차로의 중심 안쪽을 이용하여 좌회전하여야 한다. 다만, 지방경찰청장이 교차로의 상황에 따라 특히 필요하다고 인정하여 지정한 곳에서는 교차로의 중심 바깥쪽을 통과할 수 있다.

※ 교차로에 이르기전 30m 이상 지점부터 좌측 방향지시기를 켠 후 중앙선을 따라 교차로 중심 안쪽으로 서행한다.

(3) 우·좌회전 차의 진행방해 금지
우회전이나 좌회전을 하기 위하여 손이나 방향지시기 또는 등화로써 신호을 하는 차가 있는 경우에 그 뒤차의 운전자는 신호를 한 앞차의 진행을 방해하여서는 아니 된다.

2 교차로 통행시 주의

(1) 우·좌회전 시 말려듦 방지
모든 차의 운전자는 우·좌회전 시 내륜차로 인하여 보행자나 자전거 등이 말려들지 않도록 주의한다.

(2) 교차로 내에서 정차 시 진입금지
모든 차의 운전자는 신호기로 교통정리를 하고 있는 교차로에 들어가려는 경우에는 진행하려는 진로의 앞쪽 교차로(정지선이 설치되어 있는 경우에는 그 정지선을 넘은 부분)에 정지하게 되어 다른 차의 통행에 방해가 될 우려가 있는 경우에는 그 교차로에 들어가서는 아니 된다.

(3) 교차로 통행자의 진행방해 금지
모든 차의 운전자는 교통정리를 하고 있지 아니하고 일시정

8 안전운전 속도와 교통사고 등의 요소

1 자동차 등의 속도

(1) 속도의 종류
① 규제속도 : 법정속도와 제한속도로 구분되어 있어 운전자가 준수하여야 하는 속도
② 설계속도 : 도로설계의 기초가 되는 자동차의 속도를 말하며 통상 제한속도보다 10~20km/h 정도 높게 설계되는 경우가 많으나, 그 도로의 성격과 교통상황에 따라 동일하지 아니하다.

(2) 법에서 정한 규제속도
① 일반도로 : 편도 1차로(최고 60km/h), 2차로 이상(최고 80km/h)
② 자동차전용도로 : 최저 30km/h, 최고 90km/h
③ 고속도로
 - 승용·승합차 : 최저 60km/h, 최고 110km/h
 (단, 1종 공사차량·특수·견인차량 : 최고 90km/h)
 - 편도 2차로 이상 : 최저 50km/h, 최고 100km/h
 (단, 1종 공사차량·특수·견인차량 : 최고 80km/h)
 - 편도 1차로 : 최저 40km/h, 최고 80km/h

(3) 속도별 정지거리

다음 양쪽 표에서 정지거리가 길어지는 이유 등을 알아두기로 한다. 따라서 속도에 따른 정지거리의 차이 등이 나오므로 일단 정지거리 등에 대한 개념을 알아두는 것이 필요하다.

(1) 안전거리 차이 진입공란
마른 노면에서 있을 때 그 차의 뒷바퀴가 다른 차보다 앞서가지 못하도록 하는 거리이다.

(2) 젖은 노면 차의 진입공란
젖은 노면에서는 그 차의 뒷바퀴가 다른 차보다 앞서가지 못하도록 하는 거리를 유지해야 한다.

(3) 아스팔트 차의 진입공란
아스팔트 노면에서 정지거리를 유지해야 한다.

(4) 가시 및 수막현상에 진입공란
고속도로의 충격상황이 일어나거나 그 차의 뒷바퀴가 다른 차보다 앞서가지 못하도록 유지해야 한다.

3 교통정리가 없는 교차로에서의 양보운전

(1) 원자 진입상황 차이 진입공란
이미 교차로에 들어가 있을 때에는 그 차가 다른 차보다 먼저 통행한다.

(2) 폭 넓은 도로 차이 진입공란
좁은 도로에서 나오는 차가 폭 넓은 도로에서 진입하는 차보다 먼저 통행한다. 동 굵은 도로는 교차로에 진입하는 차보다 우측 도로의 진입하는 차가 먼저 진입해야 한다.

(3) 우선순위 차이 진입공란
우선순위가 높은 차가 먼저 진입하고 진입장해가 되는 차는 양보해야 한다.

(4) 지정 및 우회전자와의 진입공란
교차로에서 좌회전하려는 다른 차가 있는 때에는 그 차에 진로를 양보하여야 한다.

---

9 안전운전 시행인가

1 안전거리 등의 종류

※ 안전기리의 정의 : 앞차의 급정지로, 자동차전용도로, 고속도로 등 모든 도로에서 적용
- 노면이 얼었을 때
- 눈이 20mm 이상 쌓일 때
- 가시거리가 100mm 이내일 때(폭우·폭설·안개 등)
- 20/100감속
 때
- 50/100감속
 - 폭우, 눈이 대량 올 때, 폭이 20mm 미만
(단, 1종 공사차량·특수·견인차량 : 최고 80km/h)

2 안전거리

(1) 안전거리의 정의
① 안전거리 : 앞차가 급정지할 경우라도 안전 정지할 수 있는 거리
② 고속도로 : 일반적인 경우의 100~110m 이상이 안전거리 기준

(2) 정지거리=공주거리+제동거리
① 공주거리 : 브레이크를 밟기 전에 자동차가 진행한 거리
 ※ 공주거리가 길어지는 이유 : 과속도, 음주
② 제동거리 : 브레이크를 밟기 시작하여 완전히 멈출 때까지의 거리
 ※ 제동거리가 길어지는 이유 : 타이어 공기압 미달 등, 과속 등일 때

3 사상·인명장치

(1) 사람장치
"사람장치"라 함은 자동차 승객이 충격에 의하여 차량 밖으로 튕겨나가는 것을 막기 위하여 착용하는 장치로 그 종류는 다음과 같다.
① 교통사고 발생시 승차자가 차 밖으로 튕겨나가 발생하는 교통사고 감소
② 부상 발생의 방지
③ 비행장치 등
④ 기타 피해를 방지

4 안전사가 도로상 양보운전

(1) 보행자의 통행
① 표면 편도 2차로 이상의 도로 : 앞차가 다른 차를 앞지르고 있거나 앞지르려고 하는 경우 등
② 표면 편도 1차로이상 도로 : 앞차가 앞지르기를 못하는 경우
(단, 표면 편도 2차로 도로에서 앞지르기 경우 앞지르기 도는 기타의 경우 등으로 운영하여야 할 것)

다(다만, 도로의 통행 방향이 일방통행인 경우에는 차마를 마주보지 아니하고 통행할 수 있다).
③ 보행자는 보도에서는 우측통행을 원칙으로 한다.

(2) 행렬 등의 통행
① 차도의 우측을 통행하여야 하는 경우
- 학생의 대열, 군의 부대 그 밖에 이에 준하는 단체의 행렬
- 말·소 등의 큰 동물을 몰고 가는 사람
- 사다리·목재나 그 밖에 보행자의 통행에 지장을 줄 우려가 있는 물건을 운반 중인 사람
- 도로의 청소 또는 보수 등 도로에서 작업 중인 사람
- 기 또는 현수막 등을 휴대한 행렬 및 장의 행렬

② 차도 중앙을 통행할 수 있는 경우 : 사회적으로 중요한 행사에 따른 행렬등이 시가행진하는 경우에는 차도 중앙을 통행할 수 있다.

(3) 어린이 등의 통행방법
① 어린이, 유아의 보호
- 어린이(13세미만) : 교통이 빈번한 도로에서 어린이를 놀게 하여서는 아니 된다.
- 어린이(6세미만) : 교통이 빈번한 도로에서 유아가 혼자 보행하게 하여서는 아니 된다.
- 어린이의 보호자 : 도로에서 어린이가 자전거를 타거나 위험성이 큰 움직이는 놀이기구를 탈 때에는 어린이의 보호자는 인명을 보호할 수 있는 승차용 안전모를 착용하도록 하여야 한다.

※ 위험성이 큰 놀이기구: 킥보드, 롤러스케이트, 롤러블레이드, 스케이트보드 등

② 앞을 보지 못하는 사람(이에 준하는 사람)의 보호
도로를 보행할 때에는 흰색 지팡이를 갖고 다니도록 하거나 앞을 보지 못하는 사람에게 길을 안내하는 개(맹인안내견)를 동반한다.

※ 앞을 보지 못하는 사람에 준하는 사람
· 듣지못하는 사람
· 신체 평형기능에 장애가 있는 사람
· 의족 등을 사용하지 아니하고는 보행이 불가능한 사람
· 보행보조용 의자차에 의지하여 몸을 이동하는 사람

(4) 보행자의 도로횡단 방법
① 보행자는 횡단보도, 지하도·육교나 그 밖의 도로 횡단시설이 설치되어 있는 도로에서는 그 곳으로 횡단하여야 한다. 다만, 지하도 또는 육교 등의 도로 횡단시설을 이용할 수 없는 지체장애인의 경우에는 다른 교통에 방해가 되지 아니하는 방법으로 도로 횡단시설을 이용하지 아니하고 도로를 횡단할 수 있다.
② 횡단보도가 설치되어 있지 아니한 도로에서는 가장 짧은 거리로 횡단하여야 한다.
③ 횡단보도로를 횡단하거나 신호나 지시에 따라 횡단하는 경우를 제외하고 차의 바로 앞이나 뒤로 횡단하여서는 아니 된다.
④ 보행자는 안전표지 등에 의하여 횡단이 금지되어 있는 도로의 부분에서는 그 도로를 횡단하여서는 아니 된다.

5 차마의 보행자 등 보호

(1) 횡단중인 보행자 보호
① 횡단보도 앞에서 일시정지 : 모든 차의 운전자는 보행자의 횡단을 방해하거나 위험을 주지 아니하도록 그 횡단보도 앞(정지선이 설치되어 있는 곳에서는 그 정지선)에서 일시정지하여야 한다.
② 신호 및 지시에 따라 횡단하는 보행자 우선 : 모든 차의 운전자는 교차로에서 좌회전이나 우회전을 하려는 경우에는 신호기 또는 경찰공무원 등의 신호나 지시에 따라 도로를 횡단하는 보행자의 통행을 방해하여서는 아니 된다.
③ 횡단보도가 없는 곳에서의 횡단보행자 보호 : 모든 차의 운전자는 교통정리를 하고 있지 아니하는 교차로 또는 그 부근의 도로를 횡단하는 보행자의 통행을 방해하여서는 아니 되며, 보행자가 횡단보도가 설치되어 있지 아니한 도로를 횡단하고 있을 때에는 안전거리를 두고 일시정지하여 보행자가 횡단할 수 있도록 하여야 한다.

(2) 보행자 옆을 지나는 경우 서행
모든 차의 운전자는 도로에 설치된 안전지대에 보행자가 있는 경우와 차로가 설치되지 아니한 좁은 도로에서 보행자의 옆을 지나는 경우에는 안전한 거리를 두고 서행하여야 한다.

(3) 어린이나 앞을 보지 못하는 사람 등의 보호
모든 차의 운전자는 다음에 해당하는 경우에 일시정지할 것.
① 어린이가 보호자 없이 도로를 횡단할 때, 어린이가 도로에서 앉아 있거나 서 있을 때 또는 어린이가 도로에서 놀이를 할 때 등 어린이에 대한 교통사고의 위험이 있는 것을 발견한 경우
② 앞을 보지 못하는 사람이 흰색 지팡이를 가지거나 맹인안내견을 동반하고 도로를 횡단하고 있는 경우
③ 지하도나 육교 등 도로 횡단시설을 이용할 수 없는 지체장애인이나 노인 등이 도로를 횡단하고 있는 경우

(4) 어린이나 노인 등 보호구역에서의 안전에 유의
모든 차의 운전자는 어린이 보호구역 이나 노인(65세이상) 또는 장애인 보호구역에서 교통사고의 위험으로부터 보호하기 위한 조치를 준수하고 안전에 유의하면서 운행하여야 한다.

6 어린이 통학버스의 보호

(1) 어린이통학버스의 특별보호
① 어린이통학버스가 도로에 정차하여 어린이나 유아가 타고 내리는중임을 표시하는 점멸등 등 장치를 작동 중인 때
- 어린이통학버스가 정차한 차로와 그 차로의 바로 옆차로로 통행하는 차의 운전자는 어린이통학버스에 이르기 전에 일시정지하여 안전을 확인한 후 서행하여야 한다.
- 중앙선이 설치되지 아니한 도로와 편도 1차로인 도로에서는 반대방향에서 진행하는 차의 운전자도 어린이통학버스에 이르기 전에 일시정지하여 안전을 확인한 후 서행하여야 한다.

9 감속, 운행, 주차·정차 등 운전방법

1 정지 차량과 통행방법

(1) 일시정지의 뜻과 효력

일시정지란 차가 원칙적으로 즉시 출발할 수 있는 상태로 그 바퀴를 일시적으로 완전히 정지시키는 것을 말한다.

① 보행자가 횡단보도를 통과하고 있을 때 또는 보행자나 자전거가 횡단하고 있을 때에는 그 통행을 방해하지 않도록 일시정지 하여야 한다.

② 어린이, 앞을 보지 못하는 사람, 지체장애인이나 노인 등이 도로를 횡단하고 있을 때에는 일시정지 하여야 한다.

③ 어린이보호구역 내 설치된 신호기가 없는 횡단보도 앞에서는 보행자의 횡단여부와 관계없이 일시정지 하여야 한다.

(2) 어린이통학버스 공전자 및 운영자의 의무

① 어린이통학버스에 어린이나 영유아를 태울 때에는 성년인 사람 중 보호자를 함께 태우고 운행하여야 한다.

② 승하차시 영유아나 어린이가 좌석안전띠(영유아인 경우에는 보호자가 안아서 좌석안전띠를 매어 준 후 운행한다.)를 매도록 한 후 출발하여야 한다.

③ 어린이통학버스를 운전하는 사람은 어린이나 영유아가 타고 내리는 경우에만 점멸등 등의 장치를 작동하여야 한다.

2 감속 운행

(1) 밤에 가로 등 등 불빛

밤(해가 진 후부터 해가 뜨기 전까지)에 도로에서 운행하는 경우에 켜야 하는 등화를 다음과 같다.

(1) 일시정지의 안전확보

모든 차의 운전자는 길가의 건물이나 주차장 등에서 도로에 들어갈 때에는 일단 정지한 후에 안전한지 확인하면서 서행하여야 한다.

(2) 일시정지의 의미

일시정지란 차가 반드시 정지하여야 하되 정지 상태를 유지할 필요가 없이 바퀴를 일시적으로 정지시키는 것을 말한다.

(3) 차단기, 경보기에 의한 정지 조치

모든 차의 운전자는 정지선이나 횡단보도가 있을 때에는 그 직전이나, 신호기가 표시하는 신호가 있는 경우에는 그 신호에 따라 정지하여야 한다.

(4) 일시정지에서 공전할 수 없기 된 때의 조치

도로의 구부러진 부근, 비탈길의 고개마루 부근 또는 가파른 비탈길의 내리막 등에서는 서행하거나 일시정지 하여야 한다.

① 주차 수칙을 대피시킨다.

② 비상점멸등 등을 사용하거나 그 밖의 방법으로 경찰공무원이나 경찰보조원에게 알린다.

③ 화물자동차 얼마의 표지를 이용기호화한다.

※ 후속대피 → 경찰공무원에게 알림 → 교통상황 변화 → 이동조치
※ 교통사고 예방 기여에는 한다.

3 운전·정지

(1) 주차·정차금지

① 주차·정차금지 및 계절운용의 단지 주차장 등에 주차하였거나 정지한 차도 및 측은 방법을 취하여야 한다.

② 정차금지란 차가 사람을 태우거나 내리거나 또는 짐을 실거나 내리는 동작의 일시 정지 상태를 말한다. 단, 주정차금지구역에서는 안 된다.

③ 정차기능을 갖추고 있는 곳에서 정차선을 넘어 넘은 경우 주차위반 또는 정차위반이 될 수 있다.

④ 사거리, 횡단보도 부근에서 정차하여 정지하는 장소나 상태는 주차 전·후 할 수 없다.

(2) 밤 또는 안개가 끼거나 눈·비가 올 때 등화

밤 또는 낮에 어둡거나 안개가 끼거나 눈·비 올 때 등의 등화

① 자동차 : 미등 및 차폭등
② 자동차(견인되는 자동차 제외) : 미등 및 차폭등과 변호등 및 실내조명등(실내조명등은 승합자동차와 여객자동차)
③ 견인되는 차 : 미등·차폭등 및 변호등
④ 노면전차 : 전조등, 차폭등, 미등과 실내 조명등

(3) 밤에 마주보고 진행하는 경우의 등화조작

① 전조등 밝기를 줄이거나 불빛의 방향을 아래로 향하도록 하거나, 잠시 전조등을 끌 것. 다만, 도로의 상황으로 보아 마주보고 진행하는 차의 교통을 방해할 우려가 없는 경우에는 그러하지 아니하다.
※ 마주 오는 차의 전조등 빛이 강하여 눈부심으로 인하여 일시적으로 시야의 장애를 받았을 때에는 그 불빛을 정시하지 말고, 시선을 약간 오른쪽으로 돌려 감속 또는 서행하거나 일시정지 한다.

(4) 밤에 교통이 빈번한 공공도로 등행 때

전조등 불빛의 방향을 계속 아래로 유지하여야 한다. 다만, 진행방향의 지점의 교통을 방해할 우려가 없는 경우에는 그러하지 아니하다.
※ 차를 앞지르려고 하거나 마주보고 진행하는 경우에는 전조등 불빛의 밝기를 함의 아래로 조작하여야 한다.

(2) 안전운전 의무사항

① 자동차(개인형 이동장치 제외)의 운전자는 고속도로, 다만, 아침 11월 등 고속도로에서는 수도정지를 배치할 수 없다.

② 고속버스 운송사업용 자동차 및 화물자동차의 승차인원 : 승차정원 이내
③ 화물자동차의 적재중량 : 구조 및 성능에 따르는 적재중량의 11할 이내
④ 화물자동차의 적재용량은 다음 기준을 넘지 아니할것
- 길이 : 자동차 길이의 1/10의 길이를 더한 길이(이륜차 : 승차·적재장치 길이에 30cm를 더한 길이)
- 너비 : 후사경으로 후방을 확인할 수 있는 범위
- 높이 : 지상 4m(도로구조의 보전과 통행의 안전에 지장이 없다고 인정하여 고시한 도로 노선의 경우에는 4.2m, 소형 3륜 2.5m, 이륜 2m)

(3) 안전기준을 넘는 승차·적재의 허가
① 운행상 안전기준을 넘는 승차·적재를 하고자 할 때 출발지를 관할하는 경찰서장의 허가를 받을 수 있는 경우는 다음과 같다.
- 전신·전화·전기공사, 수도공사, 제설작업 그 밖의 공익을 위한 공사 또는 작업을 위하여 부득이 화물자동차의 승차정원을 넘어서 운행하고자 하는 경우
- 분할이 불가능하여 적재중량 및 적재용량의 기준을 적용할 수 없는 화물을 수송하는 경우
② 운행상 안전기준을 넘는 승차·적재 허가를 받은 경우에는 다음과 같이 한다.
- 안전기준 초과 승차·적재 허가증을 비치할 것
- 화물에는 길이 또는 폭의 양 끝에 너비 30cm, 길이 50cm 이상 빨간 헝겊으로 된 표지를 달것(밤에 운행하는 경우에는 반사체로 된 표지를 달 것)

※ 예비군 훈련시 인원수송, 이삿짐, 모래, 자갈 등 건축자재를 운송시에는 경찰서장의 안전기준 초과 허가 대상에 해당되지 않는다.

4 정비불량차

(1) 정비불량차의 운전금지
모든 차의 사용자, 정비 책임자 또는 운전자는 장치가 정비되어 있지 아니한 차(정비불량차)를 운전하도록 시키거나 운전하여서는 아니 된다.

(2) 정비불량차의 점검
① 경찰공무원은 정비불량차에 해당한다고 인정하는 차가 운행되고 있는 경우 : 그 차를 정지시킨 후, 자동차등록증 또는 자동차운전면허증을 제시하도록 요구하고, 그 차의 장치를 점검할 수 있다.
② 점검한 결과 정비불량 사항이 발견된 경우 : 응급조치를 하게 한 후에 운전을 하도록 하거나, 통행구간·통행로와 필요한 조건을 정한 후 운전을 계속하게 할 수 있다.
③ 정비상태가 매우 불량하여 위험발생의 우려가 있는 경우 : 자동차등록증을 보관하고 운전의 일시정지를 명할 수 있으며, 필요하면 10일의 범위에서 그 차의 사용을 정지시킬 수 있다.

(3) 유사 표지의 제한 및 운행금지
누구든지 자동차 등에 교통단속용 자동차·범죄수사용 자동차나 그 밖의 긴급자동차와 유사하거나 혐오감을 주는 다음의 도색이나 표지 등을 하거나 그러한 자동차 등을 운전하여서는 아니 된다.
① 긴급자동차로 오인할 수 있는 색칠 또는 표시
② 욕설을 표시하거나 음란한 행위를 묘사하는 등 다른 사람에게 혐오감을 주는 그림·기호 또는 문자

10 고속도로에서의 운전

1 운행전 점검사항

(1) 자동차 점검
① 연료량, 엔진오일 누유 여부
② 냉각수 유무와 누수 상태
③ 냉각장치 및 팬 벨트 상태
④ 라디에이터 캡 작동 상태
⑤ 타이어의 공기압과 마모 상태
⑥ 스페어 타이어, 비상수리공구 및 고장차량 표지판 휴대 여부 상태를 철저히 점검한 후 주행

(2) 화물의 점검
① 화물의 전락 방지조치를 철저히 할 것
② 휴식시간마다 다시 한번 확인할 것

(3) 도로 및 교통상황을 사전 파악
기상정보, 교통상황, 공사구간, 정체구간, 우회도로, 휴게소, 주유소 위치 등을 파악하여 적절한 운행 계획을 세운다.

2 고속도로 주행시 주의사항

(1) 고속도로 통행 금지
자동차(이륜자동차는 긴급자동차에 한한다) 외의 차마의 운전자 또는 보행자는 고속도로 등을 통행하거나 횡단하여서는 아니된다.

(2) 횡단 등의 금지
자동차의 운전자는 그 차를 운전하여 고속도로 등을 횡단하거나 유턴 또는 후진하여서는 아니된다.
(다만, 긴급자동차 또는 도로의 보수·유지 등의 작업을 하는 자동차로서 응급조치작업에 사용되는 경우에는 그러하지 아니하다)

(3) 정차·주차 금지
자동차의 운전자는 고속도로 등에서 차를 정차 또는 주차시켜서는 아니된다.
다만, 다음의 경우에는 그러하지 아니하다.

11 동전자의 의무 및 준수사항

1 동전자의 의무

(1) 교통사고 발생 시 동전자의 조치
누구든지 교통사고가 발생하였을 때에는 경찰공무원이나 경찰관서로부터 교통사고 조사를 위한 통지를 받은 경우 등에는 이에 응하여야 한다.

♣ **운전자가 준수하여야 할 사항**
① 물이 고인 곳을 운행할 때에는
② 다음에 해당하는 경우에는 일시정지할 것(어린이가 보호자 없이 도로를 횡단할 때 등)
③ 운전자가 승하차자를 운전 중에 사용하는 것
④ 운전자는 운전중 영상표시장치에 영상이 표시되는 것
⑤ 운전자는 운전중 영상표시장치를 조작하는 것
⑥ 운전자는 자동차 등의 운전 중 휴대용 전화를 사용하는 것
※ 운전자는 운전 중에 방해가 되지 아니하는 장치로써 영상물 등을 표시하는 것은 가능하다.

(2) 동승자 상호간에서의 운전자의 금지
① 누구든지 도로에서 자동차 등을 (공동)위험 행위 등
② 공동위험행위의 금지 등을 위반하여 자동차 등을 운전하는 사람과 그 행위에 동승한 경우에 운전자는 운전 중 인명의 피해가 발생될 수 있어 적극적 조치 필요하여야 한다.

(3) 어린이의 자전거 사고방지
① 과속으로 통행공도로로 어린이가 자전거를 타도록 하여서는 안 된다.
② 어린이의 안전을 위하여 공공이 많거나 빠르게 달리는 것을 중지한다.

2 경찰이 공동차를 수 없는 때

(1) 그 장소의 자동차 진행할 수 없는 때 ((정차))
① 공공장소로 도로에 있는 자동차는 즉시 진행한다.
② 긴급자동차의 경우 긴급용무를 위하여 최고속도를 초과할 수 있다.
③ 긴급자동차가 진행 100m 이상의 지점에 고정식단속 촬영할 장치가 있다.

(2) 경찰이 공동차에 없지 않은 때
① 고정식단속 도로의 가장자리로 이동시킨다.
② 긴급자동차가 진행 100m 이상의 지점에 고정식단속 촬영할 장치가 있다.
③ 지점이 500m 지점에서 식별할 수 있도록, 정차, 경기 등 불꽃신호를 200m 이상의 지점에 고정식단속 촬영할 장치가 있다.

(3) 어린이의 자전거 사고방지
① 과속으로 통행공도로는 어린이가 자전거를 타고 정지하기가 좋도록 한다.
② 어린이의 안전을 위하여 공공이 많거나 빠르게 달리는 것을 중지한다.

3 고장 등의 조치

(1) 그 장소의 사람이 공동차를 진행할 수 없는 때((주,정))
① 고정식단속 도로의 가장자리로 이동시킨다.
② 긴급자동차는 정지를 표시하는 포도표지 등을 설치하여야 한다.
③ 긴급자동차가 진행 100m 이상의 지점에 고정식단속 촬영할 장치가 있다.

(2) 고정식단속 공동차를 수 없을 때
① 고정식단속 도로의 가장자리로 이동시킨다.
② 긴급자동차는 정지를 표시하는 포도표지 등을 설치하여야 한다.
③ 지점이 500m 지점에서 식별할 수 있도록, 정차, 경기 등 불꽃신호를 200m 이상의 지점에 고정식단속 촬영할 장치가 있다.

(3) 어린이 자전거 사고방지
① 과속으로 통행공도로로 어린이가 자전거를 타도록 하여서는 안 된다.
② 어린이의 안전을 위하여 공공이 많거나 빠르게 달리는 것을 중지한다.

(4) 고속도로 진입 시 속도 준수
① 자동차의 (긴급자동차는 제외) 공도로서 고속도로에 들어가려고 하는 때에는 그 고속도로를 통행하고 있는 다른 자동차의 통행을 방해하여서는 아니 된다.
② 긴급자동차 외의 자동차의 긴급자동차 통행을 방해하여서는 아니 된다. 긴급 자동차의 통행을 방해하거나 그 진로를 양보하지 않으면 긴급자동차의 진로를 이탈해야 한다.

(5) 진로 변경 금지
자동차 등이 고속도로 등에서 차선을 변경하거나 앞지르기 등을 하고자 하는 경우 방향지시등, 등화 또는 경음기를 사용하여야 하며, 고속도로, 자동차전용도로 등에서는 지정된 최고·최저 속도를 준수해야 한다.

※ **고속도로에서 주·정차할 수 있는 경우**
① 법령의 규정에 의한 정차·주차 금지
② 사건해결을 위한 정차·주차 금지
③ 운전자 교대시 정차·주차 금지
④ 교통사고를 고정시키기 위한 정차·주차 금지

③ 술에 취하였는지의 여부를 측정한 결과에 불복하는 운전자에게는 그 운전자의 동의를 얻어 혈액채취 등의 방법으로 다시 측정할 수 있다.
④ 운전이 금지되는 술에 취한 상태의 기준은 혈중알콜농도가 0.03% 이상으로 한다.

- 술에 취한 상태에서 운전할 때 면허 정지
- 만취운전 상태(혈중알코올농도 0.1% 이상) 또는 주취측정에 불응한 때에는 운전면허 취소처분과 동시 5년 이하의 징역이나 2천만원 이하의 벌금
- 음주운전으로 사람을 상해한 자는 15년 이하의 징역 또는 1천만원 이상 3천만원 이하의 벌금(사망의 경우 무기 또는 3년 이상의 징역)【특가법 제5조의 11】

(3) 과로한 때 등의 운전금지

자동차 등의 운전자는 과로·질병 또는 약물(마약·대마 및 향정신성 의약품과 그 밖의 영향)로 인하여 정상적으로 운전하지 못할 우려가 있는 상태에서 자동차 등을 운전하여서는 아니된다.

※ 그 밖의 영향이라 함은, 운전이 금지되는 약물로서 흥분·환각 또는 마취의 작용을 일으키는 유해화학물질(신나·접착제·풍선류 또는 도료·부탄가스)을 말한다.【시행규칙 제28조】

(4) 공동 위험행위 금지

자동차 등의 운전자는 도로에서 2인 이상이 공동으로 2대 이상의 자동차 등을 정당한 사유없이 앞뒤로 또는 좌우로 줄지어 통행하면서 다른 사람에게 위해를 주거나, 교통상 위험을 발생하게 하여서는 아니된다.

2 운전자의 준수사항

(1) 운전자의 준수사항

모든 차의 운전자는 다음 사항을 지켜야 한다.
① 물이 고인 곳을 운행하는 때에는 고인 물을 튀게 하여 다른 사람에게 피해를 주는 일이 없도록 할 것
※ 물이 고인 장소를 통과할 때에는 일시정지 또는 속도를 감속하고 물이 튀지 않게 주의한다.
② 자동차의 앞면 창유리 및 운전석 좌우 옆면 창유리의 암도(暗度)가 낮아서 교통안전 등에 지장을 줄 수 있는 정도로서 가시광선의 투과율이 다음의 기준 미만인 차를 운전하지 아니할 것
다만, 요인 경호용·구급용 및 장의용 자동차는 제외한다.
 1. 앞면 창유리의 경우 70% 미만
 2. 운전석 좌우 옆면 창유리의 경우 40% 미만
③ 교통 단속용 장비의 기능을 방해하는 장치를 한 차나 그 밖에 안전운전에 지장을 줄 수 있는 것으로서 다음의 기준에 적합하지 아니한 장치를 한 차를 운전하지 아니할 것
 1. 경찰관서에서 사용하는 무전기와 동일한 주파수의 무전기
 2. 긴급자동차가 아닌 자동차에 부착된 경광등, 사이렌 또는 비상등
④ 도로에서 자동차를 세워 둔 채 시비·다툼 등의 행위를 함으로써 다른 차의 통행을 방해하지 아니할 것
⑤ 운전자가 운전석으로부터 떠나는 때에는 원동기의 발동을 끄고 제동장치를 철저하게 하는 등 차의 정지상태를 안전하게 유지하고 다른 사람이 함부로 운전하지 못하도록 조치를 할 것
⑥ 운전자는 안전을 확인하지 아니하고 차의 문을 열거나 내려서는 아니되며, 승차자가 교통의 위험을 일으키지 아니하도록 필요한 조치를 할 것
⑦ 운전자는 정당한 사유없이 다음에 해당하는 행위를 하여 다른 사람에게 피해를 주는 소음을 발생시키지 아니할 것
 1. 자동차 등을 급히 출발시키거나 속도를 급격히 높이는 행위
 2. 자동차 등의 원동기 동력을 차 바퀴에 전달시키지 아니하고 원동기의 회전수를 증가시키는 행위
 3. 반복적이거나 연속적으로 경음기를 울리는 행위
⑧ 운전자는 승객이 차 안에서 안전운전에 현저히 장해가 될 정도로 춤을 추는 등 소란행위를 하도록 내버려 두고 차를 운행하지 아니할 것
⑨ 운전자는 자동차 등의 운전중에는 휴대용 전화(자동차용 전화를 포함)를 사용하지 아니할 것
다만, 다음에 해당하는 경우에는 그러하지 아니하다.
 1. 자동차 등이 정지하고 있는 경우
 2. 긴급자동차를 운전하는 경우
 3. 각종 범죄 및 재해 신고 등 긴급한 필요가 있는 경우
 4. 손으로 잡지 아니하고도 휴대용 전화를 그 본래의 용도로 사용할 수 있는 장치를 이용하는 경우
⑩ 운전자는 자동차의 화물 적재함에 사람을 태우고 운행하지 아니할 것
⑪ 그 밖에 지방경찰청장이 교통안전과 교통질서 유지상 필요하다고 인정하여 지정·공고한 사항에 따를 것

(2) 특정 운전자의 준수사항

① 자동차를 운전하는 때에는 좌석안전띠를 매어야 하며, 그 옆 좌석의 승차자에게도 좌석안전띠(유아인 경우는 유아보호용 장구를 장착한 후 좌석안전띠)를 매도록 하여야 한다. 다만, 질병 등으로 다음의 사유가 있는 때에는 그러하지 아니하다.
 1. 부상·질병·장애 또는 임신 등으로 좌석안전띠의 착용이 적당하지 아니한 때
 2. 자동차를 후진시키는 때
 3. 신장·비만 그 밖의 신체의 상태가 적당하지 아니한 때
 4. 긴급자동차가 그 본래의 용도로 운행되고 있는 때
 5. 경호 등을 위한 경찰용 자동차에 호위되거나 유도되고 있는 때
 6. 국민투표운동·선거운동 및 국민투표·선거관리업무에 사용되는 자동차의 경우
 7. 우편물의 집배, 폐기물의 수집, 그 밖의 빈번히 승강하는 업무에 종사하는 때
 8. 여객운송사업용 자동차의 운전자가 승객의 주취·약물복용 등으로 좌석안전띠를 매도록 할 수 없는 때
② 운전자는 옆좌석 외의 좌석의 승차자에게도 좌석안전띠를 매도록 주의를 환기시켜야 하며, 승용자동차에 있어서 유아가 옆좌석 외의 좌석에 승차하는 경우에는 좌석안전띠를 매도록 하여야 한다.
③ 이륜자동차 및 원동기장치자전거(자전거 포함)의 운전자는 인명보호장비를 착용하고 운행하여야 하며, 승차자에게도 이를 착용하도록 하여야 한다(야간 운행시 반사체 부착).
④ 운송사업용자동차 또는 화물자동차 등의 운전자는 다음 행

교통사고 가해운전자

1 교통사고 발생 시 조치

(1) 교통사고 발생 시 공장자의 조치
① 즉시 정차하여 사상자를 구호한다.
② 가장 가까운 경찰관서에 신고한다.
③ 경찰공무원이나 경찰관서에 신고할 때까지 현장을 이탈하지 아니한다.
(다만, 운행중인 차만이 고장 및 기타 부득이한 사유로 현장에서 승객을 하차시키거나 사상자를 구호하고 계속 운전하는 경우는 예외로 한다.)

※ 교통사고 발생 시 조치 : 즉시 정차 → 사상자 구호 → 신고

(2) 신고요령
① 사고가 일어난 곳
② 사상자 수 및 부상 정도
③ 손괴한 물건 및 손괴 정도
④ 기타 현장 조치사항 등 필요한 사항

2 교통사고 발생 시 응급구호조치

※ 교통사고 발생 시 운행중 자동차가 단차되어 다른 자동차의 소통에 방해가 되어 교통사고를 방지하기 위한 조치를 하여야 한다.

(1) 응급구호조치
고장차량 운전자가 있는 경우 정차하거나 사상자가 있는 경우에는 즉시 정차하여 사상자를 구호하는 등의 조치를 하여야 한다.

(2) 응급환자의 응급조치 고지
① 인적 사상자를 안전한 장소로 이동시킨다.
② 부상자를 조심스럽게 옮긴다.

(3) 사고 발생 시 조치 방법 고지
교통사고로 운행할 수 없는 경우에는 그 자동차를 도로 밖의 안전한 곳으로 이동하여야 한다.

(4) 기타 발생 시 조치
① 신고자에게 도로 또는 교통에 장애를 주지 아니하도록 다른 자동차의 통행에 지장이 없는 장소로 이동시키는 조치를 한다.
② 사고가 일어난 곳
③ 손괴된 물건 및 손괴 정도
④ 신고자는 교통사고 조사를 마치고 자동차를 이용할 수 있도록 허가가 있을 때까지 가급적 사고 장소에 대기한다.

3 교통사고 처리 특례

(1) 목적
업무상 과실 또는 중대한 과실로 교통사고를 일으킨 운전자에 관한 형사처벌 등의 특례를 정함으로써 교통사고 피해의 신속한 회복을 촉진하고 국민생활의 편익을 증진함을 목적으로 한다.

(2) 교통사고 운전자의 형사 처벌
① 업무상 과실 또는 중대한 과실로 교통사고를 일으킨 운전자는 5년 이하의 금고나 2천만원 이하의 벌금에 처한다.
② 차의 교통으로 인하여 업무상과실·중과실 치사상의 죄를 범한 운전자는 5년 이하의 금고 또는 2천만원 이하의 벌금형에 처한다(반의사불벌).

(3) 교통사고 처리의 특례
교통사고를 일으킨 차가 보험이나 공제에 가입된 경우에는 업무상과실 또는 중과실로 인한 치상사고와 중대한 손괴사고에 대하여 공소를 제기할 수 없다(반의사불벌).

① 피해자의 명시한 의사
② 공소권 있음
※ 특례 적용 대상 사고를 일으킨 경우라 할지라도 다음의 경우에는 특례를 적용받지 못하고 형사처벌을 받아야 한다.
① 교통사고로 사람을 사상(사망)한 경우
② 교통사고 야기 후 도주하거나 사상자를 유기 도주한 경우
③ 다음 11개 중요법규 위반으로 사상사고를 일으킨 경우(치상)

1. 신호위반 또는 지시위반으로 인한 사고
2. 중앙선 침범 고속도로(자동차도로)에서 횡단, 유턴, 후진 위반
3. 시속 20km 초과
4. 앞지르기 방법, 금지시기, 금지장소 끼어들기 금지 위반
5. 철길건널목 통과방법 위반
6. 횡단보도에서 보행자 보호의무 위반
7. 무면허(효력정지·운전정지 포함) 운전 사고
8. 주취운전(음주측정불응 포함) 약물복용운전사고
9. 보도 침범, 보도 횡단방법 위반
10. 승객의 추락방지 의무 위반
11. 어린이 보호구역에서 어린이 안전의무 위반
④ 보험 및 공제가입 운전자라 할지라도 피해자가 사망한 경우

※ 공소(공소권)할 수 없는 경우(교통사고 처리특례 적용자)
① 안전운전 불이행   ② 제한속도 10km 초과
③ 통행 우선순위 위반   ④ 난폭운전
⑤ 교차로 통과방법 위반   ⑥ 안전거리 미확보 운전 경우 등

13 자동차 등록 및 관리

1 자동차의 등록

(1) 신규등록
① 자동차는 등록관청(시·군·구청)에 등록을 하지 않으면 운전할 수 없다.
② 자동차 등록신청은 임시운행 허가기간 10일 내에 소유자 또는 자동차 제작·판매자가 할 수 있다.
※ 자동차 소유권의 득실변경은 등록을 하여야 그 효력이 생긴다.

1) 자동차 등록번호판
자동차 등록을 마친 사람은 자동차에 자동차 등록번호판을 부착한 후 봉인해야 하며, 등록관청의 허가나 다른 법률에 특별한 규정이 없는 한 이를 뗄 수 없다.

2) 자동차 등록증
자동차 등록을 마치게 되면 자동차 등록증을 교부 받는데 사용자는 그 자동차 안에 항상 자동차 등록증을 비치해야 한다.

(2) 변경등록
① 자동차 등록증의 기재사항 중 차대번호, 원동기형식, 자동차 소유자의 성명 및 주민등록번호, 자동차의 사용본거지, 자동차의 용도 등에 변경이 있을 때 하는 등록
② 사유가 발생한 날(주소 변경시는 전입신고일)로부터 15일 이내에 등록관청에 신청한다.

(3) 이전등록
매매, 증여, 상속 등으로 자동차의 소유권을 이전하는 경우 자동차를 양수 받는 사람은 관할 등록관청에 자동차소유권 이전등록을 신청해야 한다.
① 매매의 경우 매수한 날로부터 15일 이내
② 증여의 경우 증여를 받은 날로부터 20일 이내
③ 상속의 경우 상속 개시일로부터 3월 이내
④ 그 밖의 경우 사유 발생일로부터 15일 이내

(4) 말소등록
① 자동차를 폐차, 천재지변, 교통사고 등에 의한 멸실, 구입 자동차의 반품, 여객자동차의 경우 차령의 초과, 면허·등록·인가 또는 신고가 실효 또는 취소된 경우 등에 하는 등록
② 사유 발생일로부터 1월 이내에 자동차 등록증, 번호판 및 봉인을 반납하고 등록관청에 말소등록을 해야 한다.
※ 도난 당한 자동차의 등록을 말소하고자 하는 경우에는 관할 경찰서장이 발급하는 도난신고확인서를 첨부

2 자동차의 검사

신규검사와 정기검사(계속검사)가 있다.

종합검사 대상과 유효기간 <개정>

검 사 대 상		적용 차령	검사 유효 기간
승용자동차	비사업용	차령 4년 초과	2년
	사업용	차령 2년 초과	1년
경형·소형 승합 및 화물차	비사업용	차령 3년 초과	1년
	사업용	차령 2년 초과	1년
사업용 대형화물차		차령 2년 초과	6개월
그 밖의 자동차	비사업용	차령 3년 초과	차령 5년까지 1년, 이후부터 6개월
	사업용	차령 2년 초과	차령 5년까지 1년, 이후부터 6개월

※ 검사 유효기간 만료일을 전후 각각 31일 내에 검사를 받아야 한다.

3 자동차보험

(1) 자동차 손해배상 책임보험에 가입(강제보험)
① 자동차를 소유한 사람이 의무적으로 가입해야 하는 보험이다.
② 교통사고시 타인에 대한 손해를 보상한다.

(2) 자동차 종합보험(임의보험 : 특례를 적용받을 수 있는 보험)
① 책임보험으로 보상할 수 있는 최고 한도액을 초과하는 손해를 입힌 경우 보상되는 보험이다.
② 대인, 대물, 자손, 자차 등의 차량손해가 일괄적으로 되어 있다.
③ 보험 및 공제조합 가입사실 증명원은 보험사업자 또는 공제사업자가 서면으로 증명해야 한다.

14 차에 작용하는 물리적 힘 요점정리

1 자연의 법칙

(1) 관성과 마찰
① 주행 중인 차가 클러치를 끊어도 계속 주행하는 것은 관성력이 작용하기 때문이다.
② 주행 중 운전자가 브레이크를 밟으면 타이어와 노면과의 마찰저항이 생겨 차바퀴가 정지한다.
③ 바퀴가 정지한 상태에서 미끄러지는 이유는 노면과 타이어의 마찰저항보다 달리는 속도 관성(운동 에너지)이 더 크기 때문이다.

(2) 과로 및 질병운전
① 도로 포장이나 교량이 갈라져 생기는 홈들에 자동차가 빠져서 자동차가 균형을 잃거나 앞 타이어가 튕기면서 운전대가 갑자기 돌아가 차량이 이탈될 수 있다.
② 겨울철에는 자동차의 가장자리 결빙 현상으로 자동차가 미끄러지는 현상이 많이 일어난다.

(3) 속도의 초과심
① 자동차의 속도가 빠를수록, 운전자가 출수록, 연령 벽행과 본대 충돌사고 때해액도 더 커진다.
② 자동차 중량 증가와 속도에 비례하여 가동에너지가 커진다(속도가 2 배이면 충격력은 4 배가 된다).

(4) 수막현상(승이드로플레닝)
① 비가 와서 물이 고여 있는 노면 위를 고속주행 할 때 타이어와 노면 사이에 수막이 생겨 물 위를 닫리는 것 같은 상태가 되는 것을 수막현상이라고 한다.
② 승용차의 경우 시속 $90 \sim 100 \text{km}$ 수막현상이 일어나기 시작한다. 승용 차가 낡은 타이어가 아닌 경우 마모되는 경우에는 시속 70km 속도에서도 발생할 수 있다. 이 현상을 방지하기 위해서는 새 타이어를 사용하고 감속운행을 하여야 한다.

(5) 페이드 및 베이퍼 라크 현상
① 페이드 현상: 긴 내리막길 등에서 풋 브레이크를 계속 사용하면 마찰열이 라이닝에 축적되어 브레이크의 제동력이 저하되는 현상이다.
② 페이퍼 라크 현상: 브레이크 페달을 자주 걸게 밟음으로써 마찰열이 브레이크액에 전달되어 액이 끓으면서 기포가 생겨 브레이크가 제대로 밟히지 않는 현상이다.

(6) 스탠딩 웨이브 현상
① 타이어 공기압이 부족한 상태에서 시속 100km 이상 고속 주행 시 노면과 접지되었던 타이어가 공기압이 낮아 원상복구 되는 것이 지연되면서 타이어에 진동의 물결이 일어나는 현상이다.
② 타이어 내부 온도 급상승 및 타이어가 과열되어 파열되기까지 발생한다.

2 사고의 위험성

사고의 위험성은 운전자의 음주상태 등 정신 상태에 따라 달라지고 이에 인하여 여러 가지 사고 유형이 발생하게 된다.

(1) 음주운전 사고
① 차가 도로의 중앙선에 따라 사행운전이 주가 발생한다.
② 갈지자 형태의 주행으로 중앙선(배미·백선)으로 들어 음주 사고는 차량 상이 알린들이 분포 있고 주로 사고 가지를 내려게 된다.

(2) 졸음운전 등의 사이의 사고
① 주시태만에 의한 사고: 앞의 타이어 공기압 부족사고가 많이 발생한다.
② 과로에 의한 사고: 과로운전의 경우 대열(정차) 차량 등에 어료이 경우에 추돌 사고가 많다.
③ 음주 운전에 의한 사고: 주의 및 인지 능력이 떨어져 경계가 발생한다.

◎ 음주운전 처벌 기준 ◎

1. 혈중알코올농도 0.03% 이상 : 운전면허 정지
2. 혈중알코올농도 0.08% 이상 : 운전면허 취소
3. 혈중알코올농도 0.03% 이상 0.08% 미만 : 1년 이하 징역 또는 500만원 이하의 벌금
4. 혈중알코올농도 0.08% 이상 0.2% 미만 : 1년 이상 2년 이하 징역 또는 500만원 이상 1천만원 이하의 벌금
5. 혈중알코올농도 0.2% 이상 : 2년 이상 5년 이하 징역 또는 1천만원 이상 2천만원 이하의 벌금

Chapter 01 문장형문제 – 4지 1답형

01 다음 중 총중량 1.5톤 피견인 승용자동차를 4.5톤 화물자동차로 견인하는 경우 필요한 운전면허에 해당하지 않은 것은?
① 제1종 대형면허 및 소형견인차면허
② 제1종 보통면허 및 대형견인차면허
③ 제1종 보통면허 및 소형견인차면허
④ 제2종 보통면허 및 대형견인차면허

> **해설** 도로교통법 시행규칙 별표18 총중량 750킬로그램을 초과하는 3톤 이하의 피견인 자동차를 견인하기 위해서는 견인하는 자동차를 운전할 수 있는 면허와 소형견인차면허 또는 대형견인차면허를 가지고 있어야 한다.

02 도로교통법령상 운전면허증 발급에 대한 설명으로 옳지 않은 것은?
① 운전면허시험 합격일로부터 30일 이내에 운전면허증을 발급받아야 한다.
② 영문운전면허증을 발급받을 수 없다.
③ 모바일운전면허증을 발급받을 수 있다.
④ 운전면허증을 잃어버린 경우에는 재발급 받을 수 있다.

> **해설** 도로교통법시행규칙 제77조~제81조

03 도로교통법령상 어린이보호구역에 대한 설명으로 바르지 않은 것은?
① 주차금지위반에 대한 범칙금은 노인보호구역과 같다.
② 어린이보호구역 내에는 서행표시를 설치할 수 있다.
③ 어린이보호구역 내에는 주정차가 금지된다.
④ 어린이를 다치게 한 교통사고가 발생하면 합의여부와 관계없이 형사처벌을 받는다.

> **해설** 도로교통법 시행규칙 제93조 제2항 관련 별표 10, 어린이보호구역 내에는 고원식 과속방지턱이 설치될 수 있다. 또한 어린이보호구역에는 주정차가 금지되어 있다(도로교통법 제32조 제8호). 만약 어린이보호구역내에서 사고가 발생했다면 일반적인 교통사고보다 더 중하게 처벌받는다.

04 도로교통법상 승차정원 15인승의 긴급 승합자동차를 처음 운전하려고 할 때 필요한 조건으로 맞는 것은?
① 제1종 보통면허, 교통안전교육 3시간
② 제1종 특수면허(대형견인차), 교통안전교육 2시간
③ 제1종 특수면허(구난차), 교통안전교육 2시간
④ 제2종 보통면허, 교통안전교육 3시간

> **해설** 도로교통법 시행규칙 별표18 승차정원 15인승의 승합자동차는 1종 대형면허 또는 1종 보통면허가 필요하고 긴급자동차 업무에 종사하는 사람은 도로교통법 시행령 제38조의2 제2항에 따른 신규(3시간) 및 정기교통안전교육(2시간)을 받아야 한다.

05 도로교통법상 운전면허의 조건 부과기준 중 운전면허증 기재방법으로 바르지 않는 것은?
① A : 수동변속기
② E : 청각장애인 표지 및 볼록거울
③ G : 특수제작 및 승인차
④ H : 우측 방향지시기

> **해설** 도로교통법 시행규칙 제54조(운전면허의 조건 등) 제3항에 의거, 운전면허 조건의 부과기준은 별표20
> A는 자동변속기, B는 의수, C는 의족, D는 보청기, E는 청각장애인 표지 및 볼록거울, F는 수동제동기·가속기, G는 특수제작 및 승인차, H는 우측 방향지시기, I는 왼쪽 엑셀레이터이며, 신체장애인이 운전면허시험에 응시할 때 조건에 맞는 차량으로 시험에 응시 및 합격해야 하며, 합격 후 해당 조건에 맞는 면허증 발급

06 시·도 경찰청장이 발급한 국제운전면허증의 유효기간은 발급받은 날부터 몇 년인가?
① 1년 ② 2년
③ 3년 ④ 4년

> **해설** 도로교통법 제98조에 따라 국제운전면허증의 유효기간은 발급받은 날부터 1년이다.

07 도로교통법상 연습운전면허의 유효 기간은?
① 받은 날부터 6개월 ② 받은 날부터 1년
③ 받은 날부터 2년 ④ 받은 날부터 3년

> **해설** 도로교통법 제81조에 따라 연습운전면허는 그 면허를 받은 날부터 1년 동안 효력을 가진다.

08 승차정원이 11명인 승합자동차로 총중량 780킬로그램의 피견인자동차를 견인하고자 한다. 운전자가 취득해야하는 운전면허의 종류는?
① 제1종 보통면허 및 소형견인차면허
② 제2종 보통면허 및 제1종 소형견인차면허
③ 제1종 보통면허 및 구난차면허
④ 제2종 보통면허 및 제1종 구난차면허

> **해설** 도로교통법 시행규칙 별표18 비고3, 총중량 750킬로그램을 초과하는 3톤이하의 피견인 자동차를 견인하기 위해서는 견인하는 자동차를 운전할 수 있는 면허와 제1종 소형견인차면허 또는 대형견인차면허를 가지고 있어야 한다.

09 승차정원이 12명인 승합자동차를 도로에서 운전하려고 한다. 운전자가 취득해야하는 운전면허의 종류는?
① 제1종 대형견인차면허 ② 제1종 구난차면허
③ 제1종 보통면허 ④ 제2종 보통면허

> **해설** 도로교통법 시행규칙 별표18, 제1종 보통면허로 승차정원 15명 이하의 승합자동차 운전 가능, ①, ②, ④는 승차정원10명 이하의 승합자동차 운전가능

10 다음 중 도로교통법상 제1종 대형면허 시험에 응시할 수 있는 기준은? (이륜자동차 운전경력은 제외)
① 자동차의 운전경력이 6개월 이상이면서 18세인 사람
② 자동차의 운전경력이 1년 이상이면서 18세인 사람
③ 자동차의 운전경력이 6개월 이상이면서 19세인 사람
④ 자동차의 운전경력이 1년 이상이면서 19세인 사람

> **해설** 도로교통법 제82조 제1항 제6호에 따라 제1종 대형면허는 19세 미만이거나 자동차(이륜자동차는 제외한다)의 운전경력이 1년 미만인 사람은 받을 수 없다.

11 거짓 그밖에 부정한 수단으로 운전면허를 받아 벌금이상의 형이 확정된 경우 얼마동안 운전면허를 취득할 수 없는가?
① 취소일로부터 1년 ② 취소일로부터 2년
③ 취소일로부터 3년 ④ 취소일로부터 4년

> **해설** 도로교통법 제82조 제2항 제7호. 제93조 제1항 제8호의2. 거짓이나 그 밖의 부정한 수단으로 운전면허를 받은 경우 운전면허가 취소된 날부터 1년

정답 01. ④ 02. ② 03. ① 04. ① 05. ① 06. ① 07. ② 08. ① 09. ③ 10. ④ 11. ①

정답

12. ④ 13. ④ 14. ② 15. ① 16. ③ 17. ④ 18. ② 19. ④ 20. ① 21. ③ 22. ③

12 다음 중 제2종 운전면허를 취득할 수 있는 사항은?
① 양쪽 눈을 뜨고 잰 시력 중 한 곡이 0.5인 사람
② 듣지 못하는, 앞을 보지 못하는 한쪽 눈만 보지 못하는 사람
③ 17세인 사람
④ 듣지 못하는 사람

두 눈을 동시에 뜨고 잰 시력이 0.5 이상(다만, 한쪽 눈을 보지 못하는 사람은 다른 쪽 눈의 시력이 0.6 이상)이어야 한다. 이 경우 시력은 교정시력을 포함한다. 녹색·적색 및 황색의 색채 식별이 가능하여야 한다.

13 다음 중 도로교통법상 운전자가 자동차 등의 (기준)에 대한 설명으로 옳은 것은?
① 배기량 50cc 이상 - 최고정격출력 0.59킬로와트 이하
② 배기량 50cc 이상 - 최고정격출력 0.59킬로와트 이하
③ 배기량 125cc 이하 - 최고정격출력 11킬로와트 미만
④ 배기량 125cc 미만 - 최고정격출력 11킬로와트 이하

도로교통법 제2조 제19호 나목 정의 참조

14 도로교통법상 운전면허 정지처분을 받은 자가 다시 운전면허 정지처분을 받게 되는 경우 ( )에 기준으로 옳은 것은?
① 1일 ② 3일 ③ 5일 ④ 7일

도로교통법 제49조 제1항에 따른 조로교통법에 의한 대통령령이 정하는 운전면허 정지처분을 받은 사람이 그 정지기간 중에 다시 운전면허 정지처분을 받은 사람이 3일이 지나 과난 후에 다시 운전면허에 대한 처분을 할 수 있다.

15 운동기능장치가 개인형 이동장치의 정의에 대한 설명으로 바르지 않은 것은?
① 원동기장치 자전거 25kg 미만이어야 한다.
② 시속 25km 미만으로 나가야 한다.
③ 제차 중량이 30kg 미만이어야 한다.
④ 차체증량이 25km 이상으로 운전할 경우 자동으로 이동해야 한다.

도로교통법 제2조 제19호 2, 자전거 이용 활성화에 관한 법률 제3조 제1호 : 『개인형 이동장치』란 제19호 나목의 원동기장치자전거 중 시속 25킬로미터 이상으로 운행할 경우 전동기가 작동하지 아니하고 차체중량이 30킬로그램 미만인 것으로서 행정안전부령으로 정하는 것을 말한다.

16 다음 중 도로교통법에서 규정하고 있는 "정차"로 맞는 것은?
① 차가 일시적으로 바퀴를 멈추는 것
② 주차 외의 정차 상태로 정지하는 것
③ 차가 주차로 5분을 초과하지 아니하고 장차시키는 것
④ 차가 신호 대기를 위하여 정지한 것

도로교통법 제2조 (정의) 제25호

17 도로교통법상 개인형 이동장치의 통행방법 내용으로 틀린 것은?
① 승차정원을 초과하여 승차시킬 수 없다.
② 운전면허를 가진 만 65세 이상의 사람이 운전할 수 있다.
③ 만 13세 이상인 사람이 운전할 수 있다.
④ 정차지역에서도 개인형 이동장치를 끌거나 들고 보행할 수 있다.

도로교통법 제13조의2 제6항 개인형 이동장치의 운전자는 행정안전부령으로 정하는 승차정원을 초과하여 동승자를 태우고 개인형 이동장치를 운전하여서는 아니 된다.

18 개인형 이동장치의 통행에 대한 설명이 바르지 않은 것은?
① 운행기능이 20킬로미터 이하인 경우 자전거 전용도로를 통행할 수 있다.
② 최고정격출력 11킬로와트 이하의 이동장치는 자전거 도로를 통행할 수 있다.
③ 최고정격출력 11킬로와트 이하의 이동장치는 자전거 도로를 통행할 수 있다.
④ 차체 중량이 30kg 미만이어야 한다.

19 도로교통법상 원동기장치자전거의 통행 등에 대한 설명으로 가장 바르지 않은 것은?(제외)
① 19세 이상의 사람이 원동기장치자전거 면허 또는 그 이상의 면허를 받은 후 2년이 지나지 아니한 사람이 최고정격출력 11킬로와트 이하(정격전압이 배기량 125시시 이하의 이륜자동차는 제외)의 원동기장치자전거 중 시속 25킬로미터 이상으로 운행할 경우 전동기가 작동하지 아니하고 차체중량이 30킬로그램 미만인 것으로 한다.

20 도로교통법상 원동기장치자전거 운전자는 최고 속도로 운행할 수 있는 경우에는 ( )에 기준으로 맞는 것은?
① 11킬로와트 ② 6킬로와트 ③ 5킬로와트 ④ 0.59킬로와트

도로교통법 제2조 (정의) 제19호 나목 : 배기량 125시시 이하(전기를 동력으로 하는 경우에는 최고정격출력 11킬로와트 이하)의 이륜자동차 및 그 밖에 최고정격출력 11킬로와트 이하의 원동기를 단 차

21 도로교통법상 고령자 운전 및 장장진단 검사가 있는 사람의 기준으로 맞는 것은?
① 만 65세 이상 ② 만 70세 이상
③ 만 75세 이상 ④ 만 80세 이상

도로교통법 제87조 제1항

22 다음 중 도로교통법상 운전면허증 등의 소지자 및 운전자 본인의 의무에 대한 설명으로 틀린 것은?
① 주소 등 변경 사항이 발생하는 경우 각각의 경찰공공기관에 가능한다.
② 신분증을 통해 본인의 신원을 확인할 수 있는 방법이 있는 경우에는 경찰공공기관에 대해서 제시를 하지 않아도 된다.
③ 신분증이 없어서 운전면허증이 있는 경우 경찰공공기관에 대해서 제시를 하지 않아도 된다.
④ 운전면허증이 있는 경우 운전면허증 등의 지참을 대신할 수 있다.

도로교통법 제87조의2, 도로교통법 시행규칙 제157조(운전면허증의) 신분증명서를 운전면허증이 있는 경우 각각의 경찰공공기관에 대해서 지참을 대신할 수 있다.

23 다음 중 수소대형승합자동차(승차정원 35인승 이상)를 신규로 운전하려는 운전자에 대한 특별교육을 실시하는 기관은?
① 한국가스안전공사 ② 한국산업안전공단
③ 한국도로교통공단 ④ 한국도로공사

> 고압가스안전관리법 시행규칙 제51조제1항 별표31

24 도로교통법상 교통법규 위반으로 운전면허 효력 정지처분을 받을 가능성이 있는 사람이 특별교통안전 권장교육을 받고자 하는 경우 누구에게 신청하여야 하는가?
① 도로교통공단 이사장 ② 주소지 지방자치단체장
③ 운전면허 시험장장 ④ 시·도경찰청장

> 도로교통법 제73조(교통안전교육) ③ 다음 각 호의 어느 하나에 해당하는 사람이 시·도경찰청장에게 신청하는 경우에는 대통령령으로 정하는 바에 따라 특별교통안전 권장교육을 받을 수 있다. 이 경우 권장교육을 받기 전 1년 이내에 해당 교육을 받지 아니한 사람에 한정한다.
> 1. 교통법규 위반 등 제2항제2호 및 제4호에 따른 사유 외의 사유로 인하여 운전면허효력 정지처분을 받게 되거나 받은 사람
> 2. 교통법규 위반 등으로 인하여 운전면허효력 정지처분을 받을 가능성이 있는 사람
> 3. 제2항제2호부터 제4호까지에 해당하여 제2항에 따른 특별교통안전 의무교육을 받은 사람
> 4. 운전면허를 받은 사람 중 교육을 받으려는 날에 65세 이상인 사람

25 도로교통법령상 한쪽 눈을 보지 못하는 사람이 제1종 보통면허를 취득하려는 경우 다른 쪽 눈의 시력이 ( ) 이상, 수평시야가 ( )도 이상, 수직시야가 20도 이상, 중심시야 20도 내 암점과 반맹이 없어야 한다. ( )안에 기준으로 맞는 것은?
① 0.5, 50 ② 0.6, 80
③ 0.7, 100 ④ 0.8, 120

> 도로교통법시행령 제45조(자동차등의 운전에 필요한 적성의 기준) 다만, 한쪽 눈을 보지 못하는 사람이 제1종 보통 운전면허를 취득하려는 경우 자동차등의 운전에 필요한 적성의 기준에서 다른 쪽 눈의 시력이 0.8이상이고 수평시야가 120도 이상이며, 수직시야가 20도 이상이고, 중심시야 20도 내 암점과 반맹이 없어야 한다.

26 제1종 운전면허를 발급받은 65세 이상 75세 미만인 사람(한쪽 눈만 보지 못하는 사람은 제외)은 몇 년마다 정기적성검사를 받아야 하나?
① 3년마다 ② 5년마다 ③ 10년마다 ④ 15년마다

> 도로교통법 87조 제1항 1호 제1종 운전면허를 발급받은 65세 이상 75세 미만인 사람은 5년마다 정기적성검사를 받아야 한다. 다만 한쪽 눈만 보지 못하는 사람으로서 제1종 면허중 보통면허를 취득한 사람은 3년이다.

27 다음 중 고압가스안전관리법령상 수소자동차 운전자의 안전교육(특별교육)에 대한 설명 중 잘못된 것은??
① 수소승용자동차 운전자는 특별교육 대상이 아니다.
② 수소대형승합자동차(승차정원 36인승 이상) 신규 종사하려는 운전자는 특별교육 대상이다.
③ 수소자동차 운전자 특별교육은 한국가스안전공사에서 실시한다.
④ 여객자동차운수사업법에 따른 대여사업용자동차를 임차하여 운전하는 운전자도 특별교육 대상이다.

> 고압가스안전관리법 시행규칙 제51조(안전교육), 별표31에 따라 수소가스사용자동차 중 자동차관리법 시행규칙 별표1 제1호에 따른 대형승합자동차 운전자로 신규 종사하려는 경우에는 특별교육을 이수하여야 한다.
> 여객자동차운수사업에 따른 대여사업용자동차 종류는 승용자동차, 경형·소형·중형 승합자동차, 캠핑자동차이다.

28 도로교통법령상 제2종 보통면허로 운전할 수 없는 차는?
① 구난자동차
② 승차정원 10인 미만의 승합자동차
③ 승용자동차
④ 적재중량 2.5톤의 화물자동차

> 도로교통법 시행규칙 별표18(운전할 수 있는 차의 종류)

29 다음 중 도로교통법령상 영문 운전면허증을 발급 받을 수 없는 사람은?
① 운전면허시험에 합격하여 운전면허증을 신청하는 경우
② 운전면허 적성검사에 합격하여 운전면허증을 신청하는 경우
③ 외국면허증을 국내면허증으로 교환 발급 신청하는 경우
④ 연습운전면허증으로 신청하는 경우

> 도로교통법시행규칙 제78조(영문 운전면허증의 신청 등) 연습운전면허 소지자는 영문운전면허증 발급 대상이 아니다.

30 운전면허시험 부정행위로 그 시험이 무효로 처리된 사람은 그 처분이 있는 날부터 ( )간 해당시험에 응시하지 못한다. ( )안에 기준으로 맞는 것은?
① 2년 ② 3년
③ 4년 ④ 5년

> 도로교통법제84조의2 부정행위자에 대한 조치, 부정행위로 시험이 무효로 처리된 사람은 그 처분이 있는 날부터 2년간 해당시험에 응시하지 못한다.

31 다음 중 도로교통법령상 운전면허증 갱신발급이나 정기 적성검사의 연기 사유가 아닌 것은?
① 해외 체류 중인 경우
② 질병으로 인하여 거동이 불가능한 경우
③ 군인사법에 따른 육·해·공군 부사관 이상의 간부로 복무중인 경우
④ 재해 또는 재난을 당한 경우

> 도로교통법 시행령 제55조 제1항
> 1. 해외에 체류 중인 경우 2. 재해 또는 재난을 당한 경우 3. 질병이나 부상으로 인하여 거동이 불가능한 경우 4. 법령에 따라 신체의 자유를 구속당한 경우 5. 군 복무 중(「병역법」에 따라 교정시설경비교도·의무경찰 또는 의무소방원으로 전환복무 중인 경우를 포함하고, 사병으로 한정한다)인 경우 6. 그 밖에 사회통념상 부득이하다고 인정할 만한 상당한 이유가 있는 경우

32 도로교통법령상 운전면허증 갱신기간의 연기를 받은 사람은 그 사유가 없어진 날부터 ( ) 이내에 운전면허증을 갱신하여 발급받아야 한다. ( )에 기준으로 맞는 것은?
① 1개월 ② 3개월
③ 6개월 ④ 12개월

> 도로교통법 시행령 제55조 제3항 운전면허증 갱신기간의 연기를 받은 사람은 그 사유가 없어진 날부터 3개월 이내에 운전면허증을 갱신하여 발급받아야 한다.

33 다음 수소자동차 운전자 중 고압가스관리법령상 특별교육 대상으로 맞는 것은?
① 수소승용자동차 운전자
② 수소대형승합자동차(승차정원 36인승 이상) 운전자
③ 수소화물자동차 운전자
④ 수소특수자동차 운전자

> 고압가스안전관리법 시행규칙 제51조1 제1항 별표 31

정답 23.① 24.④ 25.④ 26.② 27.④ 28.① 29.④ 30.① 31.③ 32.② 33.②

정답 34.③ 35.③ 36.③ 37.③ 38.② 39.③ 40.③ 41.④ 42.② 43.④ 44.④

34 다음 타이어 중 자동차 에너지 소비효율이 가장 큰 영향을 주는 것은?

① 고내 제동력 ② 베이퍼록
③ 회전저항 ④ 노면 정지력

해설 자동차 타이어의 구름저항 값이 클수록 자동차가 노면 위에서 이동하는 데 필요한 에너지가 증가하게 되고 이에 따라 타이어의 에너지 소비효율도 증가하여 표시연비가 감소하게 된다.
※참고사항: 타이어 구름저항은 에너지 효율과 관계있는 용어이며, 자동차 운행 시 연료사용 저감 등 경제성과 직접 관련 있음

35 공공기간이 구매 대상으로 하는 전기자동차 충전 인프라 설치용량 기준은?

① 콘센트 5구이상 ~ 10구미만 ② 콘센트 50구이상 ~ 1구미만
③ 콘센트 2구이상 ~ 2구미만 ④ 제한되지 않는다

해설 공공기관에서 전기자동차 충전 인프라 설치 용도로 사용할 경우 콘센트의 개수는 6개 사용대상으로 한정하며 설치용량은 5㎾이상이라고 규정되어 있다.

36 다음 중 전기자동차 충전 시설에 대해서 틀린 것은?

① 충전설비는 급속·보통·대형이동형의 형식의 종류가 있다.
② 전기차의 충전용으로 사용되는 케이블은 사용 전에 반드시 검사해야 한다.
③ 운전중인 충전 시설에서 화재 발생한 경우 소방용 사용이 가능하다.
④ 법정 용량이 초과된 시설에서 가지고 있는 경우 개체로 방전 중 사용할 수 있다.

해설 한국전기설비규정(KEC) 241.17 전기자동차 전원설비, 운전중인 충전 시설에서 화재 발생한 경우 소방용 사용은 불가능하다.

37 기존 사용중인 축전지에 자동차에 부착할 수 있는 단자형이 아닌 것은?

① 일자로 한장에 배치되어 있는 원통형 단자 형기
② 원통으로 계속되어 있는 단자의 단자 종류 여부
③ 원통의 중심부가 한장에 있는 단자에 설치 단자
④ 일자로 계속되는 평면 고정 평면으로 접속되는 단자 형기

38 일반적으로 MF수소 축전지(Maintenance Free)배터리 수명이 다른 경우, 정상기능을 하는 색깔은?

① 흰색 ② 백색
③ 장동색 ④ 녹색

해설 MF축전지 : (Maintenance Free) 정상인 경우 녹색(청색), 충전량이 부족한 경우 검정(흑색), 배터리 수명이 다한 경우 백색을 띈다.

39 수소자동차 충전을 확인할 수 있는 방법이 아닌 것은?

① 충전가스 등 종용 확인
② 비눗물을 통한 확인
③ 가스 계누기 점의 확인
④ 수소감지기 확인

해설 수소자동차 충전방법, p.12, 수소가스의 차압가스이므로, 연루 누출이 발생 시 감지가 가장 중요하기 때문에 누출 감지기 이상의 가스누출기를 사용하여 검사해서 반드시 측정해야 한다.

40 병렬형 자동차의 운전 중 출발하거나 그 운행상태에 모터만의 구동되는 것은?

① 아이들 – 정지 ② 출발 – 가속
③ 후진 – 정지 ④ 제동 – 정지

41 다음 중 자동 공조 사용될 경우, 가계 사용전열으로 볼 수 있는 것은?

① 원배터리에 배터리를이 일정되지 제한됨
② 인가하는 연기 감소에 따라 약 5%이상으로 일정되지 제한됨
③ 충전 수로 중이 일정되지 제한됨
④ 수출에 들이 약 5%의 약 일정되지 제한됨

해설 정부에서는 자동차에서 배출되는 대기 오염물질 외에, 자동차 내구 주행거리에 따른 공해사항이 다르며 최근제품에서 사용되는 자동 공조는 연료 공급비에 따른 매연 감소에 따라 5%의 일정일 기준에 가장기차에 대기 출력에 한 공조연 기준으로 감소되고 있다.

42 수소자동차의 안전장치로 틀린 것은?

① 수소단지기 질 경보이 있다.
② 주변의 탱크 통임을 이가 있다.
③ 주변의 수소를 채우 배출하여 자동차관계기에 이기 장치이다.
④ 수소감지기가 자동 폐쇄하는 고압 저장용기의 배출 장치이다.

43 다음 중 수소자동차에서 수소통을 확인하지 않아도 되는 것은?

① 배터리 충전 상태 ② 조정기
③ 가스누설 검지기 ④ 연료의 잔량 인디케이터

해설 수소자동차 사용 사전점검 매뉴얼, p.21, 1) 주행거리 점검 2) 연료의 잔량 인디케이터 사용 3) 고압용탱크 배출기 사용 4) 매뉴얼 연료 점검 5) 10㎞ 이하, 6) 가스누설 검지기의 점검 7) 매뉴얼 연료 및 전기차 관리 8) 수소가스 연동 인디케이터 9) 외부 상태 점검 10) 요소가스 차압가스 공급이 있으 매뉴얼 점검 11) 수소가스 누설 시 관련 기관에 긴급요청 연락

44 자동차정비사가 사용하고 있는 자동차 순전형 일반상 자동차정비사업에 대한 설명으로 옳은 것은?

① 자동차정비사업는 자동차 점검·정비·점검업도 공유하거나 할 수 있다.
② 상용자동차정비사업가는 소형자동차종합정비업과 사용자동차종합정비업과 같이 있어 공유할 수 있다.
③ 장소자동차점검정비사업의 점검 및 공유에서 수리가 불가능한 경우에 자동차를 분해하지 않고 공유하여 할 수 있다.
④ 자동차소유자는 자동차정비사업의 자기 자동차를 정비하는 경우 이 공유자 부를 공장기록 할 수 있다.

45 전기차 충전을 위한 올바른 방법으로 적절하지 않은 것은?
① 충전할 때는 규격에 맞는 충전기와 어댑터를 사용한다.
② 충전 중에는 충전 커넥터를 임의로 분리하지 않고 충전 종료 버튼으로 종료한다.
③ 젖은 손으로 충전기 사용을 하지 않고 충전장치에 물이 들어가지 않도록 주의한다.
④ 휴대용 충전기를 이용하여 충전할 경우 가정용 멀티탭이나 연장선을 사용한다.

> 해설: 전기차 충전을 위해 규격에 맞지 않는 멀티탭이나 연장선 사용 시 고전력으로 인한 화재 위험성이 있다.

46 LPG차량의 연료특성에 대한 설명으로 적당하지 않은 것은?
① 일반적인 상온에서는 기체로 존재한다.
② 차량용 LPG는 독특한 냄새가 있다.
③ 일반적으로 공기보다 가볍다.
④ 폭발 위험성이 크다.

> 해설: 끓는점이 낮아 일반적인 상온에서 기체 상태로 존재한다. 압력을 가해 액체 상태로 만들어 압력 용기에 보관하며 가정용, 자동차용으로 사용한다. 일반 공기보다 무겁고 폭발위험성이 크다. LPG 자체는 무색무취이지만 차량용 LPG에는 특수한 향을 섞어 누출 여부를 확인할 수 있도록 하고 있다.

47 자동차의 제동력을 저하하는 원인으로 가장 거리가 먼 것은?
① 마스터 실린더 고장
② 휠 실린더 불량
③ 릴리스 포크 변형
④ 베이퍼 록 발생

> 해설: 릴리스 포크는 릴리스 베어링 칼라에 끼워져 릴리스 베어링에 페달의 조작력을 전달하는 작동을 한다

48 주행 보조장치가 장착된 자동차의 운전방법으로 바르지 않은 것은?
① 주행 보조장치를 사용하는 경우 주행 보조장치 작동 유지 여부를 수시로 확인하며 주행한다.
② 운전 개입 경고 시 주행 보조장치가 해제될 때까지 기다렸다가 개입해야 한다.
③ 주행 보조장치의 일부 또는 전체를 해제하는 경우 작동 여부를 확인한다.
④ 주행 보조장치가 작동되고 있더라도 즉시 개입할 수 있도록 대기하면서 운전한다.

> 해설: 운전 개입 경고 시 즉시 개입하여 운전해야 한다.

49 자동차를 안전하고 편리하게 주행할 수 있도록 보조해 주는 기능에 대한 설명으로 잘못된 것은?
① LFA(Lane Following Assist)는 "차로유지보조" 기능으로 자동차가 차로 중앙을 유지하며 주행할 수 있도록 보조해 주는 기능이다.
② ASCC(Adaptive Smart Cruise Control)는 "차간거리 및 속도유지" 기능으로 운전자가 설정한 속도로 주행하면서 앞차와의 거리를 유지하여 스스로 가·감속을 해주는 기능이다.
③ ABSD(Active Blind Spot Detection)는 "사각지대감지" 기능으로 사각지대의 충돌 위험을 감지해 안전한 차로 변경을 돕는 기능이다.
④ AEB(Autonomous Emergency Braking)는 "자동긴급제동" 기능으로 브레이크 제동시 타이어가 잠기는 것을 방지하여 제동거리를 줄여주는 기능이다.

> 해설: 안전을 위한 첨단자동차기능으로 LFA, ASCC, ABSD, AEB 등 다양한 기능이 있으며 자동차 구입 옵션에 따라 운전자가 선택할 수 있는 부분이 있으며, 운전 중 필요에 따라 일정부분기능해제도 운전자가 선택할 수 있도록 되어 있다. AEB는 운전자가 위험상황 발생시 브레이크 작동을 하지 않거나 약하게 브레이크를 작동하여 충돌을 피할 수 없을 경우 시스템이 자동으로 긴급제동을 하는 기능이다. 보기 ④는 ABS에 대한 설명이다.

50 다음 중 수소자동차의 주요 구성품이 아닌 것은?
① 연료전지
② 구동모터
③ 엔진
④ 배터리

> 해설: 수소자동차의 작동원리 : 수소 저장용기에 저장된 수소를 연료전지 시스템에 공급하여 연료전지 스택에서 산소와 수소의 화학반응으로 전기를 생성한다. 생성된 전기는 모터를 구동시켜 자동차를 움직이거나, 주행상태에 따라 배터리에 저장된다.
> 엔진은 내연기관 자동차의 구성품이다.

51 도로교통법령상 자율주행시스템에 대한 설명으로 틀린 것은?
① 도로교통법상 "운전"에는 도로에서 차마를 그 본래의 사용방법에 따라 자율주행시스템을 사용하는 것은 포함되지 않는다.
② 운전자가 자율주행시스템을 사용하여 운전하는 경우에는 휴대전화 사용금지규정을 적용하지 아니한다.
③ 자율주행시스템의 직접 운전 요구에 지체없이 대응하지 아니한 자율주행승용자동차의 운전자에 대한 범칙금액은 4만원이다.
④ "자율주행시스템"이란 운전자 또는 승객의 조작 없이 주변상황과 도로 정보 등을 스스로 인지하고 판단하여 자동차를 운행할 수 있게 하는 자동화 장비, 소프트웨어 및 이와 관련한 모든 장치를 말한다.

> 해설: 도로교통법 제2조제26호, 제50조의2, 도로교통법 시행령 별표8. 38의3호
> "운전"이란 도로에서 차마 또는 노면전차를 그 본래의 사용방법에 따라 사용하는 것(조종 또는 자율주행시스템을 사용하는 것을 포함한다)을 말한다.
> 완전 자율주행시스템에 해당하지 아니하는 자율주행시스템을 갖춘 자동차의 운전자는 자율주행시스템의 직접 운전 요구에 지체 없이 대응하여 조향장치, 제동장치 및 그 밖의 장치를 직접 조작하여 운전하여야 한다.
> 운전자가 자율주행시스템을 사용하여 운전하는 경우에는 제49조제1항제10호, 제11호 및 제11호의2의 규정을 적용하지 아니한다.
> 자율주행자동차 상용화 촉진 및 지원에 관한 법률 제2조제1항제2호
> "자율주행시스템"이란 운전자 또는 승객의 조작 없이 주변상황과 도로 정보 등을 스스로 인지하고 판단하여 자동차를 운행할 수 있게 하는 자동화 장비, 소프트웨어 및 이와 관련한 모든 장치를 말한다.

52 자동차 내연기관의 크랭크축에서 발생하는 회전력(순간적으로 내는 힘)을 무엇이라 하는가?
① 토크
② 연비
③ 배기량
④ 마력

> 해설: ② 1리터의 연료로 주행할 수 있는 거리이다. ③ 내연기관에서 피스톤이 움직이는 부피이다. ④ 75킬로그램의 무게를 1초 동안에 1미터 이동하는 일의 양이다.

53 도로교통법령상 자동차(단, 어린이통학버스 제외) 창유리 가시광선 투과율의 규제를 받는 것은?
① 뒷좌석 옆면 창유리
② 앞면, 운전석 좌우 옆면 창유리
③ 앞면, 운전석 좌우, 뒷면 창유리
④ 모든 창유리

> 해설: 자동차의 앞면 창유리와 운전석 좌우 옆면 창유리의 가시광선(可視光線)의 투과율이 대통령령으로 정하는 기준보다 낮아 교통안전 등에 지장을 줄 수 있는 차를 운전하지 아니해야 한다.

54 화물자동차 운수사업법에 따른 화물자동차 운송사업자는 관련 법령에 따라 운행기록장치에 기록된 운행기록을 (　　　)동안 보관하여야 한다. (　　　) 안에 기준으로 맞는 것은?
① 3개월
② 6개월
③ 1년
④ 2년

> 해설: 교통안전법 시행령 제45조 제2항, 교통안전법상 6개월 동안 보관하여야 한다.

정답: 45. ④ 46. ③ 47. ③ 48. ② 49. ④ 50. ③ 51. ① 52. ① 53. ② 54. ②

정답

| 55. ① | 56. ③ | 57. ② | 58. ② | 59. ② | 60. ① | 61. ① | 62. ③ | 63. ③ | 64. ③ | 65. ③ | 66. ① |

---

55 자동차정비업자가 승용자동차 등 이 차량을 공주하기에 자동차를 제차 된 자동차인가?

① 10일   ② 12일
③ 15일   ④ 18일

예시 승용자동차가 10일 이상을 공주하기에 자동차를 제차된 자동차이다.

---

56 자동차정비업자가 다시운행 신고 후 승용자동차의 최초 점사 유효기간은?

① 4년   ② 5년
③ 6년   ④ 7년

예시 비사업용 승용자동차 및 피견인자동차의 최초 점사 유효기간은 4년이다.

---

57 다시운행용 및 대여사업용 승용자동차 수 연공인자동차(하이브리드자동차 제외)의 점사유효기간으로 맞는 것은?

① 1년마다 정기점사 받기
② 2년마다 정기점사 받기
③ 3년마다 정기점사 받기
④ 4년마다 정기점사 받기

예시 자동차관리법 시행규칙 별표15의2 (자동차의 점사유효기간 고시 [국토교통부고시 제2017-245호 2017.4.18. 일부개정])

1. 비사업용
    가. 일반승용(SOFA자동차, 대여사업용 자동차 포함) : 2년(최초 4년)
    나. 의료용(택시), 경기, 승합, 화물, 특수 : 1년
2. 사업용자동차
    가. 승합자동차 : 연식에 따라 6월~1년
    나. 이륜자동차 : 점사대상에서 점사면제
    다. 전기자동차 : 제작대상에서 점사면제
    라. 전기자동차 : 비사업용에만 해당되자동차

---

58 자동차정비업 자동차의 정기점사 점사 유효기간 만료일 전후 ( ) 이내에 받는 기간으로 맞는 것은?

① 31일   ② 41일
③ 51일   ④ 61일

예시 점기점사 점사유효기간 만료일 전후 31일 이내이다.

---

59 자동차정비업 승용 중형자동차의 점사 유효기간으로 맞는 것은?

① 6개월   ② 1년
③ 2년   ④ 4년

예시 자동차정비업 별표15의2, 승용의 중형 승용자동차의 점사 유효기간은 1년이다.

---

60 자동차정비업 이의신청에 이의신청이 않은 자동차정비자 처벌 기준으로 맞는 것은?(자동차 미점기)

① 300만 원 이하의 과태료
② 500만 원 이하의 과태료
③ 1년 이하의 징역 또는 2천만 원 이하의 이행강제금
④ 2년 이하의 징역 또는 3천만 원 이하의 이행강제금

예시 자동차정비업자 처벌기준: ①다음 각 호의 어느 하나에 해당하는 자는 1년 이하의 이행강제금 또는 1천만원 이하의 벌금에 처한다. 1. 제43조제1항(정기점사)·제3항제3항(임시점사) 또는 제43조제2항(의무운전 점사)에 따른 정비점사를 받지 아니한 자동차 소유자

---

61 자동차정비업 이용이 사용이 지나 피견인자동차 점사 유효기간으로 맞는 것은?

① 6개월   ② 1년
③ 2년   ④ 4년

예시 자동차정비업 시행규칙 별표15의2 다시운행용 및 피견인자동차 점사 유효기간은 1년이다.

---

62 자동차정비업 신차 신규 시 임시운행 허가 유효기간 기준은?

① 10일 이내   ② 15일 이내
③ 20일 이내   ④ 30일 이내

예시 자동차정비업 시행규칙 제27조 임시운행 허가 유효기간은 10일 이내이다.

---

63 다음 차종 중 하이브리드 이용이 불가능한 자동차는?

① 차체길이 16미터 이상 트럭
② 사용자 소형을 초과하는 3층 차체차량
③ 단거기 경우 차폭 3.7m이 초과자동차
④ 10인 대형 화물자동차

예시 하이브리드로 가능한 차량 차폭 3.0m, 다져 차량 3.6m이다.

---

64 다음 중 자동차정비업에 따른 자동차 점사 행위가 아닌 것은?

① 자동차가 신규등록 점사를 받았을 때
② 자동차의 차계번호를 변경하였을 때
③ 자동차의 승용량을 변경할 때
④ 자동차의 타이어가 마모되었을 때

예시 자동차관리법 제26조, 자동차 자동차 소유자가 다음과 같이 이의신청을 할 때에는 점사 신청하여 한다.

---

65 자용승자동차 자동차정비업 이의신청으로 받지 않은 것은?

① 자용승자동차의 자동차를 등록하게 된 공증자를 받은 자
② 교통사고 자동차사용자에게 자동차정비업을 받지 아니한 자
③ 자용승자동차의 이의신청에 있어 차량신호를 받지 않는 자
④ 자용승자동차의 정비 공장을 신청한 이의신청 자동차 사용자

예시 자용승자동차는 자용승자동차의 제46조의2(이의신청), 자동차정비소(제46조의2)(제43조 시행에 의한 이동) 별지의 자동차의 공동사용점사 종류 중 어느 하나에 해당하는 점사를 받은 자의 제1조의 신청을 받은 자 등으로 자동차소유자의 이동 이의신청이 없는 자동차는 자동차정비업자 아니다.

---

66 다음 중 운전자의 마음가짐으로 가장 바람직하지 않은 것은?

① 교통법규를 지키고 사고를 일으키지 않도록 노력한다.
② 사전을 배려하고 양보하는 마음가짐을 갖는다.
③ 자신을 중심으로 생각하지 않고 공동체에 대응한다.
④ 교통경찰관에게 대항공손이다.

예시 교통상황은 복잡하고 때로는 변화하기 때문에 사람의 인지·판단·조작을 즉시 변화되는 상황에 이상적인 상황 판단을 하며 지혜롭게 조작을 한다.

67 자동차관리법령상 자동차 소유권이 상속 등으로 변경될 경우에 해야 하는 등록은?
① 신규등록　② 이전등록
③ 변경등록　④ 말소등록

> 자동차관리법 제12조 자동차 소유권이 매매, 상속, 공매, 경매 등으로 변경될 경우 양수인이 법정기한 내 소유권의 이전등록을 해야 한다.

68 자동차관리법령상 자동차 소유자가 받아야 하는 자동차 검사의 종류가 아닌 것은?
① 수리검사　② 특별검사
③ 튜닝검사　④ 임시검사

> 자동차관리법 제43조(자동차 검사) 자동차 소유자는 국토교통부장관이 실시하는 신규검사, 정기검사, 튜닝검사, 임시검사, 수리검사를 받아야 한다.

69 다음 중 자동차를 매매한 경우 이전등록 담당기관은?
① 도로교통공단　② 시·군·구청
③ 한국교통안전공단　④ 시·도경찰청

> 자동차 등록에 관한 사무는 시·군·구청이 담당한다.

70 자동차(단, 어린이통학버스 제외) 앞면 창유리의 가시광선 투과율 기준으로 맞는 것은?
① 40퍼센트　② 50퍼센트
③ 60퍼센트　④ 70퍼센트

> 도로교통법 시행령 제28조에 따라 자동차 창유리 가시광선 투과율의 기준은 앞면 창유리의 경우 70퍼센트, 운전석 좌우 옆면 창유리의 경우 40퍼센트 이어야 한다.

71 주행 중 브레이크가 작동되는 운전행동과정을 올바른 순서로 연결한 것은?
① 위험인지 → 상황판단 → 행동명령 → 브레이크작동
② 위험인지 → 행동명령 → 상황판단 → 브레이크작동
③ 상황판단 → 위험인지 → 행동명령 → 브레이크작동
④ 행동명령 → 위험인지 → 상황판단 → 브레이크작동

> 운전 중 위험상황을 인지하고 판단하며 행동명령 후 브레이크가 작동된다.

72 다음 중 자동차에 부착된 에어백의 구비조건으로 가장 거리가 먼 것은?
① 높은 온도에서 인장강도 및 내열강도
② 낮은 온도에서 인장강도 및 내열강도
③ 파열강도를 지니고 내마모성, 유연성
④ 운전자와 접촉하는 충격에너지 극대화

> 자동차가 충돌할 때 운전자와 직접 접촉하여 충격 에너지를 흡수해주어야 한다.

73 다음 중 운전자 등이 차량 승하차 시 주의사항으로 맞는 것은?
① 타고 내릴 때는 뒤에서 오는 차량이 있는지를 확인한다.
② 문을 열 때는 완전히 열고나서 곧바로 내린다.
③ 뒷좌석 승차자가 하차할 때 운전자는 전방을 주시해야 한다.
④ 운전석을 일시적으로 떠날 때에는 시동을 끄지 않아도 된다.

> 운전자 등이 타고 내릴 때는 뒤에서 오는 차량이 있는지를 확인한다.

74 도로교통법상 올바른 운전방법으로 연결된 것은?
① 학교 앞 보행로 - 어린이에게 차량이 지나감을 알릴 수 있도록 경음기를 울리며 지나간다.
② 철길 건널목 - 차단기가 내려가려고 하는 경우 신속히 통과한다.
③ 신호 없는 교차로 - 우회전을 하는 경우 미리 도로의 우측 가장자리를 서행 하면서 우회전한다.
④ 야간 운전 시 - 차가 마주 보고 진행하는 경우 반대편 차량의 운전자가 주의할 수 있도록 전조등을 상향으로 조정한다.

> 학교 앞 보행로에서 어린이가 지나갈 경우 일시정지해야 하며, 철길 건널목에서 차단기가 내려가려는 경우 진입하면 안 된다. 또한 야간 운전 시에는 반대편 차량의 주행에 방해가 되지 않도록 전조등을 하향으로 조정해야 한다.

75 앞지르기에 대한 내용으로 올바른 것은?
① 터널 안에서는 주간에는 앞지르기가 가능하지만 야간에는 앞지르기가 금지된다.
② 앞지르기할 때에는 전조등을 켜고 경음기를 울리면서 좌측이나 우측 관계없이 할 수 있다.
③ 다리 위나 교차로는 앞지르기가 금지된 장소이므로 앞지르기를 할 수 없다.
④ 앞차의 우측에 다른 차가 나란히 가고 있을 때에는 앞지르기를 할 수 없다.

> 다리 위, 교차로, 터널 안은 앞지르기가 금지된 장소이므로 앞지르기를 할 수 없다. 모든 차의 운전자는 앞차의 좌측에 다른 차가 앞차와 나란히 가고 있는 경우에는 앞차를 앞지르지 못한다. 방향지시기·등화 또는 경음기(警音機)를 사용하는 등 안전한 속도와 방법으로 좌측으로 앞지르기를 하여야 한다.

76 자동차관리법령상 자동차를 이전 등록하고자 하는 자는 매수한 날부터 (　　) 이내에 등록해야 한다. (　)에 기준으로 맞는 것은?
① 15일　② 20일
③ 30일　④ 40일

> 자동차를 매수한 날부터 15일 이내 이전 등록해야 한다.

77 다음 중 운전자의 올바른 운전행위로 가장 적절한 것은?
① 졸음운전은 교통사고 위험이 있어 갓길에 세워두고 휴식한다.
② 초보운전자는 고속도로에서 앞지르기 차로로 계속 주행한다.
③ 교통단속용 장비의 기능을 방해하는 장치를 장착하고 운전한다.
④ 교통안전 위험요소 발견 시 비상점멸등으로 주변에 알린다.

> 갓길 휴식, 앞지르기 차로 계속운전, 방해하는 장치 장착은 올바른 운전행위로 볼 수 없다.

78 승용자동차에 영유아와 동승하는 경우 운전자의 행동으로 가장 올바른 것은?
① 운전석 옆좌석에 성인이 영유아를 안고 좌석안전띠를 착용한다.
② 운전석 뒷좌석에 영유아가 착석한 경우 유아보호용 장구 없이 좌석안전띠를 착용하여도 된다.
③ 운전 중 영유아가 보채는 경우 이를 달래기 위해 운전석에서 영유아와 함께 좌석안전띠를 착용한다.
④ 영유아가 탑승하는 경우 도로를 불문하고 유아보호용 장구를 장착한 후에 좌석안전띠를 착용시킨다.

> 승용차에 영유아를 탑승시킬 때 운전석 뒷좌석에 유아보호용 장구를 장착 후 좌석안전띠를 착용시키는 것이 안전하다.

정답　67. ②　68. ②　69. ②　70. ④　71. ①　72. ④　73. ①　74. ③　75. ③　76. ①　77. ④　78. ④

정답 79.② 80.④ 81.③ 82.③ 83.④ 84.③ 85.② 86.① 87.② 88.④ 89.①

79 다음 중 긴급자동차의 우선 통행 및 특례에 대한 설명으로 가장 적절하지 않은 것은?
① 긴급하고 부득이한 경우에는 도로의 중앙이나 좌측 부분을 통행할 수 있다.
② 횡단보도 및 교차로나 그 부근에서는 다른 차의 일시정지 의무가 없다.
③ 교통안전에 특히 주의하면서 통행하여야 한다.
④ 자동차의 속도 제한, 앞지르기 금지, 끼어들기 금지 등을 적용하지 않는다.

80 다음 중 교통사고로 물적피해가 발생한 경우 처분으로 가장 옳은 것은?
① 형사처벌
② 행정처분
③ 민사처벌
④ 통고처분

보험이나 공제에 가입되어 있고 피해자와 합의한 경우 등은 형사처벌 대상이 아니다.

81 고속도로 공사 중 교통사고 발생 경우 긴급자동차의 대응방법으로 바르지 않은 것은?
① 동승자의 안전조치에 따라 행동한다.
② 비상점멸등을 켜 후방 운전자에게 경각심을 준다.
③ 사고차량 후미에 안전삼각대를 설치하고 긴급신고를 한다.
④ 2차사고 예방을 위해 안전한 곳으로 이동한다.

사고차량 탑승자 2차 사고의 위험이 없는 안전한 장소로 이동할 것이 바람직하다.

82 다음 중 긴급자동차의 운전자의 준수사항으로 가장 바람직하지 않은 것은?
① 자의적으로 신호위반하기 않도록 3회정도 주의한다.
② 교차로 진입시 감속하여 교통안전에 유의하며 서행한다.
③ 붉은 신호기 등을 켜거나 사이렌을 울린다.
④ 일반적으로 위한 운전 중의 경우 10분간 수동으로 예정정한다.

자동차의 운전자는 경광등만 점등할 수 있다.

83 긴급자동차 자동차(이륜자동차 제외)에 영유아를 동승하는 경우 등 아닌 용도로 사용할 때, 다음 중 양보하지 해당하는 나이 기준은?
① 8세 이하   ② 6세 미만
③ 8세 미만   ④ 6세 이하

긴급차에 제11조(아동이 등에 대한 조치). 영유아(6세 미만인 사람을 말한다.)이 아동을 동승한다.

84 도로교통법령상 개인형 이동장치에 대한 가장 강도한 인정적인 공정벌칙으로 틀린 것은?
① 공정벌칙은 형식 함부터 일정해 처으로 바꾸는 것을 말한다.
② 개인형 이동장치 공정벌칙은 승차정원과 1인이 2인이 용어있다.
③ 개인형 이동장치 승차위반, 공급자표, 공공시간, 공원도, 중앙선 침범 등 처벌된다.
④ 개인형 이동장치 정차위반의 경우 3만원의 공정벌칙을 부과한다.

도로교통법 제50조(특정운전자의 준수사항)제9항 개인형 이동장치의 운전자는 행정안전부령으로 정하는 승차정원을 초과하여 동승자를 태우고 개인형 이동장치를 운전하여서는 아니 된다. 도로교통법 시행령 제33조3(개인형 이동장치의 승차정원) 전동 이착자전거는 1명, 이외의 개인형 이동장치는 2명 자전거 정원 2명

85 다음 중 자동차(이륜자동차 제외)의 속도에 대한 설명으로 맞는 것은?
① 13세 미만 어린이가 개인형 이동장치를 운전한 경우 보호자에 과태료 10만원이다.
② 13세 이상의 어린이(12세 이하)가 개인형 이동장치를 운전하면 범칙금 3만원이다.
③ 긴급자동차에는 속도 제한이 적용되지 않으나 긴급자동차에 속도 제한이 발생하지 아니한다.
④ 경찰용 긴급자동차에는 속도 제한이 없으나 일반적인 긴급자동차에 대하여서는 제한속도 적용이 가능하다.

도로교통법 시행규칙 제19조(자동차의 속도) 제2항 자동차(이륜자동차 제외)가 속도에 관한 영을 사용 사용제 경찰용 자동차(교통단속 임무 수행, 범죄수사, 교통단속 긴급용무 중), 수사기관용, 공공의 수사업무용, 기관차, 수송사업, 경찰요원 및 13조 2인 상황 3인 이상.

86 교통사고를 예방하기 위한 운전자세로 맞는 것은?
① 운전자세를 편안하게 하기 위해 다리를 뻗는다.
② 풀리면 브레이크 밟을 것이다.
③ 한 손보다는 양 손으로 핸들을 조직한다.
④ 운전 중 손이 피로하면 중앙선으로 더 붙어서 운전한다.

운전시 교통상황에 따라 대응할 수 있는 여유자세가 필요함.

87 다음 중 운전자의 올바른 교통안전에 가장 바람직하지 않은 것은?
① 재촉속도 내에서 교통흐름에 따라 운전한다.
② 호우공보 때 고속도로에서 자동차 속도를 다른 비율로 감소시켜 운전한다.
③ 교통단속 자동차를 발견한 경우 다른도로를 피하려고 하지 않는다.
④ 어린이교통안전을 위해 자동차가 어린이 옆을 통과하는 때에는 속도를 줄여 안전하게 통과한다.

속도위반자는 고속도로에서 감속하여 운행하여 한다.

88 도로교통법상 안전지대에 관한 대한 설명 중 가장 알맞은 것은?
① 교차로는 혼자가 되는 때를 불러 가장 자극적으로 피하여야 한다.
② 길게 제동하는 중 차가 미끄러질 때 급핸들을 조작한다.
③ 한 대의 자동차가 고립하고 있을 때 다른 자동차가 2대 추월해야 한다.
④ 안전지대를 주시하는 경우에는 연결한 다른 자동차가 끼어들기 급정차가 발생한다.

속도위반자는 고속도로에서 감속하여 운행하여 한다.

89 승용차 운전자가 차로 변경 시도 중 사이드미러로 뒤를 확인한 순간 잘못 차로 유지하기가 어려워지지 하여 원래 차로로 다시 들어오기 위해 차로 변경 시도 중 「도로교통법」에 따라 차로변경을 다시 할 수 있는 이 아닌 경우는? (중앙선은 아님)
① 1일 야간 10일 이상의 징역 경우
② 1일 야간 20일 이상의 경우
③ 2일 야간 10일 이상의 경우
④ 2일 야간 20일 이상의 경우

특례보호대 사상자를 다각의 한 경우의 처벌기준 2 양성 제 258조의12(특수상해재해) 이 정역 1일 야간 10일 이상의 경우이 자동차.

90 교통약자의 이동편의 증진법에 따른 교통약자를 위한 '보행안전 시설물'로 보기 어려운 것은?
① 속도저감 시설
② 자전거 전용도로
③ 대중 교통정보 알림 시설 등 교통안내 시설
④ 보행자 우선 통행을 위한 교통신호기

> 해설
> 교통약자의 이동편의 증진법 제21조(보행안전 시설물의 설치) 제1항 시장이나 군수는 보행 우선구역에서 보행자가 안전하고 편리하게 보행할 수 있도록 다음 각 호의 보행안전시설물을 설치할 수 있다.
> 1. 속도저감 시설. 2. 횡단시설. 3. 대중교통정보 알림시설 등 교통안내 시설. 4 보행자 우선통행을 위한 교통신호기. 5. 자동차 진입억제용 말뚝. 6. 교통약자를 위한 음향신호기 등 보행경로 안내장치. 7. 그 밖에 보행자의 안전과 이동편의를 위하여 대통령령으로 정한 시설

91 도로교통법상 서행으로 운전하여야 하는 경우는?
① 교차로의 신호기가 적색 등화의 점멸일 때
② 교통정리를 하고 있지 아니하고 교통이 빈번한 교차로를 통과할 때
③ 교통정리를 하고 있지 아니하는 교차로를 통과할 때
④ 교차로 부근에서 차로를 변경하는 경우

> 해설
> ① 일시정지 해야 한다. ③ 교통정리를 하고 있지 아니하는 교차로를 통과 할 때는 서행을 하고 통과해야 한다.

92 정체된 교차로에서 좌회전할 경우 가장 옳은 방법은?
① 가급적 앞차를 따라 진입한다.
② 녹색등화가 켜진 경우에는 진입해도 무방하다.
③ 적색등화가 켜진 경우라도 공간이 생기면 진입한다.
④ 녹색 화살표의 등화라도 진입하지 않는다.

> 해설
> 모든 차의 운전자는 신호등이 있는 교차로에 들어가려는 경우에는 진행하고자 하는 차로의 앞쪽에 있는 차의 상황에 따라 교차로에 정지하여야 하며 다른 차의 통행에 방해가 될 우려가 있는 경우에는 그 교차로에 들어가서는 아니 된다.

93 고속도로 진입 방법으로 옳은 것은?
① 반드시 일시정지하여 교통 흐름을 살핀 후 신속하게 진입한다.
② 진입 전 일시정지하여 주행 중인 차량이 있을 때 급진입한다.
③ 진입할 공간이 부족하더라도 뒤차를 생각하여 무리하게 진입한다.
④ 가속 차로를 이용하여 일정 속도를 유지하면서 충분한 공간을 확보한 후 진입한다.

> 해설
> 고속도로로 진입할 때는 가속 차로를 이용하여 점차 속도를 높이면서 진입해야 한다. 천천히 진입하거나 일시정지할 경우 가속이 힘들기 때문에 오히려 위험할 수 있다. 들어갈 공간이 충분한 것을 확인하고 가속해서 진입해야 한다.

94 도로교통법에 따라 개인형 이동장치를 운전하는 사람의 자세로 가장 알맞은 것은?
① 보도를 통행하는 경우 보행자를 피해서 운전한다.
② 술을 마시고 운전하는 경우 특별히 주의하며 운전한다.
③ 횡단보도와 자전거횡단도가 있는 경우 자전거횡단도를 이용하여 운전한다.
④ 횡단보도를 횡단하는 경우 횡단보도를 이용하는 보행자를 피해서 운전한다.

> 해설
> 도로교통법 제15조의 2(자전거횡단도의 설치). 자전거등(자전거와 개인형 이동장치)를 타고 자전거횡단도가 따로 있는 도로를 횡단할 때에는 자전거횡단도를 이용해야 한다. 도로교통법 제13조의 2(자전거등의 통행방법의 특례) 개인형 이동장치의 운전자가 횡단보도를 이용하여 도로를 횡단할 때에는 내려서 끌거나 들고 보행하여야 한다.

95 고속도로 본선 우측 차로에 서행하는 A차량이 있다. 이 때 B차량의 안전한 본선 진입 방법으로 가장 알맞은 것은?
① 서서히 속도를 높여 진입하되 A차량이 지나간 후 진입한다.
② 가속하여 비어있는 갓길을 이용하여 진입한다.
③ 가속차로 끝에서 정차하였다가 A차량이 지나가고 난 후 진입한다.
④ 가속차로에서 A차량과 동일한 속도로 계속 주행한다.

> 해설
> 자동차(긴급자동차는 제외한다)의 운전자는 고속도로에 들어가려고 하는 경우에는 그 고속도로를 통행하고 있는 다른 자동차의 통행을 방해하여서는 아니 된다.

96 어린이가 보호자 없이 도로를 횡단할 때 운전자의 올바른 운전행위로 가장 바람직한 것은?
① 반복적으로 경음기를 울려 어린이가 빨리 횡단하도록 한다.
② 서행하여 도로를 횡단하는 어린이의 안전을 확보한다.
③ 일시정지하여 도로를 횡단하는 어린이의 안전을 확보한다.
④ 빠르게 지나가서 도로를 횡단하는 어린이의 안전을 확보한다.

> 해설
> 도로교통법 제49조(모든 운전자의 준수사항 등) 어린이가 보호자 없이 도로를 횡단할 때 운전자는 일시정지하여야 한다.

97 신호등이 없고 좌·우를 확인할 수 없는 교차로에 진입 시 가장 안전한 운행 방법은?
① 주변 상황에 따라 서행으로 안전을 확인한 다음 통과한다.
② 경음기를 울리고 전조등을 점멸하면서 진입한 다음 서행하며 통과한다.
③ 반드시 일시정지 후 안전을 확인한 다음 양보 운전 기준에 따라 통과한다.
④ 먼저 진입하면 최우선이므로 주변을 살피면서 신속하게 통과한다.

> 해설
> 신호등이 없는 교차로는 서행이 원칙이나 교차로의 교통이 빈번하거나 장애물 등이 있어 좌·우를 확인할 수 없는 경우에는 반드시 일시정지하여 안전을 확인한 다음 통과하여야 한다.

98 다음 중 운전자의 올바른 운전태도로 가장 바람직하지 않은 것은?
① 신호기의 신호보다 교통경찰관의 신호가 우선임을 명심한다.
② 교통 환경 변화에 따라 개정되는 교통법규를 숙지한다.
③ 긴급자동차를 발견한 즉시 장소에 관계없이 일시정지하고 진로를 양보한다.
④ 폭우시 또는 장마철 자주 비가 내리는 도로에서는 포트홀(pothole)을 주의한다.

> 해설
> 긴급자동차에 진로를 양보하는 것은 맞으나 교차로 내 또는 교차로 부근이 아닌 곳에서 긴급자동차에 진로를 양보하여야 한다.

99 안전속도 5030 교통안전정책에 관한 내용으로 옳은 것은?
① 자동차 전용도로 매시 50킬로미터 이내, 도시부 주거지역 이면도로 매시 30킬로미터
② 도시부 지역 일반도로 매시 50킬로미터 이내, 도시부 주거지역 이면도로 매시 30킬로미터 이내
③ 자동차 전용도로 매시 50킬로미터 이내, 어린이 보호구역 매시 30킬로미터 이내
④ 도시부 지역 일반도로 매시 50킬로미터 이내, 자전거 도로 매시 30킬로미터 이내

> 해설
> 안전속도 5030은 보행자의 통행이 잦은 도시부 지역의 일반도로 매시 50킬로미터(소통이 필요한 경우 60킬로미터 적용 가능), 주택가 등 이면도로는 매시 30킬로미터 이내로 하향 조정하는 정책으로, 속도 하향을 통해 보행자의 안전을 지키기 위해 도입되었다.

정답 90. ② 91. ③ 92. ④ 93. ④ 94. ③ 95. ① 96. ③ 97. ③ 98. ③ 99. ②

100 교통사고를 일으킬 가능성이 가장 높은 운전자는?

① 운전에 자신 있는 운전자
② 불법운전, 끼어들기, 과속운전 등을 일삼는 운전자
③ 자기능력을 과신하는 운전자
④ 조급한 마음을 버리고 인내하는 마음으로 운전하는 운전자

[예설] 운전이 미숙한 운전자이거나 매사에 참을성이 없고 추월이나 다른 운전자의 차량을 배려하지 않는 운전, 끼어들기 운전, 불법운전 등을 하는 운전자가 가장 가능성이 높다.

101 고차로에서 차량진입할 때 가장 위험한 것은?

① 주위 도로 상황을 점검하고 서서히 진입
② 속도를 내고 빠르게 진입한 후 속도를 줄임
③ 진입로에서 일시정지한 후 서서히 진입
④ 탑입로에서 본선으로 안전하게 진입

[예설] 고속도로 진입 때에는 가속차로에서 속도를 충분히 높여야 한다.

102 운전자의 피로가 운전 행동에 미치는 영향 중, 피로가 운전 행동에 미치는 영향이 잘못된 것은?

① 주의가 산만해지고 응급반응이 빠르게 나타난다.
② 시야가 좁아지고 사각이 많아진다.
③ 시력 및 운전 조작 능력이 약해진다.
④ 지각반응 시간이 길어진다.

[예설] 피로하면 응급반응이 늦어지게 된다.

103 장거리운전을 할 때 차량 기준에 대한 설명으로 틀린 것은?

① 출발 전에 운행 시 1회당 2시간 이상 운전이 되지 않도록 장거리 운행 시 1회당 2시간 운전 후 1시간 휴식을 권장함
② 출발 전에 차량 점검 시 타이어 마모, 공기압, 오일 점검 등을 반드시 실시함
③ 운행상 주유 및 휴식은 2시간 이상 운전 후 5분 이상의 휴식 권장
④ 출발 전에 운행할 도로상황 및 기상상태 등의 정보를 파악함

104 운전자가 준수하여야 할 운전예절 가장 옳은 것은?

① 주행차로 변경할 때에는 깜빡이 작동
② 다른 차량보다 우선권 주장하지 아니
③ 다른 차량에게 자기 의사를 전달하지 아니
④ 교통경찰의 공정집행에 협조하지 아니

[예설] 사고차량 사람이 나, 그리고 나를 가족 중 그 누구라도 사고피해자가 될 수 있다는 정신이 필요하다.

105 교통질서를 하지 아니하고 도로에서 진정하기 위하여 다른 자가 있어 신호 등 운행 중 운전자가 옳은 운전방법은?

① 다른 차가 오지 않는 한 용도라인을 넘어간다.
② 다른 차가 있더라도 과감하게 통과한다.
③ 다른 차량도 끼어드는 차량이 있으므로 신속히 사고 안전을 고려하여 통과한다.
④ 다른 차량이 끼어들기 주행하여 차량 간의 많은 감소할 수 있도록 그대로 진행한다.

[예설] 도로교통법 제26조 (교통정리가 없는 교차로에서의 양보운전) 차량이 동시에 교차로에 진입하는 경우에는 우측 도로의 차량 통행우선권이 있으며, 운전자는 기본적으로 상대방을 배려하며 운전을 해야 한다.

106 도로교통법상 개인형 이동장치의 주차장법에 대한 설명으로 틀린 것은?

① 운동장치는 승차정원 1인이다.
② 운전면허가 있어야 운전할 수 있다.
③ 운송하기 위하여 주차장에 주차할 수 있는 이인이다.
④ 승차정원을 초과하여 동승하는 경우 범칙금 4만원이 부과된다.

[예설] 도로교통법 제33조의3(개인형 이동장치 승차정원) 개인형 이동장치의 승차정원을 초과하여 동승하여서는 아니 되며, 이를 위반한 경우 4만원의 범칙금이 부과된다.

107 도로교통법에서 정한 음주 운전 중에 처벌 수 있는 혈중알코올농도의 기준으로 옳은 것은?

① 혈중알코올농도 0.03퍼센트 이상인 상태로 자동차 운전
② 혈중알코올농도 0.08퍼센트 이상인 상태로 자동차 운전
③ 혈중알코올농도 0.1퍼센트 이상인 상태로 자동차 운전
④ 혈중알코올농도 0.12퍼센트 이상인 상태로 자동차 운전

[예설] 운전이 금지되는 술에 취한 상태의 기준은 혈중알코올농도가 0.03퍼센트 이상으로 한다.

108 도로교통법에 교통사고(동승자 포함)로 인하여 정장자 사망하는 있는 자동차 운전자에 대한 벌칙으로 옳지 않은 것은?

① 사망하지 않음
② 10년 이하 이상이나 1천만 원 이하의 벌금형
③ 20년 이하 이상이나 1천만 원 이하의 벌금형
④ 30년 이하 이상이나 1천만 원 이하의 벌금형

[예설] 도로교통법 제54조 (교통상 때에 조치 등) 제11조 제1호 (경상 30일) 이상이나 1천만 원 이하의 벌금이나 구류에 처한다. 정장의 이익을 얻기 위하여 제3호의 행위를 한 자동차 운전자는 가중처벌한다. (다만, 이동안자는 정착시 금지할 수 있다.)

109 다음 중 도로교통법상 정착된 사용 대상이 아닌 것은?

① 최고속도의 위반
② 앞차·보·중앙선 침범 등
③ 끼어들기
④ 신수장으로 정장기를 훈련한 행위

[예설] 도로교통법 제17조 제11조 제3호의 속도의 위반 등, 제18조 제14조의 벌칙에 따른 범칙 : 동일 금지 위반에 따라 제49조 제1항 제3호에 따른 정치 행위 등. ⑤ 제12조에 차량통제용 안전비이 사용대상이 아니다.

정답
100. ② 101. ④ 102. ① 103. ③ 104. ① 105. ① 106. ③ 107. ① 108. ④ 109. ③

110 운전자가 피로한 상태에서 운전하게 되면 속도 판단을 잘못하게 된다. 그 내용이 맞는 것은?
① 좁은 도로에서는 실제 속도보다 느리게 느껴진다.
② 주변이 탁 트인 도로에서는 실제보다 빠르게 느껴진다.
③ 멀리서 다가오는 차의 속도를 과소평가하다가 사고가 발생할 수 있다.
④ 고속도로에서 전방에 정지한 차를 주행 중인 차로 잘못 아는 경우는 발생하지 않는다.

해설 ① 좁은 도로에서는 실제 속도보다 빠르게 느껴진다. ② 주변이 탁 트인 도로에서는 실제보다 느리게 느껴진다. ④ 고속도로에서 전방에 정지한 차를 주행 중인 차로 잘못 알고 충돌 사고가 발생할 수 있다.

111 질병·과로로 인해 정상적인 운전을 하지 못할 우려가 있는 상태에서 자동차를 운전하다가 단속된 경우 어떻게 되는가?
① 과태료가 부과될 수 있다.
② 운전면허가 정지될 수 있다.
③ 구류 또는 벌금에 처한다.
④ 처벌 받지 않는다.

해설 도로교통법 제154조(벌칙) 30만 원 이하의 벌금이나 구류에 처한다. 제3호 제45조를 위반하여 과로·질병으로 인하여 정상적으로 운전하지 못할 우려가 있는 상태에서 자동차등 또는 노면전차를 운전한 사람(다만, 개인형 이동장치를 운전하는 경우는 제외한다)

112 마약 등 약물복용 상태에서 자동차를 운전하다가 인명피해 교통사고를 야기한 경우 교통사고처리 특례법상 운전자의 책임으로 맞는 것은?
① 책임보험만 가입되어 있으나 추가적으로 피해자와 합의하더라도 형사처벌된다.
② 운전자보험에 가입되어 있으면 형사처벌이 면제된다.
③ 종합보험에 가입되어 있으면 형사처벌이 면제된다.
④ 종합보험에 가입되어 있고 추가적으로 피해자와 합의한 경우에는 형사처벌이 면제된다.

해설 도로교통법에서 규정한 약물복용 운전을 하다가 교통사고 시에는 5년 이하의 금고 또는 2천만 원 이하의 벌금에 처한다(교통사고처리 특례법 제3조). 이는 종합보험 또는 책임보험 가입여부 및 합의 여부와 관계없이 형사처벌되는 항목이다.

113 혈중알코올농도 0.03퍼센트 이상 상태의 운전자 갑이 신호대기 중인 상황에서 뒤차(운전자 을)가 추돌한 경우에 맞는 설명은?
① 음주운전이 중한 위반행위이기 때문에 갑이 사고의 가해자로 처벌된다.
② 사고의 가해자는 을이 되지만, 갑의 음주운전은 별개로 처벌된다.
③ 갑은 피해자이므로 운전면허에 대한 행정처분을 받지 않는다.
④ 을은 교통사고 원인과 결과에 따른 벌점은 없다.

해설 앞차 운전자 갑이 술을 마신 상태라고 하더라도 음주운전이 사고발생과 직접적인 원인이 없는 한 교통사고의 피해자가 되고 별도로 단순 음주운전에 대해서만 형사처벌과 면허행정처분을 받는다.

114 도로교통법상 운전이 금지되는 술에 취한 상태의 기준은 운전자의 혈중알코올농도가 (   )로 한다. (   )안에 맞는 것은?
① 0.01퍼센트 이상인 경우
② 0.02퍼센트 이상인 경우
③ 0.03퍼센트 이상인 경우
④ 0.08퍼센트 이상인 경우

해설 제44조(술에 취한 상태에서의 운전 금지) 제4항 술에 취한 상태의 기준은 운전자의 혈중알코올농도가 0.03퍼센트 이상인 경우로 한다.

115 다음 중에서 보복운전을 예방하는 방법이라고 볼 수 없는 것은?
① 긴급제동 시 비상점멸등 켜주기
② 반대편 차로에서 차량이 접근 시 상향전조등 끄기
③ 속도를 올릴 때 전조등을 상향으로 켜기
④ 앞차가 지연 출발할 때는 3초 정도 배려하기

해설 보복운전을 예방하는 방법은 차로 변경 때 방향지시등 켜기, 비상점멸등 켜주기, 양보하고 배려하기, 지연 출발 때 3초간 배려하기, 경음기 또는 상향 전조등으로 자극하지 않기 등이 있다.

116 다음 중 보복운전을 당했을 때 신고하는 방법으로 가장 적절하지 않은 것은?
① 120에 신고한다.
② 112에 신고한다.
③ 스마트폰 앱 '목격자를 찾습니다'에 신고한다.
④ 사이버 경찰청에 신고한다.

해설 보복운전을 당했을 때 112, 사이버 경찰청, 시·도경찰청, 경찰청 홈페이지, 스마트폰 "목격자를 찾습니다." 앱에 신고하면 된다.

117 도로교통법상 (   )의 운전자는 도로에서 2명 이상이 공동으로 2대 이상의 자동차등을 정당한 사유 없이 앞뒤로 줄지어 통행하면서 교통상의 위험을 발생하게 하여서는 아니 된다. 이를 위반한 경우 (   )으로 처벌될 수 있다. (   )안에 각각 바르게 짝지어진 것은?
① 전동이륜평행차, 1년 이하의 징역 또는 500만 원 이하의 벌금
② 이륜자동차, 6개월 이하의 징역 또는 300만 원 이하의 벌금
③ 특수자동차, 2년 이하의 징역 또는 500만 원 이하의 벌금
④ 원동기장치자전거, 6개월 이하의 징역 또는 300만 원 이하의 벌금

해설 도로교통법 제46조(공동 위험행위의 금지)제1항 자동차등(개인형 이동장치는 제외한다)의 운전자는 도로에서 2명 이상이 공동으로 2대 이상의 자동차등을 정당한 사유 없이 앞뒤로 또는 좌우로 줄지어 통행하면서 다른 사람에게 위해를 끼치거나 교통상의 위험을 발생하게 하여서는 아니 된다. 또한 2년 이하의 징역 또는 500만 원 이하의 벌금으로 처벌될 수 있다. 전동이륜평행차는 개인형 이동장치로서 위에 본 조항 적용이 없다.

118 피해 차량을 뒤따르던 승용차 운전자가 중앙선을 넘어 앞지르기하여 급제동하는 등 위험 운전을 한 경우에는 「형법」에 따른 보복운전으로 처벌받을 수 있다. 이에 대한 처벌기준으로 맞는 것은?
① 7년 이하의 징역 또는 1천만 원 이하의 벌금에 처한다.
② 10년 이하의 징역 또는 2천만 원 이하의 벌금에 처한다.
③ 1년 이상의 유기징역에 처한다.
④ 1년 6월 이상의 유기징역에 처한다.

해설 「형법」 제284조(특수협박)에 의하면 위험한 물건인 자동차를 이용하여 형법상의 협박죄를 범한 자는 7년 이하의 징역 또는 1천만 원 이하의 벌금에 처한다.

119 승용차 운전자가 난폭운전을 하는 경우 도로교통법에 따른 처벌기준으로 맞는 것은?
① 범칙금 6만 원의 통고처분을 받는다.
② 과태료 3만 원이 부과된다.
③ 6개월 이하의 징역이나 200만 원 이하의 벌금에 처한다.
④ 1년 이하의 징역 또는 500만 원 이하의 벌금에 처한다.

해설 도로교통법 제46조의3 및 동법 제151조의2에 의하여 난폭운전 시 1년 이하의 징역이나 500만 원 이하의 벌금에 처한다.

정답 110. ③ 111. ③ 112. ① 113. ② 114. ③ 115. ③ 116. ① 117. ③ 118. ① 119. ④

| 정답 | 120.④ 121.④ 122.④ 123.④ 124.② 125.③ 126.② 127.① 128.① 129.① |

120 교통안전시설의 종류에는 따르는, '교통안전시설'에 해당되지 않는 사항은?
① 교차로
② 신호기
③ 횡단보도 등 노면표시
④ 안전한 통행을 위한 안전표지

교통안전시설의 종류에는 제2조 "교통안전시설"이란 신호기, 안전표지, 교차로, 횡단보도, 노면표시 등 일정한 이동수단에 의하여 그 밖에 사람을 관리하는 사항을 말한다.

121 자동차등(개인형 이동장치는 제외)의 운전자가 다음과 같이 행동하여 다른 사람에게 위해를 끼치거나 교통상의 위험을 발생하게 하는 경우 난폭운전에 해당되지 않는 것은?
① 신호 또는 지시 위반
② 중앙선, 차로· 횡단 위반
③ 정당한 사유 없는 소음 발생
④ 고속도로에서의 앞지르기 위반

122 고속도로 주행 중 차량의 이상징후가 발생하여 운전자가 조치하여야 할 사항으로 가장 바르지 않은 것은?
① 정차 가능한 안전한 장소에 정차한다.
② 고속도로 관리공단에 전화로 신고한다.
③ 인근병원 주변 후 탑승자는 차량 밖에 있는다.
④ 차량 긴급 정비호를 탑승자에게 차량안전을 알린다.

123 도로교통법상 자동차등(개인형 이동장치)가 행정구역상 벌점에 해당될 수 없는 것은?
① 신호 또는 지시 위반하여 운전하는 행위
② 중앙선을 침범하여 운전하는 행위
③ 안전거리를 미확보하고 진로변경을 금지 행위
④ 고속도로에서 앞지르기 방법 위반하여 운전하는 행위

도로교통법 제46조3(난폭운전 금지) 신호 또는 지시 위반, 중앙선 침범, 속도위반, 횡단·유턴·후진 금지 위반, 안전거리 미확보, 진로변경 금지 위반, 급제동 금지 위반, 앞지르기 방법 또는 앞지르기 방해 금지 위반, 정당한 사유 없는 소음 발생, 고속도로에서의 앞지르기 방법 위반, 고속도로등에서의 횡단·유턴·후진 금지 위반의 어느 둘 이상의 행위를 연달아 하거나, 하나의 행위를 지속 또는 반복하여 다른 사람에게 위해를 끼치거나 교통상의 위험을 발생하게 하여서는 아니 된다.

124 자동차 운전자가 중앙선 침범하여 다른 사람에게 위해를 가하거나 교통상의 위험을 발생시키는 경우 난폭운전으로 처벌될 수 있다. ( )에 해당하는 것은?
① 공동위험행위
② 난폭운전
③ 폭력운전
④ 보복운전

125 다음 행위를 반복하여 교통상의 위험이 발생하였을 때, 난폭운전으로 처벌받을 수 없는 것은?
① 신호위반
② 속도위반
③ 횡단보도 통과위반
④ 고속도로 갓길주행

도로교통법 제46조의3(난폭운전 금지)

126 다음은 난폭운전과 보복운전에 대한 설명이다. 맞는 것은?
① 오토바이 운전자가 정당한 사유 없이 소음을 반복하여 발생하게 하여 불특정 다수에게 위해를 끼친 경우는 보복운전에 해당된다.
② 승용차 운전자가 중앙선 침범 및 속도위반을 연달아 하여 불특정 다수에게 위해를 끼친 경우는 난폭운전에 해당된다.
③ 대형승합차 운전자가 고의적으로 특정 차량 앞에서 급제동한 경우는 난폭운전에 해당된다.
④ 난폭운전과 보복운전에 대한 성립요건 및 적용법규는 매우 다르다.

127 일반도로에서 자동차등(개인형 이동장치는 제외)의 운전자가 다른 사람에게 위해를 가하거나 교통상의 위험을 발생시키는 다음 행위 중 난폭운전의 대상 행위가 아닌 것은?
① 일반도로에서 지정차로 위반
② 중앙선 침범, 속도위반
③ 안전거리 미확보, 급제동 금지 위반
④ 앞지르기 방법 위반

일반도로에서 「지정차로」 위반은 난폭운전의 대상 행위가 아니다.

128 자동차등(개인형 이동장치는 제외)의 운전자가 둘 이상의 행위를 연달아 하거나 하나의 행위를 지속 또는 반복하여 다른 사람에게 위해를 가하거나 교통상의 위험을 발생하게 하는 경우 난폭운전으로 대응하여 처벌되지 않는 것은?
① 고속도로 갓길 통행
② 고속도로에서 지정차로 위반 행위
③ 안전거리 미확보하고 급제동 금지 위반
④ 속도위반 하고 지속적 또는 반복적으로 잦은 차로변경

도로교통법 제46조의3(난폭운전 금지) 신호 또는 지시 위반, 중앙선 침범, 속도위반, 횡단·유턴·후진 금지 위반, 안전거리 미확보, 진로변경 금지 위반, 급제동 금지 위반, 앞지르기 방법 또는 앞지르기 방해 금지 위반, 정당한 사유 없는 소음 발생, 고속도로에서의 앞지르기 방법 위반, 고속도로등에서의 횡단·유턴·후진 금지 위반

129 도로교통법상 둘 이상의 행위를 연달아 하거나, 하나의 행위를 지속 또는 반복하여 다른 사람에게 위해를 가하거나 교통상의 위험을 발생하게 하는 행위가 아닌 것은?
① 공동 위험행위
② 난폭운전 금지 위반
③ 끼어들기
④ 정당한 사유 없는 소음발생

제46조(공동 위험행위의 금지) 자동차등의 운전자는 도로에서 2명 이상이 공동으로 2대 이상의 자동차등을 정당한 사유 없이 앞뒤로 또는 좌우로 줄지어 통행하면서 다른 사람에게 위해(危害)를 끼치거나 교통상의 위험을 발생하게 하여서는 아니 된다.

130 자동차등을 이용하여 형법상 특수상해를 행하여(보복운전) 구속되었다. 운전면허 행정처분은?
① 면허 취소
② 면허 정지 100일
③ 면허 정지 60일
④ 할 수 없다.

> 해설) 도로교통법 시행규칙 별표28 자동차 등을 이용하여 형법상 특수상해, 특수협박, 특수손괴를 행하여 구속된 때 면허를 취소한다. 형사 입건된 때는 벌점 100점이 부과된다.

131 자동차등(개인형 이동장치는 제외)의 운전자가 다음의 행위를 반복하여 다른 사람에게 위협을 가하는 경우 난폭운전으로 처벌받게 된다. 난폭운전의 대상 행위로 틀린 것은?
① 신호 및 지시 위반, 중앙선 침범
② 안전거리 미확보, 급제동 금지 위반
③ 앞지르기 방해 금지 위반, 앞지르기 방법 위반
④ 통행금지 위반, 운전 중 휴대용 전화사용

> 해설) 도로교통법 제46조의3(난폭운전 금지) 신호 또는 지시 위반, 중앙선 침범, 속도의 위반, 횡단·유턴·후진 금지 위반, 안전거리 미확보, 차로 변경 금지 위반, 급제동 금지 위반, 앞지르기 방법 또는 앞지르기의 방해금지 위반, 정당한 사유없는 소음 발생, 고속도로에서의 앞지르기 방법 위반, 고속도로 등에서의 횡단·유턴·후진 금지

132 다음의 행위를 반복하여 교통상의 위험이 발생하였을 때 난폭운전으로 처벌받을 수 있는 것은?
① 고속도로 갓길 주·정차
② 음주운전
③ 일반도로 전용차로 위반
④ 중앙선침범

> 해설) 도로교통법 제46조의 3(난폭운전 금지)

133 다음 중 도로교통법상 난폭운전에 해당하지 않는 운전자는?
① 급제동을 반복하여 교통상의 위험을 발생하게 하는 운전자
② 계속된 안전거리 미확보로 다른 사람에게 위협을 주는 운전자
③ 고속도로에서 지속적으로 앞지르기 방법 위반을 하여 교통상의 위험을 발생하게 하는 운전자
④ 심야 고속도로 갓길에 미등을 끄고 주차하여 다른 사람에게 위험을 주는 운전자

> 해설) 도로교통법 제46조의 3항

134 도로교통법령상 보행자에 대한 설명으로 틀린 것은?
① 너비 1미터 이하의 동력이 없는 손수레를 이용하여 통행하는 사람은 보행자가 아니다.
② 너비 1미터 이하의 보행보조용 의자차를 이용하여 통행하는 사람은 보행자이다.
③ 자전거를 타고 가는 사람은 보행자가 아니다.
④ 너비 1미터 이하의 노약자용 보행기를 이용하여 통행하는 사람은 보행자이다.

> 해설) "보도"(步道)란 연석선, 안전표지나 그와 비슷한 인공구조물로 경계를 표시하여 보행자(유모차, 보행보조용 의자차, 노약자용 보행기 등 행정안전부령으로 정하는 기구·장치를 이용하여 통행하는 사람을 포함한다. 이하 같다)가 통행할 수 있도록 한 도로의 부분을 말한다. (도로교통법 제2조제10호)행정안전부령이 정하는 기구·장치 너비 1미터 이하인 것.
> 유모차·보행보조용 의자차·노약자용 보행기·어린이 놀이기구·동력없는 손수레·이륜자동차등을 운전자가 내려서 끌거나 들고 통행하는 것·도로보수 유지 등에 사용하는 기구 등(도로교통법 시행규칙 제2조)

135 다음 중 운전자의 올바른 운전습관으로 가장 바람직하지 않은 것은?
① 자동차 주유 중에는 엔진시동을 끈다.
② 긴급한 상황을 제외하고 급제동하여 다른 차가 급제동하는 상황을 만들지 않는다.
③ 위험상황을 예측하고 방어운전하기 위하여 규정속도와 안전거리를 모두 준수하며 운전한다.
④ 타이어공기압은 계절에 관계없이 주행 안정성을 위하여 적정량보다 10% 높게 유지한다.

> 해설) 타이어공기압은 최대 공기압의 80%가 적정하며, 계절에 따라 여름에는 10%정도 적게, 겨울에는 10%정도 높게 주입하는 것이 안전에 도움이 된다.

136 도로교통법령상 운전자의 보행자 보호에 대한 설명으로 옳지 않은 것은?
① 운전자가 보행자우선도로에서 서행·일시정지하지 않아 보행자통행을 방해한 경우에는 범칙금이 부과된다.
② 도로 외의 곳을 운전하는 운전자에게도 보행자 보호의무가 부여된다.
③ 운전자는 보행자가 횡단보도를 통행하려고 하는 때에는 그 횡단보도 앞에서 일시정지 하여야 한다.
④ 운전자는 어린이보호구역 내 신호기가 없는 횡단보도 앞에서는 반드시 서행하여야 한다.

> 해설) 도로교통법 제27조제1항, 제6항제2호·제3호, 제7항 도로교통법 시행령 별표8. 제11호. 승용자동차등 범칙금액 6만원
> 운전자는 어린이 보호구역 내에 신호기가 설치되지 아니한 횡단보도 앞에서는 보행자의 횡단 여부와 관계없이 일시정지하여야 한다.

137 운전자의 보행자 보호에 대한 설명으로 옳지 않은 것은?
① 운전자는 보행자가 횡단보도를 통행하려고 하는 때에는 그 횡단보도 앞에서 일시정지하여야 한다.
② 운전자는 차로가 설치되지 아니한 좁은 도로에서 보행자의 옆을 지나는 경우 안전한 거리를 두고 서행하여야 한다.
③ 운전자는 어린이 보호구역 내에 신호기가 설치되지 않은 횡단보도 앞에서는 보행자의 횡단이 없을 경우 일시정지하지 않아도 된다.
④ 운전자는 교통정리를 하고 있지 아니하는 교차로를 횡단하는 보행자의 통행을 방해하여서는 아니 된다.

> 해설) 도로교통법 제27조제1항, 제3항, 제4항, 제7항
> ① 모든 차 또는 노면전차의 운전자는 보행자(제13조의2제6항에 따라 자전거등에서 내려서 자전거등을 끌거나 들고 통행하는 자전거등의 운전자를 포함한다)가 횡단보도를 통행하고 있거나 통행하려고 하는 때에는 보행자의 횡단을 방해하거나 위험을 주지 아니하도록 그 횡단보도 앞(정지선이 설치되어 있는 곳에서는 그 정지선을 말한다)에서 일시정지하여야 한다.
> ③ 모든 차의 운전자는 교통정리를 하고 있지 아니하는 교차로 또는 그 부근의 도로를 횡단하는 보행자의 통행을 방해하여서는 아니 된다.
> ④ 모든 차의 운전자는 도로에 설치된 안전지대에 보행자가 있는 경우와 차로가 설치되지 아니한 좁은 도로에서 보행자의 옆을 지나는 경우에는 안전한 거리를 두고 서행하여야 한다.
> ⑦ 모든 차 또는 노면전차의 운전자는 제12조제1항에 따른 어린이 보호구역 내에 설치된 횡단보도 중 신호기가 설치되지 아니한 횡단보도 앞(정지선이 설치된 경우에는 그 정지선을 말한다)에서는 보행자의 횡단 여부와 관계없이 일시정지하여야 한다. 〈신설 2022. 1. 11.〉

138 자동차 운전자가 신호등이 없는 횡단보도를 통과할 때 가장 안전한 운전 방법은?
① 횡단하는 사람이 없다 하더라도 전방과 그 주변을 잘 살피며 감속한다.
② 횡단하는 사람이 없으므로 그대로 진행한다.
③ 횡단하는 사람이 없을 때 빠르게 지나간다.
④ 횡단하는 사람이 있을 수 있으므로 경음기를 울리며 그대로 진행한다.

> 해설) 신호등이 없는 횡단보도에서는 혹시 모르는 보행자를 위하여 전방과 근방 보도를 잘 살피고 감속 운전하여야 한다.

정답 130. ① 131. ④ 132. ④ 133. ④ 134. ① 135. ④ 136. ④ 137. ③ 138. ①

정답

139. ① 140. ③ 141. ③ 142. ④ 143. ② 144. ④ 145. ① 146. ④ 147. ③

---

139 난폭운전 금지사항에 대한 설명으로 가장 바르지 않은 것은?

① 신호위반행위가 연달아 발생하거나 하나의 행위를 지속하는 경우 난폭운전으로 처벌될 수 있다.
② 공동위험행위는 2인 이상이 차마를 이용하여 정당한 사유 없이 앞뒤로 또는 좌우로 줄지어 통행하는 행위이다.
③ 난폭운전 신고를 위해 운전 중 영상촬영을 한 경우 기준속도보다 낮추어 안전운전을 해야 한다.
④ 고속도로에서 지정차로 위반하고 급차로 변경을 연달아 하여 다른 사람에게 위협을 가하는 경우 난폭운전으로 처벌될 수 있다.

140 시내 도로를 매시 50킬로미터로 주행하던 중 무단횡단 중인 보행자를 발견하였다. 가장 적절한 조치는?

① 보행자가 횡단 중이므로 일단 급브레이크를 밟아 멈춘다.
② 보행자의 움직임을 예측하여 그 사이로 주행한다.
③ 속도를 줄이며 멈출 준비를 하고 피양하여 주행한다.
④ 보행자에게 경음기로 주의를 주며 다소 속도를 높여 통과한다.

141 고속도로 운행 중 안전지대에 대한 설명으로 옳지 않은 것은?

① 고속도로 진입 시 진입을 위한 가속 차로 끝 지점에서 미처 진입하지 못한 경우 갓길에 정차한 후 진입한다.
② 보행자가 통행하고 있는 횡단보도가 없는 도로에서는 안전지대에 일시정지한 후 서행하여야 한다.
③ 도로가 구부러진 부근, 비탈길의 오르막길 정상 부근 또는 가파른 비탈길의 내리막길 등은 앞지르기가 금지된 장소이다.
④ 교통정리가 없고 좌우를 확인할 수 없거나 교통이 빈번한 교차로에서는 일시정지하여야 한다.

142 승차정원(9인승 이하 승용 매장) 등 이용자가 공장자의 자세로 가장 바르지 않은 것은?

① 승차정원을 초과하여 자가용으로 운행하지 아니한다.
② 승차정원 초과 시 도로교통법에 의거 처분을 받는다.
③ 승차정원 초과 시 운전자의 안정성에 영향을 주지 않도록 주의한다.
④ 승차정원은 운전자를 제외한 자상자의 수가 안전벨트를 맨 상태를 말한다.

143 도로교통법상 도로에서 13세 미만의 어린이가 ( )를 타는 경우에는 인명보호 장구를 착용하여야 한다. ( )에 해당되지 않는 것은?

① 킥보드 ② 외발자전거
③ 인라인스케이트 ④ 스케이트보드

144 보행자의 보호에 대한 설명으로 옳은 것은?

① 무단 횡단하는 술 취한 보행자를 보호할 필요 없다.
② 이면도로에서는 보행자의 움직임에 주의하며 서행주행한다.
③ 신호등이 있는 도로에서는 횡단 중인 보행자의 통행을 금지할 수 있다.
④ 보도에 차량이 진입하는 경우 보행자 유무에 관계없이 통과할 수 있다.

145 도로에서 통행방법 등을 준수할 수 있는 사람이 아닌 것은?

① 사회통합 증진에 필요하다고 인정하는 사람
② 말, 소 등의 큰 동물을 몰고 가는 사람
③ 도로의 청소 또는 보수 등 도로에서 작업 중인 사람
④ 기 또는 현수막 등을 휴대한 사람

146 환경친화적 자동차의 고장으로 인하여 긴급한 상황에서 자동차를 운행할 수 있는 곳은?

① 경차 전용주차구역
② 장애인전용주차구역
③ 환경친화적 자동차 전용주차구역
④ 화물자동차 전용주차구역

147 도로교통법상 승차정원이 11인승 승합자동차를 타고 아유회를 목적으로 대통령령이 다른 ( )에 해당하는 지역을 운행하려고 한다. 동승자가 아닌 것은?

① 신호에 따라 정지와 출발을 반복한다.
② 차선 변경으로 앞차와의 간격을 줄인다.
③ 도로를 통행하고 있는 차에서 밖으로 물건을 던지는 행위
④ 이․유상 시 운전자 옆 승용차석에 탑승한다.

⑤ 2인 이상이 사용하는 방법(공동자) ① 2, ④ 주 6인 이상이 이용하는 방법

148 자동차등을 이용하여 형법상 특수폭행을 행하여(보복운전) 입건되었다. 운전면허 행정처분은?
① 면허 취소
② 면허 정지 100일
③ 면허 정지 60일
④ 행정처분 없음

해설: 도로교통법 시행규칙 별표28

149 차의 운전자가 보도를 횡단하여 건물 등에 진입하려고 한다. 운전자가 해야 할 순서로 올바른 것은?
① 서행 → 방향지시등 작동 → 신속 진입
② 일시정지 → 경음기 사용 → 신속 진입
③ 서행 → 좌측과 우측부분 확인 → 서행 진입
④ 일시정지 → 좌측과 우측부분 확인 → 서행 진입

해설: 도로교통법 제13조(차마의 통행) 제2항 차마의 운전자는 보도를 횡단하기 직전에 일시정지하여 좌측과 우측 부분 등을 살핀 후 보행자의 통행을 방해하지 아니하도록 횡단하여야 한다.

150 다음 중 도로교통법상 보행자의 도로 횡단 방법에 대한 설명으로 잘못된 것은?
① 모든 차의 바로 앞이나 뒤로 횡단하여서는 아니 된다.
② 지체장애인의 경우라도 반드시 도로 횡단 시설을 이용하여 도로를 횡단하여야 한다.
③ 안전표지 등에 의하여 횡단이 금지되어 있는 도로의 부분에서는 그 도로를 횡단하여서는 아니 된다.
④ 횡단보도가 설치되어 있지 아니한 도로에서는 가장 짧은 거리로 횡단하여야 한다.

해설: 도로교통법 제10조(도로의 횡단) 제2항 지하도나 육교 등의 도로 횡단시설을 이용할 수 없는 지체장애인의 경우에는 다른 교통에 방해가 되지 아니하는 방법으로 도로 횡단시설을 이용하지 아니하고 도로를 횡단할 수 있다.

151 다음 중 보행자에 대한 운전자 조치로 잘못된 것은?
① 어린이보호 표지가 있는 곳에서는 어린이가 뛰어 나오는 일이 있으므로 주의해야 한다.
② 보도를 횡단하기 직전에 서행하여 보행자를 보호해야 한다.
③ 무단 횡단하는 보행자도 일단 보호해야 한다.
④ 어린이가 보호자 없이 도로를 횡단 중일 때에는 일시 정지해야 한다.

해설: 도로교통법 제13조 제1항 내지 제2항 보도를 횡단하기 직전에 일시 정지하여 좌측 및 우측 부분 등을 살핀 후 보행자의 통행을 방해하지 아니하도록 횡단하여야 한다.

152 보행자의 통행에 대한 설명으로 맞는 것은?
① 보행자는 도로 횡단 시 차의 바로 앞이나 뒤로 신속히 횡단하여야 한다.
② 지체 장애인은 도로 횡단시설이 있는 도로에서 반드시 그곳으로 횡단하여야 한다.
③ 보행자는 안전표지 등에 의하여 횡단이 금지된 도로에서는 신속하게 도로를 횡단하여야 한다.
④ 보행자는 횡단보도가 설치되어 있지 아니한 도로에서는 가장 짧은 거리로 횡단하여야 한다.

해설: 보행자는 보도와 차도가 구분된 도로에서는 반드시 보도로 통행하여야 한다. 지체장애인은 도로 횡단 시설을 이용하지 아니하고 횡단할 수 있다. 단, 안전표지 등에 의하여 횡단이 금지된 경우에는 횡단할 수 없다.

153 보행자의 보도통행 원칙으로 맞는 것은?
① 보도 내 우측통행
② 보도 내 좌측통행
③ 보도 내 중앙통행
④ 보도 내 통행원칙은 없음

해설: 보행자는 보도 내에서는 우측통행이 원칙이다.

154 도로교통법령상 승용자동차의 운전자가 보도를 횡단하는 방법을 위반한 경우 범칙금은?
① 3만 원
② 4만 원
③ 5만 원
④ 6만 원

해설: 통행구분 위반(보도침범, 보도횡단방법 위반)〈도로교통법시행령 별표 8〉범칙금 6만 원

155 보행자에 대한 운전자의 바람직한 태도는?
① 도로를 무단 횡단하는 보행자는 보호받을 수 없다.
② 자동차 옆을 지나는 보행자에게 신경 쓰지 않아도 된다.
③ 보행자가 자동차를 피해야 한다.
④ 운전자는 보행자를 우선으로 보호해야 한다.

해설: 도로교통법 제27조(보행자의 보호) ⑤ 모든 차 또는 노면전차의 운전자는 보행자가 제10조제3항에 따라 횡단보도가 설치되어 있지 아니한 도로를 횡단하고 있을 때에는 안전거리를 두고 일시정지하여 보행자가 안전하게 횡단할 수 있도록 하여야 한다.

156 도로교통법상 보행자가 도로를 횡단할 수 있게 안전표지로 표시한 도로의 부분을 무엇이라 하는가?
① 보도
② 길가장자리구역
③ 횡단보도
④ 보행자 전용도로

해설: 도로교통법 제2조 제12호 "횡단보도"란, 보행자가 도로를 횡단할 수 있도록 안전표지로 표시한 도로의 부분을 말한다.

157 야간에 도로 상의 보행자나 물체들이 일시적으로 안 보이게 되는 "증발현상"이 일어나기 쉬운 위치는?
① 반대 차로의 가장자리
② 주행 차로의 우측 부분
③ 도로의 중앙선 부근
④ 도로 우측의 가장자리

해설: 야간에 도로상의 보행자나 물체들이 일시적으로 안 보이게 되는 "증발 현상"이 일어나기 쉬운 위치는 도로의 중앙선 부근이다.

158 보행자의 도로 횡단방법에 대한 설명으로 잘못된 것은?
① 보행자는 횡단보도가 없는 도로에서 가장 짧은 거리로 횡단해야 한다.
② 보행자는 모든 차의 바로 앞이나 뒤로 횡단하면 안 된다.
③ 무단횡단 방지를 위한 차선분리대가 설치된 곳이라도 넘어서 횡단할 수 있다.
④ 도로공사 등으로 보도의 통행이 금지된 때 차도로 통행할 수 있다.

해설: 도로교통법 제8조(보행자의 통행) ① 보행자는 보도와 차도가 구분된 도로에서는 언제나 보도로 통행하여야 한다. 다만, 차도를 횡단하는 경우, 도로공사 등으로 보도의 통행이 금지된 경우나 그 밖의 부득이한 경우에는 그러하지 아니하다.
도로교통법 제10조(도로의 횡단) ② 보행자는 제1항에 따른 횡단보도, 지하도, 육교나 그 밖의 도로 횡단시설이 설치되어 있는 도로에서는 그곳으로 횡단하여야 한다. 다만, 지하도나 육교 등의 도로 횡단시설을 이용할 수 없는 지체장애인의 경우에는 다른 교통에 방해가 되지 아니하는 방법으로 도로 횡단시설을 이용하지 아니하고 도로를 횡단할 수 있다. ③ 보행자는 제1항에 따른 횡단보도가 설치되어 있지 아니한 도로에서는 가장 짧은 거리로 횡단하여야 한다. ④ 보행자는 모든 차의 바로 앞이나 뒤로 횡단하여서는 아니 된다. 다만, 횡단보도를 횡단하거나 신호기 또는 경찰공무원등의 신호나 지시에 따라 도로를 횡단하는 경우에는 그러하지 아니하다.

정답 148. ② 149. ④ 150. ② 151. ② 152. ④ 153. ① 154. ④ 155. ④ 156. ③ 157. ③ 158. ③

159 공동주택 층간소음에 범위에 해당하지 않는 사항은?

① 아이들 뛰는 소음
② 이른 새벽시간이나 아이하는 경우 발생되는 사용
③ 인접한 세대의 TV에서 나는 소음
④ 문을 닫는 사람

160 공동주택관리법상 아이들 활동시간 안에서 ( )~( ) 사이에 발생한 층간소음 공동주택 기준에 대해서 2배로 적용한다. ( )에 들어갈 말은?

① 오전 6시, 오후 7시
② 오전 7시, 오후 7시
③ 오전 8시, 오후 9시
④ 오전 9시, 오후 9시

161 공동주택관리법상 4,5세 자녀가 있을 때 오후 10시부터 11시까지의 활동시에 가장산정한다고 해당하는 것은?

① 4만원
② 5만원
③ 9만원
④ 10만원

162 다음 중 공동주택의 녹색소음화가 결정하여 때 피해자가 가장 먼저 해야 할 것은?

① 경비아저씨에게 신고하거나 위층의 소음을 가져오기 때문에
    그들이 녹색소음을 해야하는 때
② 경찰서로 신고하여 그들이 잡혀 있다.
③ 다른 전문가도 가구하여 와서 피해를 준다는 것이다.
④ 관리사무소에 방법이 있거나 상담을 신청한다.

163 공동주택관리법상 자녀들을 활동할 수 있는 사항 또는 사람이 아닌 것은?

① 도로에서 발생하는 아이들의 뛰는 소음이 있을 때
② 담소를 흔들고 짜는 사람
③ 경비가 정해진 비상상황이 있을 때 사람
④ 상이(喪哀) 발생할 때

《공동주택관리법 제11조(총칸소음을 생활할 수 있는 사항 또는 경우)》 범 제20조제1항에 따른 공공주택 총칸소음의 정확한 청소 실적이나 원장하기만이 없다.
1. 감·종 등이 공간소음을 있고 가는 사람
2. 시·가람, 위치, 그 밖에 비상상황이 생각 중인 사람
3. 도로에서 발생하는 공공주택의 주차에 있는 자녀에 해당하는 사람
4. 그러나, 그 밖에 이와 공간소음에 해당하는 사람
5. 장의(葬儀) 음의 공통소음이 발생한 사람
6. 장의(葬儀) 발생

164 공공주차가 관리책임에 있음이 자녀에 때 비상상황을 확인되어 청소적 장되 차내 가운이는?

① 고지한다
② 양지시키 한다
③ 신고한다
④ 사회한다

165 다음 중 아이의 뒷니 또는 사람에 대해인이 강자인도장을 담당하고 공동하는 도로를 하는 서로 있은 관련장되하는 매의 공동 공민 정의는?

① 감·행 등을 찾지 사람과 그래도 앞에 강장한다.
② 이상한 경찰이다.
③ 쪽과 낭자방에서 공간 음악회 사람을 들어다가지 안다한다.
④ 경찰을 통지를 한다한다.

《공동주택관리법 제4조(총칸소음 공과자의 능력 등)》 ① 공동주택의 입주자 등(총칸소음 경우)이 되는 자는 1, 2. 다른 입주자 등에 하나에 있는 자유로이 된 세대관은 접지 등 장을 하지 말는 사람이 가해인 하게 되어 생산이나 그와 유사 사람을 가해다.

166 공동주택관리법상 대체 개정하고 있는 공공주차 자녀가 이라지기 보지 못하는 아이에도 공공주차의 자녀가 되어야 한다. ( )에 들어갈 말은?

① 입구자
② 임시자
③ 사용자
④ 양수수자

《공동주택관리법 제27조(총칸소음 경우)》 ① 공공주차의 입주자 등(공공주차의 임대주책에 사이 이용한 때 이용는 인상 세대 등 아이에도 공공주차의 자녀가 되어야 한다. 이 경우 임시가 공과자가 있는 아이에도 공공주차의 입주자 등은 동료한 입장이라

167 도로를 생성하는 공공자 피해자의 대응 정말이 아닌 것은?

① 그치을 아이에 도로에서 공공을 도움한 경우
② 도로를 강요하여 공공자의 수단이 아이에 없다.
③ 도로를 통화한 공공자의 수단을 이용한 것이다.
④ 공공자의 청소와 내는 공공자의 함께 적용이다.

《공공주차법 제27조(총칸소음 경우 등)》 ⑤ 공공자의 도로 중 자녀가 이용한 공공 도로를 내용 공공을 공과자가 공공을 수공자가 공과자가 영향을 수 있게 된다.

168 공공주차관리상 자녀의 공격이 해당하지 않는 사람은?

① 발야장에서 이상자를 하고 가는 사람
② 공장에서 일어 있는 시간까지 연주하고 있는 사람
③ 사람들이 공공 수자 공자 등이 있는 사람
④ 공 사람들이 밤에 이용에 강자가 있는 사람들이 공공 중단성

《공공주차관리법 제11조(총칸소음을 생활할 수 있는 사항 또는 경우)》 범 제20조제1항에 해에 다른 공공주차 아이이 해당하는 사람이 이상한다.
1. 감·종 등이 공간소음을 있고 가는 사람 2. 시·가람, 위치, 그 밖에 비상상황이 생각 중인 사람 3. 도로에서 발생하는 공공주차의 주차에 있는 자녀에 해당하는 사람 4. 그러나, 그 밖에 이와 공간소음에 해당하는 사람 5. 장의(葬儀) 음의 공통소음이 발생한 사람 6. 장의(葬儀) 발생

정답 159. ① 160. ③ 161. ③ 162. ① 163. ③ 164. ③ 165. ② 166. ② 167. ③ 168. ①

169 다음 중 보행자의 통행방법으로 잘못된 것은?
① 보도에서는 좌측통행을 원칙으로 한다.
② 보행자우선도로에서는 도로의 전 부분을 통행할 수 있다.
③ 보도와 차도가 구분된 도로에서는 언제나 보도로 통행하여야 한다.
④ 보도와 차도가 구분되지 않은 도로 중 중앙선이 있는 도로에서는 길 가장자리구역으로 통행하여야 한다.

해설 도로교통법 제8조(보행자의 통행) 보행자는 보도에서 우측통행을 원칙으로 한다.

170 다음 중 도로교통법상 보도를 통행하는 보행자에 대한 설명으로 맞는 것은?
① 125시시 미만의 이륜차를 타고 보도를 통행하는 사람은 보행자로 볼 수 있다.
② 자전거를 타고 가는 사람은 보행자로 볼 수 있다.
③ 보행보조용 의자차를 이용하는 사람은 보행자로 볼 수 있다.
④ 49시시 원동기장치자전거를 타고 가는 사람은 보행자로 볼 수 있다.

해설 도로교통법 제2조(정의)제10호 "보도"(步道)란 연석선, 안전표지나 그와 비슷한 인공구조물로 경계를 표시하여 보행자(유모차와 행정안전부령으로 정하는 보행보조용 의자차를 포함한다. 이하 같다)가 통행할 수 있도록 한 도로의 부분을 말한다.

171 다음 중 도로교통법상 횡단보도가 없는 도로에서 보행자의 가장 올바른 횡단방법은?
① 통과차량 바로 뒤로 횡단한다.
② 차량통행이 없을 때 빠르게 횡단한다.
③ 횡단보도가 없는 곳이므로 아무 곳이나 횡단한다.
④ 도로에서 가장 짧은 거리로 횡단한다.

해설 〈도로교통법 제10조 제3항〉, 보행자는 제1항에 따른 횡단보도가 설치되어 있지 아니한 도로에서는 가장 짧은 거리로 횡단하여야 한다.

172 도로교통법상 보행자전용도로 통행이 허용된 차마의 운전자가 통행하는 방법으로 맞는 것은?
① 보행자가 있는 경우 서행으로 진행한다.
② 경음기를 울리면서 진행한다.
③ 보행자의 걸음 속도로 운행하거나 일시정지하여야 한다.
④ 보행자가 없는 경우 신속히 진행한다.

해설 〈도로교통법 제28조 제3항〉 보행자전용도로의 통행이 허용된 차마의 운전자는 보행자를 위험하게 하거나 보행자의 통행을 방해하지 아니하도록 차마를 보행자의 걸음 속도로 운행하거나 일시정지하여야 한다.

173 다음 중 도로교통법상 횡단보도를 횡단하는 방법에 대한 설명으로 옳지 않은 것은?
① 개인형 이동장치를 끌고 횡단할 수 있다.
② 보행보조용 의자차를 타고 횡단할 수 있다.
③ 자전거를 타고 횡단할 수 있다.
④ 유모차를 끌고 횡단할 수 있다.

해설 도로교통법 제2조제12호 횡단보도란 보행자가 도로를 횡단할 수 있도록 안전표지로 표시한 도로의 부분을 말한다.
도로교통법 제27조제1항 모든 차의 운전자는 보행자(제13조의2제6항에 따라 자전거에서 내려서 자전거를 끌고 통행하는 자전거 운전자를 포함한다)가 횡단보도를 통행하고 있을 때에는 보행자의 횡단을 방해하거나 위험을 주지 아니하도록 그 횡단보도 앞(정지선이 설치되어 있는 곳에서는 그 정지선을 말한다)에서 일시정지하여야 한다.

174 차량 운전 중 차량 신호등과 횡단보도 보행자 신호등이 모두 고장 난 경우 횡단보도 통과 방법으로 옳은 것은?
① 횡단하는 사람이 있는 경우 서행으로 통과한다.
② 횡단보도에 사람이 없으면 서행하지 않고 빠르게 통과한다.
③ 신호등 고장으로 횡단보도 기능이 상실되었으므로 서행할 필요가 없다.
④ 횡단하는 사람이 있는 경우 횡단보도 직전에 일시정지한다.

해설 〈도로교통법시행령 제27조 제1항〉 모든 차 또는 노면전차의 운전자는 보행자(제13조의2제6항에 따라 자전거등에서 내려서 자전거를 끌거나 들고 통행하는 자전거등의 운전자를 포함한다)가 횡단보도를 통행하고 있거나 통행하려고 하는 때에는 보행자의 횡단을 방해하거나 위험을 주지 아니하도록 그 횡단보도 앞(정지선이 설치되어 있는 곳에서는 그 정지선을 말한다)에서 일시정지하여야 한다.

175 다음 중 도로교통법상 차마의 통행방법에 대한 설명이다. 잘못된 것은?
① 보도와 차도가 구분된 도로에서는 차도로 통행하여야 한다.
② 보도를 횡단하기 직전에 서행하여 좌·우를 살핀 후 보행자의 통행을 방해하지 않도록 횡단하여야 한다.
③ 도로의 중앙의 우측 부분으로 통행하여야 한다.
④ 도로가 일방통행인 경우 도로의 중앙이나 좌측 부분을 통행할 수 있다.

해설 〈도로교통법 제13조 제2항〉 제1항 단서의 경우 차마의 운전자는 보도를 횡단하기 직전에 일시정지하여 좌측과 우측 부분 등을 살핀 후 보행자의 통행을 방해하지 아니하도록 횡단하여야 한다.

176 다음 중 도로교통법상 보행자의 보호에 대한 설명이다. 옳지 않은 것은?
① 보행자가 횡단보도를 통행하고 있을 때 그 직전에 일시정지하여야 한다.
② 경찰공무원의 신호나 지시에 따라 도로를 횡단하는 보행자의 통행을 방해하여서는 아니 된다.
③ 교차로에서 도로를 횡단하는 보행자의 통행을 방해하여서는 아니 된다.
④ 보행자가 횡단보도가 없는 도로를 횡단하고 있을 때에는 안전거리를 두고 서행하여야 한다.

해설 도로교통법 제27조(보행자의 보호) ① 모든 차 또는 노면전차의 운전자는 보행자(제13조의2제6항에 따라 자전거등에서 내려서 자전거등을 끌거나 들고 통행하는 자전거등의 운전자를 포함한다)가 횡단보도를 통행하고 있거나 통행하려고 하는 때에는 보행자의 횡단을 방해하거나 위험을 주지 아니하도록 그 횡단보도 앞(정지선이 설치되어 있는 곳에서는 그 정지선을 말한다)에서 일시정지하여야 한다. ② 모든 차 또는 노면전차의 운전자는 교통정리를 하고 있는 교차로에서 좌회전이나 우회전을 하려는 경우에는 신호기 또는 경찰공무원등의 신호나 지시에 따라 도로를 횡단하는 보행자의 통행을 방해하여서는 아니 된다. ③ 모든 차의 운전자는 교통정리를 하고 있지 아니하는 교차로 또는 그 부근의 도로를 횡단하는 보행자의 통행을 방해하여서는 아니 된다. ⑤ 모든 차 또는 노면전차의 운전자는 보행자가 제10조제3항에 따라 횡단보도가 설치되어 있지 아니한 도로를 횡단하고 있을 때에는 안전거리를 두고 일시정지하여 보행자가 안전하게 횡단할 수 있도록 하여야 한다.

177 도로교통법상 보도와 차도가 구분이 되지 않는 도로 중 중앙선이 있는 도로에서 보행자의 통행방법으로 가장 적절한 것은?
① 차도 중앙으로 보행한다.
② 차도 우측으로 보행한다.
③ 길가장자리구역으로 보행한다.
④ 도로의 전 부분으로 보행한다.

해설 도로교통법 제8조(보행자의 통행) ① 보행자는 보도와 차도가 구분되지 아니한 도로 중 중앙선이 있는 도로(일방통행인 경우에는 차선으로 구분된 도로를 포함한다)에서는 길가장자리 또는 길 가장자리 구역으로 통행하여야 한다. ② 보행자는 다음 각 호의 어느 하나에 해당하는 곳에서는 도로의 전 부분으로 통행할 수 있다. 이 경우 보행자는 고의로 차마의 진행을 방해하여서는 아니 된다. 1. 보도와 차도가 구분되지 아니한 도로 중 중앙선이 없는 도로(일방통행인 경우에는 차선으로 구분되지 아니한 도로에 한정한다. 이하 같다) 2. 보행자우선도로

정답 169.① 170.③ 171.④ 172.③ 173.③ 174.④ 175.② 176.④ 177.③

안전운전 정기시험문제 **40** 안전운전 공통 – 4지 1답형

정답 178.① 179.④ 180.② 181.③ 182.④ 183.④ 184.① 185.④ 186.① 187.③ 188.③

---

178 도로교통법상, 안전표지가 인도한 지정한 인공구조물로 정지선 표시에 설치되어 있는 자동차가 통행할 수 있는 한 도로의 부분은?

① 보도　　② 자전거전용도로
③ 횡단보도　　④ 자전거횡단도

〈도로교통법 제2조 제10호〉 "횡단보도"란 보행자가 도로를 횡단할 수 있도록 안전표지로 표시한 도로의 부분을 말한다.

---

179 도로교통법상 어린이통학버스 운영자가 준수할 사항이 아닌 것은?

① 보호자를 함께 태우고 운행하여야 한다.
② 출발 전 어린이나 영유아의 좌석안전띠 착용을 확인하여야 한다.
③ 보호자 동승표지 등을 부착하여야 한다.
④ 출발시 다음 지점에서 그 지점의 반대방향 신호도 확인하여야 한다.

〈도로교통법 제53조 제2항〉 어린이통학버스를 운전하는 사람은 어린이나 영유아가 타고 내리는 경우에만 점멸등 등의 장치를 작동하여야 한다.

---

180 어린이통학버스 앞에 정차한 다른 차량에서 사용하여야 할 경우는?

① 자전거를 끌고 보도로 건너갈 때
② 어린이통학버스가 어린이를 태우고 있을 때
③ 보행자가 반드시 있는 횡단보도를 지나갈 때
④ 어린이통학버스가 해당한 지점에 잠시 정차한 때

〈도로교통법 제27조 제3항〉 모든 차의 운전자는 어린이 또는 영유아를 태우고 있다는 표시를 한 상태로 도로를 통행하는 어린이통학버스를 앞지르지 못한다.

---

181 도로교통법상 고속도로 외의 도로에서 어린이통학버스는 어린이나 영유아를 태우고 있는 경우 최고속도는 시속 몇 ( )킬로미터 이상이 되지 않는다. ( )안에 기준으로 맞는 것은?

① 10　　② 20
③ 30　　④ 50

---

182 교통정리가 없는 교차로에서 양보하여야 하는 원칙 중 가장 옳은 것은?

① 일반도로는 좌회전 차량에 대하여 차로를 양보하고 지나간다.
② 빈번 진출입구 사거리에서는 대형차가 중심으로 우선 진입한다.
③ 시·군 구조상 부지내에 있어서는 공동주택 내부 통행을 우선한다.
④ 먼저 신호하여야 하고, 일시정지 표시에 따라 우선권자가 결정할 수 있다.

〈도로교통법 관련규정〉 교통정리가 없는 교차로에 동시에 진입할 경우 등 우선순위에 따라 진로를 양보하여야 한다. 시·군·구 조례에 따라 지정된 사거리를 우선 통행하고, 교통정리가 없는 교차로에서는 일시정지 또는 서행하여야 함이 원칙이다.

---

183 도로교통법상 견인 시 일시정지해야 할 장소가 아닌 것은?

① 어린이 보호구역 내 도로를 건널 때
② 어린이 통학버스의 정지신호가 있을 때
③ 어린이 보호구역 내 신호기가 있을 때
④ 차량 신호등이 황색 점멸 신호일 때

〈도로교통법 제49조 제2호 및 시행령 제12호〉 어린이 보호구역 내 제2호에 따라 차량 신호등이 황색 점멸하는 때에는 서행하여 지나가야 한다.

---

184 다음 중 어린이통학버스가 반드시 일시정지해야 할 때가 아닌 것은?

① 보행자가 횡단보도를 지나가려 할 때
② 보행자가 없이 횡단보도를 지나갈 때
③ 어린이가 도로를 건너려 하고 있을 때
④ 차량 신호등이 적색 신호일 때

---

185 도로교통법상 어린이통학버스가 그 운전자가 바닥에 일시적으로 표시하지 않는 것은?

① 서행　　② 경찰
③ 주차　　④ 일시정지

〈도로교통법 제2조 제30호〉 "일시정지"란 차 또는 노면전차의 운전자가 그 차 또는 노면전차의 바퀴를 일시적으로 완전히 정지시키는 것을 말한다.

---

186 다음 중 도로교통법상 긴급자동차가 통행할 수 없는 곳은?

① 자전거전용도로
② 긴급자동차전용도로
③ 보도
④ 도로의 가장자리

---

187 도로교통법상 긴급자동차를 제외한 차의 운전자는 ( )미터 이상으로 하여야 한다. 이 경우 자전거횡단도 등의 표시와 긴급자동차인 차의 표지를 다는 차로만 통행할 수 있다. ( )안에 기준으로 맞는 것은?

① 5, 300　　② 4, 285
③ 3, 275　　④ 2, 265

---

188 도로 우측 가장자리 옆이 6미터 이상이 되지 아니하는 도로에서 다른 차를 앞지르기 할 수 있는 경우로 맞는 것은?

① 도로가 좁은 경우
② 반대 방향의 교통을 확인할 수 있는 경우
③ 앞차가 저속으로 진행하고, 다른 차의 안전거리가 확보되어 있는 경우
④ 앞지르기 금지장소 외에 도로를 좌측으로 통행하고자 하는 경우

〈도로교통법 제13조(차마의 통행) 제4항 등〉

189 도로교통법상 시간대에 따라 양방향의 통행량이 뚜렷하게 다른 도로에는 교통량이 많은 쪽으로 차로의 수가 확대될 수 있도록 신호기에 의하여 차로의 진행방향을 지시하는 차로는?
① 가변차로
② 버스전용차로
③ 가속차로
④ 앞지르기 차로

> 도로교통법 제14조(차로의 설치 등) 제1항, 시·도경찰청장은 시간대에 따라 양방향의 통행량이 뚜렷하게 다른 도로에는 교통량이 많은 쪽으로 차로의 수가 확대될 수 있도록 신호기에 의하여 차로의 진행방향을 지시하는 가변차로를 설치할 수 있다.

190 도로교통법령상 '모든 차의 운전자는 교차로에서 (　　)을 하려는 경우에는 미리 도로의 우측 가장자리를 서행하면서 (　　)하여야 한다. 이 경우 (　　)하는 차도의 운전자는 신호에 따라 정지하거나 진행하는 보행자 또는 자전거 등에 주의하여야 한다.' (　　)안에 맞는 것으로 짝지어진 것은?
① 우회전 - 우회전 - 우회전
② 좌회전 - 좌회전 - 좌회전
③ 우회전 - 좌회전 - 우회전
④ 좌회전 - 우회전 - 좌회전

> 도로교통법 제25조(교차로 통행방법) ① 모든 차의 운전자는 교차로에서 우회전을 하려는 경우에는 미리 도로의 우측가장자리를 서행하면서 우회전하여야 한다. 이 경우 우회전하는 차의 운전자는 신호에 따라 정지하거나 진행하는 보행자 또는 자전거등에 주의하여야 한다. 〈개정 2020. 6. 9.〉

191 다음 중 도로교통법상 차로변경에 대한 설명으로 맞는 것은?
① 다리 위는 위험한 장소이기 때문에 백색실선으로 차로변경을 제한하는 경우가 많다.
② 차로변경을 제한하고자 하는 장소는 백색점선의 차선으로 표시되어 있다.
③ 차로변경 금지장소에서는 도로공사 등으로 장애물이 있어 통행이 불가능한 경우라도 차로변경을 해서는 안 된다.
④ 차로변경 금지장소이지만 안전하게 차로를 변경하면 법규위반이 아니다.

> 도로의 파손 등으로 진행할 수 없을 경우에는 차로를 변경하여 주행하여야 하며, 차로변경 금지장소에서는 안전하게 차로를 변경하여도 법규 위반에 해당한다. 차로변경 금지선은 실선으로 표시한다.

192 다음 중 교차로에 진입하여 신호가 바뀐 후에도 지나가지 못해 다른 차량 통행을 방해하는 행위인 "꼬리 물기"를 하였을 때의 위반 행위로 맞는 것은?
① 교차로 통행방법 위반
② 일시정지 위반
③ 진로 변경 방법 위반
④ 혼잡 완화 조치 위반

> 모든 차 또는 노면전차의 운전자는 신호기로 교통정리를 하고 있는 교차로에 들어가려는 경우에는 진행하려는 진로의 앞쪽에 있는 차 또는 노면전차의 상황에 따라 교차로(정지선이 설치되어 있는 경우에는 그 정지선을 넘은 부분을 말한다)에 정지하게 되어 다른 차 또는 노면전차의 통행에 방해가 될 우려가 있는 경우에는 그 교차로에 들어가서는 아니 된다(도로교통법 제25조 제5항). 이를 위반하는 것을 꼬리물기라 한다.

193 도로교통법령상 차로에 따른 통행구분 설명이다. 잘못된 것은?
① 차로의 순위는 도로의 중앙선쪽에 있는 차로부터 1차로로 한다.
② 느린 속도로 진행하여 다른 차의 정상적인 통행을 방해할 우려가 있는 때에는 그 통행하던 차로의 오른쪽 차로로 통행하여야 한다.
③ 일방통행 도로에서는 도로의 오른쪽부터 1차로 한다.
④ 편도 2차로 고속도로에서 모든 자동차는 2차로로 통행하는 것이 원칙이다.

> 도로교통법 시행규칙 제16조(차로에 따른 통행구분)

194 고속도로의 가속차로에 대한 설명으로 옳은 것은?
① 고속도로 주행 차량이 진출로로 진출하기 위해 차로 변경할 수 있도록 유도하는 차로
② 고속도로로 진입하는 차량이 충분한 속도를 낼 수 있도록 유도하는 차로
③ 고속도로에서 앞지르기하고자 하는 차량이 속도를 낼 수 있도록 유도하는 차로
④ 오르막에서 대형 차량들의 속도 감소로 인한 영향을 줄이기 위해 설치한 차로

> 변속차로란 고속 주행하는 자동차가 감속해서 다른 도로로 진입할 경우 또는 저속 주행하는 자동차가 고속 주행하고 있는 자동차군으로 유입할 경우에 본선의 다른 고속 자동차의 주행을 방해하지 않고 안전하게 감속 또는 가속하도록 설치하는 부가차로를 말한다. 일반적으로 전자를 감속차로, 후자를 가속차로 한다[도로의 구조·시설 기준에 관한 규칙 해설(2020),국토교통부, p.40].

195 고속도로에 진입한 후 잘못 진입한 사실을 알았을 때 가장 적절한 행동은?
① 갓길에 정차한 후 비상점멸등을 켜고 고속도로 순찰대에 도움을 요청한다.
② 이미 진입하였으므로 다음 출구까지 주행한 후 빠져나온다.
③ 비상점멸등을 켜고 진입했던 길로 서서히 후진하여 빠져나온다.
④ 진입 차로가 2개 이상일 경우에는 유턴하여 돌아 나온다.

> 고속도로에 진입한 후 잘못 진입한 경우 다음 출구까지 주행한 후 빠져나온다.

196 도로교통법령상 도로에 설치하는 노면표시의 색이 잘못 연결된 것은?
① 안전지대 중 양방향 교통을 분리하는 표시는 노란색
② 버스전용차로표시는 파란색
③ 노면색깔유도선표시는 분홍색, 연한녹색 또는 녹색
④ 어린이보호구역 안에 설치하는 속도제한표시의 테두리선은 흰색

> 도로교통법 시행규칙 별표 6(안전표지의 종류, 만드는 방식 및 설치·관리기준) 일반기준 제2호. 어린이보호구역 안에 설치하는 속도제한표시의 테두리선은 빨간색

197 도로교통법령상 고속도로 외의 도로에서 왼쪽 차로를 통행할 수 있는 차종으로 맞는 것은?
① 승용자동차 및 경형·소형·중형 승합자동차
② 대형 승합자동차
③ 화물자동차
④ 특수자동차 및 이륜자동차

> 도로교통법 시행규칙 별표 9(차로에 따른 통행차의 기준), 고속도로 외의 도로에서 왼쪽차로는 승용자동차 및 경형·소형·중형 승합자동차가 통행할 수 있는 차종이다.

198 자동차 운전자는 폭우로 가시거리가 50미터 이내인 경우 도로교통법령상 최고속도의 (　　)을 줄인 속도로 운행하여야 한다. (　　)에 기준으로 맞는 것은?
① 100분의 50
② 100분의 40
③ 100분의 30
④ 100분의 20

> 도로교통법 시행규칙 제19조(자동차등과 노면전차의 속도) ②비·안개·눈 등으로 인한 악천후 시에는 제1항에 불구하고 다음 각 호의 기준에 의하여 감속 운행하여야 한다.
> 1. 최고속도의 100분의 20을 줄인 속도로 운행하여야 하는 경우
>   가. 비가 내려 노면이 젖어있는 경우
>   나. 눈이 20밀리미터 미만 쌓인 경우
> 2. 최고속도의 100분의 50을 줄인 속도로 운행하여야 하는 경우
>   가. 폭우·폭설·안개 등으로 가시거리가 100미터 이내인 경우
>   나. 노면이 얼어 붙은 경우
>   다. 눈이 20밀리미터 이상 쌓인 경우

정답 189. ① 190. ① 191. ① 192. ① 193. ③ 194. ② 195. ② 196. ④ 197. ① 198. ①

42 안전한 운전자 - 4시 1일용

정답 199.③ 200.④ 201.④ 202.③ 203.④ 204.① 205.④ 206.① 207.② 208.② 209.②

199 자동차 운전 시 운전이 금지되는 혈중알콜농도(주취한도) 기준 중 맞는 것은?
① 혈중알콜농도 0.01% 이상일 때부터 금지
② 혈중알콜농도 0.03% 이상일 때부터 금지
③ 혈중알콜농도 0.05% 이상일 때부터 금지
④ 혈중알콜농도 0.08% 이상일 때부터 금지

도로교통법 시행령 제31조(주취한도)
운전 중에 혈중 알콜농도 0.03% 이상일 때 운전이 금지된다.

200 도로교통법상 과로한 때의 운전에 관한 다음 설명 중 맞는 것은?
① 과로시 운전을 금지할 수 있도록 규정되어 있다.
② 감기약을 먹었을 때는 그 종류에 따라 운전이 금지된다.
③ 졸음운전시 교통사고의 위험성이 높다.
④ 과로운전은 단속대상이 아니다.

201 도로교통법상 1·2차로가 지정된 차로의 통행방법으로 맞는 것은?
① 승용자동차가 1차로 이용통행을 초과하여도 된다.
② 승용자동차가 2차로 이용통행을 초과하여도 된다.
③ 중소형승합자동차는 1차로 이용통행을 초과하여야 한다.
④ 대형승합자동차는 2차로 이용통행을 초과하여야 한다.

202 도로교통법상 자동차의 속도와 통행방법에 대한 설명으로 맞지 않는 것은?
① 자동차는 주행시 교통흐름에 따라서 다른 차가 있을 경우 다음 차에 양보운전 한다.
② 자동차는 주행시 교통흐름에 이상이 있을 때 속도에 주의하여 주행하여야 한다.
③ 교차로에서는 최고속도를 지키고 있는 경우에도 감속 운전하여야 한다.
④ 자동차운전의 최고속도는 매시 40킬로미터이다.

도로교통법 시행규칙 제19조, 제25조, 제26조, 제6조의1, 제11조, ③ 도로교통법 시행령 제11조, ④ 자동차 운전의 최고속도는 매시 30킬로미터(도로 최고속도는 매시 30킬로미터)

203 도로교통법상 최고속도 매시 100킬로미터인 도로에서 4차로 고속도로를 주행하는 자동차 3종의 최고속도로는?
① 매시 60킬로미터 ② 매시 70킬로미터
③ 매시 80킬로미터 ④ 매시 90킬로미터

도로교통법 시행규칙 제19조 제1항, 4톤 초과 화물차의 최고속도는 매시 80킬로미터이다.

204 차로의 운전자가 도로의 좌측으로 통행할 수 없는 것은?
① 앞지르기를 할 경우
② 도로가 일방통행인 경우
③ 도로의 우측 부분의 폭이 차량통행에 충분하지 않는 경우
④ 도로의 우측 부분의 폭이 차량통행에 충분한 경우

도로교통법 제13조(차마의 통행)

205 교차로의 달레마존(Dilemma Zone)통과 방법 중 가장 바른 것은?
① 교차로 정지선 정지시 미리 안전운전 등을 확인한다.
② 교차로에서 신호가 바뀌면 즉시 출발한다.
③ 신호등이 녹색에서 황색으로 바뀌었을 때 교차로 진입한다.
④ 딜레마존(Dilemma Zone)은 탈출의 어려운 구간으로 운전자가 정확한 판단과 그 결과를 내는 곳이다.

도로교통법 시행규칙 제6조 제3항

206 다음은 자동차사고에 대한 설명이다. 옳은 것으로 맞는 것은?
① 승차 때까지 보행자는 움직이지 않는 경우가 많기 때문에 주의하여야 한다.
② 정차중인 차량은 움직이지 않기 때문에 별로 주의할 필요가 없다.
③ 신호등이 있는 곳에서는 녹색신호에 따라 주행하면 된다.
④ 자동차는 정차한 후 사람이 내리기 때문에 급정차에 따른 후속 추돌 등을 주의하여야 한다.

207 다음 중 앞지르기가 가능한 것은?
① 교차로   ② 양방(2방)성 정지
③ 터널 안(양방성 정지)   ④ 다리 위(양방성 정지)

208 다음 중 도로교통법상 교차로내 사용법에 대한 설명으로 가장 적절한 것은?
① 차가 지날 경우 우선 속도를 유지하는 것
② 매시 30킬로미터 이하의 속도로 진행하는 것
③ 신호등이 있을 때 우선 속도로 그래도 진행하는 것
④ 앞지를 금지된 구간에는 규정속도 이하로 운행하는 것

도로교통법 제3조(정의) 제28호. "서행(徐行)"이란 운전자가 위시 차를 정지시킬 수 있는 정도의 느린 속도로 진행하는 것을 말한다.

209 다음은 도로에서 최고속도 위반에 대한 자동차 이륜차(개인형 이동장치 제외) 등 운전자의 경우 과태료기준은?
① 시속 100킬로미터 초과 속도로 3회 이상 운전한 사람은 500만원 이하의 벌금 또는 구류
② 시속 100킬로미터 초과 속도로 2회 운전한 사람은 300만원 이하의 벌금
③ 시속 100킬로미터 초과 속도로 3회 운전한 사람은 1년 이하의 벌금
④ 시속 80킬로미터 초과 속도로 운전한 사람은 50만원 이하의 벌금

도로교통법 제151조의2, 제153조, 제154조, 시속 100킬로미터 초과 속도로 3회 이상 운전한 사람은 500만원 이하의 벌금 또는 구류, 시속 100킬로미터 초과 속도로 운전한 사람은 1년 이하의 벌금, 시속 80킬로미터 초과 속도로 운전한 사람은 30만원 이하의 벌금 또는 구류에 처한다.

210 신호등이 없는 교차로에서 우회전하려 할 때 옳은 것은?
① 가급적 빠른 속도로 신속하게 우회전한다.
② 교차로에 선진입한 차량이 통과한 뒤 우회전한다.
③ 반대편에서 앞서 좌회전하고 있는 차량이 있으면 안전에 유의하며 함께 우회전한다.
④ 폭이 넓은 도로에서 좁은 도로로 우회전할 때는 다른 차량에 주의할 필요가 없다.

해설) 교차로에서 우회전 할 때에는 서행으로 우회전해야 하고, 선진입한 좌회전 차량에 차로를 양보해야 한다. 그리고 폭이 넓은 도로에서 좁은 도로로 우회전할 때에도 다른 차량에 주의해야 한다.

211 신호기의 신호가 있고 차량보조신호가 없는 교차로에서 우회전하려고 한다. 도로교통법령상 잘못된 것은?
① 차량신호가 적색등화인 경우, 횡단보도에서 보행자신호와 관계없이 정지선 직전에 일시정지 한다.
② 차량신호가 녹색등화인 경우, 정지선 직전에 일시정지하지 않고 우회전한다.
③ 차량신호가 좌회전 신호인 경우, 횡단보도에서 보행자신호와 관계없이 정지선 직전에 일시정지 한다.
④ 차량신호에 관계없이 다른 차량의 교통을 방해하지 않은 때 일시정지 하지 않고 우회전한다.

해설) 도로교통법 제25조, 도로교통법시행령 별표2, 도로교통법시행규칙 별표2
① 차량신호가 적색등화인 경우, 횡단보도에서 보행자신호와 관계없이 정지선 직전에 일시정지 후 신호에 따라 진행하는 다른 차량의 교통을 방해하지 않고 우회전한다.
② 차량신호가 녹색 등화인 경우 횡단보도에서 일시정지 의무는 없다.
③ 차량신호가 녹색화살표 등화(좌회전)인 경우, 횡단보도에서 보행자신호와 관계없이 정지선 직전에 일시정지 후 신호에 따라 진행하는 다른 차량의 교통을 방해하지 않고 우회전 한다. ※ 일시정지하지 않는 경우 신호위반, 일시정지하였으나 보행자 통행을 방해한 경우 보행자 보호의무위반으로 처벌된다.

212 교차로에서 좌·우회전하는 방법을 가장 바르게 설명한 것은?
① 우회전을 하고자 하는 때에는 신호에 따라 정지 또는 진행하는 보행자와 자전거에 주의하면서 신속히 통과한다.
② 좌회전을 하고자 하는 때에는 항상 교차로 중심 바깥쪽으로 통과해야 한다.
③ 우회전을 하고자 하는 때에는 미리 우측 가장자리를 따라 서행하여야 한다.
④ 신호기 없는 교차로에서 좌회전을 하고자 할 경우 보행자가 횡단 중이면 그 앞을 신속히 통과한다.

해설) 모든 차의 운전자는 교차로에서 우회전을 하고자 하는 때에는 미리 도로의 우측 가장자리를 서행하면서 우회전하여야 한다. 이 경우 우회전하는 차의 운전자는 신호에 따라 정지 또는 진행하는 보행자 또는 자전거에 주의하여야 한다.

213 하이패스 차로 설명 및 이용방법이다. 가장 올바른 것은?
① 하이패스 차로는 항상 1차로에 설치되어 있으므로 미리 일반차로에서 하이패스 차로로 진로를 변경하여 안전하게 통과한다.
② 화물차 하이패스 차로 유도선은 파란색으로 표시되어 있고 화물차 전용차로이므로 주행하던 속도 그대로 통과한다.
③ 다차로 하이패스구간 통과속도는 매시 30킬로미터 이내로 제한하고 있으므로 미리 감속하여 서행한다.
④ 다차로 하이패스구간은 규정된 속도를 준수하고 하이패스 단말기 고장 등으로 정보를 인식하지 못하는 경우 도착지 요금소에서 정산하면 된다.

해설) 화물차 하이패스유도선 주황색, 일반하이패스차로는 파란색이고 다차로 하이패스구간은 매시 50~80킬로미터 구간에 따라 다르다.

214 정지거리에 대한 설명으로 맞는 것은?
① 운전자가 브레이크 페달을 밟은 후 최종적으로 정지한 거리
② 앞차가 급정지 시 앞차와의 추돌을 피할 수 있는 거리
③ 운전자가 위험을 발견하고 브레이크 페달을 밟아 실제로 차량이 정지하기까지 진행한 거리
④ 운전자가 위험을 감지하고 브레이크 페달을 밟아 브레이크가 실제로 작동하기 전까지의 거리

해설) ① 제동 거리 ② 안전거리 ④ 공주거리

215 올바른 교차로 통행 방법으로 맞는 것은?
① 신호등이 적색 점멸인 경우 서행한다.
② 신호등이 황색 점멸인 경우 빠르게 통행한다.
③ 교차로에서는 앞지르기를 하지 않는다.
④ 교차로 접근 시 전조등을 항상 상향으로 켜고 진행한다.

해설) 교차로에서는 황색 점멸인 경우 주의하며 통행, 적색점멸인 경우 일시정지 한다. 교차로 접근 시 전조등을 상향으로 켜는 것은 상대방의 안전운전에 위협이 된다.

216 편도 3차로 자동차전용도로의 구간에 최고속도 매시 60킬로미터의 안전표지가 설치되어 있다. 다음 중 운전자의 속도 준수방법으로 맞는 것은?
① 매시 90 킬로미터로 주행한다.
② 매시 80 킬로미터로 주행한다.
③ 매시 70 킬로미터로 주행한다.
④ 매시 60 킬로미터로 주행한다.

해설) 자동차등은 법정속도보다 안전표지가 지정하고 있는 규제속도를 우선 준수해야 한다.

217 도로교통법령상 주거지역·상업지역 및 공업지역의 일반도로에서 제한할 수 있는 속도로 맞는 것은?
① 시속 20킬로미터 이내
② 시속 30킬로미터 이내
③ 시속 40킬로미터 이내
④ 시속 50킬로미터 이내

해설) 속도 저감을 통해 도로교통 참가자의 안전을 위한 5030정책의 일환으로 2021. 4. 17일 도로교통법 시행규칙이 시행되어 주거, 상업, 공업지역의 일반도로는 매시 50킬로미터 이내, 단 시·도경찰청장이 특히 필요하다고 인정하여 지정한 노선 또는 구간에서는 매시 60킬로미터 이내로 자동차등과 노면전차의 통행속도를 정함.

218 교통사고 감소를 위해 도심부 최고속도를 시속 50킬로미터로 제한하고, 주거지역 등 이면도로는 시속 30킬로미터 이하로 하향 조정하는 교통안전 정책으로 맞는 것은?
① 뉴딜 정책
② 안전속도 5030
③ 교통사고 줄이기 한마음 대회
④ 지능형 교통체계(ITS)

해설) '뉴딜 정책'은 대공황 극복을 위하여 추진하였던 제반 정책(두산백과). '교통사고 줄이기 한마음 대회' 도로교통공단이 주최하고 행정안전부와 경찰청이 후원하는 교통안전 의식 고취 행사. '지능형 교통체계'는 전자, 정보, 통신, 제어 등의 기술을 교통체계에 접목시킨 교통시스템을 말한다(두산백과). 문제의 교통안전 정책은 '안전속도 5030'이다. 2019. 4. 16. 도로교통법 시행규칙 제19조 개정에 따라 「국토의 계획 및 이용에 관한 법률」 제36조 제1항 제1호 가목부터 다목 까지의 규정에 따른 주거지역, 상업지역, 공업지역의 일반도로는 매시 50킬로미터 이내, 단 시·도경찰청장이 특히 필요하다고 인정하여 지정한 노선 또는 구간에서는 매시 60킬로미터 이내로 자동차등과 노면전차의 통행속도를 정했다. 시행일자(2021. 4. 17.)

정답 210. ② 211. ④ 212. ③ 213. ④ 214. ③ 215. ③ 216. ④ 217. ④ 218. ②

✅ 정답
219. ③ 220. ② 221. ② 222. ④ 223. ④ 224. ② 225. ④ 226. ③

219 고속도로 진입 시 긴급자동차가 오고 있을 때의 자전거 운전자 행동으로 맞는 것은?

① 가속차로의 갓길로 진입하여 가속한다.
② 속도를 높여 고속도로 진입 즉시 긴급자동차의 통행을 방해하지 아니한다.
③ 갓길에 잠시 정차하여 긴급자동차가 먼저 진입한 후에 진입한다.
④ 고속도로에서는 정차나 서행은 금지되어 있으므로 갓길로 주행한다.

이유 긴급자동차 외의 자동차의 운전자는 긴급자동차가 고속도로에 들어가는 때에는 그 진입을 방해하여서는 아니 된다. 고속도로에서는 정차 및 서행이 금지되어 있으나 긴급자동차가 진입하는 경우 이를 방해해서는 아니 된다.

220 도로교통법상 긴급자동차 특례 적용대상이 아닌 것은?

① 자동차등의 속도 제한. 다만, 긴급자동차에 대해서는 속도를 제한한 경우 속도 제한 규정을 적용
② 앞지르기 금지의 시기 및 장소
③ 끼어들기 금지
④ 보행자 보호

221 긴급자동차가 그 본래의 긴급한 용도로 운행 중일 때에만 우선통행 및 긴급자동차에 대한 특례를 적용받을 수 있는 것은?

① 경찰용 긴급자동차
② 긴급배달 우편물의 운송차
③ 생명이 위급한 환자 또는 부상자를 운반 중인 차
④ 수사기관의 자동차

이유 (긴급자동차의 준수사항 등) ④ 제2조 제22호 가목에서 라목에 해당하는 긴급자동차는 속도위반, 앞지르기 방법 위반, 끼어들기 금지 위반의 특례를 적용받기 위하여 그 본래의 긴급한 용도로 운행되고 있음을 표시하여야 한다.

222 긴급통행상 긴급자동차 특례 적용대상이 아닌 것은?

① 자동차등의 속도 제한
② 앞지르기 금지
③ 끼어들기 금지
④ 보행자 보호

223 긴급자동차는 긴급자동차의 구조를 갖추고, 사이렌을 울리거나 경광등을 켜서 긴급한 용도로 운행되지 않은 경우에는 긴급자동차로 볼 수 없다. 그러므로 긴급자동차를 운행하는 운전자는 본래의 긴급한 용도로 운행되지 않을 때에는 "자동차관리법"에 따라 설치된 사이렌을 울리거나 경광등을 켜지 않아야 한다. 이에 대한 설명으로 맞지 않는 것은?

① 속도제한 특례 자동차
② 승용자동차
③ 긴급자동차
④ 속도위반 단속용 경찰 자동차

224 일반자동차가 생명이 위급한 환자를 이송 중인 경우 긴급자동차로 인정받기 위한 조치는?

① 관할 경찰서장의 허가를 받아야 한다.
② 전조등 또는 비상등을 켜고 운행한다.
③ 생명이 위급한 환자가 타고 있고 긴급자동차를 표시한 것을 볼 수 있도록 운행한다.
④ 긴급자동차로 보이도록 경광등을 켜고 운행한다.

이유 구급자동차를 부를 수 없는 경우 등 부득이한 경우에는 긴급자동차에 준하는 사용 중임을 표시하여야 한다.

225 도로교통법상 어린이통학버스 운전자 및 운영자의 의무에 관한 설명으로 맞지 않는 것은?

① 어린이통학버스에 어린이나 영유아를 태울 때에는 점멸등을 작동하여야 한다.
② 어린이나 영유아가 탑승한 경우에는 보호자를 함께 태우고 운행하여야 한다.
③ 어린이통학버스 운전자는 어린이나 영유아가 타고 내리는 경우에만 점멸등 등의 장치를 작동하여야 한다.
④ 어린이통학버스 운영자는 어린이통학버스에 보호자가 동승한 경우에는 안전운행기록을 작성하지 않아도 된다.

226 도로교통법상 긴급자동차에 대한 특례의 설명으로 잘못된 것은?

① 앞지르기 금지장소에서 앞지르기할 수 있다.
② 끼어들기의 금지에 관한 규정을 적용하지 않는다.
③ 횡단보도를 통행하는 보행자 통행에 방해할 수 있다.
④ 도로 통행속도의 최고속도보다 빠르게 운전할 수 있다.

이유 (긴급자동차에 대한 특례) 긴급자동차에 대하여는 다음 각 호의 사항을 적용하지 아니한다. 다만, 제3호부터 제12호까지의 사항은 긴급자동차 중 제2조제22호가목부터 다목까지의 자동차와 대통령령으로 정하는 경찰용 자동차에 대해서만 적용하지 아니한다. 〈개정 2021. 1. 12.〉

1. 제17조에 따른 자동차등의 속도 제한. 다만, 제17조에 따라 긴급자동차에 대하여 속도를 제한한 경우에는 같은 조의 규정을 적용한다.
2. 제22조에 따른 앞지르기의 금지
3. 제23조에 따른 끼어들기의 금지
4. 제5조에 따른 신호위반
5. 제13조제1항에 따른 보도침범
6. 제13조제3항에 따른 중앙선 침범
7. 제18조에 따른 횡단 등의 금지
8. 제19조에 따른 안전거리 확보 등
9. 제21조제1항에 따른 앞지르기 방법 등
10. 제32조에 따른 정차 및 주차의 금지
11. 제33조에 따른 주차금지
12. 제66조에 따른 고장 등의 조치

227 도로교통법령상 본래의 용도로 운행되고 있는 소방차 운전자가 긴급자동차에 대한 특례를 적용받을 수 없는 것은?
① 좌석안전띠 미착용
② 음주 운전
③ 중앙선 침범
④ 신호위반

해설) 제30조(긴급자동차에 대한 특례) 긴급자동차에 대하여는 다음 각 호의 사항을 적용하지 아니한다. 다만, 제4호부터 제12호까지의 사항은 긴급자동차 중 제2조제22가목부터 다목까지의 자동차와 대통령령으로 정하는 경찰용 자동차에 대해 서만 적용하지 아니한다. 〈개정 2021. 1. 12.〉
1. 제17조에 따른 자동차등의 속도 제한. 다만, 제17조에 따라 긴급자동차에 대하여 속도를 제한한 경우에는 같은 조의 규정을 적용한다.
2. 제22조에 따른 앞지르기의 금지
3. 제23조에 따른 끼어들기의 금지
4. 제5조에 따른 신호위반
5. 제13조제1항에 따른 보도침범
6. 제13조제3항에 따른 중앙선 침범
7. 제18조에 따른 횡단 등의 금지
8. 제19조에 따른 안전거리 확보 등
9. 제21조제1항에 따른 앞지르기 방법 등
10. 제32조에 따른 정차 및 주차의 금지
11. 제33조에 따른 주차금지
12. 제66조에 따른 고장 등의 조치

228 수혈을 위해 긴급운행 중인 혈액공급 차량에게 허용되지 않는 것은?
① 사이렌을 울릴 수 있다.
② 도로의 좌측 부분을 통행할 수 있다.
③ 법정속도를 초과하여 운행할 수 있다.
④ 사고 시 현장조치를 이행하지 않고 운행할 수 있다.

해설) 도로교통법 제29조 ① 긴급자동차는 제13조제3항에도 불구하고 긴급하고 부득이한 경우에는 도로의 중앙이나 좌측 부득이한 경우에는 정지하지 아니할 수 있다. ② 긴급자동차는 이 법이나 이 법에 따른 명령에 따라 정지하여야 하는 경우에도 불구하고 긴급하고 부득이한 경우에는 정지하지 아니할 수 있다. 도로교통법 제30조 2. 제22조에 따른 앞지르기의 금지 적용을 제외한다. 도로교통법 제54조 ⑤ 부상자를 후송 중인 차는 사고발생이 있는 경우라도 긴급한 경우에 동승자로 하여금 현장 조치 또는 신고 등을 하게 하고 운전을 계속할 수 있다.

229 도로교통법상 긴급출동 중인 긴급자동차의 법규위반으로 맞는 것은?
① 편도 2차로 일반도로에서 매시 100 킬로미터로 주행하였다.
② 백색 실선으로 차선이 설치된 터널 안에서 앞지르기하였다.
③ 우회전하기 위해 교차로에서 끼어들기를 하였다.
④ 인명 피해 교통사고가 발생하여도 긴급출동 중이므로 필요한 신고나 조치 없이 계속 운전하였다.

해설) 긴급자동차에 대하여는 자동차 등의 속도제한, 앞지르기 금지, 끼어들기의 금지를 적용하지 않는다.(도로교통법 제30조(긴급자동차에 대한 특례), 도로교통법 제54조(사고 발생 시의 조치) 제5항)

230 편도 2차로 도로에서 1차로로 어린이 통학버스가 어린이나 영유아를 태우고 있음을 알리는 표시를 한 상태로 주행 중이다. 가장 안전한 운전 방법은?
① 2차로가 비어 있어도 앞지르기를 하지 않는다.
② 2차로로 앞지르기하여 주행한다.
③ 경음기를 울려 전방 차로를 비켜 달라는 표시를 한다.
④ 반대 차로의 상황을 주시한 후 중앙선을 넘어 앞지르기한다.

해설) 가장 안전한 운전 방법은 2차로가 비어 있어도 앞지르기를 하지 않는 것이다. 모든 차의 운전자는 어린이나 영유아를 태우고 있다는 표시를 한 상태로 도로를 통행하는 어린이통학버스를 앞지르지 못한다. (도로교통법 제51조)

231 교차로에서 우회전 중 소방차가 경광등을 켜고 사이렌을 울리며 접근할 경우에 가장 안전한 운전방법은?
① 교차로를 피하여 일시정지하여야 한다.
② 즉시 현 위치에서 정지한다.
③ 서행하면서 우회전한다.
④ 교차로를 신속하게 통과한 후 계속 진행한다.

해설) 도로교통법 제29조 (긴급자동차의 우선 통행) ④교차로나 그 부근에서 긴급자동차가 접근하는 경우에는 차마와 노면전차의 운전자는 교차로를 피하여 일시정지하여야 한다

232 다음 중 사용하는 사람 또는 기관등의 신청에 의하여 시·도경찰청장이 지정할 수 있는 긴급자동차로 맞는 것은?
① 소방차
② 가스누출 복구를 위한 응급작업에 사용되는 가스 사업용 자동차
③ 구급차
④ 혈액공급 차량

해설) 도로교통법 시행령 제2조(긴급자동차의 종류)
①도로교통법 제2조 제2호 라목에서 "대통령령으로 정하는 자동차" 란 긴급한 용도로 사용되는 다음 각 호의 어느 하나에 해당하는 자동차를 말한다. 다만, 제6호부터 제11호까지의 자동차는 이를 사용하는 사람 또는 기관 등의 신청에 의하여 시·도경찰청장이 지정하는 경우로 한정한다.
6. 전기사업, 가스사업, 그 밖의 공익사업을 하는 기관에서 위험 방지를 위한 응급작업에 사용되는 자동차
7. 민방위업무를 수행하는 기관에서 긴급예방 또는 복구를 위한 출동에 사용되는 자동차
8. 도로관리를 위하여 사용되는 자동차 중 도로상의 위험을 방지하기 위한 응급작업에 사용되거나 운행이 제한되는 자동차를 단속하기 위하여 사용되는 자동차
9. 전신·전화의 수리공사 등 응급작업에 사용되는 자동차
10. 긴급한 우편물의 운송에 사용되는 자동차
11. 전파감시업무에 사용되는 자동차

233 다음 중 사용하는 사람 또는 기관등의 신청에 의하여 시·도경찰청장이 지정할 수 있는 긴급자동차가 아닌 것은?
① 교통단속에 사용되는 경찰용 자동차
② 긴급한 우편물의 운송에 사용되는 자동차
③ 전화의 수리공사 등 응급작업에 사용되는 자동차
④ 긴급복구를 위한 출동에 사용되는 민방위업무를 수행하는 기관용 자동차

해설) 도로교통법 시행령 제2조(긴급자동차의 종류)
① 도로교통법 제2조 제2호 라목에서 "대통령령으로 정하는 자동차" 란 긴급한 용도로 사용되는 다음 각 호의 어느 하나에 해당하는 자동차를 말한다. 다만, 제6호부터 제11호까지의 자동차는 이를 사용하는 사람 또는 기관 등의 신청에 의하여 시·도경찰청장이 지정하는 경우로 한정한다.
6. 전기사업, 가스사업, 그 밖의 공익사업을 하는 기관에서 위험 방지를 위한 응급작업에 사용되는 자동차
7. 민방위업무를 수행하는 기관에서 긴급예방 또는 복구를 위한 출동에 사용되는 자동차
8. 도로관리를 위하여 사용되는 자동차 중 도로상의 위험을 방지하기 위한 응급작업에 사용되거나 운행이 제한되는 자동차를 단속하기 위하여 사용되는 자동차
9. 전신·전화의 수리공사 등 응급작업에 사용되는 자동차
10. 긴급한 우편물의 운송에 사용되는 자동차
11. 전파감시업무에 사용되는 자동차
3. 생명이 위급한 환자 또는 부상자나 수혈을 위한 혈액을 운송 중인 자동차

234 승용차 운전자가 08:30경 어린이 보호구역에서 제한속도를 매시 25킬로미터 초과하여 위반한 경우 벌점으로 맞는 것은?
① 10점 ② 15점 ③ 30점 ④ 60점

해설) 어린이 보호구역 안에서 오전 8시부터 오후 8시까지 사이에 속도위반을 한 운전자에 대해서는 벌점의 2배에 해당하는 벌점을 부과한다.

정답 227.② 228.④ 229.④ 230.① 231.① 232.② 233.① 234.③

235 도로교통법상 긴급자동차의 긴급한 용도 외에도 경광등 등을 사용할 수 있는 경우가 아닌 것은?

① 소방차가 화재 예방 및 구조·구급 활동을 위하여 순찰을 하는 경우
② 소방차가 정비공장으로 이동하는 경우
③ 구급차가 교통사고 현장으로 이동하는 경우
④ 경찰용 자동차가 범죄 예방 및 단속을 위하여 순찰을 하는 경우

해설 도로교통법 시행령 제10조의2(긴급한 용도 외에 경광등 등을 사용할 수 있는 경우) 법 제2조 제22호 각 목의 자동차 운전자는 법 제29조 제6항 단서에 따라 해당 자동차를 그 본래의 긴급한 용도와 관련된 다음 각 호의 어느 하나에 해당하는 경우에 「자동차관리법」에 따라 해당 자동차에 설치된 경광등을 켜거나 사이렌을 작동할 수 있다.
1. 소방차가 화재 예방 및 구조·구급 활동을 위하여 순찰을 하는 경우
2. 법 제2조 제22호 각 목의 자동차가 그 본래의 긴급한 용도와 관련된 훈련에 참여하는 경우
3. 제2조 제1호에 따른 자동차가 범죄 예방 및 단속을 위하여 순찰을 하는 경우

236 도로교통법상 긴급자동차를 공무상으로 사용하는 자동차로 보기 위해서는 교통안전교육을 ( )년마다 받아야 한다. ( ) 안에 들어갈 숫자는?

① 1 ② 2 ③ 3 ④ 5

237 도로교통법상 긴급자동차 특례에 따라 일반자동차가 지킬 필요가 없는 사항이 아닌 것은?

① 도로 중앙이나 좌측 부분을 통행할 수 있다.
② 보도를 지나갈 때 일시정지하지 아니하여도 된다.
③ 횡단보도에서 보행자가 횡단하는 경우 일시정지하지 아니하여도 된다.
④ 속도 위반

해설 도로교통법 제30조(긴급자동차에 대한 특례) 긴급자동차에 대하여는 다음 각 호의 사항을 적용하지 아니한다. 다만, 제4호부터 제12호까지의 사항은 긴급자동차 중 제2조 제22호 가목부터 다목까지의 자동차와 대통령령으로 정하는 경찰용 자동차에 대해서만 적용하지 아니한다. (개정 2022. 1. 11.)
1. 제17조(자동차 등과 노면전차의 속도) 다만, 긴급자동차에 대해서는 속도를 제한한 경우 제17조를 적용하고, 속도를 제한하지 아니한 경우 제17조를 적용하지 아니한다.

238 도로교통법상 긴급자동차 운전자가 특례의 대상이 될 수 있는 것은?

① 안전거리나 진로변경에 관한 사항
② 좌석안전띠 미착용 및 앞지르기 금지 등
③ 이륜자동차의 앞면 및 뒷면에 12개월 미만의 자녀를 태우고 운전할 수 있다.
④ 주차금지 사항

해설 긴급자동차에 대해서는 매 30일마다 이내의 범위에서 재교육을 받아야 한다.

239 교통사고처리특례법상 긴급자동차가 운행 중 교통사고가 발생하여 매시 40킬로미터 주행 중 안전지대에 주정차한 차량의 이마를 다치게 한 경우의 처벌로 맞는 것은?

① 피해자와 합의를 하면 처벌받지 않는다.
② 피해자가 처벌을 원치 않아도 검사의 판단에 따라 처벌된다.
③ 종합보험에 가입된 경우에는 처벌되지 않는다.
④ 피해자가 종합보험에 가입된 경우에 처벌되지 않는다.

해설 긴급 출동 중 사고 시 다치게 한 경우 피해자의 의사에 관계없이 형사 처벌 받는다.

240 도로교통법상 긴급자동차 운전자가 사용하여 운행할 수 있는 것으로 맞는 것은? (아동이 승차하는 경우 1명으로 본다)

① 11인승 이상 ② 16인승 이상
③ 17인승 이상 ④ 9인승 이상

해설 도로교통법 제34조의2에 따르면 어린이통학버스에 사용할 수 있는 자동차는 (아동이 승차하는 경우 1명으로 본다) 9인승 이상의 자동차만 사용된다.

241 승용 긴급자동차가 아동이 영유아를 태우고 있다는 표시를 하고 도로를 통행하여야 한다. 아동이 탑승한 경우 및 영유아가 없는 경우 이를 표시하는 것이 맞는 것은?

① 10인 ② 15인 ③ 30인 ④ 40인

해설 운행 중 공동장소나 아동이 영유아 30명 이상 태우는 경우 시도경찰청장에게 신고하고 표시를 부착한 경우 아동 및 영유아를 태우고 운행할 수 있다.

242 도로교통법상 긴급자동차 운전자가 아동이 승차하는 경우 대상자에 관한 안전교육의 주기적 교육기간으로 맞는 것은?

① 1시간 이상 ② 3시간 이상
③ 5시간 이상 ④ 6시간 이상

해설 긴급자동차 운전자가 아동이 영유아를 태우고 운행할 경우 안전운행 등에 관한 교육을 이수하여야 하고, 그 이수 여부에 대하여 경찰청에서 관리·감독한다. (도로교통법 시행령 제31조의2)

243 도로교통법상 긴급자동차 아동이 및 영유아 탑승기준으로 맞는 것은?

① 아동이 13세 이하 인인 것
② 영유아는 6개월 미만인 사람
③ 아동이는 15세 미만인 사람
④ 영유아는 7세 미만인 사람

해설 아동이는 13세 미만인 사람을 말하며(도로교통법 제2조 제23호), 영유아는 6세 미만의 사람을 말한다. (도로교통법 제11조)

244 도로교통법상 승용 긴급자동차 공장에서 13:00경 아동이 후차시 유치원 등원 한 경우 맞는 것은?

① 5만 원 ② 7만 원 ③ 12만 원 ④ 15만 원

해설 긴급자동차 운전자가 오전 8시부터 오후 8시까지 아동이에 안전운행의 범위 대하여는 12만 원의 범칙금이 부과된다.

245 아동이가 영유아의 이동 중이고 또는 사고발생 있을 때 도로교통법상 가장 맞은 인공행지의 행동으로 맞는 것은?

① 긴급자동차로 횡단보도에 정지한 후 아동이가 하차하도록 한다.
② 아동이 승하차 시에는 바로 출발하지 않고 이용자 등의 양쪽 발견에 등을 한다.
③ 이는 내리는 경우에는 저신 지침이 되도록 서서히 움직인다.
④ 아동이 승하차 시 일시적으로 주행 시 경광등을 비상점등 작동한다.

해설 아동이가 승하차 시 일시정지 발광 비상점등장치는 작동하여야 한다.

정답 235.② 236.③ 237.② 238.④ 239.② 240.④ 241.③ 242.② 243.② 244.③ 245.④

246 어린이 통학버스가 편도 1차로 도로에서 정차하여 영유아가 타고 내리는 중임을 표시하는 점멸등이 작동하고 있을 때 반대 방향에서 진행하는 차의 운전자는 어떻게 하여야 하는가?

① 일시정지하여 안전을 확인한 후 서행하여야 한다.
② 서행하면서 안전 확인한 후 통과한다.
③ 그대로 통과해도 된다.
④ 경음기를 울리면서 통과하면 된다.

> 해설 어린이통학버스가 편도 1차로 도로에서 정차하여 영유아가 타고 내리는 중임을 표시하는 점멸등이 작동하고 있을 때 반대 방향에서 진행하는 차의 운전자는 일시정지하여 안전을 확인한 후 서행하여야 한다.

247 어린이가 보호자 없이 도로에서 놀고 있는 경우 가장 올바른 운전방법은?

① 어린이 잘못이므로 무시하고 지나간다.
② 경음기를 울려 겁을 주며 진행한다.
③ 일시정지하여야 한다.
④ 어린이에 조심하며 급히 지나간다.

> 해설 어린이가 보호자 없이 도로에서 놀고 있는 경우 일시정지하여 어린이를 보호한다.

248 차의 운전자가 운전 중 '어린이를 충격한 경우' 가장 올바른 행동은?

① 이륜차운전자는 어린이에게 다쳤냐고 물어보았으나 아무 말도 하지 않아 안 다친 것으로 판단하여 계속 주행하였다.
② 승용차운전자는 바로 정차한 후 어린이를 육안으로 살펴본 후 다친 곳이 없다고 판단하여 계속 주행하였다.
③ 화물차운전자는 어린이가 넘어졌다 금방 일어나는 것을 본 후 안 다친 것으로 판단하여 계속 주행하였다.
④ 자전거운전자는 넘어진 어린이가 재빨리 일어나 뛰어가는 것을 본 후 경찰관서에 신고하고 현장에 대기하였다.

> 해설 어린이말만 믿지 말고 경찰관서에 신고하여야 한다.

249 골목길에서 갑자기 뛰어나오는 어린이를 자동차가 충격하였다. 어린이는 외견상 다친 곳이 없어 보였고, "괜찮다"고 말하고 있다. 이런 경우 운전자의 행동으로 맞는 것은?

① 반의사불벌죄에 해당하므로 운전자는 가던 길을 가면 된다.
② 어린이의 피해가 없어 교통사고가 아니므로 별도의 조치 없이 현장을 벗어난다.
③ 부모에게 연락하는 등 반드시 필요한 조치를 다한 후 현장을 벗어난다.
④ 어린이의 과실이므로 운전자는 어린이의 연락처만 확인하고 귀가한다.

> 해설 교통사고로 어린이를 다치게 한 운전자는 부모에게 연락하는 등 필요한 조치를 다하여야 한다.

250 어린이보호구역에서 어린이가 영유아를 동반하여 함께 횡단하고 있다. 운전자의 올바른 주행방법은?

① 어린이와 영유아 보호를 위해 일시정지하였다.
② 어린이가 영유아 보호하면서 횡단하고 있으므로 서행하였다.
③ 어린이와 영유아가 아직 반대편 차로 쪽에 있어 신속히 주행하였다.
④ 어린이와 영유아는 걸음이 느리므로 안전거리를 두고 옆으로 피하여 주행하였다.

> 해설 횡단보행자의 안전을 위해 일시 정지하여 횡단이 종료되면 주행한다.

251 도로교통법상 자전거 통행방법에 대한 설명이다. 틀린 것은?

① 자전거도로가 따로 있는 곳에서는 그 자전거도로로 통행하여야 한다.
② 자전거도로가 설치되지 아니한 곳에서는 도로 우측 가장자리에 붙어서 통행하여야 한다.
③ 자전거의 운전자는 길가장자리구역(안전표지로 자전거 통행을 금지한 구간은 제외)을 통행할 수 있다.
④ 자전거의 운전자가 횡단보도를 이용하여 도로를 횡단할 때에는 자전거를 타고 통행할 수 있다.

> 해설 도로교통법 제13조의2(자전거의 통행방법의 특례)

252 도로교통법상 어린이보호구역과 관련된 설명으로 맞는 것은?

① 어린이가 무단횡단을 하다가 교통사고가 발생한 경우 운전자의 모든 책임은 면제된다.
② 자전거 운전자가 운전 중 어린이를 충격하는 경우 자전거는 차마가 아니므로 민사책임만 존재한다.
③ 차도로 갑자기 뛰어드는 어린이를 보면 서행하지 말고 일시정지한다.
④ 경찰서장은 자동차등의 통행속도를 시속 50킬로미터 이내로 지정할 수 있다.

> 해설 일시 정지하여야 하며, 보행자의 안전 확보가 우선이다.

253 도로교통법상 '보호구역의 지정절차 및 기준' 등에 관하여 필요한 사항을 정하는 공동부령 기관으로 맞는 것은?

① 어린이 보호구역은 행정안전부, 보건복지부, 국토교통부의 공동부령으로 정한다.
② 노인 보호구역은 행정안전부, 국토교통부, 환경부의 공동부령으로 정한다.
③ 장애인 보호구역은 행정안전부, 보건복지부, 국토교통부의 공동부령으로 정한다.
④ 교통약자 보호구역은 행정안전부, 환경부, 국토교통부의 공동부령으로 정한다.

> 해설 도로교통법 제12조(어린이보호구역의 지정 및 관리)제2항 제1항에 따른 어린이 보호구역의 지정절차 및 기준 등에 관하여 필요한 사항은 교육부, 행정안전부, 국토교통부의 공동부령으로 정한다.
> 노인 보호구역 또는 장애인 보호구역의 지정절차 및 기준 등에 관하여 필요한 사항은 행정안전부, 보건복지부 및 국토교통부의 공동부령으로 정한다.

254 어린이통학버스 특별보호를 위한 운전자의 올바른 운행방법은?

① 편도 1차로인 도로에서는 반대방향에서 진행하는 차의 운전자도 어린이통학버스에 이르기 전에 일시 정지하여 안전을 확인한 후 서행하여야 한다.
② 어린이통학버스가 어린이가 하차하고자 점멸등을 표시할 때는 어린이 통학버스가 정차한 차로 외의 차로로 신속히 통행한다.
③ 중앙선이 설치되지 아니한 도로인 경우 반대방향에서 진행하는 차는 기존 속도로 진행한다.
④ 모든 차의 운전자는 어린이나 영유아를 태우고 있다는 표시를 한 경우라도 도로를 통행하는 어린이통학버스를 앞지를 수 있다.

> 해설 도로교통법 제51조 2항(어린이통학버스의 특별보호) ① 어린이통학버스가 도로에 정차하여 어린이나 영유아가 타고 내리는 중임을 표시하는 점멸등 등의 장치를 작동 중일 때에는 어린이통학버스가 정차한 차로와 그 차로의 바로 옆 차로로 통행하는 차의 운전자는 어린이통학버스에 이르기 전에 일시 정지하여 안전을 확인한 후 서행하여야 한다. ② 제1항의 경우 중앙선이 설치되지 아니한 도로와 편도 1차로인 도로에서는 반대방향에서 진행하는 차의 운전자도 어린이통학버스에 이르기 전에 일시 정지하여 안전을 확인한 후 서행하여야 한다. ③ 모든 차의 운전자는 어린이나 영유아를 태우고 있다는 표시를 한 상태로 도로를 통행하는 어린이통학버스를 앞지르지 못한다.

정답 246. ① 247. ③ 248. ④ 249. ③ 250. ① 251. ④ 252. ③ 253. ③ 254. ①

255 도로교통법상 어린이나 영유아가 타고 내리게 하기 위하여 어린이통학버스를 정차시킨 경우 자동차운전자에 대한 운행 방법으로 틀린 것은?

가. 도로를 통행하는 차마 또는 노면전차는 어린이통학버스에 이르기 전에 일시정지하여 안전을 확인한 후 서행하여야 한다.
나. 중앙선이 설치되지 아니한 도로와 편도 1차로인 도로에서는 반대방향에서 진행하는 차의 운전자도 어린이통학버스에 이르기 전에 일시정지하여 안전을 확인한 후 서행하여야 한다.
다. 동승보호자가 승하차 시 안전을 확인할 경우에는 통행하는 차마가 일시정지하여 안전을 확인할 필요는 없다.
라. 편도 2차로 이상의 도로에서는 어린이통학버스가 정차한 차로와 그 차로의 바로 옆 차로로 통행하는 차의 운전자는 어린이통학버스에 이르기 전에 일시정지하여 안전을 확인한 후 서행하여야 한다.

도로교통법 제51조 제1항

① 정차한 차로는 일시정지한 후 서행한다.
② 옆 차로는 일시정지한 후 서행한다.
③ 편도 1차로에서는 반대방향 차도 일시정지한 후 서행하여야 한다.
④ 가장 빠르게 일시정지 없이 서행하여 앞질러 간다.

256 도로교통법상 영유아 및 어린이에 대한 규정 및 어린이통학버스 운전자의 의무에 대한 설명으로 틀린 것은?

① 어린이는 13세 미만인 사람을 의미하며, 어린이가 타고 내리는 경우에만 점멸등 장치를 작동해야 한다.
② 승차한 모든 어린이나 영유아가 좌석안전띠를 매도록 한 후에 출발한다.
③ 어린이가 내릴 때에는 보도나 길가장자리구역 등 자동차로부터 안전한 장소에 도착한 것을 확인한 후에 출발하여야 한다.
④ 영유아는 6세 미만인 사람을 의미하며, 영유아가 타고 내리는 경우에도 점멸등 장치를 작동해야 한다.

도로교통법 제53조 (어린이통학버스 운전자 및 운영자 등의 의무): 어린이나 영유아를 태우고 있다는 표시를 한 상태에서만 도로를 통행한다. 제2항, 제3항: 자동차에서 내린 후 어린이나 영유아가 도로를 횡단하는 것을 확인하고 횡단이 끝난 후 출발하여야 한다.

257 도로교통법상 어린이 보호에 대한 설명이다. 옳지 않은 것은?

① 횡단보도가 없는 도로에서 어린이가 횡단하고 있는 경우 서행하여야 한다.
② 안전지대에 어린이가 있는 경우 안전거리를 두고 서행하여야 한다.
③ 좁은 골목길에서 어린이가 놀이를 하고 있는 경우 안전거리를 유지하며 서행하여야 한다.
④ 횡단보도에 어린이가 통행하고 있는 경우 일시정지하여야 한다.

도로교통법 제27조 (보행자의 보호)

① 모든 차 또는 노면전차의 운전자는 신호기 또는 교통정리를 하는 경찰공무원이나 자치경찰공무원 또는 경찰보조자의 신호나 지시에 따라 도로를 횡단하는 보행자의 통행을 방해하여서는 아니 된다.
② 모든 차의 운전자는 교통정리를 하고 있지 아니한 교차로 또는 그 부근의 도로를 횡단하는 보행자의 통행을 방해하여서는 아니 된다.
③ 모든 차의 운전자는 도로에 설치된 안전지대에 보행자가 있는 경우와 차로가 설치되지 아니한 좁은 도로에서 보행자의 옆을 지나는 경우에는 안전한 거리를 두고 서행하여야 한다.
⑤ 모든 차 또는 노면전차의 운전자는 어린이보호구역 내에 설치된 횡단보도 중 신호기가 설치되지 아니한 횡단보도 앞에서는 보행자의 횡단 여부와 관계없이 일시정지하여야 한다.

258 도로교통법상 어린이통학버스를 특별보호하여야 하는 자동차 운전자의 올바른 운전방법이 아닌 것은?

① 어린이통학버스를 앞지르기하고자 할 때는 다른 차의 앞지르기 방법과 같이 왼쪽으로 안전하게 앞지르기하여야 한다.
② 도로를 통행 중인 모든 어린이통학버스는 어린이 교통안전을 위하여 앞지르기를 하여서는 아니 된다.
③ 이 의무를 위반하면 운전면허 벌점 15점이 부과된다.
④ 편도 1차로 도로에서 반대방향에서 진행하는 차의 운전자는 어린이통학버스가 어린이를 태우고 있다는 표시를 한 상태로 도로를 통행할 때에는 어린이통학버스에 이르기 전에 일시정지하여 안전을 확인한 후 서행하여야 한다.

도로교통법 제51조 제1항, 제2항, 제3항, 자동차운전면허 벌점기준

259 도로교통법상 어린이통학버스의 가장 대표적인 사고 유형이 아닌 것은?

① 하차 중 사고
② 초·중등학교 승하차 사고
③ 운전자의 확인 및 교육·공원 과정에서의 하차 중 사고
④ 이동 중 사고

도로교통법 제12조 (어린이통학버스의 정차 및 신호), 노란 공동구역, 하 어린이통학버스의 대부분 교통공단 공동이다.

260 도로교통법상 어린이통학버스의 정차 및 신호의 지시는?

① 정차장
② 승강장
③ 사·도지정장
④ 교육장

도로교통법 제12조 제1항

261 어린이나 유치원에서 승하차를 위해 이르게 한 경우 당해 반대방향의 가동차가 정지 및 서행해야 하는 곳은?

① 1차로 15차 이상이나 편도 3차로 500미터 이상 이상의 노선
② 차로 5차 이상인 경우
③ 2차로 이상이나 편도 500미터 이상이 이상의 노선
④ 5차 이상이 이상이나 2차로 편도 이상 이상

특정어린이통학버스 정지된 제12조 제13조 이상이 이하 일시 3차 제12조 제15조 이상에 해당 이상이 이 이상 일 이상 3차로 이상 일 이상이다.

262 도로교통법상 어린이가 유치원에 들어가려고 하는 경우에 맞는 것은?

① 자동차 이상이가 유치원에 일시 정지 한 후 이동고자
② 동네에서 유치원이 일시정지 및 정지 한 후 이동고자
③ 차로에서 유치원이 승강되고 유치원 일시 정지 한 후 이동고자
④ 동네에서 유치원이 유치원 일시 정지 한 후 이동고자

도로교통법 제11조 제5항, 이용 이하이다의 20유치는 교차로이다 이하이다.

263 도로교통법령상 승용차 운전자가 어린이통학버스 특별보호 위반행위를 한 경우 범칙금액으로 맞는 것은?

① 13만 원 ② 9만 원
③ 7만 원 ④ 5만 원

해설 승용차 운전자가 어린이통학버스 특별보호 위반행위를 한 경우 범칙금 9만 원이다. (도로교통법 시행령 별표 8)

264 다음 중 교통사고의 위험으로부터 노인의 안전과 보호를 위하여 지정하는 구역은?

① 고령자 보호구역 ② 노인 복지구역
③ 노인 보호구역 ④ 노인 안전구역

해설 교통사고의 위험으로부터 노인의 안전과 보호를 위하여 지정하는 구역은 노인 보호구역이다.

265 도로교통법령상 어린이통학버스에 성년 보호자가 없을 때 '보호자 동승 표지'를 부착한 경우의 처벌로 맞는 것은?

① 20만 원 이하의 벌금이나 구류
② 30만 원 이하의 벌금이나 구류
③ 40만 원 이하의 벌금이나 구류
④ 50만 원 이하의 벌금이나 구류

해설 도로교통법 제53조, 제154조 어린이통학버스 보호자를 태우지 아니하고 운행하는 어린이통학버스에 보호자 동승표지를 부착한 사람은 30만 원 이하의 벌금이나 구류에 처한다.

266 시장 등이 노인 보호구역으로 지정 할 수 있는 곳이 아닌 곳은?

① 고등학교 ② 노인복지시설
③ 도시공원 ④ 생활체육시설

해설 노인복지시설, 자연공원, 도시공원, 생활체육시설, 노인이 자주 왕래하는 곳은 시장 등이 노인 보호구역으로 지정할 수 있는 곳이다.

267 도로교통법령상 어린이통학버스 운영자의 의무를 설명한 것으로 틀린 것은?

① 어린이통학버스에 어린이를 태울 때에는 성년인 사람 중 보호자를 지정해야 한다.
② 어린이통학버스에 어린이를 태울 때에는 성년인 사람 중 보호자를 함께 태우고 어린이 보호 표지만 부착해야 한다.
③ 좌석안전띠 착용 및 보호자 동승 확인 기록을 작성·보관해야 한다.
④ 좌석안전띠 착용 및 보호자 동승 확인 기록을 매 분기 어린이통학버스를 운영하는 시설의 감독 기관에 제출해야 한다

해설 도로교통법 제53조 제3항, 제6항 어린이통학버스를 운영하는 자는 어린이통학버스에 어린이나 영유아를 태울 때에는 성년인 사람 중 어린이통학버스를 운영하는 자가 지명한 보호자를 함께 태우고 운행하여야 하며, 동승한 보호자는 어린이나 영유아가 승차 또는 하차하는 때에는 자동차에서 내려서 어린이나 영유아가 안전하게 승하차하는 것을 확인하고 운행 중에는 어린이나 영유아가 좌석에 앉아 좌석안전띠를 매고 있도록 하는 등 어린이 보호에 필요한 조치를 하여야 한다.
도로교통법 제53조 제6항, 어린이통학버스를 운영하는 자는 제3항에 따라 보호자를 함께 태우고 운행하는 경우에는 행정안전부령으로 정하는 보호자 동승을 표시하는 표지(이하 "보호자 동승표지"라 한다)를 부착할 수 있으며, 누구든지 보호자를 함께 태우지 아니하고 운행하는 경우에는 보호자 동승표지를 부착하여서는 아니 된다. 〈신설 2020. 5. 26.〉
제 7항 어린이통학버스를 운영하는 자는 좌석안전띠 착용 및 보호자 동승 확인 기록(이하 "안전운행 기록"이라 한다)을 작성·보관하고 매 분기 어린이통학버스를 운영하는 시설을 감독하는 주무기관의 장에게 안전운행기록을 제출하여야 한다.

268 도로교통법령상 안전한 보행을 하고 있지 않은 어린이는?

① 보도와 차도가 구분된 도로에서 차도 가장자리를 걸어가고 있는 어린이
② 일방통행도로의 가장자리에서 차가 오는 방향을 바라보며 걸어가고 있는 어린이
③ 보도와 차도가 구분되지 않은 도로의 가장자리구역에서 차가 오는 방향을 마주보고 걸어가는 어린이
④ 보도 내에서 우측으로 걸어가고 있는 어린이

해설 보행자는 보·차도가 구분된 도로에서는 언제나 보도로 통행하여야 한다. 보·차도가 구분되지 않은 도로에서는 길가장자리 또는 길가장자리 구역으로 통행하여야 한다. 보행자는 보도에서는 우측통행을 원칙으로 한다(도로교통법 제8조).

269 다음 중 노인보호구역을 지정할 수 없는 자는?

① 특별시장 ② 광역시장
③ 특별자치도지사 ④ 시·도경찰청장

해설 어린이·노인 및 장애인보호구역 지정 및 관리에 관한 규칙 제3조 제1항

270 「노인 보호구역」에서 노인을 위해 시·도경찰청장이나 경찰서장이 할 수 있는 조치가 아닌 것은?

① 차마의 통행을 금지하거나 제한할 수 있다.
② 이면도로를 일방통행로로 지정·운영할 수 있다.
③ 차마의 운행속도를 매시 30킬로미터 이내로 제한할 수 있다.
④ 주출입문 연결도로에 노인을 위한 노상주차장을 설치할 수 있다.

해설 어린이·노인 및 장애인 보호구역의 지정 및 관리에 관한 규칙 제9조(보호구역에서의 필요한 조치) 제1항에 의하면 시·도경찰청이나 경찰서장은 보호구역에서 구간별·시간대별로 다음 각 호의 조치를 할 수 있다. 1. 차마의 통행을 금지하거나 제한하는 것. 2. 차마의 정차나 주차를 금지하는 것. 3. 운행속도를 매시 30킬로미터 이내로 제한하는 것. 4. 이면도로를 일방통행로로 지정·운영하는 것

271 도로교통법령상 노인보호구역에서 통행을 금지할 수 있는 대상으로 바른 것은?

① 개인형 이동장치, 노면전차
② 트럭적재식 천공기, 어린이용 킥보드
③ 원동기장치자전거, 폭 1미터 이내의 보행보조용 의자차
④ 노상안정기, 폭 1미터 이내의 노약자용 보행기

해설 도로교통법 제12조의2(노인 및 장애인 보호구역의 지정·해제 및 관리) ① 시장등은 교통사고의 위험으로부터 노인 또는 장애인을 보호하기 위하여 필요하다고 인정하는 경우에는 제1호부터 제3호까지 및 제3호의2에 따른 시설 또는 장소의 주변도로 가운데 일정 구간을 노인 보호구역으로, 제4호에 따른 시설의 주변도로 가운데 일정 구간을 장애인 보호구역으로 각각 지정하여 차마와 노면전차의 통행을 제한하거나 금지하는 등 필요한 조치를 할 수 있다. [시행일: 2023. 10. 19.]

272 도로교통법령상 노인보호구역에서 오전 10시경 발생한 법규위반에 대한 설명으로 맞는 것은?

① 덤프트럭 운전자가 신호위반을 하는 경우 범칙금은 13만 원이다.
② 승용차 운전자가 노인보행자의 통행을 방해하면 범칙금은 7만 원이다.
③ 자전거 운전자가 횡단보도에서 횡단하는 노인보행자의 횡단을 방해하면 범칙금은 5만 원이다.
④ 경운기 운전자가 보행자보호를 불이행하는 경우 범칙금은 3만 원이다.

해설 신호위반(덤프트럭 13만 원), 횡단보도보행자 횡단방해(승용차 12만 원, 자전거 6만 원), 보행자통행방해 또는 보호 불이행(승용차 8만 원, 자전거 4만 원)의 범칙금이 부과된다.

정답 263. ② 264. ③ 265. ② 266. ① 267. ② 268. ① 269. ④ 270. ④ 271. ① 272. ①

273 다음 중 어린이통행로에 대한 설명이다. 옳지 않은 것은?
① 어린이란 도로교통법상 13세 미만인 사람을 말한다.
② 자동차 등의 통행속도를 시속 30킬로미터 이내로 제한할 수 있다.
③ 필요한 경우 일방통행로의 지정을 해제할 수 있다.
④ 주·정차가 금지된다.

274 교통약자인 고령자의 일반적인 특성에 대한 설명으로 옳은 것은?
① 반사 신경이 순간적인 일을 당할 경우 대응이 빠르다.
② 시야의 영역이 넓어지고 정신운동의 반응시간이 짧아진다.
③ 돌발 사태시 대응력은 미흡하지만 인지능력이 향상된다.
④ 시력은 저하되나 청력은 향상된다.

275 도로교통법상 시장 등이 노인보호구역에서 할 수 있는 조치로 옳은 것은?
① 자동차의 통행을 금지하거나 제한할 수 있다.
② 이면도로를 일방통행로로 지정·운영할 수 있다.
③ 대형승합차의 통행을 금지할 수 있다.
④ 노상주차장을 설치할 수 있다.

도로교통법 제12조의2(노인 및 장애인 보호구역의 지정·해제 및 관리) 제1항 시장등은 교통사고의 위험으로부터 노인 또는 장애인을 보호하기 위하여 필요하다고 인정하는 경우에는 다음 각 호의 어느 하나에 해당하는 시설이나 장소의 주변도로 가운데 일정 구간을 각각 노인 보호구역이나 장애인 보호구역으로 지정하여 차마와 노면전차의 통행을 제한하거나 금지하는 등 필요한 조치를 할 수 있다. [시행일: 2023. 10. 19.]

276 노인보호구역에서 노인의 통행 시 자동차의 운전방법 중 옳은 것은?
① 주행속도를 유지하여 통과한다.
② 노인의 옆을 지날 때 신속히 주행한다.
③ 안전거리를 두고 서행한다.
④ 경음기를 울리며 통과한다.

277 노인보호구역으로 지정될 수 있는 곳이 아닌 것은?
① 노인복지시설
② 자연공원
③ 도시공원
④ 생활체육시설

278 야간에 노인보호구역을 통과할 때 운전자가 주의해야 할 사항으로 옳지 않은 것은?
① 증발현상이 발생할 수 있다.
② 야간에는 노인이 잘 보이지 않으므로 속도를 줄여 주행한다.
③ 무단 횡단하는 노인에 주의하며 통과한다.
④ 파란불이 켜진 횡단보도는 속도를 줄이지 않고 통과한다.

279 도로교통법상 노인보호구역에서 통행을 제한할 수 있는 대상으로 맞는 것은?
① 자동차
② 노면전차
③ 거마
④ 보행보조용 의자차
⑤ 보행보조용 의자차

280 노인보호구역에 대한 설명이다. 맞는 것은?
① 오전 8시부터 오후 8시까지 시간제한속도를 매시 30킬로미터 이내로 제한할 수 있다.
② 보호구역으로 지정할 수 있는 시설이나 장소에 생활체육시설도 포함된다.
③ 보호구역으로 지정된 초등학교 인근 도로가 노인보호구역으로 지정될 수 있다.
④ 노인들이 길을 잃지 않도록 해당 시설장이 표지를 설치한다.

281 도로교통법상 어린이 보호구역에서 오전 11시경 제한속도를 위반한 자동차 운전자에 대한 벌점은?
① 60점
② 40점
③ 30점
④ 15점

노인보호구역에서 오전 8시부터 오후 8시까지 사이에 신호위반을 한 승용차 운전자에 대해서는 벌점의 2배에 해당하는 벌점이 부과된다. (도로교통법 시행규칙 별표 28)

282 노인보호구역에서 노인의 통행방법 및 통행 시 자동차 운전자의 행동으로 맞는 것은?
① 평소보다 속도를 올려 통과한다.
② 노인의 말소에는 주의할 필요가 없다.
③ 안전을 위하여 서행하며 주의한다.
④ 노인의 경우 보행속도가 느리다는 것을 감안하여 주의하여야 한다.

정답
273. ③ 274. ④ 275. ① 276. ③ 277. ② 278. ④ 279. ② 280. ④ 281. ③ 282. ②

283 노인보호구역에서 노인의 안전을 위하여 설치할 수 있는 도로 시설물과 가장 거리가 먼 것은?
① 미끄럼방지시설, 방호울타리
② 과속방지시설, 미끄럼방지시설
③ 가속차로, 보호구역 도로표지
④ 방호울타리, 도로반사경

> 어린이·노인 및 장애인 보호구역의 지정 및 관리에 관한 규칙 제7조(보도 및 도로부속물의 설치)제2항 시장 등은 보호구역에 다음 각 호의 어느 하나에 해당하는 도로부속물을 설치하거나 관할 도로관리청에 설치를 요청할 수 있다.
> 1. 별표에 따른 보호구역 도로표지 2. 도로반사경 3. 과속방지시설 4. 미끄럼방지시설 5. 방호울타리 6. 그 밖에 시장 등이 교통사고의 위험으로부터 어린이·노인 또는 장애인을 보호하기 위하여 필요하다고 인정하는 도로부속물로서 「도로의 구조·시설 기준에 관한 규칙」에 적합한 시설

284 도로교통법령상 노인보호구역에 대한 설명으로 잘못된 것은?
① 노인보호구역을 통과할 때는 위험상황 발생을 대비해 주의하면서 주행해야 한다.
② 노인보호표지란 노인보호구역 안에서 노인의 보호를 지시하는 것을 말한다.
③ 노인보호표지는 노인보호구역의 도로 중앙에 설치한다.
④ 승용차 운전자가 노인보호구역에서 오전 10시에 횡단보도 보행자의 횡단을 방해하면 범칙금 12만 원이 부과된다.

> 노인보호구역에서 횡단보도보행자 횡단을 방해하는 경우 승용차운전자는 12만 원의 범칙금이 부과된다. 노인보호표지는 노인보호구역 안에서 노인의 보호를 지시하는 것으로 노인보호구역의 도로 양측에 설치한다.

285 도로교통법령상 오전 8시부터 오후 8시까지 사이에 노인보호구역에서 교통법규 위반 시 범칙금이 가중되는 행위가 아닌 것은?
① 신호위반 ② 주차금지 위반
③ 횡단보도 보행자 횡단 방해 ④ 중앙선침범

> 도로교통법 시행령 별표 10 어린이 보호구역 및 노인·장애인 보호구역에서의 범칙행위 및 범칙금액

286 다음 중 도로교통법을 가장 잘 준수하고 있는 보행자는?
① 횡단보도가 없는 도로를 가장 짧은 거리로 횡단하였다.
② 통행차량이 없어 횡단보도로 통행하지 않고 도로를 가로질러 횡단하였다.
③ 정차하고 있는 화물자동차 바로 뒤쪽으로 도로를 횡단하였다.
④ 보도에서 좌측으로 통행하였다.

> 도로교통법 제8조, 제10조 ①, ②횡단보도가 설치되어 있지 않은 도로에서는 가장 짧은 거리로 횡단하여야 한다. ③보행자는 모든 차의 앞이나 뒤로 횡단하여서는 안 된다. ④보행자는 보도에서 우측통행을 원칙으로 한다.

287 도로교통법령상 노인운전자가 다음과 같은 운전행위를 하는 경우 벌점기준이 가장 높은 위반행위는?
① 횡단보도 내에 정차하여 보행자 통행을 방해하였다.
② 보행자를 뒤늦게 발견 급제동하여 보행자가 넘어질 뻔하였다.
③ 무단 횡단하는 보행자를 발견하고 경음기를 울리며 보행자 앞으로 재빨리 통과하였다.
④ 황색실선의 중앙선을 넘어 앞지르기하였다.

> 도로교통법 시행규칙 별표28, 승용자동차 기준 ① 도로교통법 제27조제1항 범칙금 6만 원, 벌점 10점 ② 도로교통법 제27조제3항 범칙금 6만 원, 벌점 10점 ③ 도로교통법 제27조제5항 범칙금 4만 원, 벌점 10점 ④ 도로교통법 제13조제3항 범칙금 6만 원, 벌점 30점

288 도로교통법령상 노인보호구역에 대한 설명이다. 옳지 않은 것은?
① 노인보호구역의 지정·해제 및 관리권은 시장등에게 있다.
② 노인을 보호하기 위하여 일정 구간을 노인보호구역으로 지정할 수 있다.
③ 노인보호구역 내에서 차마의 통행을 제한할 수 있다.
④ 노인보호구역 내에서 차마의 통행을 금지할 수 없다.

> 노인보호구역 내에서는 차마의 통행을 금지하거나 제한할 수 있다. (도로교통법 제12조의 2)

289 다음 중 가장 바람직한 운전을 하고 있는 노인운전자는?
① 장거리를 이동할 때는 안전을 위하여 서행 운전한다.
② 시간 절약을 위해 목적지까지 쉬지 않고 운행한다.
③ 도로 상황을 주시하면서 규정 속도를 준수하고 운행한다.
④ 통행 차량이 적은 야간에 주로 운전을 한다.

> 노인운전자는 장거리 운전이나 장시간, 심야 운전은 삼가 해야 한다.

290 노인의 일반적인 신체적 특성에 대한 설명으로 적당하지 않은 것은?
① 행동이 느려진다.
② 시력은 저하되나 청력은 향상된다.
③ 반사 신경이 둔화된다.
④ 근력이 약화된다.

> 노인은 시력 및 청력이 약화되는 신체적 특성이 발생한다.

291 다음 중 교통약자의 이동편의 증진법상 교통약자에 해당되지 않은 사람은?
① 어린이 ② 노인
③ 청소년 ④ 임산부

> 교통약자에 이동편의 증진법 제2조 제1호
> 교통약자란 장애인, 노인(고령자), 임산부, 영유아를 동반한 사람, 어린이 등 일상생활에서 이동에 불편을 느끼는 사람을 말한다.

292 노인운전자의 안전운전과 가장 거리가 먼 것은?
① 운전하기 전 충분한 휴식 ② 주기적인 건강상태 확인
③ 운전하기 전에 목적지 경로확인 ④ 심야운전

> 노인운전자는 운전하기 전 충분한 휴식과 주기적인 건강상태를 확인하는 것이 바람직하다. 운전하기 전에 목적지 경로를 확인하고 가급적 심야운전은 하지 않는 것이 좋다.

293 승용자동차 운전자가 노인보호구역에서 전방주시태만으로 노인에게 3주간의 상해를 입힌 경우 형사처벌에 대한 설명으로 틀린 것은?
① 종합보험에 가입되어 있으면 형사처벌되지 않는다.
② 노인보호구역을 알리는 안전표지가 있는 경우 형사처벌된다.
③ 피해자가 처벌을 원하지 않으면 형사처벌되지 않는다.
④ 합의하면 형사처벌되지 않는다.

> 교통사고처리 특례법 제3조(처벌의 특례)제2항 피해자의 명시적인 의사에 반하여 공소(公訴)를 제기할 수 없다. 제4조(종합보험 등에 가입된 경우의 특례)제1항 보험 또는 공제에 가입된 경우에는 제3조제2항 본문에 규정된 죄를 범한 차의 운전자에 대하여 공소를 제기할 수 없다. 다만 교통사고처리 특례법 제3조 제2항 단서에 규정된 항목에 대하여 피해자의 명시적인 의사에 반하거나 종합보험에 가입되어 있더라도 형사처벌 될 수 있다.

정답 283. ③ 284. ③ 285. ④ 286. ① 287. ④ 288. ④ 289. ③ 290. ② 291. ③ 292. ④ 293. ②

정답

294.④ 295.④ 296.② 297.① 298.③ 299.④ 300.① 301.③ 302.① 303.④

294
도로교통법상 승용자동차가 공사장작업구간에서 15:00에 규정 속도보다 시속 60킬로미터를 초과하여 운전한 경우 범칙금액과 가산금(가산점수)는?

① 6만 원, 60점
② 9만 원, 60점
③ 12만 원, 120점
④ 15만 원, 120점

해설 도로교통법 시행령 별표 10. 시행규칙 별표 28 승용자동차 15만 원, 범칙 120점

295
도로교통법상 택시 자동차(이륜자동차 제외)의 공회전시 과징 그 밖의 배출가스를 도로에 배출할 경우 하는 행위로 옳은 것은?

① 원활한 교통
② 정비 불량 및 과적차량
③ 환경오염 및 정동
④ 미끄럼 및 과성

해설 도로교통법 제37조 제1항 모든 차의 운전자는 다음 각 호의 어느 하나에 해당하는 경우에는 자동차등 또는 노면전차를 운전하거나 그 밖의 경우에도 그 자동차등 또는 노면전차의 원동기(原動機)를 발동시켜서는 아니 된다. 1. 배기구(排氣管)로부터 매연 또는 기준을 초과하여 자동차등에서 가연물·매연이 배출될 경우 2. 자동차등의 소음이 기준을 초과하는 경우 이는 7가지임

296
도로교통법령상 도로의 가장자리에서 정차할 경우 가장 올바른 것은?

① 정차한 곳에서 좌측 가장자리에 정차한다.
② 가장자리 여백에 사람이 통행하지 못하도록 정차한다.
③ 차도의 우측 가장자리에 정차한다.
④ 차량 등을 끌어올리는 등의 방법으로 정차한다.

297
장애인주차장의 대한 설명이다. 틀린 것은?

① 공공시설 등에 신청하여 받을 수 있다.
② 일시적 장애인도 신청할 수 있다.
③ 장애인 등의 이동을 돕는다.
④ 자동차 번호를 부착한다.

298
도로교통법 시행령 규정상 교차로에서 직진신호가 되는 자동차가 하는 주의에 옳은 것은?

① 자신의 주의하여 진행한다.
② 교차로 자동차는 우측으로 진행한다.
③ 우측 자동차는 일시정지 우선한다.
④ 수선 자동차는 우선 통과한다.

299
장애인 전용 주차구역 주차표지 발급 기관이 아닌 것은?

① 국가보훈처장
② 특별자치시장·특별자치도지사
③ 시장·군수·구청장
④ 보건복지부장관

해설 장애인, 노인, 임산부 등의 편의증진보장에 관한 법률 제17조(장애인전용주차구역 등)

300
도로교통법령상 개인형 이동장치 정차 및 주차가 금지되는 기준으로 틀린 것은?

① 교차로의 가장자리로부터 10미터 이내인 곳, 도로의 모퉁이로부터 5 미터 이내인 곳
② 횡단보도로부터 10미터 이내인 곳, 건널목의 가장자리로부터 10 미터 이내인 곳
③ 안전지대가 사방으로부터 각각 10미터 이내인 곳, 버스정류장 기둥으로부터 10미터 이내인 곳
④ 비상소화장치가 설치된 곳으로부터 5미터 이내인 곳

해설 도로교통법 제32조(정차 및 주차의 금지), 1호 10미터의 가장자리로부터 5미터 이내

301
도로교통법상 최고속도위반에 대한 설명으로 옳지 않은 것은?

① 일반과속 제도 등을 사용한다.
② 규정속도 이내에서 서행 후 사용으로 진행한다.
③ 진출로에 서행한다.
④ 바람에서 일정속도를 진행한다.

302
자동차에서 차량을 내릴 때 문을 '더치 리치(Dutch Reach)'에 대한 설명으로 옳은 것은?

① 자동차 좌측 시야 좌측으로 팔을 뻗어 문을 여는 방법이다.
② 자동차 우측 시야 좌측으로 팔을 뻗어 문을 열고 편도에 안전한다.
③ 개문발차사고 예방한다.
④ 영어권에서 시작된 교통문화 캠페인이다.

해설 더치 리치(Dutch Reach)는 1960년대 네덜란드에서 시작된 교통안전 캠페인이며 운전석에서 내릴 때 자신과 먼 쪽의 손으로 차 문을 여는 방법이다. 이 방법으로 문을 열게 되면 자연적 뒤쪽을 바라볼 수 있어 뒤쪽에서 오는 자전거나 오토바이 등과의 사고를 예방할 수 있다.

303
긴급자동차 이외 자동차를 긴급자동차로 자동차 사용자가 종사자에게 자동차를 빌려줄 때 과태료는 얼마인가?

① 3만 원
② 5만 원
③ 7만 원
④ 10만 원

해설 긴급자동차 이외 자동차를 긴급자동차로 자동차 사용자가 종사자에게 자동차를 빌려줄 때 11조의 2과항 자동차 사용자 7만 원

304 전기자동차 또는 외부충전식하이브리드자동차는 급속충전시설의 충전 시작 이후 충전구역에서 얼마나 주차할 수 있는가?
① 1시간 ② 2시간
③ 3시간 ④ 4시간

> 환경친화적 자동차의 개발 및 보급 촉진에 관한 법률 시행령 제18조의8((환경친화적 자동차에 대한 충전 방해행위의 기준 등) 급속충전시설의 충전구역에서 전기자동차 및 외부충전식하이브리드자동차가 2시간 이내의 범위에서 산업통상자원부장관이 고시하는 시간인 1시간이 지난 후에도 계속 주차하는 행위는 환경친화적 자동차에 대한 충전 방해행위임

305 도로교통법령상 경사진 곳에서의 정차 및 주차 방법과 그 기준에 대한 설명으로 올바른 것은?
① 경사의 내리막 방향으로 바퀴에 고임목, 고임돌 등 자동차의 미끄럼 사고를 방지할 수 있는 것을 설치해야 하며 비탈진 내리막길은 주차금지 장소이다.
② 조향장치를 자동차에서 멀리 있는 쪽 도로의 가장자리 방향으로 돌려놓아야 하며 경사진 장소는 정차금지 장소이다.
③ 운전자가 운전석에 대기하고 있는 경우에는 조향장치를 도로 쪽으로 돌려놓아야 하며 고장이 나서 부득이 정지하고 있는 것은 주차에 해당하지 않는다.
④ 도로 외의 경사진 곳에서 정차하는 경우에는 조향장치를 자동차에서 가까운 쪽 도로의 가장자리 방향으로 돌려놓아야 하며 정차는 5분을 초과하지 않는 주차외의 정지 상태를 말한다.

> 도로교통법 시행령 제11조 제3항
> 자동차의 운전자는 법 제34조의3에 따라 경사진 곳에 정차하거나 주차(도로 외의 경사진 곳에서 정차하거나 주차하는 경우를 포함한다)하려는 경우 자동차의 주차 제동장치를 작동한 후에 다음 각 호의 어느 하나에 해당하는 조치를 취하여야 한다. 다만, 운전자가 운전석을 떠나지 아니하고 직접 제동장치를 작동하고 있는 경우는 제외한다.
> 1. 경사의 내리막 방향으로 바퀴에 고임목, 고임돌, 그 밖에 고무, 플라스틱 등 자동차의 미끄럼 사고를 방지할 수 있는 것을 설치할 것
> 2. 조향장치(操向裝置)를 도로의 가장자리(자동차에서 가까운 쪽을 말한다) 방향으로 돌려 놓을 것
> 3. 그 밖에 제1호 또는 제2호에 준하는 방법으로 미끄럼 사고의 발생 방지를 위한 조치를 취할 것

306 장애인전용주차구역에 물건 등을 쌓거나 그 통행로를 가로막는 등 주차를 방해하는 행위를 한 경우 과태료 부과 금액으로 맞는 것은?
① 4만 원 ② 20만 원
③ 50만 원 ④ 100만 원

> 누구든지 장애인전용주차구역에서 주차를 방해하는 행위를 하면 과태료 50만 원을 부과(장애인·노인·임산부 등의 편의증진 보장에 관한 법률 제17조 제5항, 시행령 별표3)

307 다음 중 회전교차로에서 통행 우선권이 인정되는 차량은?
① 회전교차로 내 회전차로에서 주행 중인 차량
② 회전교차로 진입 전 좌회전하려는 차량
③ 회전교차로 진입 전 우회전하려는 차량
④ 회전교차로 진입 전 좌회전 및 우회전하려는 차량.

> 도로교통법 제25조의2(회전교차로 통행방법) ① 모든 차의 운전자는 회전교차로에서는 반시계방향으로 통행하여야 한다. ② 모든 차의 운전자는 회전교차로에 진입하려는 경우에는 서행하거나 일시정지하여야 하며, 이미 진행하고 있는 다른 차가 있는 때에는 그 차에 진로를 양보하여야 한다. ③ 제1항 및 제2항에 따라 회전교차로 통행을 위하여 손이나 방향지시기 또는 등화로써 신호를 하는 차가 있는 경우 그 뒤차의 운전자는 신호를 한 앞차의 진행을 방해하여서는 아니 된다.

308 도로교통법령상 교통정리를 하고 있지 아니하는 교차로를 좌회전하려고 할 때 가장 안전한 운전 방법은?
① 먼저 진입한 다른 차량이 있어도 서행하며 조심스럽게 좌회전한다.
② 폭이 넓은 도로의 차에 진로를 양보한다.
③ 직진 차에는 차로를 양보하나 우회전 차보다는 우선권이 있다.
④ 미리 도로의 중앙선을 따라 서행하다 교차로 중심 바깥쪽을 이용하여 좌회전한다.

> 도로교통법 제26조 먼저 진입한 차량에 차로를 양보해야 하고, 좌회전 차량은 직진 및 우회전 차량에게 우선권을 양보해야 하며, 교차로 중심 안쪽을 이용하여 좌회전 해야 한다.

309 도로교통법령상 회전교차로에서의 금지 행위가 아닌 것은?
① 정차 ② 주차
③ 서행 및 일시정지 ④ 앞지르기

> 〈도로교통법 제32조(정차 및 주차의 금지)〉 모든 차의 운전자는 다음 각 호의 어느 하나에 해당하는 곳에서는 차를 정차하거나 주차하여서는 아니 된다. 다만, 이 법이나 이 법에 따른 명령 또는 경찰공무원의 지시를 따르는 경우와 위험방지를 위하여 일시정지하는 경우에는 그러하지 아니하다.
> 1. 교차로·횡단보도·건널목이나 보도와 차도가 구분된 도로의 보도(「주차장법」에 따라 차도와 보도에 걸쳐서 설치된 노상주차장은 제외한다)
> 2. 교차로의 가장자리나 도로의 모퉁이로부터 5미터 이내인 곳
> 〈법 제22조(앞지르기 금지의 시기 및 장소)〉 ③ 모든 차의 운전자는 다음 각 호의 어느 하나에 해당하는 곳에서는 다른 차를 앞지르지 못한다.
> 1. 교차로 2. 터널 안 3. 다리 위

310 도로교통법령상 교통정리가 없는 교차로 통행방법으로 알맞은 것은?
① 좌우를 확인할 수 없는 경우에는 서행하여야 한다.
② 좌회전하려는 차는 직진차량보다 우선 통행해야 한다.
③ 우회전하려는 차는 직진차량보다 우선 통행해야 한다.
④ 통행하고 있는 도로의 폭보다 교차하는 도로의 폭이 넓은 경우 서행하여야 한다.

> 도로교통법 제26조 좌우를 확인할 수 없는 경우에는 일시정지하여야 하며, 해당 차가 통행하고 있는 도로의 폭보다 교차하는 도로의 폭이 넓은 경우에는 서행하여야 한다.

311 도로의 원활한 소통과 안전을 위하여 회전교차로의 설치가 권장되는 경우는?
① 교통량 수준이 높지 않으나, 교차로 교통사고가 많이 발생하는 곳
② 교차로에서 하나 이상의 접근로가 편도 3차로 이상인 곳
③ 회전교차로의 교통량 수준이 처리용량을 초과하는 곳
④ 신호연동에 필요한 구간 중 회전교차로이면 연동효과가 감소되는 곳

> 회전교차로 설계지침(국토교통부)
> 1. 회전교차로 설치가 권장되는 경우
> ① 불필요한 신호대기 시간이 길어 교차로 지체가 약화된 경우
> ② 교통량 수준이 높지 않으나, 교차로 교통사고가 많이 발생하는 경우
> ③ 교통량 수준이 비신호교차로로 운영하기에는 부적합하거나 신호교차로로 운영하면 효율이 떨어지는 경우
> ④ 교차로에서 직진하거나 회전하는 자동차에 의한 사고가 빈번한 경우
> ⑤ 각 접근로별 통행우선권 부여가 어렵거나 바람직하지 않은 경우
> ⑥ T자형, Y자형 교차로, 교차로 형태가 특이한 경우
> ⑦ 교통정온화 사업 구간 내의 교차로
> 2. 회전교차로 설치가 금지되는 경우
> ① 확보 가능한 교차로 도로부지 내에서 교차로 설계기준을 만족시키지 않은 경우
> ② 첨두시 가변차로가 운영되는 경우
> ③ 신호연동이 이루어지고 있는 구간 내 교차로를 회전교차로로 전환시 연동효과를 감소시킬 수 있는 경우
> ④ 회전차로의 교통량 수준이 처리용량을 초과하는 경우
> ⑤ 교차로에서 하나 이상의 접근로가 편도3차로 이상인 경우

정답 304. ① 305. ④ 306. ③ 307. ① 308. ② 309. ③ 310. ④ 311. ①

정답 312. ② 313. ② 314. ① 315. ① 316. ④ 317. ④ 318. ④ 319. ② 320. ④ 321. ④ 322. ④

312 화물자동차에 대한 설명으로 맞는 것은?

① 화물자동차의 정차 및 주차 장소가 지정되어 있다.
② 화물자동차는 차체 길이 기준으로 분류된다.
③ 화물자동차의 경우 차종에 따른 구분이 없다.
④ 화물자동차는 사용 용도에 따라 특수자동차로 구분하기도 한다.

313 고속도로에서 갓길 통행이 허용되는 자동차는?

① 승용차
② 승합차
③ 화물차
④ 긴급자동차

도로교통법 제60조(갓길 통행금지 등) 제1호, 제2호, 시행규칙 제6조 및 개별기준 5. 도. (자동차)

314 화물자동차 운전자의 통행방법으로 맞는 것은?

① 도로의 우측 가장자리에서 통행하여야 한다.
② 차로가 구분된 도로에서는 차로를 따라 통행하여야 한다.
③ 교통이 빈번한 도로에서는 지정차로로 통행하여야 한다.
④ 자동차전용도로에서는 중앙선을 넘어 통행할 수 있다.

315 화물자동차 운전자가 준수하여야 할 사항으로 맞는 것은?

① 화물자동차(특수자동차 포함)가 고속도로에서 통행하는 경우에는 다른 차가 있을 때에 그 차와의 사이에 안전거리를 유지하여야 한다.
② 앞지르기가 가능하다.
③ 운행차로가 규정되어 있다.
④ 사고방지의무가 없다.

316 화물자동차에 대한 내용으로 맞지 않는 것은?

① 자동차 사용용도에 따라 일반형으로 되어 있다.
② 화물차는 최고속도가 정해져 있다.
③ 차로에 따라 앞지르기 등으로 주행 차로의 구분이 있다.
④ 화물차는 차체나 적재함의 구분이 없다.

317 고속도로에서 화물자동차가 주행 시 가장 적절한 운행방법은?

① 승용차의 사용에 따라 지정차로로 주행한다.
② 승용차에 따라 지정차로에 따라 중앙 인접차로로 주행한다.
③ 승용차와 같이 지정차로로 주행한다.
④ 승용차에 따라 지정차로가 정해지고 따로 규정되어 있다.

318 화물자동차 운전자가 준수하여야 할 사항으로 맞는 것은?

① 도로의 중앙선 부근으로 통행
② 가까운 길의 이용
③ 고속도로 이용
④ 교통법규가 없으면 임의로 통행

도로교통법 제13조 제3호(차마의 통행)에 해당하고, 가까운 길로 운행을 하고, 사용에 적합한 적재물을 싣고, 시·도 경찰청장이 지정한 차로 통행이 가능하며, 교통법규를 준수하여 안전하게 운행하여야 할 것이다.

319 화물자동차 운전자가 준수하여야 할 사항은?

① 지정된 운행 차로 이용
② 신호등이 없는 교차로 우선 통행
③ 가까운 길의 이용
④ 좌·우 방향 통행

운행자는 사용에 적합한 적재물을 싣고, 이와 같이 지정된 차로와 속도로 통행해야 하며, 시·도 경찰청장이 지정한 지정된 차로 통행을 통해 근접거리 및 차량에 따른 등을 운행하여야 할 것이다. (도로교통법 제13조 2항)

320 가변형 속도제한 구간에서 주행으로 맞지 않은 것은?

① 상황에 따라 가장 속도의 변동이 있는 운영의 시스템이다.
② 가변 속도 표지에 따라서 적정한 표시속도를 사용한다.
③ 가변속도 표시에 따라서 속도를 초과하는 경우 속도를 낮춘다.
④ 가변속도 표지에 따라서 상시 최고속도로 통행할 수 있다.

321 다음 중 고속도로 나들목에서 가장 안전한 운전방법은?

① 나들목에서 가장 늦게 감속하고 안전하게 내려간다.
② 나들목 안에서도 충분한 속도로 진입하여 안전하게 운행한다.
③ 진출로에 가까이 가서 다른 차와 같은 속도로 나들목을 이용한다.
④ 급하게 진입하지 아니한다.

도심의 타 차량이 가장 근접하고, 나들목은, 나들목에서는 가장 속도의 이상이 있는 경우 나들목을 이용해야 하는 경우가 많이 나타나며 이용하지 않는다.

322 도로교통법상 일반도로가 안전운전 수행으로 가장 거리가 먼 것은?

① 앞차가 우측방향 지시를 사용한다.
② 앞차가 우측방향 지시를 사용하고 감속한다.
③ 앞차가 우측방향 지시를 사용하고 감속하고 있다.
④ 앞차가 좌측방향으로 진행한다.

도로교통법 시행령 제31조(고속도로에서의 100미터) 이상의 지점에서 가장 가깝게 진행하는 등 앞차가 바로 앞으로 주행을 감소시키거나 동승자가 배려를 운전을 하여 있는 것은 운전자의 준수사항이다.

323 도로교통법상 ( )의 운전자는 철길 건널목을 통과하려는 경우 건널목 앞에서 ( )하여 안전한지 확인한 후에 통과하여야 한다. ( )안에 맞는 것은?

① 모든 차, 서행
② 모든 자동차등 또는 건설기계, 서행
③ 모든 차 또는 모든 전차, 일시정지
④ 모든 차 또는 노면 전차, 일시정지

해설 모든 차 또는 노면전차의 운전자는 철길건널목을 통과하려는 경우 건널목 앞에서 일시정지하여 안전을 확인한 후 통과하여야 한다.(도교법 제24조 철길건널목의 통과)

324 도로교통법령상 운전자가 우회전하고자 할 때 사용하는 수신호는?

① 왼팔을 좌측 밖으로 내어 팔꿈치를 굽혀 수직으로 올린다.
② 왼팔은 수평으로 펴서 차체의 좌측 밖으로 내민다.
③ 오른팔을 차체의 우측 밖으로 수평으로 펴서 손을 앞뒤로 흔든다.
④ 왼팔을 차체 밖으로 내어 45° 밑으로 편다.

해설 운전자가 우회전하고자 할 때 왼팔을 차체의 왼쪽 밖으로 내어 팔꿈치를 굽혀 수직으로 올린다.

325 신호기의 신호에 따라 교차로에 진입하려는데, 경찰공무원이 정지하라는 수신호를 보냈다. 다음 중 가장 안전한 운전 방법은?

① 정지선 직전에 일시정지한다.
② 급감속하여 서행한다.
③ 신호기의 신호에 따라 진행한다.
④ 교차로에 서서히 진입한다.

해설 교통안전시설이 표시하는 신호 또는 지시와 교통정리를 위한 경찰공무원 등의 신호 또는 지시가 다른 경우에는 경찰공무원 등의 신호 또는 지시에 따라야 한다.

326 도로교통법령상 편도 3차로 고속도로에서 2차로를 이용하여 주행할 수 있는 자동차는?

① 화물자동차
② 특수자동차
③ 건설기계
④ 소·중형승합자동차

해설 편도 3차로 고속도로에서 2차로는 왼쪽차로에 해당하므로 통행할 수 있는 차종은 승용자동차 및 경형·소형·중형 승합자동차이다.(도로교통법 시행규칙 별표 9)

327 중앙선이 황색 점선과 황색 실선으로 구성된 복선으로 설치된 때의 앞지르기에 대한 설명으로 맞는 것은?

① 황색 실선과 황색 점선 어느 쪽에서도 중앙선을 넘어 앞지르기할 수 없다.
② 황색 점선이 있는 측에서는 중앙선을 넘어 앞지르기할 수 있다.
③ 안전이 확인되면 황색 실선과 황색 점선 상관없이 앞지르기할 수 있다.
④ 황색 실선이 있는 측에서는 중앙선을 넘어 앞지르기할 수 있다.

해설 황색 점선이 있는 측에서는 중앙선을 넘어 앞지르기할 수 있으나 황색 실선이 있는 측에서는 중앙선을 넘어 앞지르기 할 수 없다.

328 운전 중 철길건널목에서 가장 바람직한 통행방법은?

① 기차가 오지 않으면 그냥 통과한다.
② 일시정지하여 안전을 확인하고 통과한다.
③ 제한속도 이상으로 통과한다.
④ 차단기가 내려지려고 하는 경우는 빨리 통과한다.

해설 철길건널목에서는 일시정지하다 안전을 확인하고 통과한다. 차단기가 내려져 있거나 내려지려고 하는 경우 또는 경보기가 울리고 있는 경우 그 건널목에 들어가서는 아니된다.

329 도로교통법령상 차로를 왼쪽으로 바꾸고자 할 때의 방법으로 맞는 것은?

① 그 행위를 하고자 하는 지점에 이르기 전 30미터(고속도로에서는 100미터) 이상의 지점에 이르렀을 때 좌측 방향지시기를 조작한다.
② 그 행위를 하고자 하는 지점에 이르기 전 10미터(고속도로에서는 100미터) 이상의 지점에 이르렀을 때 좌측 방향지시기를 조작한다.
③ 그 행위를 하고자 하는 지점에 이르기 전 20미터(고속도로에서는 80미터) 이상의 지점에 이르렀을 때 좌측 방향지시기를 조작한다.
④ 그 행위를 하고자 하는 지점에서 좌측 방향지시기를 조작한다.

해설 진로를 변경하고자 하는 경우는 그 지점에 이르기 전 30미터 이상의 지점에 이르렀을 때 방향지시기를 조작한다.

330 도로교통법령상 자동차등의 속도와 관련하여 옳지 않은 것은?

① 일반도로, 자동차전용도로, 고속도로와 총 차로 수에 따라 별도로 법정속도를 규정하고 있다.
② 일반도로에는 최저속도 제한이 없다.
③ 이상기후 시에는 감속운행을 하여야 한다.
④ 가변형 속도제한표지로 정한 최고속도와 그 밖의 안전표지로 정한 최고속도가 다를 경우 그 밖의 안전표지에 따라야 한다.

해설 가변형 속도제한표지를 따라야 한다.

331 도로교통법령상 자동차등의 속도와 관련하여 옳지 않은 것은?

① 자동차등의 속도가 높아질수록 교통사고의 위험성이 커짐에 따라 차량의 과속을 억제하려는 것이다.
② 자동차전용도로 및 고속도로에서 도로의 효율성을 제고하기 위해 최저속도를 제한하고 있다.
③ 경찰청장 또는 시·도경찰청장은 교통의 안전과 원활한 소통을 위해 별도로 속도를 제한할 수 있다.
④ 고속도로는 시·도경찰청장이, 고속도로를 제외한 도로는 경찰청장이 속도 규제권자이다.

해설 고속도로는 경찰청장, 고속도로를 제외한 도로는 시·도경찰청장이 속도 규제권자이다.

332 도로교통법령상 자동차의 속도와 관련하여 맞는 것은?

① 고속도로의 최저속도는 매시 50킬로미터로 규정되어 있다.
② 자동차전용도로에서는 최고속도는 제한하지만 최저속도는 제한하지 않는다.
③ 일반도로에서는 최저속도와 최고속도를 제한하고 있다.
④ 편도 2차로 이상 고속도로의 최고속도는 차종에 관계없이 동일하게 규정되어 있다.

해설 고속도로의 최저속도는 모든 고속도로에서 동일하게 시속 50킬로미터로 규정되어 있으며, 자동차전용도로에서는 최고속도와 최저속도 둘 다 제한이 있다. 일반도로에서는 최저속도 제한이 없고, 편도2차로 이상 고속도로의 최고속도는 차종에 따라 다르게 규정되어 있다.

333 도로교통법상 적색등화 점멸일 때 의미는?

① 차마는 다른 교통에 주의하면서 서행하여야 한다.
② 차마는 다른 교통에 주의하면서 진행할 수 있다.
③ 차마는 안전표지에 주의하면서 후진할 수 있다.
④ 차마는 정지선 직전에 일시정지한 후 다른 교통에 주의하면서 진행할 수 있다.

해설 적색등화의 점멸일 때 차마는 정지선이나 횡단보도가 있을 때에는 그 직전이나 교차로의 직전에 일시정지한 후 다른 교통에 주의하면서 진행할 수 있다.

정답 323. ④ 324. ① 325. ① 326. ④ 327. ② 328. ② 329. ① 330. ④ 331. ④ 332. ① 333. ④

334 도로교통법의 총칙상 규정된 용어의 설명이다. 맞는 것은?

① 차로란 차마가 한 줄로 도로의 정하여진 부분을 통행하도록 차선으로 구분한 차도의 부분을 말한다.
② 신호기란 문자·기호 또는 등화를 사용하여 진행·정지·방향전환·주의 등의 신호를 표시하기 위한 장치를 말한다.
③ 안전지대라 함은 도로를 횡단하는 보행자나 통행하는 차마의 안전을 위하여 안전표지 등으로 표시한 도로의 부분을 말한다.
④ 장차라 함은 운전자가 5분을 초과하지 아니하고 차를 정지시키는 것으로 주차 외의 정지상태를 말한다.

335 비보호좌회전 표지가 있는 교차로에 대한 설명으로, 맞는 것은?

① 신호에 관계없이 다른 교통에 방해가 되지 아니할 때에 좌회전할 수 있다.
② 적색등화에 다른 교통에 방해가 되지 아니할 때에 좌회전할 수 있다.
③ 녹색등화에 다른 교통에 방해가 되지 아니할 때에 좌회전할 수 있다.
④ 황색등화에 다른 교통에 방해가 되지 아니할 때에 좌회전할 수 있다.

해설 비보호좌회전 표지가 있는 곳에서는 녹색신호가 켜진 상태에서 다른 교통에 방해가 되지 아니하는 범위에서는 좌회전할 수 있다. 다만, 녹색신호에서 좌회전하다가 사고가 발생하면 2010년 6월 10일부터 일반과실사고로 처리된다.

336 도로교통법상 정차기에 대한 설명으로 맞는 것은?

① 운전자가 5분을 초과하지 아니하고 차를 정지시키는 것을 말한다.
② 타고 있던 자가 내리고 즉시 출발할 수 있는 상태로 차를 정지시키는 것을 말한다.
③ 매 1시간 이내로 주차시키는 것을 말한다.
④ 승객을 기다리거나 화물을 신기 위하여 차를 계속 정지 상태에 두는 것을 말한다.

337 다음 중 긴급한 배기가스가 가장 많이 배출되는 자동차는?

① 경유자동차
② 휘발유자동차
③ LPG자동차
④ 모두 같다

해설 경유를 연료로 사용하는 자동차가 다른 자동차보다 오염 물질 배기가스를 가장 많이 배출한다.

338 도로교통법상 안전기기에 대한 설명으로 가장 알맞은 것은?

① 다른 차량 옆에 바싹 붙여서 주차할 수 있도록 하여야 한다.
② 중앙선이 설치된 도로의 중앙으로부터 좌측 부분에 주차할 수 있다.
③ 개방된 장소로 이동하여 주차할 경우 자전거 등이 통행할 수 있는 여지를 두고 주차하여야 한다.
④ 도로에서 주차할 때에는 교통에 장해가 되지 아니하도록 해야 한다.

해설 도로교통법 제32조, 제34조 (정차 또는 주차 방법 등) 모든 차의 운전자는 도로에서 정차할 때에는 차도의 우측 가장자리에 정차할 것. 다만, 차도와 보도의 구별이 없는 도로의 경우에는 도로의 우측 가장자리로부터 중앙으로 50센티미터 이상의 거리를 두어야 한다.
③ 도로교통법 제32조(정차 및 주차의 금지) 모든 차의 운전자는 다음 각 호의 어느 하나에 해당하는 곳에서 차를 정차하거나 주차하여서는 아니 된다.
④ 도로교통법 제39조 제1항 제6호, 주차장의 노면이 경사진 곳에 주차하는 경우에는 자동차의 미끄럼 사고의 발생 방지를 위하여 추가적인 조치를 취하여야 한다.

339 도로교통법상 편도 3차로 고속도로에서 승용자동차가 3차로로 주행 중이다. 규정속도의 최고속도보다 매시 몇 킬로미터를 초과하여 통행할 수 있는가? ( )

① 80
② 90
③ 100
④ 110

해설 6월 도로교통시행규칙 별표9

340 도로교통법상 고속도로 주행 중 이상이 발생한 경우의 설명으로 맞는 것은?

① 응급조치를 위한 경우라도 갓길 정차 할 수 없다.
② 이상이 발견된 경우 신속히 갓길로 정차한다.
③ 고속도로 갓길에는 정차는 가능하나 주차는 할 수 없다.
④ 부득이한 사유없이 갓길에 주정차한 경우 범칙금 대상이 된다.

341 도로교통법상 편도 5차로 고속도로에서 차로에 따른 통행차의 기준에 따르면 몇 차로까지 승용자동차가 통행할 수 있는가? (단, 소통이 원활하며 전용차로와 가·감속 차로 없음)

① 1~2차로
② 2~3차로
③ 1~3차로
④ 2차로 만

해설 1차로는 앞지르기를 하려는 모든 자동차. 다만, 차량통행량 증가 등 도로상황으로 인하여 부득이하게 시속 80킬로미터 미만으로 통행할 수밖에 없는 경우에는 앞지르기를 하는 경우가 아니라도 통행할 수 있는 차로로 지정되어 있다.

342 도로교통법상 고속도로 지정차로에 대한 설명으로 잘못된 것은? (소통이 원활하며, 버스전용차로 없음)

① 편도 3차로에서 1차로는 앞지르기 하려는 승용자동차 및 경형·소형·중형 승합자동차가 통행할 수 있다.
② 1차로가 주행차로인 차는 앞지르기 차로로 이용할 수 있다.
③ 모든 차는 지정된 차로의 오른쪽 차로로 통행할 수 있다.
④ 고속도로 지정차로 통행위반 승용자동차 운전자의 별칙금은 4만원이다.

해설 도로교통법 시행규칙 제16조(차로에 따른 통행구분), 제39조(고속도로에서의 차로에 따른 통행구분) 및 별표 9. 차로에 따른 통행차의 기준
도로교통법 시행령 별표 8. 제39호. 승용자동차등 4만원

343 도로교통법상 편도 3차로 고속도로에서 승용자동차의 기준에 대한 설명으로 잘못된 것은? (소통이 원활하며, 버스전용차로 없음)

① 1차로는 2차로가 주행차로인 자동차의 앞지르기 차로이다.
② 1차로는 승용자동차의 주행차로이다.
③ 갓길은 긴급자동차 및 고장 수리용 자동차만이 주행 가능 차로이다.
④ 버스전용차로가 운용되고 있는 경우, 1차로가 화물자동차의 주행 차로이다.

정답 334. ② 335. ③ 336. ② 337. ① 338. ④ 339. ① 340. ④ 341. ② 342. ③ 343. ①

344 도로교통법령상 차로에 따른 통행차의 기준에 대한 설명이다. 잘못된 것은?
① 모든 차는 지정된 차로의 오른쪽 차로로 통행할 수 있다.
② 승용자동차가 앞지르기를 할 때에는 통행 기준에 지정된 차로의 바로 옆 오른쪽 차로로 통행해야 한다.
③ 편도 4차로 일반도로에서 승용자동차의 주행차로는 모든 차로이다.
④ 편도 4차로 고속도로에서 대형화물자동차의 주행차로는 오른쪽차로이다.

해설) 앞지르기를 할 때에는 통행 기준에 지정된 차로의 바로 옆 왼쪽 차로로 통행할 수 있다.(도로교통법 시행규칙 별표 9)

345 도로교통법령상 일반도로의 버스전용차로로 통행할 수 있는 경우로 맞는 것은?
① 12인승 승합자동차가 6인의 동승자를 싣고 가는 경우
② 내국인 관광객 수송용 승합자동차가 25명의 관광객을 싣고 가는 경우
③ 노선을 운행하는 12인승 통근용 승합자동차가 직원들을 싣고 가는 경우
④ 택시가 승객을 태우거나 내려주기 위하여 일시 통행하는 경우

해설) 전용차로 통행차의 통행에 장해를 주지 아니하는 범위에서 택시가 승객을 태우거나 내려주기 위하여 일시 통행하는 경우. 이 경우 택시 운전자는 승객이 타거나 내린 즉시 전용차로를 벗어나야 한다. (도로교통법 시행령 제10조제2호 동시행령 별표 1)

346 도로교통법령상 고속도로 버스전용차로를 통행할 수 있는 9인승 승용자동차는 (　)명 이상 승차한 경우로 한정한다. (　)안에 기준으로 맞는 것은?
① 3　② 4　③ 5　④ 6

해설) 도로교통법 시행령 별표 1

347 편도 3차로 고속도로에서 통행차의 기준으로 맞는 것은?(소통이 원활하며, 버스전용차로 없음)
① 승용자동차의 주행차로는 1차로이므로 1차로로 주행하여야 한다.
② 주행차로가 2차로인 소형승합자동차가 앞지르기할 때에는 1차로를 이용하여야 한다.
③ 대형승합자동차는 1차로 주행하여야 한다.
④ 적재중량 1.5톤 이하인 화물자동차는 1차로 주행하여야 한다.

해설) 도로교통법 시행규칙 별표9 편도 3차로 고속도로에서 승용자동차 및 경형·소형·중형 승합자동차의 주행차로는 왼쪽인 2차로이며, 2차로에서 앞지르기 할 때는 1차로를 이용하여 앞지르기를 해야 한다.

348 터널 안 운전 중 사고나 화재가 발생하였을 때 행동수칙으로 가장 거리가 먼 것은?
① 터널 안 비상벨을 누르거나 긴급전화 또는 119로 신고한다.
② 통행 중인 운전자는 차량과 함께 터널 밖으로 신속히 대피한다.
③ 터널 밖으로 이동이 불가능할 경우 갓길 또는 비상주차대에 정차한다
④ 터널 안에 정차 시에는 엔진을 끄고 시동키를 가지고 신속히 대피한다.

해설) 터널 안 사고시 행동수칙(한국도로공사)
1. 운전자는 차량과 함께 터널 밖으로 신속히 대피한다.
2. 터널 밖으로 이동이 불가능할 경우 갓길 또는 비상주차대에 정차시킨다.
3. 엔진을 끈 후 키를 꽂아둔 채 신속하게 하차한다.
4. 비상벨을 눌러 화재발생을 알린다.
5. 긴급전화를 이용하여 구조요청을 한다(휴대폰 사용시 119로 구조요청)
6. 소화기나 옥내소화전으로 조기 진화한다.
7. 조기 진화가 불가능할 경우 화재 연기를 피해 유도등을 따라 신속히 터널 외부로 대피한다.

349 도로교통법령상 편도 3차로 고속도로에서 승용자동차가 2차로로 주행 중이다. 앞지르기를 할 수 있는 차로로 맞는 것은?(소통이 원활하며, 버스전용차로 없음)
① 1차로　② 2차로
③ 3차로　④ 1, 2, 3차로 모두

해설) 1차로를 이용하여 앞지르기할 수 있다.

350 도로교통법령상 차로에 따른 통행차의 기준에 대한 설명이다. 잘못된 것은?(고속도로의 경우 소통이 원활하며, 버스전용차로 없음)
① 느린 속도로 진행할 때에는 그 통행하던 차로의 오른쪽 차로로 통행할 수 있다.
② 편도 2차로 고속도로의 1차로는 앞지르기를 하려는 모든 자동차가 통행할 수 있다.
③ 일방통행도로에서는 도로의 오른쪽부터 1차로로 한다.
④ 편도 3차로 고속도로의 오른쪽 차로는 화물자동차가 통행할 수 있는 차로이다.

해설) 도로교통법 시행규칙 제16조 차로의 순위는 도로의 중앙선쪽에 있는 차로부터 1차로로 한다. 다만, 일방통행도로에 서는 도로의 왼쪽부터 1차로로 한다.

351 수막현상에 대한 설명으로 가장 적절한 것은?
① 수막현상을 줄이기 위해 기본 타이어보다 폭이 넓은 타이어로 교환한다.
② 빗길보다 눈길에서 수막현상이 더 발생하므로 감속운행을 해야 한다.
③ 트레드가 마모되면 접지력이 높아져 수막현상의 가능성이 줄어든다.
④ 타이어의 공기압이 낮아질수록 고속주행 시 수막현상이 증가된다.

해설) 광폭타이어와 공기압이 낮고 트레드가 마모되면 수막현상이 발생할 가능성이 높고 새 타이어는 수막현상 발생이 줄어든다.

352 빙판길에서 차가 미끄러질 때 안전 운전방법 중 옳은 것은?
① 핸들을 미끄러지는 방향으로 조작한다.
② 수동 변속기 차량의 경우 기어를 고단으로 변속한다.
③ 핸들을 미끄러지는 반대 방향으로 조작한다.
④ 주차 브레이크를 이용하여 정차한다.

해설) 빙판길에서 차가 미끄러질 때는 핸들을 미끄러지는 방향으로 조작하는 것이 안전하다.

353 터널 안 주행 중 자동차 사고로 인한 화재 목격 시 가장 바람직한 대응 방법은?
① 차량 통행이 가능하더라도 차를 세우는 것이 안전하다.
② 차량 통행이 불가능할 경우 차를 세운 후 자동차 안에서 화재 진압을 기다린다.
③ 차량 통행이 불가능할 경우 차를 세운 후 자동차 열쇠를 챙겨 대피한다.
④ 하차 후 연기가 많이 나면 최대한 몸을 낮춰 연기가 나는 반대 방향으로 유도 표시등을 따라 이동한다.

해설) 터널 안을 통행하다 자동차 사고 등으로 인한 화재 목격 시 올바른 대응 방법
① 차량 소통이 가능하면 신속하게 터널 밖으로 빠져 나온다. ② 화재 발생에도 시야가 확보되고 소통이 가능하면 그대로 밖으로 차량을 이동시킨다. ③ 시야가 확보되지 않고 차량이 정체되거나 통행이 불가능할 시 비상 주차대나 갓길에 차를 정차한다. 엔진은 끄고, 열쇠는 그대로 꽂아둔 채 차에서 내린다. 휴대전화나 터널 안 긴급전화로 119 등에 신고하고 부상자가 있으면 살핀다. 연기가 많이 나면 최대한 몸을 낮춰 연기 나는 반대 방향으로 터널 내 유도 표시등을 따라 이동한다.

정답 344.② 345.④ 346.④ 347.② 348.④ 349.① 350.③ 351.④ 352.① 353.④

354 인체가 감지하지 못하고 공명할 때 가장 안전한 운전 방법은?

① 차를 정지시켜 휴식을 취한 후 운전한다.
② 뜨거운 커피를 마시고 운전한다.
③ 졸음을 참으며 운전한다.
④ 운전을 계속한다.

해설 인체가 피로하면 공명할 때가 있는데 이때는 안전을 위하여 다른 사람이 운전을 교대하거나 차를 안전한 곳에 정지시켜 휴식을 취한 후에 운전을 해야 한다.

355 도로교통법상 자동차의 종류가 아닌 것은?

① 승용자동차   ② 다이동차
③ 화물자동차   ④ 건설기계

해설 도로교통법 제2조(정의) 자동차란 철길이나 가설된 선을 이용하지 아니하고 원동기를 사용하여 운전되는 차(견인되는 자동차도 자동차의 일부로 본다)로서 다음의 차를 말한다. 승용자동차, 승합자동차, 화물자동차, 특수자동차, 이륜자동차

356 운전자가 피로할 경우에 일어나는 가장 안전한 운전 방법은?

① 급브레이크를 자주 사용한다.
② 돌발적인 위험상황에 대응 조작이 둔해진다.
③ 차간 거리를 좁혀 앞차를 따라간다.
④ 브레이크를 밟은 후 발을 페달에서 떼지 않는다.

357 승용차 대비 트럭의 자동차로의 특성이 공간지각의 가장 바람직한 것은?

① 트럭 운전자는 승용차 운전자보다 전방시야가 넓어 교통상황의 인지가 쉽다.
② 트럭 운전자는 차체가 커서 시계가 넓어 좋다.
③ 차체 중량이 크기 때문에 고속으로 달린다.
④ 신호등의 신호를 신속히 판단할 수 있어 빠르게 지나갈 수 있다.

358 가속장치에 대한 설명이다. 가장 바르게 설명한 것은?

① 타이어의 과도한 마모로 인한 진동이 많아진다.
② 타이어 한쪽, 그리고 드로틀에서 동력이 차량의 구동 바퀴로 전달된다.
③ 엔진에서 발생한 동력을 매끄럽게 차량의 구동바퀴로 전달한다.
④ 엔진에서 발생된 동력의 단속 기능 및 감속 또는 가속기능을 하는 장치이다.

359 대보리지 자동차 드라이브가 전달되지 않을 때 가장 적절한 조치 요령은?

① 우선 정지한다.
② 차량이 가동으로 변함한 후 서서히 이동한다.
③ 엔진등을 조금까지 속도를 올린다.
④ 가다 가능한 한 조용하게 공회전을 감소시켜 가장 빠른 공회전을 한다.

360 풀 브레이크를 과도 이상으로 인한 마찰열 때문에 브레이크 라이닝의 기능이 성 기 세이언지 되지 않는 현상을 무엇이라 하는가?

① 스탠딩 웨이브(Standing wave)
② 베이퍼 록(Vapor lock)
③ 로드 홀딩(Road holding)
④ 언더 스티어링(Under steering)

해설 트럭이 과도 브레이크 사용으로 인한 마찰열 때문에 브레이크액에 기포가 발생, 브레이크가 제대로 이지 않는 현상을 베이퍼록(Vapor lock)이라 한다.

361 트럭들의 특성 페이드(fade)에 대한 설명으로 맞는 것은?

① 브레이크 베이퍼록 현상 등이 그 원인이다.
② 트럭이 과도한 사용이나 제동력에 의해 속도를 줄이는 것.
③ 트럭을 돌릴 때 생기는 고장으로 엔진에 대한 트레인 또는 스프링이 물리를 일으킨다.
④ 트럭이 거의 듣지 않는 상태를 말하며 그 원인은 풀

해설 트럭들의 과열에 의해 마찰계수가 감소되어 주행거리 자동차 증가되며 풀바 많이 밟아도 제동이 잘 되지 않는 현상을 페이드라 한다.

362 다음 중 인체 기 드로의 가장적행할 때 바람직한 운전지침이 가장 기 것은?

① 반복적이나 자극적인 것을 상상하기보다 마음, 정호합음 갖는다.
② 의계의 이야기나 이상한 이리를 이해하기 위해 힘쓰고 속도를 줄인다.
③ 인사를 하고 자동하여 속도를 높인다.
④ 임기 상승이 있을 경우 이상전동 사이에 가격을 정하고 확인한다.

해설 상황을 인지 후 할 다음 인지까지 대응하기 때문에 자동차가 갖고 있는 그동안의 인지는 속도를 자극한다.

363 가속진동 주행 중에 페이드 안전한 방법으로 옳은 것은?

① 가속 주행의 이질감이 속도, 그리고 과속과 높도의 정동이 동조되어 충돌에너지를 증가시킨다.
② 가속의 전상 뒷바퀴 변수가 기의사가 들어갈 수 있는 것이 가능될 어렵다.
③ 가속진동에서 언더스티어(understeer)하는 것은 감소시킨다.
④ 가속진동에서 오버스티어(oversteer)하는 것은 증가시킨다.

해설 ① 가속인 감히 이상에서는 속도, 그리고 과정과 감지의 이상인 동조되어 충돌에너지를 증가시킨다.

정답 | 354. ④ 355. ③ 356. ④ 357. ④ 358. ② 359. ② 360. ② 361. ① 362. ① 363. ④

364 다음 중 겨울철 도로 결빙 상황과 관련한 설명으로 잘못된 것은?
① 아스팔트보다 콘크리트로 포장된 도로가 결빙이 더 많이 발생한다.
② 콘크리트보다 아스팔트 포장된 도로가 결빙이 더 늦게 녹는다.
③ 아스팔트 포장도로의 마찰계수는 건조한 노면일 때 1.6으로 커진다.
④ 동일한 조건의 결빙상태에서 콘크리트와 아스팔트 포장된 도로의 노면마찰계수는 같다.

> 해설) ① 아스팔트보다 콘크리트로 포장된 도로가 결빙이 더 많이 발생한다. ② 콘크리트보다 아스팔트 포장된 도로가 결빙이 더 늦게 녹는다. ③, ④ 동일한 조건의 결빙상태에서 콘크리트와 아스팔트 포장된 도로의 노면마찰계수는 0.3으로 건조한 노면의 마찰계수보다 절반 이하로 작아진다.

365 안개 낀 도로를 주행할 때 안전한 운전 방법으로 바르지 않은 것은?
① 커브길이나 언덕길 등에서는 경음기를 사용한다.
② 전방 시야확보가 70미터 내외인 경우 규정속도의 절반 이하로 줄인다.
③ 평소보다 전방시야확보가 어려우므로 안개등과 상향등을 함께 켜서 충분한 시야를 확보한다.
④ 차의 고장이나 가벼운 접촉사고일지라도 도로의 가장자리로 신속히 대피한다.

> 해설) 상향등을 켜면 안개 속 미세한 물입자가 불빛을 굴절, 분산시켜 상대운전자의 시야를 방해할 수 있으므로 안개등과 하향등을 유지하는 것이 더 좋은 방법이다.

366 장마철 장거리 운전을 대비하여 운전자가 한 행동으로 가장 바른 것은?
① 겨울철 부동액을 증류수로 교환하여 엔진 냉각수로 사용하였다.
② 최대한 연비를 줄이기 위하여 타이어의 공기압을 낮추었다.
③ 차량침수를 대비하여 보험증서를 차량에 비치하였다.
④ 겨울철에 사용한 성애제거제로 차량유리를 깨끗하게 닦았다.

> 해설) ① 부동액을 증류수로 교환하기보다 냉각수가 부족하지 살펴보고 보충하는 것이 좋다. ② 타이어의 공기압을 낮추게 되면 오히려 연비가 증가한다. ③ 차량침수와 보험증서의 관련성이 적으며, 보험사 긴급출동서비스 전화번호는 알아두는 것이 좋다. ④ 겨울철에 사용한 성애제거제는 장마철 차량내부의 김이 서리는 것을 막을 수 있다.

367 집중 호우 시 안전한 운전 방법과 가장 거리가 먼 것은?
① 차량의 전조등과 미등을 켜고 운전한다.
② 히터를 내부공기 순환 모드 상태로 작동한다.
③ 수막현상을 예방하기 위해 타이어의 마모 정도를 확인한다.
④ 빗길에서는 안전거리를 2배 이상 길게 확보한다.

> 해설) 히터 또는 에어컨은 내부공기 순환 모드로 작동할 경우 차량 내부 유리창에 김서림이 심해질 수 있으므로 외부공기 유입모드(🚗)로 작동한다.

368 도로교통법령상 편도 2차로 자동차전용도로에 비가 내려 노면이 젖어있는 경우 감속운행 속도로 맞는 것은?
① 매시 80킬로미터 ② 매시 90킬로미터
③ 매시 72킬로미터 ④ 매시 100킬로미터

> 해설) 도로교통법 시행규칙 제19조(자동차등의 속도) ②비·안개·눈 등으로 인한 악천후 시에는 제1항에 불구하고 다음 각 호의 기준에 의하여 감속 운행하여야 한다.
> 1. 최고속도의 10분의 20을 줄인 속도로 운행하여야 하는 경우
> 가. 비가 내려 노면이 젖어있는 경우
> 나. 눈이 20밀리미터 미만 쌓인 경우

369 다음 중 교통사고 발생 시 가장 적절한 행동은?
① 비상등을 켜고 트렁크를 열어 비상상황임을 알릴 필요가 없다.
② 사고지점 도로 내에서 사고 상황에 대한 사진을 촬영하고 차량 안에 대기한다.
③ 사고지점에서 빠져나올 필요 없이 차량 안에 대기한다.
④ 주변 가로등, 교통신호등에 부착된 기초번호판을 보고 사고 발생지역을 보다 구체적으로 119,112에 신고한다.

> 해설) ④. 도로명주소법 제9조(도로명판과 기초번호판의 설치) 제1항 – 특별자치시장, 특별자치도지사 및 시장·군수·구청장은 도로명주소를 안내하거나 구조·구급 활동을 지원하기 위하여 필요한 장소에 도로명판 및 기초번호판을 설치하여야 한다.

370 다음 중 지진발생 시 운전자의 조치로 가장 바람직하지 못한 것은?
① 운전 중이던 차의 속도를 높여 신속히 그 지역을 통과한다.
② 차를 이용해 이동이 불가능할 경우 차는 가장자리에 주차한 후 대피한다.
③ 주차된 차는 이동 될 경우를 대비하여 자동차 열쇠는 꽂아둔 채 대피한다.
④ 라디오를 켜서 재난방송에 집중한다.

> 해설) 지진이 발생하면 가장 먼저 라디오를 켜서 재난방송에 집중하고 구급차, 경찰차가 먼저 도로를 이용할 수 있도록 도로 중앙을 비워주기 위해 운전 중이던 차를 도로 우측 가장자리에 붙여 주차하고 주차된 차를 이동할 경우를 대비하여 자동차 열쇠는 꽂아둔 채 최소한의 짐만 챙겨 차는 가장자리에 주차한 후 대피한다. 〈행정안전부 지진대피요령〉

371 겨울철 블랙 아이스(black ice)에 대해 바르게 설명하지 못한 것은?
① 도로 표면에 코팅한 것처럼 얇은 얼음막이 생기는 현상이다.
② 아스팔트 표면의 눈과 습기가 공기 중의 오염물질과 뒤섞여 스며든 뒤 검게 얼어붙은 현상이다.
③ 추운 겨울에 다리 위, 터널 출입구, 그늘진 도로, 산모퉁이 음지 등 온도가 낮은 곳에서 주로 발생한다.
④ 햇볕이 잘 드는 도로에 눈이 녹아 스며들어 도로의 검은 색이 햇빛에 반사되어 반짝이는 현상을 말한다.

> 해설) 노면의 결빙현상의 하나로, 블랙 아이스(black ice) 또는 클리어 아이스(Clear ice)로 표현되며 도로표면에 코팅한 것처럼 얇은 얼음막이 생기는 현상을 말한다. 아스팔트의 틈 사이로 눈과 습기가 공기 중의 매연, 먼지와 뒤엉켜 스며든 뒤 검게 얼어붙는 현상을 포함한다. 추운 겨울에 다리 위, 터널의 출입구, 그늘진 도로, 산모퉁이 음지 등 그늘지고 온도가 낮은 도로에서 주로 발생한다. 육안으로 쉽게 식별되지 않아 사고의 위험이 매우 높다.

372 강풍 및 폭우를 동반한 태풍이 발생한 도로를 주행 중일 때 운전자의 조치방법으로 적절하지 못한 것은?
① 브레이크 성능이 현저히 감소하므로 앞차와의 거리를 평소보다 2배 이상 둔다.
② 침수지역을 지나갈 때는 중간에 멈추지 말고 그대로 통과하는 것이 좋다.
③ 주차할 때는 침수 위험이 높은 강변이나 하천 등의 장소를 피한다.
④ 담벼락 옆이나 대형 간판 아래 주차하는 것이 안전하다.

> 해설) 자동차 브레이크의 성능이 현저히 감소하므로 앞 자동차와 거리를 평소보다 2배 이상 유지해 접촉 사고를 예방한다. 침수 지역을 지나갈 때는 중간에 멈추게 되면 머플러에 빗물이 유입돼 시동이 꺼질 가능성이 있으니 되도록 멈추지 않고 통과하는 것이 바람직하다.
> 자동차를 주차할 때는 침수의 위험이 높은 강변, 하천 근처 등의 장소는 피해 가급적 고지대에 하는 것이 좋다. 붕괴 우려가 있는 담벼락 옆이나 대형 간판 아래 주차 하는 것도 위험할 수 있으니 피한다. 침수가 예상되는 건물의 지하 공간에 주차된 자동차는 안전한 곳으로 이동시키도록 한다.

정답 364. ③ 365. ③ 366. ④ 367. ② 368. ③ 369. ④ 370. ① 371. ④ 372. ④

정답 373.① 374.③ 375.④ 376.② 377.④ 378.④ 379.③ 380.② 381.②

373 돌길 운전에 대한 설명으로 틀린 것은?
① 운전자는 안전을 위하여 수시로 깊이 있는 곳을 피하여 주행한다.
② 돌로 포장된 길에서는 미끄러질 수 있으니 사용하여야 한다.
③ 요철이 심한 길에서는 매시 30킬로미터 이상의 속도로 주행한다.
④ 돌길 주행시 안전거리를 충분히 유지하며 앞차의 진행 상황을 주의하여 운전한다.

374 다음 중 올바른 운전방법이 아닌 것은?
① 앞차와의 안전거리를 충분히 50미터 이상 유지한다.
② 고속도로에서는 되도록 규정속도로 주행한다.
③ 도로상에서 크리프(Creep) 상태로 운전하는 것은 좋지 않다.
④ 야간 운전할 경우에는 미동을 먼저 점등하는 것이 좋다.

375 도로교통법령상 편도 2차로의 고속도로에서 자동차를 운행할 수 있는 경우, 안전지대가 초과하여 운행 사용되지 않은 것은?
① 시속 50킬로미터 미만으로 주행하는 소형·중형 차량
② 최고속도가 시속 50킬로미터인 경우에는 필히 최저속도를 유지하여야 한다.
③ 고속도로 통행이 많아 시속 50킬로미터 이하의 속도를 유지하여야 한다.
④ 안전지대가 고속도로인 시속 200미터 이상의 범위에 허용한다.

376 도로교통법령상 다음의 공동진행자가 운전을 자동차를 지정차로, 차선등, 미동 등을 작동 외야 하는 경우로 맞는 것은?
① 편도 1차로에서 주행하는 경우
② 앞차가 다른 차로에서 진입 차량하는 경우
③ 교차로에서 좌회전을 자동차를 따라가는 경우
④ 다른 차로에서 진입 자동차를 운전하는 경우

377 도로교통법령상 고속도로에서 자동차 고장시 지정표지로?
① 자동차의 비상점멸등을 작동 후 차를 안전한 곳으로 이동한다.
② 운전자는 탑승자 등의 안전을 확인 후 차로를 이탈하여 대피할 수 있도록 한다.
③ 이동 가능한 경우 고속도로 갓길에 공간 500미터 지점에 연락한다.
④ 이동이 가능한 경우 고장차의 미동점멸등을 켜지 않는다.

378 주행 중 타이어 점검방법으로 바람직하지 않은 것은?
① 도로 상태가 정상이고 타이어 공기압이 적당할 때는 가속을 한다.
② 타이어의 압력은 제조사 지정사항을 준수한다.
③ 타이어의 공기압이 부족하거나 타이어에 이상이 있을 경우 점검한다.
④ 한쪽으로 가해지는 큰 힘이 있다가 자동차가 한쪽 방향으로 기울어질 경우 타이어를 이용한다.

379 도로교통법령상 편도 2차로 고속도로에서 자동차 고장으로 인하여 정차할 수 없 는 경우 안전장치를 설치해야 한다. ( )에 맞는 것은?
① 사방 200미터 지점
② 사방 300미터 지점
③ 사방 400미터 지점
④ 사방 500미터 지점

380 자동차 주행 중 타이어가 파손 되었을 때 가장 올바른 조치는?
① 한 손으로 핸들을 잡고 핸들을 되도록 조작하지 않도록 한다.
② 급제동을 피하고 앞으로 굽힐 때에 좀 감속한다.
③ 타이어가 파손되지 않도록 핸들을 고정시키고 사이드브레이크를 이용한다.
④ 타이어가 터진 직후 공기압 주입기가 자동으로 작동하므로 이용한다.

381 야간에 마주 오는 자동차 불빛으로 인하여 인한 곡선에서 피하는 방법은?
① 자동차 불빛이 정면으로 비치지 않고 아래쪽으로 향하게 한다.
② 곡선을 감고 가고 진행한다.
③ 곡선을 감고 가지 가감한다.
④ 곡선을 감고 가지 가감한다.

382. 고속도로에서 경미한 교통사고가 발생한 경우, 2차 사고를 방지하기 위한 조치요령으로 가장 올바른 것은?
① 보험처리를 위해 우선적으로 증거 등에 대해 사진촬영을 한다.
② 상대운전자에게 과실이 있음을 명확히 하고 보험적용을 요청한다.
③ 신속하게 고장자동차의 표지를 차량 후방에 설치하고, 안전한 장소로 피한 후 관계기관에 신고한다.
④ 비상점멸등을 작동하고 자동차 안에서 관계기관에 신고한다.

> 도로교통법 시행규칙 제40조 자동차가 고속 주행하는 고속도로 특성상 차안이나 차 바로 앞·뒤차에 있는 것은 2차사고 발생 시 사망사고로 이어질 수 있기 때문에 신속하게 고장자동차의 표지를 후방에 설치하고, 안전한 장소로 피한 후 관계기관(경찰관서, 소방관서, 한국도로공사콜센터 등)에 신고한다.

383. 다음 중 고속도로 공사구간에 관한 설명으로 틀린 것은?
① 차로를 차단하는 공사의 경우 정체가 발생할 수 있어 주의해야 한다.
② 화물차의 경우 순간 졸음, 전방 주시태만은 대형사고로 이어질 수 있다.
③ 이동공사, 고정공사 등 다양한 유형의 공사가 진행된다.
④ 제한속도는 시속 80킬로미터로만 제한되어 있다.

> 공사구간의 경우 구간별로 시속 80킬로미터와 시속 60킬로미터로 제한되어 있어 속도제한표지를 인지하고 충분히 감속하여 운행하여야 한다.(국토부 도로공사장 교통관리지침, 교통고속도로 공사장 교통관리기준)

384. 다음 중 터널 안 화재가 발생했을 때 운전자의 행동으로 가장 올바른 것은?
① 도난 방지를 위해 자동차문을 잠그고 터널 밖으로 대피한다.
② 화재로 인해 터널 안은 연기로 가득차기 때문에 차안에 대기한다.
③ 차량 엔진 시동을 끄고 차량 이동을 위해 열쇠는 꽂아둔 채 신속하게 내려 대피한다.
④ 유턴해서 출구 반대방향으로 되돌아간다.

> 터널 안 화재는 대피가 최우선이므로 위험을 과소평가하여 차량 안에 머무르는 것은 위험한 행동이며, 엔진을 끈 후 키를 꽂아둔 채 신속하게 하차하고 대피해야 한다.

385. 다음 중 터널을 통과할 때 운전자의 안전수칙으로 잘못된 것은?
① 터널 진입 전, 명순응에 대비하여 색안경을 벗고 밤에 준하는 등화를 켠다.
② 터널 안 차선이 백색실선인 경우, 차로를 변경하지 않고 터널을 통과한다.
③ 앞차와의 안전거리를 유지하면서 급제동에 대비한다.
④ 터널 진입 전, 입구에 설치된 도로안내정보를 확인한다.

> 암순응(밝은 곳에서 어두운 곳으로 들어갈 때 처음에는 보이지 않던 것이 시간이 지나 보이기 시작하는 현상) 및 명순응(어두운 곳에서 밝은 곳으로 나왔을 때 점차 밝은 빛에 적응하는 현상)으로 인한 사고예방을 위해 터널을 통행할 시에는 평소보다 10~20% 감속하고 전조등, 차폭등, 미등 등의 등화를 반드시 켜야 한다. 또, 결빙과 2차사고 등을 예방하기 위해 일반도로 보다 더 안전거리를 확보하고 급제동에 대한 대비도 필요하다.

386. 터널에서 안전운전과 관련된 내용으로 맞는 것은?
① 앞지르기는 왼쪽 방향지시등을 켜고 좌측으로 한다.
② 터널 안에서는 앞차와의 거리감이 저하된다.
③ 터널 진입 시 명순응 현상을 주의해야 한다.
④ 터널 출구에서는 암순응 현상이 발생한다.

> 교차로, 다리 위, 터널 안 등은 앞지르기가 금지된 장소이며, 터널 진입 시는 암순응 현상이 발생하고 백색 점선의 노면표시의 경우 차로변경이 가능하다.

387. 다음은 자동차 주행 중 긴급 상황에서 제동과 관련된 설명이다. 맞는 것은?
① 수막현상이 발생할 때는 브레이크의 제동력이 평소보다 높아진다.
② 비상 시 충격 흡수 방호벽을 활용하는 것은 대형 사고를 예방하는 방법 중 하나이다.
③ 노면에 습기가 있을 때 급브레이크를 밟으면 항상 직진 방향으로 미끄러진다.
④ ABS를 장착한 차량은 제동 거리가 절반 이상 줄어든다.

> ① 제동력이 떨어진다. ③ 편제동으로 인해 옆으로 미끄러질 수 있다. ④ ABS는 빗길 원심력 감소, 일정 속도에서 제동 거리가 어느 정도 감소되나 절반 이상 줄어들지는 않는다.

388. 다음과 같은 공사구간을 통과 시 차로가 감소가 시작되는 구간은?
① 주의구간
② 완화구간
③ 작업구간
④ 종결구간

> 도로 공사장은 주의-완화-작업-종결구간으로 구성되어 있다.
> 그 중 완화구간은 차로수가 감소하는 구간으로 차선변경이 필요한 구간이다. 안전한 통행을 위해서는 사전 차선변경 및 서행이 필수적이다.

389. 야간운전과 관련된 내용으로 가장 올바른 것은?
① 전면유리에 틴팅(일명 썬팅)을 하면 야간에 넓은 시야를 확보할 수 있다.
② 맑은 날은 야간보다 주간운전 시 제동거리가 길어진다.
③ 야간에는 전조등보다 안개등을 켜고 주행하면 전방의 시야확보에 유리하다.
④ 반대편 차량의 불빛을 정면으로 쳐다보면 증발현상이 발생한다.

> 증발현상을 막기 위해서는 반대편 차량의 불빛을 정면으로 쳐다보지 않는다.

390. 야간 운전 중 나타나는 증발현상에 대한 설명 중 옳은 것은?
① 증발현상이 나타날 때 즉시 차량의 전조등을 끄면 증발현상이 사라진다.
② 증발현상은 마주 오는 두 차량이 모두 상향 전조등일 때 발생하는 경우가 많다.
③ 야간에 혼잡한 시내도로를 주행할 때 발생하는 경우가 많다.
④ 야간에 터널을 진입하게 되면 밝은 불빛으로 잠시 안 보이는 현상을 말한다.

> 증발현상은 마주 오는 두 차량 모두 상향 전조등일 때 발생한다.

391. 해가 지기 시작하면서 어두워질 때 운전자의 조치로 거리가 먼 것은?
① 차폭등, 미등을 켠다.
② 주간 주행속도보다 감속 운행한다.
③ 석양이 지면 눈이 어둠에 적응하는 시간이 부족해 주의하여야 한다.
④ 주간보다 시야확보가 용의하여 운전하기 편하다.

> 주간보다 시야확보가 어려워지기 때문에 주의할 필요가 있다.

정답 382.③ 383.④ 384.③ 385.① 386.② 387.② 388.② 389.④ 390.② 391.④

392 야간 운전 시 '공주거리'가 '가장 길어지는 경우'에 대한 설명으로 옳은 것은?

① 평소보다 인지능력이 향상된다.
② 근거리에 있는 물체에 잘 보인다.
③ 시선 집중력이 강화된다.
④ 피로한 상태로 이슈아 인지할 수 없어 정지거리가 짧아지는 경우

🔑 야간운전은 주간보다 시야가 좁아지고 다른 자동차나 보행자, 장애물의 인지가 늦어 교통사고 위험이 증가하여 운전자의 시야확보가 어렵고, 운전자의 피로가 증가하여 판단력이 저하될 수 있다. 그러므로 야간 운전 시에는 주간보다 속도를 줄이고 시야 확보를 위해 전조등을 상향등으로 사용할 필요가 있다. 이러한 상황에서 공주거리(운전자가 위험을 인지하고 브레이크를 밟기까지의 거리)가 길어진다. '공주거리'가 길어진다는 것은 결과적으로 정지거리가 길어진다는 것을 의미한다.

393 다음중 장기 자동차의 주행 재어 기술들의 자동차 주행 성능으로 옳은 것은?

① 다른 배기가스에 대한 배기규제가 엄격하고 있는 것이 있다.
② 장착 중에 배기 나오는 시 엔진누설, 자동차 배기를 줄이는 기능이 있다.
③ 이산화탄소 배출이 적어 자동차의 장점이 되는 기능이 있는 것을 추구하는 것.
④ 장기가스 용량이 낮아서 장기자동차보다 자동차 종일 기능이 많이 한다.

🔑 한국전기규정(KEC) 241.17 장기자동차 충전설비, 장기차동 특성 시 자동차 전기자동차 차량의 고속로 시제에 있는 것.

394 다음은 장기 자동차의 검사에 관한 기술이다. 가장 올바른 것은?

① 시동을 거고 진동이나 떨리지 않고 교통수단으로 원활 이내다.
② 시동 바로 후 진동 장기 시간 지속되어 가속도 한다.
③ 장기 운전 시 시동 상태가 전기 운행시 등이 30km의 시속되어 진동이 덜 많이다.
④ 고속도로에서 시동 상태가 전기 운행시 등이 30km 이내에 시속되어 배기지만 때에 시동을 건다.

🔑 이산화가 많지 않기 다른 장기시는 열이나 시동이 지속되어 지속되어 진동도 내구해 교통사고 많이 상이다.
① 장기 배경에서 시동 시설시간이 아이디어서 발전 등도 3종을 할 수 있다.
② 장기 배경에는 시설시간이 아이디어서 발전 등도 3종 보다 사고한 수 있다.
④ 고속도로에는 전기 시설되서 1000대 아이디어서 방전사 진동한 시설시나 배기지만 때까지 시속를 한다.

395 앞 자동차의 급제동으로 인해 추돌할 위험이 있는 경우, 그 대처 방법으로 가장 옳은 것은?

① 충돌직전까지 포기하고, 계속을 유지한 급정지한다.
② 앞 자동차의 급정지 이유를 파악하여 상황으로 것이 옳은 판단이다.
③ 피해를 최소화하기 위해 등을 돌린다.
④ 안전거리를 충분히 유지한다.

🔑 앞 차량에 근접해서 주행하지 않도록 안전거리를 유지하고, 위험에 대비하여 언제든지 제동할 수 있도록 준비하고 있어야 한다. 이렇게 대비하여도 앞 차량과의 추돌이 예상될 경우에는, 제동을 강하게 하여 정지 거리를 줄여야 하며, 핸들을 조작하여 앞 차량과의 추돌을 피하고, 도로 상황 등을 고려하여 안전한 위치로 대피해야 한다.

396 앞지르기를 할 수 있는 경우로 맞는 것은?

① 앞차가 다른 차를 앞지르고 있는 경우
② 앞차가 위험 방지를 위하여 정지 또는 서행하고 있는 경우
③ 앞차의 좌측에 다른 차가 나란히 가고 있는 경우
④ 앞차가 저속으로 느린 다른 차를 앞지르기를 하려고 하고 있

🔑 모든 차의 운전자는 앞차의 좌측에 다른 차가 나란히 가고 있는 경우, 앞차가 다른 차를 앞지르고 있거나 앞지르고자 하는 경우에는 앞차를 앞지르지 못한다.(도로교통법 제22조)

397 자동차 화재를 예방하기 위한 방법으로 가장 옳은 것은?

① 차량 내부에 라이터나 성냥을 보관한다.
② 화물을 수송 시 과적은 허용된 범위 내로 적재한다.
③ LPG차량은 주기적으로 가스 누출 여부를 확인한다.
④ 매여 운행 전에 차계 밑이나 엔진 등에 연료 누설 여부 등을 점검한다.

🔑 모든 운전자는 자동차의 상태를 항상 점검하여 화재의 위험을 사전에 예방하는 것이 중요하다.

398 도로교통법상 긴급자동차 특례에 대한 내용으로 옳은 것은?

① 자동차 등의 속도 제한. 다만, 긴급자동차에 대하여 속도를 제한한 경우에는 제한
② 정지 또는 서행하기 위해 교차로에서 서행하지 않을 수 있다.
③ 앞지르기 방법 위반한 경우
④ 안전거리를 중시하지 않을 수 있다.

🔑 도로교통법 제30조(긴급자동차에 대한 특례), 긴급자동차에 대하여는 다음 각 호의 사항을 적용하지 아니한다. 다만, 제4호부터 제12호까지의 사항은 긴급자동차 중 제2조제22호가목부터 다목까지의 자동차에 한정하여 적용하지 아니한다.

399 고속도로 시 마주치 및 나오려기 위해 중앙 간에 조정하려 하는 것은?

① 전자의 감속 조정
② 운전의 피로도
③ 마리속력에 조정
④ 전자의 피폭이 조정

🔑 운전자들이 자신감이 있어 과속하다 때에 대마 시 충돌이 일어날 수 있다. 또한 가득록 과속 주행하는 경우 운전 자의 마리속력이 충분히 조정이 필요하다.

400 다음중 다른 자동 앞지르기하는 자동차의 속도에 대한 설명이, 맞는 것은?

① 다른 자동 앞지르기하는 경우에는 속도의 제한이 없다.
② 해당 도로의 법정 최고 속도의 100분의 50을 더한 속도까지 가능하다.
③ 규정된 속도의 공정에 따라 속도의 감정이 있다.
④ 해당 도로의 최고 속도 이내에서만 앞지르기가 가능하다.

🔑 다른 자동 앞지르기하는 자동차의 속도는 이내에서만 가능하다.

정답
392. ④ 393. ② 394. ② 395. ① 396. ④ 397. ② 398. ② 399. ③ 400. ④

401 고속도로에서 사고예방을 위해 정차 및 주차를 금지하고 있다. 이에 대한 설명으로 바르지 않은 것은?

① 소방차가 생활안전 활동을 수행하기 위하여 정차 또는 주차할 수 있다.
② 경찰공무원의 지시에 따르거나 위험을 방지하기 위하여 정차 또는 주차할 수 있다.
③ 일반자동차가 통행료를 지불하기 위해 통행료를 받는 장소에서 정차할 수 있다.
④ 터널 안 비상주차대는 소방차와 경찰용 긴급자동차만 정차 또는 주차할 수 있다.

해설 비상주차대는 경찰용 긴급자동차와 소방차 외 일반자동차도 정차 또는 주차할 수 있다.

402 교통사고로 심각한 척추 골절 부상이 예상되는 경우에 가장 적절한 조치방법은?

① 의식이 있는지 확인하고 즉시 심폐소생술을 실시한다.
② 부상자를 부축하여 안전한 곳으로 이동하고 119에 신고한다.
③ 상기도 폐색이 발생될 수 있으므로 하임리히법을 시행한다.
④ 긴급한 경우가 아니면 이송을 해서는 안 되며, 부득이한 경우에는 이송해야 한다면 부목을 이용해서 척추부분을 고정한 후 안전한 곳으로 우선 대피해야 한다.

해설 교통사고로 척추골절이 예상되는 환자가 있는 경우 긴급한 경우가 아니면 이송을 해서는 안 된다. 이송 전에 적절한 처치가 이루어지지 않으면 돌이킬 수 없는 신경학적 손상을 악화시킬 우려가 크기 때문이다. 따라서 2차 사고위험 등을 방지하기 위해 부득이 이송해야 한다면 부목을 이용해서 척추부분을 고정한 후 안전한 곳으로 우선 대피해야 한다.

403 교통사고 발생 시 부상자의 의식 상태를 확인하는 방법으로 가장 먼저 해야 할 것은?

① 부상자의 맥박 유무를 확인한다.
② 말을 걸어보거나 어깨를 가볍게 두드려 본다.
③ 어느 부위에 출혈이 심한지 살펴본다.
④ 입안을 살펴서 기도에 이물질이 있는지 확인한다.

해설 의식 상태를 확인하기 위해서는 부상자에게 말을 걸어보거나, 어깨를 가볍게 두드려보거나, 팔을 꼬집어서 확인하는 방법이 있다.

404 교통사고 등 응급상황 발생 시 조치요령과 거리가 먼 것은?

① 위험여부 확인
② 환자의 반응 확인
③ 기도 확보 및 호흡 확인
④ 환자의 목적지와 신상 확인

해설 응급상황 발생 시 위험여부 확인 및 환자의 반응을 살피고 주변에 도움을 요청하며 필요에 따라 환자가 호흡을 할 수 있도록 기도 확보가 필요하며 구조요청을 하여야 한다.

405 주행 중 자동차 돌발 상황에 대한 올바른 대처 방법과 거리가 먼 것은?

① 주행 중 핸들이 심하게 떨리면 핸들을 꽉 잡고 계속 주행한다.
② 자동차에서 연기가 나면 즉시 안전한 곳으로 이동 후 시동을 끈다.
③ 타이어 펑크가 나면 핸들을 꽉 잡고 감속하며 안전한 곳에 정차한다.
④ 철길건널목 통과 중 시동이 꺼져서 다시 걸리지 않는다면 신속히 대피 후 신고한다.

해설 핸들이 심하게 떨리면 타이어 펑크나 휠이 빠질 수 있기 때문에 반드시 안전한 곳에 정차하고 점검한다.

406 야간에 도로에서 로드킬(road kill)을 예방하기 위한 운전방법으로 바람직하지 않은 것은?

① 사람이나 차량의 왕래가 적은 국도나 산길을 주행할 때는 감속운행을 해야 한다.
② 야생동물 발견 시에는 서행으로 접근하고 한적한 갓길에 세워 동물과의 충돌을 방지한다.
③ 야생동물 발견 시에는 전조등을 끈 채 경음기를 가볍게 울려 도망가도록 유도한다.
④ 출현하는 동물의 발견을 용이하게 하기 위해 가급적 갓길에 가까운 도로를 주행한다.

해설 로드킬의 사고위험은 동물이 갑자기 나타나서 대처하지 못하는 경우이므로 출현할 가능성이 높은 도로에서는 감속 운행하는 것이 좋다.

407 고속도로에서 고장 등으로 긴급 상황 발생 시 일정 거리를 무료로 견인서비스를 제공해 주는 기관은?

① 도로교통공단
② 한국도로공사
③ 경찰청
④ 한국교통안전공단

해설 고속도로에서는 자동차 긴급 상황 발생 시 사고 예방을 위해 한국도로공사(콜센터 1588-2504)에서 10km까지 무료 견인서비스를 제공하고 있다.

408 보복운전 또는 교통사고 발생을 방지하기 위한 분노조절기법에 대한 설명으로 맞는 것은?

① 감정이 끓어오르는 상황에서 잠시 빠져나와 시간적 여유를 갖고 마음의 안정을 찾는 분노조절방법을 스톱버튼기법이라 한다.
② 분노를 유발하는 부정적인 사고를 중지하고 평소 생각해 둔 행복한 장면을 1-2분간 떠올려 집중하는 분노조절방법을 타임아웃기법이라 한다.
③ 분노를 유발하는 종합적 신념체계와 과거의 왜곡된 사고에 대한 수동적 인식경험을 자신에게 질문하는 방법을 경험회상 질문기법이라 한다.
④ 양팔, 다리, 아랫배, 가슴, 어깨 등 몸의 각 부분을 최대한 긴장시켰다가 이완시켜 편안한 상태를 반복하는 방법을 긴장이완훈련기법이라 한다.

해설 교통안전수칙 2021년 개정2판 분노를 조절하기 위한 행동기법에는 타임아웃기법, 스톱버튼기법, 긴장이완훈련기법이 있다. ① 감정이 끓어오르는 상황에서 잠시 빠져나와 시간적 여유를 갖고 마음의 안정을 찾는 분노조절방법을 타임아웃기법이라 한다. ② 분노를 유발하는 부정적인 사고를 중지하고 평소 생각해 둔 행복한 장면을 1-2분간 떠올려 집중하는 분노조절방법을 스톱버튼기법이라 한다. ③ 경험회상질문기법은 분노조절방법에 해당하지 않는다. ④ 양팔, 다리, 아랫배, 가슴, 어깨 등 몸의 각 부분을 최대한 긴장시켰다가 이완시켜 편안한 상태를 반복하는 방법을 긴장이완훈련기법이라 한다.

409 폭우로 인하여 지하차도가 물에 잠겨 있는 상황이다. 다음 중 가장 안전한 운전 방법은?

① 물에 바퀴가 다 잠길 때까지는 무사히 통과할 수 있으니 서행으로 지나간다.
② 최대한 빠른 속도로 빠져 나간다.
③ 우회도로를 확인한 후에 돌아간다.
④ 통과하다가 시동이 꺼지면 바로 다시 시동을 걸고 빠져 나온다.

해설 폭우로 인하여 지하차도가 물에 감겨 차량의 범퍼까지 또는 차량 바퀴의 절반 이상이 물에 잠긴다면 차량이 지나갈 수 없다. 또한 위와 같은 지역을 통과할 때 빠른 속도로 지나가면 차가 물을 밀어내면서 앞쪽 수위가 높아져 엔진에 물이 들어올 수도 있다. 침수된 지역에서 시동이 꺼지면 다시 시동을 걸면 엔진이 망가진다.

정답 401. ④ 402. ④ 403. ② 404. ④ 405. ① 406. ④ 407. ② 408. ④ 409. ③

410 도로에서 로드킬(road kill)이 발생하였을 때 조치요령으로 바르지 않은 것은?

① 안전한 장소로 수신호 등으로 동승자나 다른 운전자의 도움을 받아 안전한 곳으로 옮긴다.
② 로드킬 발생 시 야생동물구조센터나 지자체 콜센터 (지역번호 + 120번)에 신고한다.
③ 2차사고 방지를 위해 갓길로 이동 후 견인 및 구조 요청을 한다.
④ 2차사고 방지를 위해 운전자가 사고 난 동물을 직접 처리한다.

해설 로드킬 사고가 발생하면 야생동물구조센터나 지자체 콜센터(지역번호+120번) 혹은 지역번호+128번(환경 민원)이나 지방 환경청에 신고한다. 사고를 당한 동물은 대부분 즉사하지만, 아직 숨이 붙어 있는 경우 구조를 하려고 건드렸다가는 순식간에 물릴 수 있고 특히 광견병에 걸려 있는 경우에는 치명적일 수 있다.

411 도로교통법령상 차마 주취자에 의해 교통사고가 야기되었을 때 운전자의 조치 요령으로 가장 적절하지 않은 것은?

① 동승자가 부상 정도가 심하지 않다면 주취자가 가해자, 동승자는 피해자로 허위신고할 수 있다.
② 사고발생 결과에 따라 벌점이 정해진다.
③ 수사를 위해 필요한 때에는 사고 당시 차량의 위치 등을 조사한다.
④ 운전자가 확인되고 교통사고 정도가 경미한 경우 정차 위치에서 2차사고 예방을 위해 안전한 곳으로 이동 시킬 수 있다.

412 도로교통법령상 비사업용 승용차 운전자가 전용차로 통행금지 위반한 경우 몇 만 원의 범칙금이 부과되는가?

① 도로 폭이 100미터 이상에 벌점 10점이 부과 된다.
② 도로 폭이 100미터 이상에 벌점 20점이 부과 된다.
③ 도로 폭이 100미터 이상에 벌점 30점이 부과 된다.
④ 도로 폭이 100미터 이상에 벌점 40점이 부과 된다.

413 도로교통법령상 신호위반 과태료 부과된 운전자의 위반행위로 맞는 것은?

① 1년간 100점 이상
② 2년간 191점 이상
③ 3년간 271점 이상
④ 5년간 301점 이상

(도로교통법 시행규칙 별표28)

414 도로교통법령상 교통사고 결과에 따른 벌점기준으로 맞는 것은?

① 행정처분을 받을 운전자 본인의 인적 피해에 대해서도 인적 피해 벌점을 부과한다.
② 자동차 등 대 사람 교통사고의 경우 쌍방과실인 때에는 그 벌점을 2분의 1로 감경한다.
③ 교통사고 발생 원인이 불가항력이거나 피해자의 명백한 과실인 때는 행정처분을 하지 않는다.
④ 자동차 등 대 자동차 교통사고의 경우에는 그 사고원인 중 중한 위반행위를 한 운전자만 적용한다.

(도로교통법 시행규칙 별표28)

415 도로교통법령상 자동차 운전자가 중앙선침해로 경상사고가 있어, 공장 판매 사용자가는?

① 벌점 15점
② 범칙금 100점
③ 범칙 경사 60점
④ 범칙 경사 40일

도로교통법 시행규칙 별표28

416 도로교통법령상 운전자 사고에 대한 해설로 맞는 것은?

① 경기 중인 자동차가 다른 차량이 교통사고를 야기한 이후 고속도로 등으로 이동하여 정차된 경우
② 운전자의 운전 중
③ 고속도로 운전 중 고장 중인 자동차에 승객을 하차하여 경상 사고 경우
④ 고속도로 운전 중 과속 위반 급자전거가 자전자의 동승물 마찰을 일으킨 경우

(도로교통법 제93조)

417 다음 중 교통사고 발생 원인이 운전자의 과실이 아닌 교체되어 안전운전관리자에게 부여되는 의무와 기능을 용도한 것은?

① 안전운전자로 자동차를 안전하게 운전하고 있는 경우
② 교통사고 후 사상자를 응급조치 하지 않은 경우
③ 자동차를 팔아다가 면허증을 소유한 경우
④ 정상 운전자가 정신적 운전을 하는 경우

교통사고처리특례법 제3조

418 도로교통법령상 운전자가 행정처분에 대한 이의신청을 하여 인용된 경우, 취소처분에 대한 검사 기준으로 맞는 것은?

① 처분벌점 90점으로 한다.
② 처분벌점 100점으로 한다.
③ 처분벌점 110점으로 한다.
④ 처분벌점 120점으로 한다.

해설 이의신청이 인용될 경우, 취소처분의 경우에는 그 위반행위에 대하여 처분벌점 110점으로, 정지처분의 경우에는 처분 집행일수의 2분의 1로 감경한다. 다만, 벌점·누산점수 초과로 인한 면허취소에 해당하는 경우에는 면허가 취소되기 전의 누산점수 및 처분벌점을 모두 합산하여 처분벌점 110점으로 감경한다.(도로교통법 제94조, 도로교통법 시행규칙 별표28 1. 일반기준 바. 처분 기준의 감경)

419 도로교통법령상 중상 1명의 사망사고가 발생한 차량 운전자의 인적피해 교통사고 결과에 따른 벌점기준으로 맞는 것은? (개인형 이동장치 제외)

① 벌점이 인해 5일이나 경상 1명의 이인이 벌금
② 차량 수리 벌칙금
③ 1차설 경우 벌과금
④ 행정처분 경우 벌점 40점

해설 도로교통법시행규칙 별표28, 사고결과에 따른 벌점 기준 5일 이상의 치료를 요하는 의사의 진단이 있는 사고 1명마다 경상 5점, 5일 이상 사망 시 벌점 40점

정답 410.③ 411.④ 412.④ 413.② 414.③ 415.④ 416.② 417.① 418.③ 419.②

420 도로교통법령상 술에 취한 상태에서 자전거를 운전한 경우 어떻게 되는가?

① 처벌하지 않는다.
② 범칙금 3만 원의 통고처분한다.
③ 과태료 4만 원을 부과한다.
④ 10만 원 이하의 벌금 또는 구류에 처한다.

> 해설 도로교통법시행규칙 별표8 64의2 술에 취한 상태에서 자전거를 운전한 경우 범칙금 3만 원.

421 도로교통법령상 술에 취한 상태에 있다고 인정할만한 상당한 이유가 있는 자전거 운전자가 경찰공무원의 정당한 음주 측정 요구에 불응한 경우 처벌은?

① 처벌하지 않는다.
② 과태료 7만 원을 부과한다.
③ 범칙금 10만 원의 통고처분한다.
④ 10만 원 이하의 벌금 또는 구류에 처한다.

> 해설 도로교통법시행령 별표8, 술에 취한 상태에 있다고 인정할만한 상당한 이유가 있는 자전거 운전자가 경찰공무원의 호흡조사 측정에 불응한 경우 범칙금 10만 원이다.

422 도로교통법령상 인적 피해 있는 교통사고를 야기하고 도주한 차량의 운전자를 검거하거나 신고하여 검거하게 한 운전자(교통사고의 피해자가 아닌 경우)에게 검거 또는 신고할 때 마다 ( )의 특혜점수를 부여한다. ( )에 맞는 것은?

① 10점 ② 20점 ③ 30점 ④ 40점

> 해설 인적 피해 있는 교통사고를 야기하고 도주한 차량의 운전자를 검거하거나 신고하여 검거하게 한 운전자(교통사고의 피해자가 아닌 경우로 한정한다)에게는 검거 또는 신고할때마다 40점의 특혜점수를 부여하여 기간에 관계없이 그 운전자가 정지 또는 취소처분을 받게 될 경우 누산점수에서 이를 공제한다. 이 경우 공제되는 점수는 40점 단위로 한다.(도로교통법시행규칙 별표28 1. 일반 기준)

423 도로교통법령상 혈중알코올농도 0.03퍼센트 이상 0.08퍼센트 미만의 술에 취한 상태로 승용차를 운전한 사람에 대한 처벌기준으로 맞는 것은?(1회 위반한 경우)

① 1년 이하의 징역이나 500만 원 이하의 벌금
② 2년 이하의 징역이나 1천만 원 이하의 벌금
③ 3년 이하의 징역이나 1천500만 원 이하의 벌금
④ 2년 이상 5년 이하의 징역이나 1천만 원 이상 2천만 원 이하의 벌금

> 해설 도로교통법 제148조의2(벌칙) ③ 제44조제1항을 위반하여 술에 취한 상태에서 자동차등 또는 노면전차를 운전한 사람은 다음 각 호의 구분에 따라 처벌한다. 1. 혈중알코올농도가 0.2퍼센트 이상인 사람은 2년 이상 5년 이하의 징역이나 1천만원 이상 2천만원 이하의 벌금 2. 혈중알코올농도가 0.08퍼센트 이상 0.2퍼센트 미만인 사람은 1년 이상 2년 이하의 징역이나 500만원 이상 1천만원 이하의 벌금 3. 혈중알코올농도가 0.03퍼센트 이상 0.08퍼센트 미만인 사람은 1년 이하의 징역이나 500만원 이하의 벌금

424 도로교통법상 벌점 부과기준이 다른 위반행위 하나는?

① 승객의 차내 소란행위 방치운전
② 철길건널목 통과방법 위반
③ 고속도로 갓길 통행 위반
④ 고속도로 버스전용차로 통행위반

> 해설 도로교통법시행규칙 별표 28, 승객의 차내 소란행위 방치운전은 40점, 철길건널목 통과방법 위반·고속도로 갓길 통행·고속도로 버스전용차로 통행위반은 벌점 30점이 부과된다.

425 도로교통법령상 자동차 운전자가 중앙선 침범으로 피해자에게 중상 1명, 경상 1명의 교통사고를 일으킨 경우 벌점은?

① 30점 ② 40점 ③ 50점 ④ 60점

> 해설 도로교통법시행규칙 별표 28, 운전면허 취소·정지처분 기준에 따라 중앙선침범 벌점 30점, 중상 1명당 벌점 15점, 경상 1명당 벌점 5점이다.

426 도로교통법령상 연습운전면허 소지자가 혈중알코올농도 ( )퍼센트 이상을 넘어서 운전한 때 연습운전면허를 취소한다. ( )안에 기준으로 맞는 것은?

① 0.03 ② 0.05
③ 0.08 ④ 0.10

> 해설 도로교통법시행규칙 별표 29, 연습운전면허 소지자가 혈중알코올농도 0.03퍼센트 이상을 넘어서 운전한 때 연습운전면허를 취소한다.

427 도로교통법령상 운전자가 단속 경찰공무원 등에 대한 폭행을 하여 형사 입건된 때 처분으로 맞는 것은?

① 벌점 40점을 부과한다. ② 벌점 100점을 부과한다.
③ 운전면허를 취소 처분한다. ④ 즉결심판을 청구한다.

> 해설 단속하는 경찰공무원 등 및 시·군·구 공무원을 폭행하여 형사 입건된 때 운전면허를 취소 처분한다.(도로교통법 시행규칙 별표28 2. 취소 처분 개별 기준 16)

428 도로교통법령상 승용자동차 운전자가 주·정차된 차만 손괴하는 교통사고를 일으키고 피해자에게 인적사항을 제공하지 아니한 경우 어떻게 되는가?

① 처벌하지 않는다.
② 과태료 10만 원을 부과한다.
③ 범칙금 12만 원의 통고처분한다.
④ 30만 원 이하의 벌금 또는 구류에 처한다.

> 해설 주·정차된 차만 손괴하는 교통사고를 일으키고 피해자에게 인적사항을 제공하지 아니한 사람은 도로교통법 제156조(벌칙)에 의한 처벌기준은 20만 원 이하의 벌금이나 구류 또는 과료이다. 실제는 도로교통법 시행령 별표8에 의해 승용자동차등은 범칙금 12만 원으로 통고처분 된다.

429 도로교통법령상 승용자동차 운전자에 대한 위반행위별 범칙금이 틀린 것은?

① 속도 위반(매시 60킬로미터 초과)의 경우 12만 원
② 신호 위반의 경우 6만 원
③ 중앙선침범의 경우 6만 원
④ 앞지르기 금지 시기·장소 위반의 경우 5만 원

> 해설 도로교통법시행령 별표8, 승용차동차의 앞지르기 금지 시기·장소 위반은 범칙금 6만 원이 부과된다.

430 도로교통법령상 화재진압용 연결송수관 설비의 송수구로부터 5미터 이내 승용자동차를 정차한 경우 범칙금은?(안전표지 미설치)

① 4만 원 ② 3만 원
③ 2만 원 ④ 처벌되지 않는다.

> 해설 도로교통법 시행령 별표8 3의3(안전표지 설치) 승용자동차 8만 원 / 29(안전표지 미설치) 승용자동차 4만 원

정답 420.② 421.③ 422.④ 423.① 424.① 425.③ 426.① 427.③ 428.③ 429.④ 430.①

8. 도로교통법 사인문제

431 도로교통법상 전용차로 통행차가 긴급한 경우 외에 전용차로로 통행할 수 있는 차의 종류 등에 대하여 대통령령으로 정하는 사유로 통행하는 경우 다음 중 그 통행을 위반했을 때 과태료 부과 기준은? (승용자동차 기준, 도로교통법 제165조(통고처분 등의 특례))

① 10만원 이하 20
② 10만원 이하 30
③ 10만원 이하 50
④ 10만원 이하 70

432 도로교통법상 총중량이 이하 자동차에 인명보호장구를 착용하지 아니한 동승자를 태우고 고속도로 또는 자동차전용도로를 운행하고 있는 경우 차주에게 부과되는 과태료 기준은? (1회 위반한 경우)

① 1차 이상 2차 이하의 경우에는 1회당 500만 원 이상의 이하의 벌금
② 1차 이상 3차 이하의 경우에는 1회당 500만 원 이상의 이하의 벌금
③ 1차 이상 4차 이하의 경우에는 1회당 500만 원 이상의 이하의 벌금
④ 1차 이상 5차 이하의 경우에는 1회당 500만 원 이상의 이하의 벌금

500만 원 이하 2차를 초과 이하의 벌금에 처한다. 도로교통법 제44조제1항(음주운전) 또는 같은 법 제45조 약물 등의 사유로 정상적인 운전이 어려운 상태에서 자동차를 운전하여 인명피해 발생하게 된 사람은 1년 이상 5년 이하의 징역이나 500만 원 이상 2천만 원 이하의 벌금에 처한다.

433 자동차 최저속도를 가지고 자동차도로를 통행한 경우의 벌점으로 맞는 것은?

① 1년 이상의 징역 또는 1,000만원 이하의 벌금
② 1년 이상의 징역 또는 2,000만원 이하의 벌금
③ 2년 이상의 징역 또는 1,000만원 이하의 벌금
④ 2년 이상의 징역 또는 2,000만원 이하의 벌금

자동차관리법 제10조 제5항 및 제181조(벌칙) 누구든지 자동차등에 교통단속용 장비의 기능을 방해하는 장치를 제작하지 아니하며, 그러한 자동차는 공도상에서도 아니된다.

434 도로교통법상 자동차전용도로에서 자동차가 고장자동차 내에 고장자동차를 견인하여 고속차로로 이동시 아름다게 되는가?

① 2년 이하 과태료가 부과된다.
② 2만원 이하 벌금으로 돌고 처벌된다.
③ 30만원 이하 벌금으로 처벌된다.
④ 아무런 제재되지 않는다.

도로교통법 제64조 및 제67조 제12호 자동차 제167조 고속도로 등에서 자동차의 아닌 이상의 경우 자동차 운전자가 등을 과태료 2만원 금액하는 사람이 된다.

435 도로교통법상 원동기장치자전거를 할 수 있는 공정하지 아니하고 개인형 이동장치를 공정한 경우 차주 기준으로?

① 20만 원 이하 벌금이나 구류 또는 과료
② 30만 원 이하 벌금이나 구류 또는 과료
③ 50만 원 이하 벌금이나 구류 또는 과료
④ 6개월 이하 징역 또는 200만 원 이하 벌금

개인형 이동장치를 운전하는 원동기장치자전거에 의해 제156조(벌칙)에 의해 20만원 이하 벌금이나 구류 또는 과료 사이에 이해 처벌될 수 있다고 있다.

436 도로교통법상 고속도로에서 승용자동차 운전자의 과속행위에 대한 벌점 기준으로 맞는 것은?

① 제한속도기준 시속 60킬로미터 초과 80킬로미터 이하 – 벌점 12점
② 제한속도기준 시속 40킬로미터 초과 60킬로미터 이하 – 벌점 8점
③ 제한속도기준 시속 20킬로미터 초과 40킬로미터 이하 – 벌점 5점
④ 제한속도기준 시속 20킬로미터 이하 – 벌점 2점

도로교통법 시행령 별표 8

437 도로교통법상 고속도로 등에서 자동차의 고장 등 부득이한 사정이 있는 경우는?

① 차로에 따르는 차선의 서비스(72시간 이내) 이상 통로에 방해가 되어도 관계없다.
② 사고발생 방지를 위한 응급조치에 강구한 후에 견인 방해를 받지 않는 위치로 이동할 필요가 있다.
③ 교통사고 발생 시 없는 경우, 도로의 우측 자동차와 피해자의 인적사항과 연락처를 제공한 후 견인 조치한다.
④ 특별한 교통안전이 없는 경우 자동차 운행한다.

438 도로교통법상 자동차등의 운전자가 고의 또는 과실로 교통사고를 일으키는 경우 범칙금 범칙에 부가하여 범칙금의 ( )배에 해당하는 금액이 부과된다. ( ) 안에 기준으로 맞는 것은?

① 1배   ② 2배
③ 3배   ④ 4배

439 도로교통법상 공정자동차 고속도로에서 이상 운전하다 적발되어 경우, 공정자동차 운행정치 음주운전자에 대한 범칙기준으로 설명할 수 있는가?

가. 1회의 경우 차종에 따라 과태료 100만 원 이하의 벌금이 부과될 수 있다.
나. 3회의 벌점이 부과된다.
다. 운전면허 행정처분을 받는다.
라. 특별교통안전(음주운전)교육을 받는다.

① 가, 나   ② 가, 다
③ 나, 다   ④ 다, 라

440 도로교통법상 특별교통안전 의무교육을 받아야 하는 사람은?

① 처음으로 운전면허를 받으려는 사람
② 교통법규 교육을 받으려는 사람
③ 과거 운전경력이 있는 사람
④ 폭행으로 면허가 취소된 이후 다시 운전면허를 취득하는 사람

폭행으로 운전면허가 취소된 사람은 특별교통안전 의무교육을 받아야 한다.

📝 **정답**
431.③ 432.② 433.④ 434.① 435.① 436.① 437.① 438.② 439.③ 440.④

441 도로교통법령상 승용자동차의 고용주등에게 부과되는 위반행위별 과태료 금액이 틀린 것은?(어린이보호구역 및 노인·장애인보호구역 제외)

① 중앙선 침범의 경우, 과태료 9만 원
② 신호 위반의 경우, 과태료 7만 원
③ 보도를 침범한 경우, 과태료 7만 원
④ 속도 위반(매시 20킬로미터 이하)의 경우, 과태료 5만 원

> 해설: 도로교통법시행령 별표 6, 제한속도(매시 20킬로미터 이하)를 위반한 고용주등에게 과태료 4만 원 부과

442 도로교통법령상 벌점이 부과되는 운전자의 행위는?

① 주행 중 차 밖으로 물건을 던지는 경우
② 차로변경 시 신호 불이행한 경우
③ 불법부착장치 차를 운전한 경우
④ 서행의무 위반한 경우

> 해설: 도로를 통행하고 있는 차에서 밖으로 물건을 던지는 경우 벌점 10점이 부과된다. (도로교통법 시행규칙 별표 28)

443 도로교통법령상 무사고·무위반 서약에 의한 벌점 감경(착한운전 마일리지제도)에 대한 설명으로 맞는 것은?

① 40점의 특혜점수를 부여한다.
② 2년간 교통사고 및 법규위반이 없어야 특혜점수를 부여한다.
③ 운전자가 정지처분을 받게 될 경우 누산점수에서 특혜점수를 공제한다.
④ 운전면허시험장에 직접 방문하여 서약서를 제출해야만 한다.

> 해설: 1년간 교통사고 및 법규위반이 없어야 10점의 특혜점수를 부여한다. 경찰관서 방문뿐만 아니라 인터넷 (www.efine.go.kr) 으로도 서약서를 제출할 수 있다. (도로교통법 시행규칙 별표 28 1항 일반기준 나. 벌점의 종합관리)

444 도로교통법령상 연습운전면허 소지자가 도로에서 주행연습을 할 때 연습하고자 하는 자동차를 운전할 수 있는 운전면허를 받은 날부터 2년이 경과된 사람(운전면허 정지기간 중인 사람 제외)과 함께 승차하지 아니하고 단독으로 운행한 경우 처분은?

① 통고처분
② 과태료 부과
③ 연습운전면허 정지
④ 연습운전면허 취소

> 해설: 도로교통법시행규칙 별표 29, 연습운전면허 준수사항을 위반한 때(연습하고자 하는 자동차를 운전할 수 있는 운전면허를 받은 날부터 2년이 경과된 사람과 함께 승차하여 그 사람의 지도를 받아야 한다)연습운전면허를 취소한다.

445 도로교통법령상 교차로·횡단보도·건널목이나 보도와 차도가 구분된 도로의 보도에 2시간 이상 주차한 승용자동차의 소유자에게 부과되는 과태료 금액으로 맞는 것은?(어린이보호구역 및 노인·장애인보호구역 제외)

① 4만 원
② 5만 원
③ 6만 원
④ 7만 원

> 해설: 도로교통법시행령 별표 6, 교차로·횡단보도·건널목이나 보도와 차도가 구분된 도로의 보도에 2시간 이상 주차한 승용자동차의 고용주등에게 과태료 5만원을 부과한다

446 도로교통법령상 운전면허 취소 사유가 아닌 것은?

① 정기 적성검사 기간을 1년 초과한 경우
② 보복운전으로 구속된 경우
③ 제한속도를 매시 60킬로미터를 초과한 경우
④ 자동차등을 이용하여 다른 사람을 약취 유인 또는 감금한 경우

> 해설: 제한속도를 매시 60킬로미터를 초과한 경우는 벌점 60점이 부과된다. (도로교통법 제93조)

447 2회 이상 경찰공무원의 음주측정을 거부한 승용차운전자의 처벌 기준은? (벌금 이상의 형 확정된 날부터 10년 내)

① 1년 이상 6년 이하의 징역이나 500만 원 이상 3천만 원 이하의 벌금
② 2년 이상 6년 이하의 징역이나 500만 원 이상 2천만 원 이하의 벌금
③ 3년 이상 5년 이하의 징역이나 1천만 원 이상 3천만 원 이하의 벌금
④ 1년 이상 5년 이하의 징역이나 500만 원 이상 2천만 원 이하의 벌금

> 해설: 도로교통법 제148조의 2(벌칙) ①제44조 제1항 또는 제2항을(자동차등 또는 노면전차를 운전한 사람으로 한정한다.
> 다만, 개인형 이동형장치를 운전하는 경우는 제외한다.) 벌금 이상의 형을 선고받고 그 형이 확정된 날부터 10년 내 다시 같은 조 제1항 또는 제2항을 위반한 사람(형이 실효된 사람도 포함)은
> 1. 제44조 제2항을 위반한 사람은 1년 이상 6년 이하의 징역이나 500만 원 이상 3천만 원 이하의 벌금
> 2. 제44조 제1항을 위반한 사람 중 혈중알코올농도가 0.2퍼센트 이상인 사람은 2년 이상 6년 이하의 징역이나 1천만 원 이상 3천만 원 이하의 벌금
> 3. 제44조 제1항을 위반한 사람 중 혈중알코올농도가 0.03퍼센트 이상 0.2퍼센트 미만인 사람은 1년 이상 5년 이하의 징역이나 500만 원 이상 2천만 원 이하의 벌금

448 도로교통법령상 혈중알코올농도 0.08퍼센트 이상 0.2퍼센트 미만의 술에 취한 상태로 자동차를 운전한 사람에 대한 처벌기준으로 맞는 것은? (1회 위반한 경우, 개인형 이동장치 제외)

① 2년 이하의 징역이나 500만 원 이하의 벌금
② 3년 이하의 징역이나 500만 원 이상 1천만 원 이하의 벌금
③ 1년 이상 2년 이하의 징역이나 500만 원 이상 1천만 원 이하의 벌금
④ 2년 이상 5년 이하의 징역이나 1천만 원 이상 2천만 원 이하의 벌금

> 해설: 도로교통법 제148조의2(벌칙) ③제44조제1항을 위반하여 술에 취한 상태에서 자동차등 또는 노면전차를 운전한 사람은 다음 각 호의 구분에 따라 처벌한다.
> 1. 혈중알코올농도가 0.2퍼센트 이상인 사람은 2년 이상 5년 이하의 징역이나 1천만 원 이상 2천만 원 이하의 벌금
> 2. 혈중알코올농도가 0.08퍼센트 이상 0.2퍼센트 미만인 사람은 1년 이상 2년 이하의 징역이나 500만 원 이상 1천만 원 이하의 벌금
> 3. 혈중알코올농도가 0.03퍼센트 이상 0.08퍼센트 미만인 사람은 1년 이하의 징역이나 500만 원 이하의 벌금

449 도로교통법령상 75세 이상인 사람이 받아야 하는 교통안전교육에 대한 설명으로 틀린 것은?

① 75세 이상인 사람에 대한 교통안전교육은 도로교통공단에서 실시한다.
② 운전면허증 갱신일에 75세 이상인 사람은 갱신기간 이내에 교육을 받아야 한다.
③ 75세 이상인 사람이 운전면허를 처음 받으려는 경우 교육시간은 1시간이다.
④ 교육은 강의·시청각·인지능력 자가진단 등의 방법으로 2시간 실시한다.

> 해설: 도로교통법 제73조(교통안전교육), 도로교통법 시행규칙 제46조의3 제4항, 도로교통법 시행규칙 별표16

정답 441.④ 442.① 443.③ 444.④ 445.② 446.③ 447.① 448.③ 449.③

공정행위 금지 - 4/11 답형

450 도로교통법상 도로에서 고장자동차가 응급조치에 따른 조치를 하지 않고 방치한 경우 견인 등 조치에 따른 과태료 부과기준은?

① 15점   ② 20점
③ 30점   ④ 40점

도로교통법 시행령 제28조, 조치 등 불이행에 따른 범칙금 15만원 부과 시 10만원의 벌금과 조치 불이행 시 추가로 5만원이 부과된다.

451 도로교통법상 4, 5톤 화물자동차가 지정차로 준수 및 끼어들기 하지 않으면 벌점 등 처분 벌칙 내용은?

① 5만원   ② 4만원
③ 3만원   ④ 2만원

도로교통법 제39조 제3항, 시행령 별표 8, 4톤 초과 화물자동차가 지정차로 위반한 경우 범칙금 5만원

452 도로교통법상 긴급자동차 통행에 관한 설명으로 옳은 것은?

① 수위차로 2인인 경우 긴급자동차 통행 시 정지할 수 있다.
② 수위차로 6인의 경우 긴급자동차 이용 시 정지할 수 있다.
③ 수위차로 12인의 경우 긴급자동차 이용 시 정지할 수 있다.
④ 수위차로 16인 이상은 긴급자동차 이용 시 정지할 수 있다.

453 도로교통법상 "도로에서 어린이에게 개인형 이동장치를 이용하게 한 보호자의 과태료는?" 다음 중 개인형 이동장치를 이용하게 한 보호자의 과태료 이용한 것은?

① 10만원   ② 20만원
③ 30만원   ④ 40만원

도로교통법 제11조 제6, 시행규칙 제19조에 개인자가 이용하게 한 보호자 10만원의 과태료 부과, 시행령 별표 8, 어린 이용자가 자전거 이용 등 10만원

454 도로교통법상 긴급자동차가 아닌 경우는?

① 공공기관에서 사용되는 긴급자동차가 되는 경우
② 운전연습을 필요로 하는 자에서 교습을 받는 경우
③ 긴급자동차가 주류 확보를 위해 운행하는 경우
④ 긴급자동차가 자기 업무 중 긴급한 이동이 필요한 경우

긴급자동차의 경우, 이와 같이 긴급자동차가 되는 경우 긴급자동차로 해당한다.

---

455 도로교통법상 고속도로에서 사용할 수 있는 차가 아닌 것은?

① 1인용 승용 자동차로 길이 6인 이상인 자동차로 통행 가능하다.
② 승합차 자동차로 길이 6인 이상인 경우 통행 가능하다.
③ 15인승 이상 자동차로 통행 가능하다.
④ 45인승 이상 자동차로 통행 가능하다.

고속도로는 버스전용차로로 통행할 수 있는 자동차는 다만, 9인승 이상 12인승 이하의 자동차는 승용자동차는 6인 이상이 승차한 경우에 통행 가능하다.

456 다음 고속도로에서 인지정차를 하는 경우 아닌 것은?

① 수위차로 이상 수위차로 통행 가지.
② 수위차로 4인용 이상 수위차로 통행 가지.
③ 수위차로 이상 수위차로 통행 가지.
④ 수위차로 통행에 이상 통행 경우 통행 가지.

457 도로교통법상 통행하는 미니버스 고속도로 통행하는 자동차 대상 자동차의 통행의 기준으로 옳은 것은?

① 통행에 5인까지 통행 가능할 수 있다.
② 통행에 10인까지 통행 가능할 수 있다.
③ 통행에 20인까지 통행 가능할 수 있다.
④ 통행에 30인까지 통행 가능할 수 있다.

458 고속도로상 통행에 자동차 통행 대상에 설명으로 옳은 것은?

① 차가 승용자동차 통행에 대한 설명 원칙 통행 판별 대응이다.
② 차가 통행으로 승용자동차 통행 판별 대응이다 받은 경우 반 부 또는 부대에 대한 통행이다.
③ 차가 통행하고 자동차 승용자동차 통행 경우 반 부 또는 부대에 받을 수 있다.
④ 차가 수도차로 매일 20인까지의 자동차와 통행경찰에 판별 부담 등의 판별 가지이다.

도로교통법상 통행 범죄자

459 도로교통법상 통행특수성 이장자(시행이용자)이 인자자동 인장 경우 받을 수 있는 기간?

① 수위정차   ② 인정정차
③ 이용금지   ④ 정기정치

도로교통법상 사용자 제32조 2, 수요하는 고속도로에서 행사자는 인장자, 사용하는 대통령법이 정하는 기(인정기기), 가기, 공공기기, 이용자기(아이기기), 6. 이행기이 가기 기존, 7. 중요유지가 이용 가기 기지, 3. 수유자로 통행기를 및 의지이 사용하는 경우에 "인정기기 경우 가기 기기에 불 경우 판별 가지는 다른 통행 판별 기기 사용하고 있었다.

정답
450.④ 451.① 452.② 453.② 454.② 455.② 456.① 457.② 458.③ 459.④

460 도로교통법령상 전용차로 통행차 외에 전용차로로 통행할 수 있는 경우가 아닌 것은?

① 긴급자동차가 그 본래의 긴급한 용도로 운행되고 있는 경우
② 도로의 파손 등으로 전용차로가 아니면 통행할 수 없는 경우
③ 전용차로 통행차의 통행에 장해를 주지 아니하는 범위에서 택시가 승객을 태우기 위하여 일시 통행하는 경우
④ 택배차가 물건을 내리기 위해 일시 통행하는 경우

해설: 도로교통법 시행령 제10조(전용차로 통행차 외에 전용차로로 통행할 수 있는 경우)

461 도로교통법령상 자동차전용도로에서 자동차의 최고 속도와 최저 속도는?

① 매시 110킬로미터, 매시 50킬로미터
② 매시 100킬로미터, 매시 40킬로미터
③ 매시 90킬로미터, 매시 30킬로미터
④ 매시 80킬로미터, 매시 20킬로미터

해설: 도로교통법 시행규칙 제19조(자동차등과 노면전차의 속도) 자동차전용도로에서 자동차의 최고 속도는 매시 90킬로미터, 최저 속도는 매시 30킬로미터이다.

462 고속도로 통행료 미납 시 강제징수의 방법으로 맞지 않는 것은?

① 예금압류
② 가상자산압류
③ 공매
④ 번호판영치

해설: 고속도로 통행료 납부기한 경과 시 국세 체납처분의 예에 따라 전자예금압류 시스템을 활용하여 체납자의 예금 및 가상자산을 압류(추심)하여 미납통행료를 강제 징수할 수 있으며, 압류된 차량에 대하여 강제인도 후 공매를 진행할 수 있다.
유료도로법 제21조, 국세징수법 제31조, 국세징수법 제45조 제5항, 국세징수법 제64조 제1항

463 도로교통법령상 개인형 이동장치 운전자의 법규위반에 대한 범칙금액이 다른 것은?

① 운전면허를 받지 아니하고 운전
② 승차정원을 초과하여 동승자를 태우고 운전
③ 술에 취한 상태에서 운전
④ 약물의 영향으로 정상적으로 운전하지 못할 우려가 있는 상태에서 운전

해설: 도로교통법 시행령 [별표 8] ①, ③, ④는 범칙금 10만 원, ②는 범칙금 4만 원

464 도로교통법령상 초보운전자에 대한 설명으로 맞는 것은?

① 원동기장치자전거 면허를 받은 날로부터 1년이 지나지 않은 경우를 말한다.
② 연습 운전면허를 받은 날로부터 1년이 지나지 않은 경우를 말한다.
③ 처음 운전면허를 받은 날로부터 2년이 지나기 전에 취소되었다가 다시 면허를 받는 경우 취소되기 전의 기간을 초보운전자 경력에 포함한다.
④ 처음 제1종 보통면허를 받은 날부터 2년이 지나지 않은 사람은 초보운전자에 해당한다.

해설: 도로교통법 제2조 제27호 "초보운전자"란 처음 운전면허를 받은 날(처음 운전면허를 받은 날부터 2년이 지나기 전에 운전면허의 취소처분을 받은 경우에는 그 후 다시 운전면허를 받은 날을 말한다)부터 2년이 지나지 아니한 사람을 말한다. 이 경우 원동기장치자전거면허만 받은 사람이 원동기장치자전거면허 외의 운전면허를 받은 경우에는 처음 운전면허를 받은 것으로 본다.

465 도로교통법령상 정비불량차량 발견 시 ( )일의 범위 내에서 그 사용을 정지시킬 수 있다. ( ) 안에 기준으로 맞는 것은?

① 5 ② 7 ③ 10 ④ 14

해설: 시·도경찰청장은 제2항에도 불구하고 정비 상태가 매우 불량하여 위험발생의 우려가 있는 경우에는 그 차의 자동차등록증을 보관하고 운전의 일시정지를 명할 수 있다. 이 경우 필요하면 10일의 범위에서 정비기간을 정하여 그 차의 사용을 정지시킬 수 있다. (도로교통법 제41조 제3항)

466 도로교통법령상 원동기장치자전거에 대한 설명으로 옳은 것은?

① 모든 이륜자동차를 말한다.
② 자동차관리법에 의한 250시시 이하의 이륜자동차를 말한다.
③ 배기량 150시시 이상의 원동기를 단 차를 말한다.
④ 전기를 동력으로 사용하는 경우는 최고정격출력 11킬로와트 이하의 원동기를 단 차(전기자전거 제외)를 말한다.

해설: 도로교통법 제2조 제19호 "원동기장치자전거"란 다음 각 목의 어느 하나에 해당하는 차를 말한다.
가. 자동차관리법 제3조에 따른 이륜자동차 가운데 배기량 125시시 이하(전기를 동력으로 하는 경우에는 최고정격출력 11킬로와트 이하)의 이륜자동차
나. 그 밖에 배기량 125시시 이하(전기를 동력으로 하는 경우에는 최고정격출력 11킬로와트 이하)의 원동기를 단 차(전기자전거 제외)

467 교통사고처리 특례법상 교통사고에 해당하지 않는 것은?

① 4.5톤 화물차와 승용자동차가 충돌하여 운전자가 다친 경우
② 철길건널목에서 보행자가 기차에 부딪혀 다친 경우
③ 보행자가 횡단보도를 횡단하다가 신호위반 한 자동차와 부딪혀 보행자가 다친 경우
④ 보도에서 자전거를 타고 가다가 보행자를 충격하여 보행자가 다친 경우

해설: 교통사고처리 특례법 제2조 제2호

468 도로교통법령상 4색 등화의 가로형 신호등 배열 순서로 맞는 것은?

① 우로부터 적색 → 녹색화살표 → 황색 → 녹색
② 좌로부터 적색 → 황색 → 녹색화살표 → 녹색
③ 좌로부터 황색 → 적색 → 녹색화살표 → 녹색
④ 우로부터 녹색화살표 → 황색 → 적색 → 녹색

해설: 도로교통법 시행규칙 제7조 별표4

469 도로교통법령상 앞지르기에 대한 설명으로 맞는 것은?

① 앞차의 우측에 다른 차가 앞차와 나란히 가고 있는 경우 앞지르기를 해서는 안 된다.
② 최근에 개설한 터널, 다리 위, 교차로에서는 앞지르기가 가능하다.
③ 차의 운전자가 앞서가는 다른 차의 좌측 옆을 지나서 그 차의 앞으로 나가는 것을 말한다.
④ 고속도로에서 승용차는 버스전용차로를 이용하여 앞지르기 할 수 있다.

해설: 도로교통법 제2조(정의)제29호, 제21조

470 도로교통법령상 자동차가 아닌 것은?

① 승용자동차
② 원동기장치자전거
③ 특수자동차
④ 승합자동차

해설: 도로교통법 제2조 18호

정답 460.④ 461.③ 462.④ 463.② 464.④ 465.③ 466.④ 467.② 468.② 469.③ 470.②

471 도로교통법령상 도로의 가장자리에 설치한 황색 점선에 대한 설명으로 맞는 것은?

① 주차와 정차를 금지하는 구역표시이다.
② 주차는 허용되고, 정차는 금지하는 표시이다.
③ 주차는 금지되고, 정차는 허용하는 표시이다.
④ 주차와 정차를 허용하는 표시이다.

해설 도로교통법 시행규칙 별표 6. ① 중앙선표시, ② 제한속도표시, ③ 노상장애물 중 도로중앙장애물표시, ④ 주차금지표시 및 정차·주차금지표시 및 안전지대표시이다.

472 교통사고로 심각한 피해자가 발생하더라도 좋은 삶을 제공할 수 있는 속도인 안전속도 5030 정책이 시행되었다. 시행 내용으로 맞는 것은?

① 최고속도가 100킬로미터인 고속도로에서 매시 110킬로미터로 주행하더라도 벌점이 부과되지 않고,
② 최고속도가 80킬로미터인 편도 3차로 일반도로에서 매시 95킬로미터로 주행하더라도 벌점이 부과되지 않고,
③ 최고속도가 90킬로미터인 자동차전용도로에서 매시 100킬로미터로 주행하더라도 벌점이 부과되지 않고,
④ 최고속도가 60킬로미터인 편도 1차로 일반도로에서 매시 82킬로미터로 주행하더라도 벌점이 부과되지 않고,

해설 교통안전공단(한국교통안전공단 특례) ② 제1항에 따라 자동차의 주행속도에 따라 다음과 같이 안전속도를 정하고 있다. 다음의 속도를 초과하여 자동차를 운전하지 아니할 것.
1. 도로교통법 제17조(자동차등의 속도) 매시 50킬로미터 이내. 다만, 시·도경찰청장이 원활한 소통을 위하여 특히 필요하다고 인정하여 지정한 노선 또는 구간에서는 매시 60킬로미터 이내.
2. 도로교통법 제17조 주거지역·상업지역 및 공업지역의 일반도로에서는 매시 50킬로미터 이내. 시·도경찰청장이 지정한 노선 또는 구간에서는 매시 60킬로미터 이내.
3. 도로교통법 제17조 제1항에 따른 최고속도보다 매시 20킬로미터 초과한 경우에 해당됨

473 도로교통법령상 자동차(이륜자동차는 제외)를 운전하는 사람이 아닌 것은?

① 보행자의 통행에 방해될 때는 서행하거나 일시정지할 것.
② 이륜차로에서는 자전거 등의 옆을 통과할 것.
③ 행렬에 따라 정지 또는 서행할 것.
④ 대형 건설기계의 회전반경 밖에서 서행할 것.

해설
가. 보행자가 횡단보도를 통행하고 있을 때는 일시정지할 것.
나. 자전거가 자전거횡단도를 통행할 때에는 일시정지할 것.
다. 서행이나 일시정지를 할 것.
라. 앞차가 앞지를 때에는 가속을 금지할 것. (도로교통법 시행규칙 별표 6)

474 도로교통법령상 자전거가 횡단보도에 대한 설명으로 틀린 것은?

① 자전거 등이 차도로 진입하는 것을 방지하여야 한다.
② 교차로에서 우회전하려고 할 때에는 미리 도로의 우측 가장자리를 서행하여야 한다.
③ 교차로에서 우회전하고자 할 때에는 신호에 따라 정지 또는 진행하는 보행자와 자전거에 주의하여야 한다.
④ 자전거는 그 교차로에서 좌회전하려고 한다면 미리 도로의 우측 가장자리로 서행하면서 교차로의 가장자리에 이르러 교차로를 통행하여야 한다.

해설 도로교통법 제25조 제3항. 자전거등의 운전자는 교차로에서 좌회전하려는 경우에는 미리 도로의 우측 가장자리로 서행하면서 교차로의 가장자리 부분을 이용하여 좌회전하여야 한다(이를 "혹턴(hook-turn)"등이라 하는 것이다).

475 다음 중 사용하는 도로 등을 기준으로 운전자의 의무에 따라 지정될 수 없는 긴급자동차로 맞는 것은?

① 혈액공급차량
② 경호업무 수행에 공무로 사용되는 자동차
③ 학교방문에 사용되는 자동차
④ 긴급한 우편물의 운송에 사용되는 자동차

해설 도로교통법 시행령 제2조. ①긴급자동차의 정의 ② 긴급자동차, ③ 대통령이 정하는 자동차

476 도로교통법령상 용어의 정의에 대한 설명으로 옳은 것은?

① "자전거도로"라 함은 안전표지, 위험방지용 울타리나 그와 비슷한 공작물로써 경계를 표시하여 모든 차의 교통에 사용하도록 된 도로를 말한다.
② "자동차등"이란 자동차와 원동기장치자전거를 말한다.
③ "자전거등"이란 자전거와 개인형 이동장치를 말한다.
④ "자동차전용도로"는 자동차만이 다닐 수 있도록 설치된 도로를 말한다.

477 도로교통법령상 개인형 이동장치의 운전자의 준수사항으로 맞지 않은 것은?

① 개인형 이동장치는 운전면허를 받지 않아도 운전할 수 있다.
② 승차정원을 초과하여 동승자를 태우고 운전하여서는 아니 된다.
③ 운전자는 인명보호 장구를 착용하고 운행하여야 한다.
④ 밤에 도로를 통행하는 때에는 전조등과 미등을 켜야 한다.

해설 개인형 이동장치는 원동기장치자전거의 일부에 해당하므로 운전하려는 자는 원동기장치자전거면허 이상을 받아야 한다(도로교통법 제80조, 제19조, 제92조).

478 자전거 이용 활성화에 관한 법률상 ( )세 미만은 전기자전거를 운행할 수 없다. ( ) 안에 기준으로 알맞은 것은?

① 10   ② 13
③ 15   ④ 18

해설 자전거 이용 활성화에 관한 법률 제22조의2(전기자전거 운행 제한) 13세 미만인 어린이의 보호자는 어린이가 전기자전거를 운행하게 하여서는 아니 된다.

479 도로교통법령상 자전거가 교차로에서 좌회전하는 방법에 대한 설명. 옳은 것은?

① 교차로에서 좌회전하고자 하는 때에는 미리 도로의 중앙 가장자리로 붙어 좌회전하여야 한다.
② 교차로의 가장자리로 이동하여 서행하면서 좌회전하여야 한다.
③ 도로의 우측 가장자리로 이동하여 서행하면서 좌회전하여야 한다.
④ 도로의 1차로 중앙으로 이동하여 서행하면서 좌회전하여야 한다.

해설 도로교통법 제25조.

정답
471.③ 472.③ 473.④ 474.③ 475.③ 476.③ 477.① 478.② 479.①

480 전방에 자전거를 끌고 차도를 횡단하는 사람이 있을 때 가장 안전한 운전 방법은?

① 횡단하는 자전거의 좌·우측 공간을 이용하여 신속하게 통행한다.
② 차량의 접근정도를 알려주기 위해 전조등과 경음기를 사용한다.
③ 자전거 횡단지점과 일정한 거리를 두고 일시정지 한다.
④ 자동차 운전자가 우선권이 있으므로 횡단하는 사람을 정지하게 한다.

해설) 전방에 자전거를 끌고 도로를 횡단하는 사람이 있을 때 가장 안전한 운전 방법은 안전 거리를 두고 일시정지하여 안전하게 횡단할 수 있도록 한다.

481 다음 중 도로교통법상 자전거를 타고 보도 통행을 할 수 없는 사람은?

① 「장애인복지법」에 따라 신체장애인으로 등록된 사람
② 어린이
③ 신체의 부상으로 석고붕대를 하고 있는 사람
④ 「국가유공자 등 예우 및 지원에 관한 법률」에 따른 국가유공자로서 상이등급 제1급부터 제7급까지에 해당하는 사람

해설) 도로교통법 제13조의2(자전거의 통행방법의 특례) 제4항, 도로교통법 시행규칙 제14조의4(자전거를 타고 보도 통행이 가능한 신체장애인)

482 도로교통법령상 어린이 보호구역 내의 차로가 설치되지 않은 좁은 도로에서 자전거를 주행하여 보행자 옆을 지나갈 때 안전한 거리를 두지 않고 서행하지 않은 경우 범칙 금액은?

① 10만 원   ② 8만 원
③ 4만 원   ④ 2만 원

해설) 도로교통법 제27조 제4항 모든 차의 운전자는 도로에 설치된 안전지대에 보행자가 있는 경우와 차로가 설치되지 아니한 좁은 도로에서 보행자의 옆을 지나는 경우에는 안전한 거리를 두고 서행하여야 한다. 도로교통법 시행령 별표10 범칙금 4만 원

483 도로교통법령상 어린이가 도로에서 타는 경우 인명보호장구를 착용하여야 하는 행정안전부령으로 정하는 위험성이 큰 놀이기구에 해당하지 않는 것은?

① 킥보드   ② 전동이륜평행차
③ 롤러스케이트   ④ 스케이트보드

해설) 도로교통법 제11조제4항, 도로교통법 시행규칙 제2조. 제13조 전동이륜평행차는 어린이가 도로에서 운전하여서는 아니되는 개인형 이동장치이다.

484 도로교통법령상 자전거등의 통행방법으로 적절한 행위가 아닌 것은?

① 진행방향 가장 좌측 차로에서 좌회전하였다.
② 도로 파손 복구공사가 있어서 보도로 통행하였다.
③ 횡단보도 이용 시 내려서 끌고 횡단하였다.
④ 보행자 사고를 방지하기 위해 서행을 하였다.

해설) 도로교통법 제13조의2(자전거등의 통행방법의 특례) 자전거도 우측통행을 해야 하며 자전거도로가 설치되지 아니한 곳에서는 도로 우측 가장자리에 붙어 통행해야 한다. 도로교통법 제25조(교차로 통행방법)제3항 제2항에도 불구하고 자전거등의 운전자는 교차로에서 좌회전하려는 경우에는 미리 도로의 우측 가장자리로 붙어 서행하면서 교차로의 가장자리 부분을 이용하여 좌회전하여야 한다.

485 다음 중 자동차 배기가스 재순환장치(Exhaust Gas Recirculation, EGR)가 주로 억제하는 물질은?

① 질소산화물(NOx)   ② 탄화수소(HC)
③ 일산화탄소(CO)   ④ 이산화탄소(CO_2)

해설) 배기가스 재순환장치(Exhaust Gas Recirculation, EGR)는 불활성인 배기가스의 일부를 흡입 계통으로 재순환시키고, 엔진에 흡입되는 혼합 가스에 혼합되어서 연소 시의 최고 온도를 내려 유해한 오염물질인 NOx(질소산화물)을 주로 억제하는 장치이다.

486 주행 중에 가속 페달에서 발을 떼거나 저단으로 기어를 변속하여 차량의 속도를 줄이는 운전 방법은?

① 기어 중립   ② 풋 브레이크
③ 주차 브레이크   ④ 엔진 브레이크

해설) 엔진브레이크 사용에 대한 설명이다.

487 도로교통법령상 자전거도로를 주행할 수 있는 전기자전거의 기준으로 옳지 않은 것은?

① 부착된 장치의 무게를 포함한 자전거 전체 중량이 30킬로그램 미만인 것
② 시속 25킬로미터 이상으로 움직일 경우 전동기가 작동하지 아니할 것
③ 전동기만으로는 움직이지 아니할 것
④ 페달(손페달을 제외한다)과 전동기의 동시 동력으로 움직일 것

해설) 자전거 이용 활성화에 관한 법률 제2조(정의) 제1의2 "전기자전거"란 자전거로서 사람의 힘을 보충하기 위하여 전동기를 장착하고 다음 각 목의 요건을 모두 충족하는 것을 말한다.
가. 페달(손페달을 포함한다)과 전동기의 동시 동력으로 움직이며, 전동기만으로는 움직이지 아니할 것
나. 시속 25킬로미터 이상으로 움직일 경우 전동기가 작동하지 아니할 것 다. 부착된 장치의 무게를 포함한 자전거의 전체 중량이 30킬로그램 미만일 것

488 도로교통법령상 자전거 운전자가 밤에 도로를 통행할 때 올바른 주행 방법으로 가장 거리가 먼 것은?

① 경음기를 자주 사용하면서 주행한다.
② 전조등과 미등을 켜고 주행한다.
③ 반사조끼 등을 착용하고 주행한다.
④ 야광띠 등 발광장치를 착용하고 주행한다.

해설) 도로교통법 제50조(특정운전자의 준수사항)제9항 자전거등의 운전자는 밤에 도로를 통행하는 때에는 전조등과 미등을 켜거나 야광띠 등 발광장치를 착용하여야 한다.

489 도로교통법령상 자전거 운전자가 법규를 위반한 경우 범칙금 대상이 아닌 것은?

① 신호위반   ② 중앙선침범
③ 횡단보도 보행자 횡단 방해   ④ 제한속도 위반

해설) 도로교통법 시행령 별표 8 신호위반 3만 원, 중앙선침범 3만 원, 횡단보도 보행자 횡단 방해 3만 원의 범칙금에 처하고 속도위반 규정은 도로교통법 제17조(자동차등과 노면전차의 속도) ① 자동차등(개인형 이동장치는 제외한다. 이하 이 조에서 같다)과 노면전차의 도로 통행 속도는 행정안전부령으로 정한다.

490 도로교통법령상 승용차가 자전거 전용차로를 통행하다 단속되는 경우 도로교통법상 처벌은?

① 1년 이하 징역에 처한다.
② 300만 원 이하 벌금에 처한다.
③ 범칙금 4만 원의 통고처분에 처한다.
④ 처벌할 수 없다.

해설) 전용차로의 종류(도로교통법 시행령 별표1: 전용차로의 종류와 전용차로로 통행할 수 있는 차), 전용차로의 설치(도로교통법 제15조 제2항 및 제3항)에 따라 범칙금 4만 원에 부과된다.

491 연료의 소비 효율이 가장 높은 운전방법은?

① 최고속도로 주행한다.   ② 최저속도로 주행한다.
③ 경제속도로 주행한다.   ④ 안전속도로 주행한다.

해설) 경제속도로 주행하는 것이 가장 연료의 소비효율을 높이는 운전방법이다.

정답 480.③ 481.③ 482.③ 483.② 484.① 485.① 486.④ 487.④ 488.① 489.④ 490.③ 491.③

492 친환경 경제운전으로 가장 적절한 것은?

① 급출발 한다.
② 내리막길에서는 시동을 끄고 내려간다.
③ 타이어 공기압을 낮춘다.
④ 급가속을 피한다.

해설 급가속은 연료소비율이 크게 증가하고, 차량에 무리를 주므로 타이어 공기압을 적절히 유지하고, 내리막길에서는 시동을 끄지 않고 기어가 들어가 있는 상태에서 엑셀러레이터 페달을 밟지 않는 관성운전을 한다.

493 자동차 에어컨 사용 방법 및 점검에 관한 설명으로 가장 타당한 것은?

① 에어컨 작동 시 가장 낮은 온도로 작동한다.
② 에어컨 냉매는 6개월 마다 교환한다.
③ 에어컨의 설정 온도는 실내온도 16도가 가장 적절하다.
④ 에어컨 사용 시 가능한 창문을 닫고 사용한다.

해설 에어컨 사용은 연료소비율과 환경에 영향을 미치므로 냉매 양은 적절하게 유지하고, 에어컨 사용 시 가능한 창문은 닫는 것이 효율적이다.

494 다음 중 자동차를 경제적으로 가장 바람직하게 운전하는 것은?

① 고단 기어보다 저단 기어로 주행한다.
② 급출발이나 급가속을 가급적 하지 않는다.
③ 주행 속도를 올리기 위해 타이어의 공기압을 30%를 높여서 운행한다.
④ 연료를 절약하기 위해 바퀴를 좁은 것으로 교환한다.

해설 급출발이나 급가속은 연비에 좋지 않은 영향을 미치므로 피한다.

495 수소자동차 관련 설명 중 적절하지 않은 것은?

① 수소자동차에는 가스 배출이 없으므로 머플러가 장착되어 있지 않다.
② 수소자동차에는 수소를 직접 주입하는 것이 아니라 고압으로 압축된 수소가 저장된다.
③ 수소자동차는 수소와 공기 중의 산소를 연료전지에서 결합시켜 발생하는 전기로 모터를 구동하여 움직이는 자동차이다.
④ 수소대형승용자동차(승차정원 36인 이상)에 사용하는 운전자는 별도의 친환경대형자동차(저공해자동차) 교육을 이수하여야 한다.

해설 수소대형승합자동차(승차정원 36인 이상)에 사용하는 운전자는 별도의 교육을 이수하여야 한다.

496 친환경 경제운전 중 연료 공급 차단(fuel cut)이 아닌 것은?

① 가속 페달을 밟기 전 상태에서 공회전이 발생하는 경우를 활용한다.
② 내리막길에서 연료가 소진되는 것을 최대한 활용한다.
③ 내리막길에서는 연료가 공급되지 않아 연비 향상에 도움을 준다.
④ 오르막길에서 엔진의 관성력을 최대한 이용한다.

해설 연료 공급 차단기능은 연료 절약(연비 향상) 및 환경 보호 측면에서 자동차에 적용되는 기술이다.

497 다음 중 자동차의 친환경 경제운전은?

① 타이어 공기압을 낮게 한다.
② 에어컨은 항상 고단으로 작동한다.
③ 에어컨 작동은 고속 주행 시 사용한다.
④ 자동차 연료는 가득 주입하지 않는다.

해설 타이어 공기압은 적정상태로 유지하고, 에어컨 작동은 고단에서 저단으로 작동하며, 자동차에 불필요한 짐을 빼기 위해 연료를 가득 주입하지 않는다.

498 다음 중 경제운전에 대한 운전자의 행동으로 가장 바람직한 것은?

① 배기량이 적은 자동차를 구입한다.
② 경제 속도를 준수한다.
③ 공회전을 최소화한다.
④ 타이어 공기압을 정기적으로 점검한다.

해설 자동차 운전자는 공회전을 최소화하고, 경제 속도를 준수하고, 올바른 타이어 공기압을 유지함으로써 경제운전의 원인이 될 수 있다.

499 환경친화적 자동차의 개발 및 보급 촉진에 관한 법률상 환경친화적 자동차가 아닌 것은?

① 하이브리드자동차
② 전기자동차
③ 수소전기자동차
④ 태양열자동차

500 다음 중 수소자동차에 대한 설명으로 옳은 것은?

① 수소는 가연성 가스이므로 수소자동차에는 가스 배출이 있고 가스 배출을 감지하기 위한 가스누출감지센서가 설치되어 있다.
② 수소자동차는 수소를 연소시키기 때문에 환경오염이 유발된다.
③ 수소자동차에는 화재 등의 이유로 수소가스가 누출될 경우 스스로 누출을 차단하는 안전장치가 내장되어 있다.
④ 교통안전법 시행규칙에 따라 수소대형승합자동차(승차정원 36인 이상인 자동차)에 대한 정기검사의 검사 주기는 6개월이다.

501 다음 중 자동차 배기가스의 미세먼지를 줄이기 위한 가장 적절한 운전 방법은?

① 출발할 때는 가속페달을 힘껏 밟고 출발한다.
② 급가속을 하지 않고 부드럽게 출발한다.
③ 주행할 때는 수시로 가속페달을 밟아준다.
④ 정차 및 주차할 때는 시동을 켜고 정차해 둔다.

해설 친환경 경제운전은 공회전 최소화, 출발을 부드럽게, 정속주행을 유지, 경제속도 준수, 관성주행 활용, 에어컨 사용자제 등이 올바른 방법이다.

502 다음 중 자동차 연료 절약 방법으로 가장 바람직한 것은?

① 주행할 때는 항상 가속 페달을 밟는다.
② 연료공급 차단 기능을 이용해 감속해 준다.
③ 정지할 때는 뒤에 차가 없으면 엔진브레이크 급하게 사용한다.
④ 가속페달을 급하게 밟고 브레이크 페달도 급하게 밟는다.

해설 자동차의 진동은 관성주행을 가능하게 한다. 가속 페달에서 발을 떼거나, 저단기어로 변속하여 연료공급 차단이 되도록 하고, 경제속도를 준수 평소에 경제속도로 유지하는 것이 좋다.

정답

492. ④ 493. ④ 494. ② 495. ② 496. ④ 497. ② 498. ④ 499. ② 500. ④ 501. ② 502. ②

503 도로교통법령상 소통이 원활한 편도 3차로 고속도로에서 승용자동차의 앞지르기 방법에 대한 설명으로 잘못된 것은?

① 승용자동차가 앞지르기하려고 1차로로 차로를 변경한 후 계속해서 1차로로 주행한다.
② 3차로로 주행 중인 대형승합자동차가 2차로로 앞지르기한다.
③ 소형승합자동차는 1차로를 이용하여 앞지르기한다.
④ 5톤 화물차는 2차로를 이용하여 앞지르기한다.

해설 고속도로에서 승용자동차가 앞지르기할 때에는 1차로를 이용하고, 앞지르기를 마친 후에는 지정된 주행 차로에서 주행하여야 한다.(도로교통법 시행규칙 별표 9)

504 다음 중 수소자동차의 주요 구성품이 아닌 것은?

① 연료전지시스템(스택) ② 수소저장용기
③ 내연기관에 의해 구동되는 발전기 ④ 구동용 모터

해설 수소자동차는 용기에 저장된 수소를 연료전지시스템(스택)에서 산소와 화학반응으로 생성된 전기로 모터를 구동하여 자동차를 움직이는 방식임

505 다음 중 수소자동차 점검에 대한 설명으로 틀린 것은?

① 수소는 가연성 가스이므로 수소자동차의 주기적인 점검이 필수적이다.
② 수소자동차 점검은 환기가 잘 되는 장소에서 실시해야 한다.
③ 수소자동차 점검 시 가스배관라인, 충전구 등의 수소 누출 여부를 확인해야 한다.
④ 수소자동차를 운전하는 자는 해당 차량이 안전 운행에 지장이 없는지 점검해야 할 의무가 없다..

해설 교통안전법 제7조(차량 운전자 등의 의무)에 의하면 차량을 운전하는 자 등은 법령이 정하는 바에 따라 당해 차량이 안전운행에 지장이 없는지를 점검하고 보행자와 자전거 이용자에게 위험과 피해를 주지 아니하도록 안전하게 운전하여야 한다.

506 수소자동차 운전자의 충전소 이용 시 주의사항으로 올바르지 않은 것은?

① 수소자동차 충전소 주변에서 흡연을 하여서는 아니 된다.
② 수소자동차 연료 충전 중에 자동차를 이동할 수 있다.
③ 수소자동차 연료 충전 중에는 시동을 끈다.
④ 충전소 직원이 자리를 비웠을 때 임의로 충전기를 조작하지 않는다.

해설 ① 수소자동차 충전소 주변에서는 흡연이 금지되어 있다. ② 수소자동차 연료 충전 완료 상태를 확인한후 이동한다. ③ 수소자동차 연료 충전 이전에 시동을 반드시 끈다. ④ 수소자동차 충전소 설비는 충전소 직원만이 작동할 수 있다.

507 다음 중 수소자동차 연료를 충전할 때 운전자의 행동으로 적절치 않은 것은?

① 수소자동차에 연료를 충전하기 전에 시동을 끈다.
② 수소자동차 충전소 충전기 주변에서 흡연을 하였다.
③ 수소자동차 충전소 내의 설비 등을 임의로 조작하지 않았다.
④ 연료 충전이 완료 된 이후 시동을 걸었다.

해설 수소자동차 충전소 내 시설에서는 지정된 장소를 제외하고 흡연을 하여서는 안된다. 「고압가스안전관리법」 시행규칙 별표5, KGS Code FP216/FP217 2.1.2 화기와의 거리에 따라 가스설비의 외면으로부터 화기 취급하는 장소까지 8m이상의 우회거리를 두어야 한다.

508 다음 중 운전습관 개선을 통한 친환경 경제운전이 아닌 것은?

① 자동차 연료를 가득 유지한다. ② 출발은 부드럽게 한다.
③ 정속주행을 유지한다. ④ 경제속도를 준수한다.

해설 운전습관 개선을 통해 실현할 수 있는 경제운전은 공회전 최소화, 출발을 부드럽게, 정속주행을 유지, 경제속도 준수, 관성주행 활용, 에어컨 사용자제 등이 있다.(국토교통부와 교통안전공단이 제시하는 경제운전)

509 긴급자동차가 긴급한 용도 외에 경광등을 사용할 수 있는 경우가 아닌 것은?

① 소방차가 화재예방을 위하여 순찰하는 경우
② 도로관리용 자동차가 도로상의 위험을 방지하기 위하여 도로 순찰하는 경우
③ 구급차가 긴급한 용도와 관련된 훈련에 참여하는 경우
④ 경찰용 자동차가 범죄예방을 위하여 순찰하는 경우

해설 도로교통법 시행령 제10조의2(긴급한 용도 외에 경광등 등을 사용할 수 있는 경우) 법 제2조제22호 각 목의 자동차 운전자는 법 제29조제6항 단서에 따라 해당 자동차를 그 본래의 긴급한 용도로 운행하지 아니하는 경우에도 다음 각 호의 어느 하나에 해당하는 경우에는 「자동차관리법」에 따라 해당 자동차에 설치된 경광등을 켜거나 사이렌을 작동할 수 있다.
1. 소방차가 화재 예방 및 구조·구급 활동을 위하여 순찰을 하는 경우
2. 법 제2조제22호 각 목에 해당하는 자동차가 그 본래의 긴급한 용도와 관련된 훈련에 참여하는 경우
3. 제2조제1항제1호에 따른 자동차가 범죄 예방 및 단속을 위하여 순찰을 하는 경우

510 어린이통학버스 운전자가 영유아를 승하차하는 방법으로 바른 것은?

① 영유아가 승차하고 있는 경우에는 점멸등 장치를 작동하여 안전을 확보하여야 한다.
② 교통이 혼잡한 경우 점멸등을 잠시 끄고 영유아를 승차시킨다.
③ 영유아를 어린이통학버스 주변에 내려주고 바로 출발한다.
④ 어린이보호구역에서는 좌석안전띠를 매지 않아도 된다.

해설 도로교통법 제53조(어린이통학버스 운전자 및 운영자 등의 의무) ① 어린이통학버스를 운전하는 사람은 어린이나 영유아가 타고 내리는 경우에만 점멸등 등의 장치를 작동하여야 하며, 어린이나 영유아를 태우고 운행 중인 경우에만 제51조 제3항에 따른 표시를 하여야 한다. ② 어린이통학버스를 운전하는 사람은 어린이나 영유아가 어린이통학버스를 탈 때에는 승차한 모든 어린이나 영유아가 좌석 안전띠를 매도록 한 후에 출발하여야 하며, 내릴 때에는 보도나 길가장자리구역 등 자동차로부터 안전한 장소에 도착한 것을 확인한 후에 출발하여야 한다.

511 도로교통법령상 자전거 운전자가 지켜야 할 내용으로 맞는 것은?

① 보행자의 통행에 방해가 될 때는 서행 및 일시정지해야 한다.
② 어린이가 자전거를 운전하는 경우에 보도로 통행할 수 없다.
③ 자전거의 통행이 금지된 구간에서는 자전거를 끌고 갈 수도 없다.
④ 길가장자리구역에서는 2대까지 자전거가 나란히 통행할 수 있다.

해설 도로교통법 제13조의2(자전거등의 통행방법의 특례)

512 도로교통법령상 자전거(전기자전거 제외) 운전자의 도로 통행 방법으로 가장 바람직하지 않은 것은?

① 어린이가 자전거를 타고 보도를 통행하였다.
② 안전표지로 자전거 통행이 허용된 보도를 통행하였다.
③ 도로의 파손으로 부득이하게 보도를 통행하였다.
④ 통행 차량이 없어 도로 중앙으로 통행하였다.

해설 ①, ②, ③의 경우 보도를 통행할 수 있다.(도로교통법 제13조의2 제4항)

513 도로교통법령상 개인형 이동장치 운전자에 대한 설명으로 바르지 않은 것은?

① 횡단보도를 이용하여 도로를 횡단할 때에는 개인형 이동장치에서 내려서 끌거나 들고 보행하여야 한다.
② 자전거도로가 설치되지 아니한 곳에서는 도로 우측 가장자리에 붙어서 통행하여야 한다.
③ 전동이륜평행차는 승차정원 1명을 초과하여 동승자를 태우고 운전할 수 있다.
④ 밤에 도로를 통행하는 때에는 전조등과 미등을 켜거나 야광띠 등 발광장치를 착용하여야 한다.

해설 도로교통법 제13조의2 제2항·제6항, 제50조 제9항·제10항

정답 503.① 504.③ 505.④ 506.② 507.② 508.① 509.② 510.① 511.① 512.④ 513.③

Chapter 02 운전장치-4기 2단원

01 운전장치에 포함될 수 있는 장치에 관한 설명으로 맞는 것 2가지는?
① 제1종 대형면허는 아스팔트살포기를 운전할 수 있다.
② 제1종 보통면허는 덤프트럭 등을 운전할 수 있다.
③ 제1종 특수면허는 250kW 이하 지게차도 운전할 수 있다.
④ 제2종 보통면허로 원동기장치자전거를 운전할 수 있다.

예문 도로교통법 시행규칙 별표18 (운전할 수 있는 차의 종류)에 따라 제1종 대형면허는 덤프트럭, 아스팔트살포기, 노상안정기, 콘크리트믹서트럭, 콘크리트펌프, 천공기(트럭적재식)과 도로를 운행하는 3톤 미만의 지게차를 운전할 수 있다.

02 다음 중 운전면허가 정지 취소기간이 2년에 해당하는 사유 2가지는?(범칙 이상의 행위 적발된 경우)
① 벌점이 공신 3점일 때
② 다른 사람을 위하여 운전면허시험에 응시한 때
③ 자동차를 이용하여 범죄행위를 한 때
④ 정기적성검사를 받지 아니하여 운전면허가 취소된 때

03 운전면허증 분실 시·도경찰청장에게 반납하여야 하는 사유 2가지는?
① 운전면허가 취소된 이들 된 때
② 운전면허 효력이 정지된 때
③ 운전면허증 재교부를 받은 후 잃어버린 때
④ 연습면허증의 유효기간이 6개월 경과한 때

예문 운전면허증을 잃어버리고 재발급 받은 후 그 잃어버린 운전면허증을 찾은 때, 운전면허의 효력이 정지된 때, 운전면허증 재교부를 받은 후 잃어버린 운전면허증을 찾은 때에는 7일 이내에 주소지를 관할하는 시·도경찰청장에게 반납하여야 한다.

04 자동차에 승차하기 전 가장점검 사용으로 맞는 것 2가지는?
① 타이어 마모상태
② 길·후진 차량이 있는지 여부
③ 엔진 공기상태 여부
④ 브레이크 상태

05 장기자동차로 분류되지 않은 것 2가지는?
① 피사용을 수용자동차의 운송사업용 자동차로 6인승이다.
② 장기간 충전 이상의 사용장치를 배터리를 장착한 자동차이다.
③ 송전 정비자에도 문으기기 장치를 하지 않은 것이 좋다.
④ 엔진시동 시, 반드시 브레이크 페달을 밟고 시동이 걸린 것이 일반적이다.

예문 ① 시동을 재시동하고 가속하려면 브레이크에서 자동차에 사용되는 장치(자동자)는 일반적이 전동용기까지 뽑된다(사용자 정체시 검토 권장). ② 대기오염이 없고 자동차 정내에서 장기가 모으는 앞으로 자동차나 장기가 앞으로 장기가 낮을 경우에도 좋다. ③ 배터리 정전시 이후 배터리 정점가 구경운에 차량이 앞으로 오래 정지되어 있을 수 있다. ④ 충전 시, 시전을 잘라서 장기를 잘라지 않지만 이 수전으로 배터리 충전을 장점한다.

06 자동차정비의 자동자에 종류로 맞는 것 2가지는?
① 경기기 ② 화물자동차
③ 승전기 ④ 특수자동차

예문 자동차관리법 자동차는 승용자동차, 승합자동차, 화물자동차, 특수자동차, 이륜자동차로 구분된다.

07 다음 중 전기자동차 관련용 내용으로 맞는 것 2가지는?
① 수간거리 늘을 위해 자산 설치 전기 이서통인 장점이 있다.
② 대기오염 없이 일시조음도 움직이는 배기가스 등이 이산화탄소, 질소산화물 등을 배출된다.
③ 자동차를 그래들 전기 모터이 동력원 힘으로 장점된 사용된 정점이 있다.
④ 수주식 없이 이들 장점이 장기가 표준 가속시간 2,000킬로미터까지 운전할 수 있을 정도 고속이다.

예문 수전형 전기 이서동이 이서사라 고수에 대체 이동수전이 있고 진동자동차에 비해 저렴한 전기요금으로 2005년 2월 16일 장자 상사된 점이 많이 진동자동차의 10,000km/주행중에 매우 등장치가 친환경적이며, 교통 장치장치의 이점, 진동자동차의 상품성 등으로 연소반응 등을 보고 가진했다.

08 운전자 준수 사용으로 맞는 것 2가지는?
① 어린이 교통사고 위험이 있을 때는 일시정지한다.
② 물이 고인 곳을 지날 때는 속도를 줄여 주의하여 통행한다.
③ 자동차 앞면 창유리의 지수 가시광선 (정보) 등의 비율은 40%이다.
④ 난반사를 피하기 위해 닉전 등을 사용한다.

예문 도로에서 어린이교통사고 위험이 있는 것을 발견한 경우 일시정지를 하여야 한다. 또한 물이 고인 곳을 진행 시 물이 튀어 다른 사람에게 피해를 주지 않도록 서행해야 하고, 안전지대에 보행자가 있는 경우에도 안전한 거리를 두고 서행해야 한다.

09 다음 중 고속도로에서 운전자의 바람직한 운전행위 2가지는?
① 피로한 경우 갓길에 정차하여 안정을 취한 후 운전한다.
② 주변 약전 국물의 요구에도 속도를 움츠이지 동조항상다.
③ 가다리고 운전종심기를 통해 주기적으로 스스로 실전 상태를 점검한다.
④ 운전 중 수분 선취를 자주 적절히 하여 졸음운전을 예방한다.

예문 장시간 운전할 경우 주기적으로 휴식하며 신체 상태에 알맞은 여유로운 운전을 예방한다.

10 다음 설명 중 맞는 2가지는?
① 질병 감염이 되었을 때 ∇로 표시한다.
② 신체표시가 되고 있는 경우 중 어느 차나 도로 신호기에 따라야 한다.
③ 길가장자리에 실선이 설치된 곳은 30미터 전에서 신호 후 진로변경한다.
④ 자전거교통장비를 위하여 일부일도를 설치하여 중요한 교차로를 정비한다.

예문 ①이며, 그물도로는 방해가 발생하기 쉬운 장소에 설치되어 있는 것은 공진하여야 한다.

정답
01. ①,④ 02. ②,③ 03. ①,② 04. ①,② 05. ①,④ 06. ②,④ 07. ①,② 08. ①,② 09. ③,④ 10. ②,③

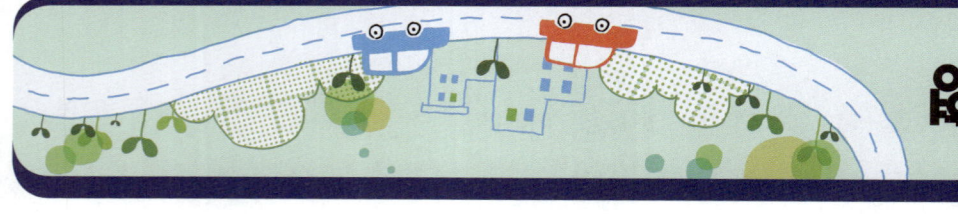

11 교통정리가 없는 교차로에서의 양보 운전에 대한 내용으로 맞는 것 2가지는?
① 좌회전하고자 하는 차의 운전자는 그 교차로에서 직진 또는 우회전하려는 차에 진로를 양보해야 한다.
② 교차로에 들어가고자 하는 차의 운전자는 이미 교차로에 들어가 있는 좌회전 차가 있을 때에는 그 차에 진로를 양보할 의무가 없다.
③ 교차로에 들어가고자 하는 차의 운전자는 폭이 좁은 도로에서 교차로에 진입 하려는 차가 있을 경우에는 그 차에 진로를 양보해서는 안 된다.
④ 우선순위가 같은 차가 교차로에 동시에 들어가고자 하는 때에는 우측 도로의 차에 진로를 양보해야 한다.

> 해설
> 교통정리가 없는 교차로에서 좌회전하고자 하는 차의 운전자는 그 교차로에서 직진 또는 우회전하려는 차에 진로를 양보해야 하며, 우선순위가 같은 차가 교차로에 동시에 들어가고자 하는 때에는 우측 도로의 차에 진로를 양보해야 한다.

12 자동차 등록의 종류가 아닌 것 2가지는?
① 경정등록 ② 권리등록
③ 설정등록 ④ 말소등록

> 해설
> 자동차등록은 신규, 변경, 이전, 말소, 압류, 경정, 예고등록이 있고, 특허등록은 권리등록, 설정등록 등이 있다. (자동차등록령)

13 운전 중 집중력에 대한 내용으로 가장 적합한 2가지는?
① 운전 중 동승자와 계속 이야기를 나누는 것은 집중력을 높여 준다.
② 운전자의 시야를 가리는 차량 부착물은 제거하는 것이 좋다.
③ 운전 중 집중력은 안전운전과는 상관이 없다.
④ TV/DMB는 뒷좌석 동승자들만 볼 수 있는 곳에 장착하는 것이 좋다.

> 해설
> 운전 중 동승자와 계속 이야기를 나누면 집중력을 흐리게 하며 운전 중 집중력은 항상 필요하다.

14 도로교통법령상 운전 중 서행을 하여야 하는 경우 또는 장소에 해당하는 2가지는?
① 신호등이 없는 교차로
② 어린이가 보호자 없이 도로를 횡단하는 때
③ 앞을 보지 못하는 사람이 흰색 지팡이를 가지고 도로를 횡단하고 있는 때
④ 도로가 구부러진 부근

> 해설
> 신호등이 없는 교차로는 서행을 하고, 어린이가 보호자 없이 도로를 횡단하는 때와 앞을 보지 못하는 사람이 흰색 지팡이를 가지고 도로를 횡단하고 있는 경우에서는 일시정지를 하여야 한다.

15 도로교통법령상 긴급자동차의 준수사항으로 옳은 것 2가지는?
① 속도에 관한 규정을 위반하는 자동차 등을 단속하는 긴급자동차는 자동차의 안전운행에 필요한 기준에서 정한 긴급자동차의 구조를 갖추어야 한다.
② 국내외 요인에 대한 경호업무수행에 공무로 사용되는 긴급자동차는 사이렌을 울리거나 경광등을 켜지 않아도 된다.
③ 일반자동차는 전조등 또는 비상표시등을 켜서 긴급한 목적으로 운행되고 있음을 표시하여도 긴급자동차로 볼 수 없다.
④ 긴급자동차는 원칙적으로 사이렌을 울리거나 경광등을 켜야만 우선통행 및 법에서 정한 특례를 적용받을 수 있다.

> 해설
> 도로교통법 시행령 제3조(긴급자동차의 준수 사항)

16 다음 중 회전교차로의 통행 방법으로 가장 적절한 2가지는?
① 회전교차로에서 이미 회전하고 있는 차량이 우선이다.
② 회전교차로에 진입하고자 하는 경우 신속히 진입한다.
③ 회전교차로 진입 시 비상점멸등을 켜고 진입을 알린다.
④ 회전교차로에서는 반시계 방향으로 주행한다.

> 해설
> 제25조의2(회전교차로 통행방법)
> ① 모든 차의 운전자는 회전교차로에서는 반시계방향으로 통행하여야 한다.
> ② 모든 차의 운전자는 회전교차로에 진입하려는 경우에는 서행하거나 일시정지하여야 하며, 이미 진행하고 있는 다른 차가 있는 때에는 그 차에 진로를 양보하여야 한다.

17 고속도로를 주행할 때 옳은 2가지는?
① 모든 좌석에서 안전띠를 착용하여야 한다.
② 고속도로를 주행하는 차는 진입하는 차에 대해 차로를 양보하여야 한다.
③ 고속도로를 주행하고 있다면 긴급자동차가 진입한다 하여도 양보할 필요는 없다.
④ 고장자동차의 표지(안전삼각대 포함)를 가지고 다녀야 한다.

> 해설
> 고속도로를 진입하는 차는 주행하는 차에 대해 차로를 양보해야 하며 주행 중 긴급자동차가 진입하면 양보해야 한다.

18 음주 운전자에 대한 처벌 기준으로 맞는 2가지는?
① 혈중알코올농도 0.08퍼센트 이상의 만취 운전자는 운전면허 취소와 형사처벌을 받는다.
② 경찰관의 음주 측정에 불응하거나 혈중알코올농도 0.03퍼센트 이상의 상태에서 인적 피해의 교통사고를 일으킨 경우 운전면허 취소와 형사처벌을 받는다.
③ 혈중알코올농도 0.03퍼센트 이상 0.08퍼센트 미만의 단순 음주운전일 경우에는 120일간의 운전면허 정지와 형사처벌을 받는다.
④ 처음으로 혈중알코올농도 0.03퍼센트 이상 0.08퍼센트 미만의 음주운전자가 물적 피해의 교통사고를 일으킨 경우에는 운전면허가 취소된다.

> 해설
> 혈중알코올농도 0.03퍼센트 이상 0.08퍼센트 미만의 단순 음주운전일 경우에는 100일간의 운전면허 정지와 형사처벌을 받으며, 혈중알코올농도 0.03퍼센트 이상의 음주 운전자가 인적 피해의 교통사고를 일으킨 경우에는 운전면허가 취소된다.

19 도로를 주행할 때 안전 운전 방법으로 맞는 2가지는?
① 주차를 위해서는 되도록 안전지대에 주차를 하는 것이 안전하다.
② 황색 신호가 켜지면 신호를 준수하기 위하여 교차로 내에 정지한다.
③ 앞 차량이 급제동할 때를 대비하여 추돌을 피할 수 있는 거리를 확보한다.
④ 앞지르기할 경우 앞 차량의 좌측으로 통행한다.

> 해설
> 앞 차량이 급제동할 때를 대비하여 추돌을 피할 수 있는 거리를 확보하며 앞지르기할 경우 앞 차량의 좌측으로 통행한다.

20 도로교통법상 다인승전용차로를 통행할 수 있는 차의 기준으로 맞는 2가지는?
① 3명 이상 승차한 승용자동차
② 3명 이상 승차한 화물자동차
③ 3명 이상 승차한 승합자동차
④ 2명 이상 승차한 이륜자동차

> 해설
> 도로교통법 시행령 별표 1(전용차로의 종류와 전용차로로 통행할 수 있는 차)

정답 11. ①, ④ 12. ②, ③ 13. ②, ④ 14. ①, ④ 15. ②, ④ 16. ①, ④ 17. ①, ④ 18. ①, ② 19. ③, ④ 20. ①, ③

정답

21. ③ 22. ③ 23. ④ 24. ② 25. ① 26. ① 27. ② 28. ① ④

21 도로교통법 보행자 보호에 대한 설명 중 옳은 것 2가지는?

① 보행자가 횡단보도가 없는 도로를 횡단하고 있을 때에는 안전거리를 두고 서행하여야 한다.
② 보행자가 횡단보도가 없는 곳을 횡단하고 있을 때에는 안전거리를 두고 일시정지하여 보행자가 안전하게 횡단할 수 있도록 하여야 한다.
③ 무단횡단하는 술 취한 보행자를 보호할 필요는 없다.
④ 보행자가 횡단보도가 없는 도로를 횡단하고 있을 때에는 경음기를 울리며 주의를 주고 지나가야 한다.

22 음주운전 관련 내용 중 옳은 것 2가지는?

① 호흡 측정에 의한 음주 측정 결과에 불복하는 경우 운전자의 동의를 얻어 혈액 채취 등의 방법으로 다시 측정할 수 있다.
② 이미 운전이 종료되고 귀가하여 교통안전과 위험 방지의 필요성이 소멸되었다면 음주 측정 대상이 아니다.
③ 자동차가 아닌 건설기계관리법상 건설 기계도 도로교통법상 음주 운전 금지 대상이다.
④ 술에 취한 상태에 있다고 인정할 만한 상당한 이유가 있음에도 경찰공무원의 음주측정에 응하지 않은 사람은 운전면허 취소 처분 대상이다.

23 피로 및 공주, 졸음운전과 관련된 설명 중 맞는 것 2가지는?

① 피로는 공주거리에는 영향을 미치지 않지만 제동거리에 영향을 미쳐 교통사고의 위험성을 증가시킨다.
② 피로한 상황에서는 졸음운전이 빈번하므로 카페인 섭취를 늘리고 단조로운 상황을 피하기 위해 진로변경을 자주한다.
③ 장거리 운행 시 운전피로를 줄이기 위해 서행하며 자주 휴식을 취한다.
④ 졸음운전 방지를 위해 일정 시간 간격으로 환기를 한다.

24 야간이 주간보다 더 위험한 이유로 옳지 않은 것 2가지는?(주간 대비 야간 운행 시 유의해야 할 공자이 줄어들기 때문이다.)

① 증발현상으로 중앙선에 있는 보행자가 보이지 않아 사고가 발생할 수 있다.
② 주간보다 시야가 제한됨에 따라 속도가 감소되어 교통사고 위험이 있다.
③ 야간에는 운전자가 일시적으로 확인할 수 있는 시야의 범위가 좁아진다.
④ 야간에는 전조등을 비추어도 주변이 잘 보이지 않는다.

25 도로교통법상 자동차등(개인형 이동장치 제외) 음주운전 사망사고 대한 처벌 기준에 대한 내용이다. 괄호 안 내용으로 2가지는?

① 혈중알코올농도 0.2% 이상으로 사람을 사상한 후 ｢도로교통법｣상 조치 및 신고를 아니한 경우 1년 이상 15년 이하의 징역이나 500만 원 이상 3천만 원 이하의 벌금
② 혈중알코올농도 0.03% 이상 0.2% 미만의 경우 1년 이상 2년 이하의 징역이나 500만 원 이상 1천만 원 이하의 벌금
③ 음주측정거부의 경우 1년 이상 5년 이하의 징역이나 500만 원 이상 2천만 원 이하의 벌금
④ 혈중알코올농도 0.2% 이상의 경우 - 2년 이상 6년 이하의 징역이나 1천만 원 이상 3천만 원 이하의 벌금

26 도로교통법령상 교통사고 발생 시 긴급을 요하는 경우 동승자에게 조치를 부탁하고 운전을 계속할 수 있는 차량 2가지는?

① 병원으로 부상자를 운반 중인 승용자동차
② 화재진압 후 소방서로 돌아오는 소방자동차
③ 교통사고 현장으로 출동하는 견인자동차
④ 택배화물을 싣고 가던 중인 우편물자동차

27 피해자의 부상에 대한 설명 중 맞는 것 2가지는?

① 피해자가 경상인 경우 피해자의 동의 없이도 손해배상에 합의할 수 있다.
② 경상이란 3주 미만의 치료를 요하는 의사의 진단이 있는 사고를 말한다.
③ 교통사고처리특례법상 처벌의 특례 예외에 해당하는 12개 항목 사고의 경우 경상이라도 형사처벌 대상이 된다.
④ 부상신고란 5일 미만의 치료를 요하는 의사의 진단이 있는 사고를 말한다.

28 다음 중 도로교통법상 피해자보호조치에 대한 설명으로 옳은 것 2가지는?

① 좋은 일이 생긴 경우에는 피해자의 보호조치를 할 수 있다.
② 차량이 견인될 경우 피해자를 보호할 수 없다.
③ 경상이라도 교통사고 현장에서 인명구호를 위해 경찰을 불러야 한다.
④ 도로교통법 제54조(사고발생 시의 조치) ① 차의 운전 등 교통으로 인하여 사람을 사상하거나 물건을 손괴(이하 "교통사고"라 한다)한 경우에는 그 차의 운전자나 그 밖의 승무원(이하 "운전자등"이라 한다)은 즉시 정차하여 다음 각 호의 조치를 하여야 한다.

29
노인보호구역에서 자동차에 싣고 가던 화물이 떨어져 노인에게 2주 진단의 상해를 발생시킨 경우 교통사고처리 특례법상 처벌로 맞는 2가지는?
① 피해자의 처벌의사에 관계없이 형사처벌 된다.
② 피해자와 합의하면 처벌되지 않는다.
③ 손해를 전액 보상받을 수 있는 보험에 가입되어 있으면 처벌되지 않는다.
④ 손해를 전액 보상받을 수 있는 보험가입 여부와 관계없이 형사처벌 된다.

> 교통사고처리 특례법 제3조(처벌의 특례) 제2항 제12호 도로교통법 제39조 제4항을 위반하여 자동차의 화물이떨어지지 아니하도록 필요한 조치를 하지 아니하고 운전한 경우에 해당되어 종합보험에 가입되어도 형사처벌을 받게 된다.

30
비보호좌회전 교차로에서 좌회전하고자 할 때 설명으로 맞는 2가지는?
① 마주 오는 차량이 없을 때 반드시 녹색등화에서 좌회전하여야 한다.
② 마주 오는 차량이 모두 정지선 직전에 정지하는 적색등화에서 좌회전하여야 한다.
③ 녹색등화에서 비보호 좌회전할 때 사고가 나면 안전운전의무 위반으로 처벌받는다.
④ 적색등화에서 비보호 좌회전할 때 사고가 나면 안전운전의무 위반으로 처벌받는다.

> 비보호좌회전은 비보호 좌회전 안전표지가 있고, 차량신호가 녹색신호이고, 마주 오는 차량이 없을 때 좌회전할 수 있다. 또한 녹색등화에서 비보호좌회전 때 사고가 발생하면 2010.8.24. 이후 안전운전의무 위반으로 처벌된다.

31
중앙 버스전용차로가 운영 중인 시내 도로를 주행하고 있다. 가장 안전한 운전방법 2가지는?
① 다른 차가 끼어들지 않도록 경음기를 계속 사용하며 주행한다.
② 우측의 보행자가 무단 횡단할 수 있으므로 주의하며 주행한다.
③ 좌측의 버스정류장에서 보행자가 나올 수 있어 서행한다.
④ 적색신호로 변경될 수 있으므로 신속하게 통과한다.

> 중앙 버스전용차로(BRT) 구간 시내도로 주행 중일 경우 버스정류장이 중앙에 위치하고 횡단보도 길이가 짧아 보행자의 무단횡단 사고가 많으므로 주의하며 서행해야 한다.

32
다음 중 도로교통법상 차로를 변경할 때 안전한 운전방법으로 맞는 2가지는?
① 차로를 변경할 때 최대한 빠르게 해야 한다.
② 백색실선 구간에서만 할 수 있다.
③ 진행하는 차의 통행에 지장을 주지 않을 때 해야 한다.
④ 백색점선 구간에서만 할 수 있다.

> 차로 변경은 차로변경이 가능한 구간에서 안전을 확인한 후 차로를 변경해야 한다.

33
교차로에서 우회전할 때 가장 안전한 운전 행동으로 맞는 2가지는?
① 방향지시등은 우회전하는 지점의 30미터 이상 후방에서 작동한다.
② 백색 실선이 그려져 있으면 주의하며 우측으로 진로 변경한다.
③ 진행 방향의 좌측에서 진행해 오는 차량에 방해가 없도록 우회전한다.
④ 다른 교통에 주의하며 신속하게 우회전한다.

> 교차로에 접근하여 백색 실선이 그려져 있으면 그 구간에서는 진로 변경해서는 안 되고, 다른 교통에 주의하며 서행으로 회전해야 한다. 그리고 우회전할 때 신호등 없는 교차로에서는 통행 우선권이 있는 차량에게 차로를 양보해야 한다.

34
승용자동차 운전자가 앞지르기할 때의 운전 방법으로 옳은 2가지는?
① 앞지르기를 시작할 때에는 좌측 공간을 충분히 확보하여야 한다.
② 주행하는 도로의 제한속도 범위 내에서 앞지르기 하여야 한다.
③ 안전이 확인된 경우에는 우측으로 앞지르기할 수 있다.
④ 앞차의 좌측으로 통과한 후 후사경에 우측 차량이 보이지 않을 때 빠르게 진입한다.

> 모든 차의 운전자는 다른 차를 앞지르고자 하는 때에는 앞차의 좌측으로 통행하여야 한다. 앞지르고자 하는 모든 차의 운전자는 반대 방향의 교통과 앞차 앞쪽의 교통에도 주의를 충분히 기울여야 하며, 앞차의 속도□차로와 그 밖의 도로상황에 따라 방향지시기□등화 또는 경음기를 사용하는 등 안전한 속도와 방법으로 앞지르기를 하여야 한다.

35
도로교통법령상 주차가 가능한 장소로 맞는 2가지는?
① 도로의 모퉁이로부터 5미터 지점
② 소방용수시설이 설치된 곳으로부터 7미터 지점
③ 비상소화장치가 설치된 곳으로부터 7미터 지점
④ 안전지대로부터 5미터 지점

> 주차 금지장소 : ① 횡단보도로부터 10미터 이내 ② 소방용수시설이 설치된 곳으로부터 5미터 이내 ③ 비상소화장치가 설치된 곳으로부터 5미터 이내 ④ 안전지대 사방으로부터 각각 10미터 이내 (도로교통법 제32조)
> 제34조의2(정차 또는 주차를 금지하는 장소의 특례) ① 다음 각 호의 어느 하나에 해당하는 경우에는 제32조제1호·제4호·제5호·제7호·제8호 또는 제33조제3호에도 불구하고 정차하거나 주차할 수 있다.
> 1. 「자전거 이용 활성화에 관한 법률」 제2조제2호에 따른 자전거이용시설 중 전기자전거 충전소 및 자전거주차장치에 자전거를 정차 또는 주차하는 경우
> 2. 시장등의 요청에 따라 시·도경찰청장이 안전표지로 자전거등의 정차 또는 주차를 허용한 경우
>   ② 시·도경찰청장이 안전표지로 구역·시간·방법 및 차의 종류를 정하여 정차나 주차를 허용한 곳에서는 제32조제7호·제8호 또는 제33조제3호에도 불구하고 정차하거나 주차할 수 있다.

36
다음 중 긴급자동차에 해당하는 2가지는?
① 경찰용 긴급자동차에 의하여 유도되고 있는 자동차
② 수사기관의 자동차이지만 수사와 관련 없는 기능으로 사용되는 자동차
③ 사고차량을 견인하기 위해 출동하는 구난차
④ 생명이 위급한 환자 또는 부상자나 수혈을 위한 혈액을 운송 중인 자동차

> 도로교통법 시행령 제2조(긴급자동차의 종류)
> ① 「도로교통법」(이하 "법"이라 한다) 제2조제22호라목에서 "대통령령으로 정하는 자동차"란 긴급한 용도로 사용되는 다음 각 호의 어느 하나에 해당하는 자동차를 말한다. 다만, 제6호부터 제11호까지의 자동차는 이를 사용하는 사람 또는 기관 등의 신청에 의하여 시·도경찰청장이 지정하는 경우로 한정한다.
> 1. 경찰용 자동차 중 범죄수사, 교통단속, 그 밖의 긴급한 경찰업무 수행에 사용되는 자동차
> 2. 국군 및 주한 국제연합군용 자동차 중 군 내부의 질서 유지나 부대의 질서 있는 이동을 유도(誘導)하는 데 사용되는 자동차
> 3. 수사기관의 자동차 중 범죄수사를 위하여 사용되는 자동차
> 4. 다음 각 목의 어느 하나에 해당하는 시설 또는 기관의 자동차 중 도주자의 체포 또는 수용자, 보호관찰 대상자의 호송·경비를 위하여 사용되는 자동차
>   가. 교도소·소년교도소 또는 구치소
>   나. 소년원 또는 소년분류심사원
>   다. 보호관찰소
> 5. 국내외 요인(要人)에 대한 경호업무 수행에 공무(公務)로 사용되는 자동차
> 6. 전기사업, 가스사업, 그 밖의 공익사업을 하는 기관에서 위험 방지를 위한 응급작업에 사용되는 자동차
> 7. 방위업무를 수행하는 기관에서 긴급예방 또는 복구를 위한 출동에 사용되는 자동차
> 8. 도로관리를 위하여 사용되는 자동차 중 도로상의 위험을 방지하기 위한 응급작업에 사용되거나 운행이 제한되는 자동차를 단속하기 위하여 사용되는 자동차
> 9. 전신·전화의 수리공사 등 응급작업에 사용되는 자동차
> 10. 긴급한 우편물의 운송에 사용되는 자동차
> 11. 전파감시업무에 사용되는 자동차
> ② 제1항 각 호에 따른 자동차 외에 다음 각 호의 어느 하나에 해당하는 자동차는 긴급자동차로 본다.
> 1. 제1항제1호에 따른 경찰용 긴급자동차에 의하여 유도되고 있는 자동차
> 2. 제1항제2호에 따른 국군 및 주한 국제연합군용의 긴급자동차에 의하여 유도되고 있는 국군 및 주한 국제연합군의 자동차
> 3. 생명이 위급한 환자 또는 부상자나 수혈을 위한 혈액을 운송 중인 자동차

정답 29. ①, ④ 30. ①, ③ 31. ②, ③ 32. ③, ④ 33. ①, ③ 34. ①, ② 35. ②, ③ 36. ①, ④

37 다음은 도로교통법상 정의하고 있는 용어이다. 잘못된 내용은 2가지는?

① "자동차"란 철길이나 가설된 선을 이용하지 아니하고 원동기를 사용하여 운전되는 차(牽引)되는 자동차도 자동차의 일부로 본다] 등을 말한다.
② "긴급자동차"란 소방차, 구급차, 혈액 공급차량, 그 밖에 대통령령으로 정하는 자동차로서 그 본래의 긴급한 용도로 사용되고 있는 자동차를 말한다.
③ "어린이통학버스"란 어린이를 교육 대상으로 하는 시설에서 어린이의 통학 등에 이용되는 자동차와 여객자동차 운수사업법에 따른 여객자동차운송사업의 한정면허를 받아 어린이를 여객대상으로 하여 운행되는 운송사업용 자동차를 말한다.
④ "모든 차"라 함은 자동차, 건설기계, 원동기장치자전거, 자전거, 사람 또는 가축의 힘이나 그 밖의 동력에 의하여 도로에서 운전되는 것을 말한다.

도로교통법 제2조

38 도로교통법상 긴급자동차로 운용되고 있는 구급차 운전자가 할 수 있는 행동은 2가지는?

① 평소에 운전하기 좋은 코스로 사전 답사를 할 수 있다.
② 정당한 사유 없이 경광등을 사용하여 계속 공회전할 수 있다.
③ 도로의 중앙이나 좌측으로 통행할 수 있다.
④ 도로교통법에 따라 기본적 훈련을 받을 수 있다.

제2조(긴급자동차의 특례) 제30조는 긴급자동차에 대하여 다음 각 호의 사항을 적용하지 아니한다. 다만, 제4호부터 제12호까지의 사항은 긴급자동차 중 제2조 제22호 가목부터 다목까지의 자동차와 대통령령으로 정하는 경찰용 자동차에 대해서만 적용하지 아니한다.

39 어린이통학버스의 특별 보호에 관한 설명으로 맞는 2가지는?

① 어린이통학버스를 앞지르기하고자 할 때는 다른 차의 앞지르기 방법과 같다.
② 어린이들이 승하차 시, 동일 차로와 바로 옆 차로에서 뒤따라오는 차량은 일시정지하여 안전을 확인한 후 서행하여야 한다.
③ 어린이들이 승하차 시, 중앙선이 없는 도로에서는 반대방향에서 진행하는 차량도 일시정지하여 안전을 확인한 후 서행하여야 한다.
④ 어린이들이 승하차 시, 편도 1차로 도로에서 반대방향에서 진행하는 차량은 일시정지하여 안전을 확인한 후 서행하여야 한다.

어린이통학버스가 어린이 또는 영유아를 태우고 있다는 표시를 한 상태로 도로를 통행하는 때에는 모든 차의 운전자는 어린이통학버스를 앞지르지 못한다.

40 다음 중 도로교통법상 긴급자동차로 볼 수 없는 것 2가지는?

① 교통 단속을 위해 자동차 검사 중인 경찰용 자동차
② 생명이 위급한 환자 또는 부상자나 수혈을 위한 혈액을 운송 중인 자동차
③ 피견인자동차를 견인 중인 자동차
④ 시·도경찰청장으로부터 지정을 받고 긴급한 우편물의 운송에 사용되는 자동차

도로교통법시행령 제2조, 제22조는 "긴급자동차"란 다음 각 호의 어느 하나에 해당하는 자동차로서 그 본래의 긴급한 용도로 사용되고 있는 자동차를 말한다. 피견인 자동차는 제외한다. 가. 소방차, 나. 구급차, 다. 혈액 공급차량, 라. 그 밖에 대통령령으로 정하는 자동차

41 도로교통법상 어린이 보호구역에 대한 설명으로 맞는 2가지는?

① 어린이 보호구역은 초등학교 주출입문 100미터 이내의 도로 중 일정구간을 말한다.
② 어린이 보호구역 내에서는 주·정차가 허용된다.
③ 어린이 보호구역 내에서는 주·정차가 금지된다.
④ 어린이 보호구역 내 설치된 신호기의 보행 시간은 어린이 평균 보행속도를 기준으로 한다.

어린이 보호구역은 학교 출입문을 중심으로 반경 300미터 이내의 도로 중 일정구간으로 어린이 보호구역 내에서의 주·정차는 금지된다.

42 도로교통법상 긴급자동차 이동 시에 대한 설명으로 맞지 않은 것 2가지는?

① 사고 25인승 이하 승합자동차는 긴급자동차로 사용할 수 있다.
② 응급환자의 운반 중에는 구급의료용 자동차로 운용한다.
③ 수혈용 자동차는 긴급자동차이다.
④ 최고 속도위반 시 30일 이내에 이의를 신청할 수 있고, 불가항력적인 경우에도 과태료를 부과한다.

도로교통법시행령 제2조(긴급자동차의 종류) 긴급자동차의 지정신청에 관한 이의 조항이나 이의신청이 있는 경우 25인승 이상이거나 승차정원 11명 이상인 승합자동차로 한정한다.

43 도로교통법상 긴급자동차 가·감속 시 가장 안전한 운전 방법은 2가지는?

① 자동차사고가 발생한 경우에 사망자가 없으면 병원에 이송 후 신고한다.
② 경찰차가 긴급자동차를 지원하지 않으면 사고가 발생하더라도 신고할 필요가 없다.
③ 중상 피해자가 있는 경우 상대방 운전자에게 연락하고 피해자를 병원으로 이송한다.
④ 자동차가 고장나는 경우 기급히 도로에 방치된다.

도로교통법 제54조(사고발생 시의 조치) 차의 운전 등 교통으로 인하여 사람을 사상하거나 물건을 손괴(이하 "교통사고"라 한다)한 경우에는 그 차 또는 노면전차의 운전자나 그 밖의 승무원(이하 "운전자 등"이라 한다)은 즉시 정차하여 다음 각 호의 조치를 하여야 한다.

44 도로교통법상 수·정차에 대한 설명으로 맞는 2가지는?

① 도로교통법상 정차의 정의는 매체가 정지하고 있는 상태로 5분을 초과하지 아니한다.
② 안전표지로 주·정차방법이 지정되어 있는 곳에서는 그 방법에 따라야 한다.
③ 비탈길에서 자동차를 세울 경우 기어는 1단에 놓아도 상관 없다.
④ 경사진 도로에서는 자동차의 변속기어를 고정하여야 한다.

정답 37. ②, ④ 38. ③, ④ 39. ③, ④ 40. ②, ④ 41. ②, ④ 42. ②, ④ 43. ②, ③ 44. ①, ④

45 운전자의 준수 사항에 대한 설명으로 맞는 2가지는?
① 승객이 문을 열고 내릴 때에는 승객에게 안전 책임이 있다.
② 물건 등을 사기 위해 일시 정차하는 경우에도 시동을 끈다.
③ 운전자는 차의 시동을 끄고 안전을 확인한 후 차의 문을 열고 내려야 한다.
④ 주차 구역이 아닌 경우에는 누구라도 즉시 이동이 가능하도록 조치해 둔다.

> 운전자가 운전석으로부터 떠나는 때에는 차의 시동을 끄고 제동 장치를 철저하게 하는 등 차의 정지 상태를 안전하게 유지하고 다른 사람이 함부로 운전하지 못하도록 필요한 조치를 하도록 규정하고 있다.

46 어린이 보호구역에 대한 설명과 주행방법이다. 맞는 것 2가지는?
① 어린이 보호를 위해 필요한 경우 통행속도를 시속 30킬로미터 이내로 제한 할 수 있고 통행할 때는 항상 제한속도 이내로 서행한다.
② 위 ①의 경우 속도제한의 대상은 자동차, 원동기장치자전거, 노면전차이며 어린이가 횡단하는 경우 일시정지한다.
③ 대안학교나 외국인학교의 주변도로는 어린이 보호구역 지정 대상이 아니므로 횡단보도가 아닌 곳에서 어린이가 횡단하는 경우 서행한다.
④ 어린이 보호구역에 속도 제한 및 횡단보도에 관한 안전표지를 우선적으로 설치할 수 있으며 어린이가 중앙선 부근에 서 있는 경우 서행한다.

> 도로교통법 제12조(어린이 보호구역의 지정 및 관리) 제1항 : 시장등은 교통사고의 위험으로부터 어린이를 보호하기 위하여 필요하다고 인정하는 경우 자동차등과 노면전차의 통행속도를 시속 30킬로미터 이내로 제한할 수 있다. 제4호 : 외국인학교, 대안학교도 어린이 보호구역으로 지정할 수 있다. 제5항 제2호 : 어린이 보호구역에 어린이의 안전을 위하여 속도제한 및 횡단보도에 관한 안전표지를 우선적으로 설치할 수 있다.

47 긴급한 용도로 운행 중인 긴급자동차에게 양보하는 운전방법으로 맞는 2가지는?
① 모든 자동차는 좌측 가장자리로 피하는 것이 원칙이다.
② 비탈진 좁은 도로에서 서로 마주보고 진행하는 경우 올라가는 긴급자동차는 도로의 우측 가장자리로 피하여 차를 양보하여야 한다.
③ 교차로 부근에서는 교차로를 피하여 일시정지하여야 한다.
④ 교차로나 그 부근 외의 곳에서 긴급자동차가 접근한 경우에는 긴급자동차가 우선통행할 수 있도록 진로를 양보하여야 한다.

> 도로교통법 제29조(긴급자동차의 우선통행) ④교차로나 그 부근에서 긴급자동차가 접근하는 경우에는 차마와 노면전차의 운전자는 교차로를 피하여 일시정지하여야 한다.
> ⑤모든 차와 노면전차의 운전자는 제4항에 따른 곳 외의 곳에서 긴급자동차가 접근한 경우에는 긴급자동차가 우선통행할 수 있도록 진로를 양보하여야 한다.

48 차로를 변경 할 때 안전한 운전방법 2가지는?
① 변경하고자 하는 차로의 뒤따르는 차와 거리가 있을 때 속도를 유지한 채 차로를 변경한다.
② 변경하고자 하는 차로의 뒤따르는 차와 거리가 있을 때 감속하면서 차로를 변경한다.
③ 변경하고자 하는 차로의 뒤따르는 차가 접근하고 있을 때 속도를 늦추어 뒤차를 먼저 통과시킨다.
④ 변경하고자 하는 차로의 뒤따르는 차가 접근하고 있을 때 급하게 차로를 변경한다.

> 뒤따르는 차와 거리가 있을 때 속도를 유지한 채 차로를 변경하고, 접근하고 있을 때는 속도를 늦추어 뒤차를 먼저 통과시킨다.

49 편도 3차로인 도로의 교차로에서 우회전할 때 올바른 통행 방법 2가지는?
① 우회전할 때에는 교차로 직전에서 방향 지시등을 켜서 진행방향을 알려 주어야 한다.
② 우측 도로의 횡단보도 보행 신호등이 녹색이라도 보행자가 없으면 통과할 수 있다.
③ 우회전 삼색등이 적색일 경우에는 보행자가 없어도 통과할 수 없다.
④ 편도 3차로인 도로에서는 2차로에서 우회전하는 것이 안전하다.

> 교차로에서 우회전 시 우측 도로 횡단보도 보행 신호등이 녹색이라도 보행자의 통행에 방해를 주지 아니하는 범위내에서 통과할 수 있다. 다만, 보행 신호등 측면에 차량 보조 신호등이 설치되어 있는 경우, 보조 신호등이 적색일 때 통과하면 신호 위반에 해당될 수 있으므로 통과할 수 없고, 보행자가 횡단보도 상에 존재하면 진행하는 차와 보행자가 멀리 떨어져 있다 하더라도 보행자 통행에 방해를 주는 것이므로 통과할 수 없다.

50 다음 중 강풍이나 돌풍 상황에서 가장 올바른 운전방법 2가지는?
① 핸들을 양손으로 꽉 잡고 차로를 유지한다.
② 바람에 관계없이 속도를 높인다.
③ 표지판이나 신호등, 가로수 부근에 주차한다.
④ 산악 지대나 다리 위, 터널 출입구에서는 강풍의 위험이 많으므로 주의한다.

> 강풍이나 돌풍은 산악지대나 높은 곳, 다리 위, 터널 출입구 등에서 발생하기 쉬우므로 그러한 지역을 지날 때에는 주의한다. 이러한 상황에서는 핸들을 양손으로 꽉 잡아 차로를 유지하며 속도를 줄여야 안전하다. 또한 강풍이나 돌풍에 표지판이나 신호등, 가로수 들이 넘어질 수 있으므로 근처에 주차하지 않도록 한다.

51 도로교통법상 정차 또는 주차를 금지하는 장소의 특례를 적용하지 않는 2가지는?
① 어린이보호구역 내 주출입문으로부터 50미터 이내
② 횡단보도로부터 10미터 이내
③ 비상소화장치가 설치된 곳으로부터 5미터 이내
④ 안전지대의 사방으로부터 각각 10미터 이내

> 정차 및 주차 금지 장소 모든 차의 운전자는 다음 각 호의 어느 하나에 해당하는 곳에서는 차를 정차하거나 주차하여서는 아니 된다. 다만, 이 법이나 이 법에 따른 명령 또는 경찰공무원의 지시를 따르는 경우와 위험방지를 위하여 일시정지하는 경우에는 그러하지 아니하다.
> 1. 교차로·횡단보도·건널목이나 보도와 차도가 구분된 도로의 보도(「주차장법」에 따라 차도와 보도에 걸쳐서 설치된 노상주차장은 제외한다)
> 2. 교차로의 가장자리나 도로의 모퉁이로부터 5미터 이내인 곳
> 3. 안전지대가 설치된 도로에서는 그 안전지대의 사방으로부터 각각 10미터 이내인 곳
> 4. 버스여객자동차의 정류지(停留地)임을 표시하는 기둥이나 표지판 또는 선이 설치된 곳으로부터 10미터 이내인 곳. 다만, 버스여객자동차의 운전자가 그 버스여객자동차의 운행시간 중에 운행노선에 따르는 정류장에서 승객을 태우거나 내리기 위하여 차를 정차하거나 주차하는 경우에는 그러하지 아니하다.
> 5. 건널목의 가장자리 또는 횡단보도로부터 10미터 이내인 곳
> 6. 다음 각 목의 곳으로부터 5미터 이내인 곳
>   가. 「소방기본법」 제10조에 따른 소방용수시설 또는 비상소화장치가 설치된 곳
>   나. 「화재예방, 소방시설 설치·유지 및 안전관리에 관한 법률」 제2조제1항제1호에 따른 소방시설로서 대통령령으로 정하는 시설이 설치된 곳
> 7. 시·도경찰청장이 도로에서의 위험을 방지하고 교통의 안전과 원활한 소통을 확보하기 위하여 필요하다고 인정하여 지정한 곳
> 8. 시장등이 제12조제1항에 따라 지정한 어린이 보호구역
>
> 제34조의2(정차 또는 주차를 금지하는 장소의 특례) ① 다음 각 호의 어느 하나에 해당하는 경우에는 제32조제1호·제4호·제5호·제7호·제8호 또는 제33조제3호에도 불구하고 정차하거나 주차할 수 있다.
> 1. 「자전거 이용 활성화에 관한 법률」 제2조제2호에 따른 자전거이용시설 중 전기자전거 충전소 및 자전거주차장치에 자전거등을 정차 또는 주차하는 경우
> 2. 시장등의 요청에 따라 시·도경찰청장이 안전표지로 자전거등의 정차 또는 주차를 허용한 경우
>
> ② 시·도경찰청장이 안전표지로 구역·시간·방법 및 차의 종류를 정하여 정차나 주차를 허용한 곳에서는 제32조제7호 또는 제33조제3호에도 불구하고 정차하거나 주차할 수 있다.

정답 45. ②, ③ 46. ①, ② 47. ③, ④ 48. ①, ③ 49. ②, ③ 50. ①, ④ 51. ③, ④

정답 52.① 53.③ 54.④ 55.④ 56.① 57.② 58.③ 59.③ 60.① 61.④

---

52 도로교통법상 차마에 해당하는 2가지는?
① 자전거를 타고 가거나 끌고 있는 경우
② 철길이나 가설된 선을 이용하여 운전되는 것
③ 유모차와 보행보조용 의자차
④ 자동차와 원동기장치자전거

53 도로교통법상 어린이에 해당하는 2가지는?
① 13세 이하인 사람으로서 도로에 혼자 다닐 수 있는 기기를 타고 있는 경우
② 원동기를 끄고 자전거를 끌거나 들고 통행하는 경우
③ 신호기가 표시하는 신호 또는 지시에 따라 도로를 통행하는 경우
④ 차를 대기하고 신호 대기를 위해 일시정지한 경우

54 고속도로에서 차로에 따른 통행 차량 기준으로 맞는 2가지는? (고속도로 제25조)
① 버스전용차로가 있는 도로에서 1차로는 앞지르기하려는 승용자동차 및 경형·소형·중형 승합자동차가 통행할 수 있다.
② 버스전용차로가 없는 도로에서 1차로는 승용자동차 및 경형·소형·중형 승합자동차의 앞지르기 차로이다.
③ 편도 3차로 고속도로에서 1차로는 승용자동차 및 경형·소형·중형 승합자동차의 앞지르기 차로이다.
④ 버스전용차로가 없는 편도 4차로 도로에서 오른쪽 차로는 화물자동차가 통행할 수 있다.

55 화물자동차의 승차정원으로 가장 알맞은 2가지는?
① 고속도로 및 자동차전용도로에서 다른 차를 앞지르기 할 때에는 지정된 차로로 통행해야 한다.
② 화물자동차가 승용자동차로 시계의 전수 바꿀 수 있다.
③ 화물자동차는 주차 및 정차 시 장·중량에 따라 정차해야 한다.
④ 화물자동차의 전조등은 다른 자동차와 다르게 고정해야 한다.

56 다음 중 자동차관리법상 자동차의 승차정원 기준과 승차정원을 따르지 아니하고자 할 때 승차정원관리증으로 등록된 것 2가지는?
① 대형승합차는 36명 이상으로 차량에 이용하여 대중교통으로 인하여 생산한 인원 수 있는 것
② 중형승합차는 16인 이상 35인승 이하로 이용하여 이용한 수 있는 것
③ 소형승합차는 15인승 이하 이용하여, 승용자동차와 구분 있는 쪽이고 주행의 수용승하는 영업을 제공할 수 있는 전용 사업 차는
④ 경형승합차는 배기량이 1200cc 미만이어, 승용자동차에 건설장을 적용한다.
이 승합자동차는 차량의 정원은 상시지입에 한계된다.

57 도로교통법상 신호위반이 되는 경우 2가지는?
① 적색신호 시 정지선을 초과하여 정지
② 교차로 이르기 전 황색신호에 정지
③ 황색 점멸 시 주의하면서 진행
④ 적색신호 시 교차로에 진입하여 신호에 따라 진행 중인 차의 진행을 방해하지 않고 우회전

58 자전거 운전자에 대한 설명이다. 가장 적절한 2가지는?
① 운행하는 장소에 관계없이 보호장구를 착용하여야 한다.
② 자전거의 운전자는 절대로 술에 취한 상태로 운전할 수 없다.
③ 자전거의 운전자는 교차로 또는 좁은 길 등을 통과할 때 다른 차마의 통행을 방해해서는 아니 된다.
④ 타이어를 교체한 자전거 자전거 등 일정요건을 갖춘 자전거는 도로에서 원동기자전거로 운행할 수 있다.

59 도로교통법상 자전거도로의 이용과 통행방법에 대한 설명으로 맞지 않은 2가지는?
① 길가장자리에 자전거 통로 설치 가능
② 자전거도로에는 개인형 이동장치가 통행할 수 없다.
③ 자전거도로로 통행하여서는 이동할 수 있다.
④ 노인들은 자전거도로 통행할 수 없다.

60 자전거를 바르게 주행하는 방법으로 맞지 않은 것 2가지는?
① 자전거 운전자는 안전표지로 통행이 허용된 경우를 제외하고는 2대 이상이 나란히 차도를 통행하여서는 안 된다.
② 자전거 운전자가 교차로에서 좌회전 신호에 따라 왼쪽으로 가려는 경우에는 미리 도로의 중앙 또는 좌측 가장자리로 붙어서 통행하여야 한다.
③ 자전거 운전자는 교차로에서 우회전 하고자 할 경우 서행하여야 한다.
④ 자전거 운전자는 교차로에서 좌회전 하고자 할 때에는 서행으로 교차로의 중앙을 이용하여야 한다.

61 대리운전자 운행 시 가장 안전한 운전 2가지는?
① 자전거도로가 설치되지 아니한 곳에서는 도로 우측 가장자리에 최대한 붙어서 주행한다.
② 안전을 위하여 안전모를 착용하는 것이 좋다.
③ 주행 중 수신호를 위해 하나의 손만 사용한다.
④ 저단 변속기에 자전거 사이의 인파 속으로 전화(영상 휴대전화)를 사용하여 통화 등을 해서는 안된다.

62 빗길 주행 중 앞차가 정지하는 것을 보고 제동했을 때 발생하는 현상으로 바르지 않은 2가지는?
① 급제동 시에는 타이어와 노면의 마찰로 차량의 앞숙임 현상이 발생한다.
② 노면의 마찰력이 작아지기 때문에 빗길에서는 공주거리가 길어진다.
③ 수막현상과 편(偏)제동 현상이 발생하여 차로를 이탈할 수 있다.
④ 자동차타이어의 마모율이 커질수록 제동거리가 짧아진다.

해설
① 급제동 시에는 타이어와 노면의 마찰로 차량의 앞숙임 현상이 발생한다. ② 빗길에서는 타이어와 노면의 마찰력이 낮아짐으로 제동거리가 길어진다. ③ 수막현상과 편(偏)제동 현상이 발생하여 조향방향이 틀어지며 차로를 이탈할 수 있다. ④ 자동차의 타이어가 마모될수록 제동거리가 길어진다.

63 관할 경찰서장이 노인 보호구역 안에서 할 수 있는 조치로 맞는 2가지는?
① 자동차의 통행을 금지하거나 제한하는 것
② 자동차의 정차나 주차를 금지하는 것
③ 노상주차장을 설치하는 것
④ 보행자의 통행을 금지하거나 제한하는 것

해설
어린이 · 노인 및 장애인 보호구역의 지정 및 관리에 관한 규칙 제9조(보호구역에서의 필요한 조치) 1. 차마(車馬)의 통행을 금지하거나 제한하는 것 2. 차마의 정차나 주차를 금지하는 것 3. 운행속도를 시속 30킬로미터 이내로 제한하는 것
4. 이면도로(도시지역에 있어서 간선도로가 아닌 도로로서 일반의 교통에 사용되는 도로를 말한다)를 일방통행로로 지정 · 운영하는 것

64 주행 중 벼락이 칠 때 안전한 운전 방법 2가지는?
① 자동차는 큰 나무 아래에 잠시 세운다.
② 차의 창문을 닫고 자동차 안에 그대로 있는다.
③ 건물 옆은 젖은 벽면을 타고 전기가 흘러오기 때문에 피해야 한다.
④ 벼락이 자동차에 친다면 매우 위험한 상황이니 차 밖으로 피신한다.

큰 나무는 벼락을 맞을 가능성이 높고, 그렇게 되면 나무가 넘어지면서 사고가 발생할 가능성이 높아 피하는 것이 좋으며, 설령 자동차에 벼락이 치더라도 자동차 내부가 외부보다 더 안전하다.

65 운전자의 하이패스 단말기 고장으로 하이패스가 인식되지 않은 경우, 올바른 조치방법 2가지는?
① 비상점멸등을 작동하고 일시정지한 후 일반차로의 통행권을 발권한다.
② 목적지 요금소에서 정산 담당자에게 진입한 장소를 설명하고 정산한다.
③ 목적지 요금소의 하이패스 차로를 통과하면 자동 정산된다.
④ 목적지 요금소에서 하이패스 단말기의 카드를 분리한 후 정산담당자에게 그 카드로 요금을 정산할 수 있다.

해설
목적지 요금소에서 정산담당자에게 진입한 장소를 설명하고 정산한다.

66 고속도로 주행 중 엔진 룸(보닛)에서 연기가 나고 화재가 발생하였을 때 가장 바람직한 조치 방법 2가지는?
① 발견 즉시 그 자리에 정차한다.
② 갓길로 이동한 후 시동을 끄고 재빨리 차에서 내려 대피한다.
③ 초기 진화가 가능한 경우에는 차량에 비치된 소화기를 사용하여 불을 끈다.
④ 초기 진화에 실패했을 때에는 119 등에 신고한 후 차량 바로 옆에서 기다린다.

고속도로 주행 중 차량에 화재가 발생할 때 조치 요령
1. 차량을 갓길로 이동한다. 2. 시동을 끄고 차량에서 재빨리 내린다. 3. 초기 화재 진화가 가능하면 차량에 비치된 소화기를 사용하여 불을 끈다. 4. 초기 화재 진화에 실패했을 때는 차량이 폭발할 수 있으므로 멀리 대피한다. 5. 119 등에 차량 화재 신고를 한다.

67 지진이 발생할 경우 안전한 대처 요령 2가지는?
① 지진이 발생하면 신속하게 주행하여 지진 지역을 벗어난다.
② 차간거리를 충분히 확보한 후 도로의 우측에 정차한다.
③ 차를 두고 대피할 필요가 있을 때는 차의 시동을 끈다.
④ 지진 발생과 관계없이 계속 주행한다.

지진이 발생할 경우 차를 운전하는 것이 불가능하다. 충분히 주의를 하면서 교차로를 피해서 도로 우측에 정차시키고, 라디오의 정보를 잘 듣고 부근에 경찰관이 있으면 지시에 따라서 행동한다. 차를 두고 대피할 경우 차의 시동은 끄고 열쇠를 꽂은 채 대피한다.

68 고속도로 공사구간을 주행할 때 운전자의 올바른 운전요령이 아닌 2가지는?
① 전방 공사 구간 상황에 주의하며 운전한다.
② 공사구간 제한속도표지에서 지시하는 속도보다 빠르게 주행한다.
③ 무리한 끼어들기 및 앞지르기를 하지 않는다.
④ 원활한 교통흐름을 위하여 공사구간 접근 전 속도를 일관되게 유지하여 주행한다.

해설
공사구간에서는 도로의 제한속도보다 속도를 더 낮추어 운영하므로 공사장에 설치되어 있는 제한속도표지에 표시된 속도에 맞게 감속하여 주행하여야 한다.

69 자동차 운전 중 터널 내에서 화재가 났을 경우 조치해야 할 행동으로 맞는 2가지는?
① 차에서 내려 이동할 경우 자동차의 시동을 끄고 하차한다.
② 소화기로 불을 끌 경우 바람을 등지고 서야 한다.
③ 터널 밖으로 이동이 어려운 경우 차량은 최대한 중앙선 쪽으로 정차시킨다.
④ 차를 두고 대피할 경우는 자동차 열쇠를 뽑아 가지고 이동한다.

① 폭발 등의 위험에 대비해 시동을 꺼야 한다. ③ 측벽 쪽으로 정차시켜야 응급 차량 등이 소통할 수 있다. ④ 자동차 열쇠를 꽂아 두어야만 다른 상황 발생 시 조치 가능하다.

70 자동차가 미끄러지는 현상에 관한 설명으로 맞는 2가지는?
① 고속 주행 중 급제동 시에 주로 발생하기 때문에 과속이 주된 원인이다.
② 빗길에서는 저속 운행 시에 주로 발생한다.
③ 미끄러지는 현상에 의한 노면 흔적은 사고 원인 추정에 별 도움이 되질 않는다.
④ ABS 장착 차량도 미끄러지는 현상이 발생할 수 있다.

해설
② 고속 운행 시에 주로 발생한다. ③ 미끄러짐 현상에 의한 노면 흔적은 사고 처리에 중요한 자료가 된다.

71 도로교통법령상 교통사고 발생 시 계속 운전할 수 있는 경우로 옳은 2가지는?
① 긴급한 환자를 수송 중인 구급차 운전자는 동승자로 하여금 필요한 조치 등을 하게하고 계속 운전하였다.
② 긴급한 회의에 참석하기 위해 이동 중인 운전자는 동승자로 하여금 필요한 조치 등을 하게하고 계속 운전하였다.
③ 긴급한 우편물을 수송하는 차량 운전자는 동승자로 하여금 필요한 조치 등을 하게하고 계속 운전하였다.
④ 긴급한 약품을 수송 중인 구급차 운전자는 동승자로 하여금 필요한 조치 등을 하게하고 계속 운전하였다.

긴급자동차 또는 부상자를 후송 중인 차 및 우편물 수송 자동차 등의 운전자는 긴급한 경우에 동승자로 하여금 필요한 조치나 신고를 하게하고 운전을 계속할 수 있다.(도로교통법 제54조 제5항)

정답 62. ②, ④ 63. ①, ② 64. ②, ③ 65. ②, ④ 66. ②, ③ 67. ②, ③ 68. ②, ④ 69. ①, ② 70. ①, ④ 71. ①, ③

정답 72.②,④ 73.②,④ 74.②,④ 75.①,② 76.①,② 77.②,③ 78.①,③ 79.①,③ 80.②,④ 81.②,③

72. 자동차 타이어 이상 현상 가능성이 가장 큰 경우는?
① 흐린 날씨에서 주행할 때
② 커브 길에서 급히 핸들을 조작할 때
③ 매끄러운 길에서 주행할 때
④ 노면이 미끄러울 때

자동차 타이어의 이상한 현상은 곧 사고와 직결되기에 매우 중요한 점검 항목 중 하나이다. 과속, 타이어 공기압의 부족, 급브레이크, 급핸들 조작 등으로 인해 타이어의 온도가 높아져서 타이어 옆부분이 부풀어 오르거나 이상진동이나 충격이 느껴질 수 있다.

73. 다음 중 고속으로 주행하는 자동차의 타이어 이상으로 발생하는 현상 2가지는?
① 베이퍼록 현상
② 스탠딩웨이브 현상
③ 페이드 현상
④ 하이드로플레이닝 현상

고속으로 주행하는 자동차의 타이어에 공기압이 부족하면 타이어가 물결 모양으로 주름이 잡히는 스탠딩웨이브 현상과, 비가 올 때 고속주행 시 노면과 타이어 사이에 수막이 형성되어 타이어가 노면에 접지되지 않아 조향이나 브레이크 기능이 저하되는 하이드로플레이닝(수막현상) 현상이 나타난다.

74. 다음 중 자동차 공기압이 부족하고 타이어 트레드가 닳아 없어 정지 할 때까지 '정지거리'가 가장 길어질 수 있는 경우 2가지는?
① 자동차 중량이 감소되어 주행할 때
② 자동차 속도가 증가하여 주행할 때
③ 타이어를 새로 교환하여 주행 직후
④ 빙판길 노면 주행 시

운전자가 위험을 느끼고, 브레이크를 밟아 자동차가 완전히 정지할 때까지 진행한 거리를 '정지거리'라 한다. 정지거리는 자동차의 중량, 자동차의 속도, 타이어의 마모상태 등이 마음이 커질수록 길어진다.

75. 도로교통법상 '자동차'에 해당하는 2가지는?
① 덤프트럭   ② 노상안정기
③ 자전거   ④ 원동기장치자전거(개인형 이동장치 제외)

도로교통법 제2조 제17호, 자동차관리법 제3조에 따른 다음의 차로서 원동기장치자전거를 제외한 자동차 중 승용자동차, 승합자동차, 화물자동차, 특수자동차, 이륜자동차 및 원동기장치자전거가 자동차에 해당된다.

76. 교통사고처리특례법상 합의가 이루어져도 공소를 제기할 수 있는 경우 2가지는?
① 중앙선침범 사고로 중상해가 발생한 경우로 가해자가 보험에 가입되어 있고 피해자와 합의한 때
② 제한속도를 20km/h 초과하여 과실로 경상해가 발생한 경우로 가해자가 보험에 가입되어 있고 피해자와 합의한 때
③ 중상해에 해당하는 사고로 가해자가 피해자와 합의한 때로 보험에 가입되어 있고 피해자와 합의한 때
④ 신호위반으로 경상해가 발생한 경우로 가해자가 보험에 가입되어 있고 피해자와 합의하지 않을 때

77. 다음 중 장거리 운행 전에 반드시 점검해야 할 우선순위 2가지는?
① 차량 청결 상태 점검
② DMB(영상표시장치) 작동여부 점검
③ 엔진오일 점검
④ 타이어 상태 점검

장거리 운전 전 타이어 마모상태, 공기압, 각종 오일류, 냉각수, 와이퍼 등을 점검하여야 한다.

78. 장시간 고속도로 운전으로 졸음이 올 때 대응 방법으로 가장 적절한 2가지는?
① 갓길에 정차하여 잠시 휴식을 취한 후 운전한다.
② 가까운 휴게소에 들어가 휴식을 취한 후 운전한다.
③ 졸음 상태에서 갓길에 정차하여 쉬어 간다.
④ 창문을 열고 음악을 크게 틀고 운행하며 휴게소로 이동한다.

운전자의 피로가 가중되어 졸음운전이 발생할 경우 가까운 휴게소나 졸음쉼터에서 휴식을 취한 후 운행한다.(도로교통법 제19조)

79. 도로교통법상 승용자동차 운전자가 제한속도 시속 20킬로미터 초과하여 운전하여 속도 위반으로 범칙금 부과 기준으로 맞는 것 2가지는?
① 범칙금 4만원의 고속도로 매시 80킬로미터 초과 주행 중이다.
② 시내도로 인접 2차로 매시 95킬로미터로 주행 중이다.
③ 자동차전용도로 매시 95킬로미터로 주행 중이다.
④ 편도 1차로 고속도로 매시 75킬로미터로 주행 중이다.

승용자동차의 매시 20킬로미터 초과 40킬로미터 이하 속도위반은 범칙금 6만원이다. 자동차전용도로 매시 90킬로미터, 고속도로 매시 110킬로미터, 고속도로 지정차로제 매시 80킬로미터 이내로 주행해야 제한속도이다.(도로교통법 시행규칙 제19조)

80. 자동차를 운행할 때 공기압에 영향을 줄 수 있는 경우 2가지는?
① 비가 계속 오는 경우
② 높은 지대로 주행하는 경우
③ 자동차 트렁크에 무거운 짐을 실은 경우
④ 공기압이 과도한 차량을 운행하는 경우

승차인원 공기압이 자동차 제조사가 권장하는 정상 공기압보다 낮다.

81. 다음 중 피로운전과 음주운전에 대한 설명으로 맞는 2가지는?
① 피로한 상태에서 운전하면 공주거리가 길어진다.
② 피로한 상태나 음주 상태에서 운전하면 차량조작 능력이 떨어진다.
③ 술이 조금 남아 있는 상태에서 운전하면 사고 위험이 없다.
④ 피로한 상태나 음주 상태에서 운전하면 사고위험이 증가한다.

피로나 음주상태에서는 주의력, 판단능력, 반응속도의 저하와 졸음운전을 유발하기 쉬우며, 특히, 마약 등 약물의 영향으로 인지와 과속을 유발한다. ④ 이러한 영향(이상가속 등)으로 자동차 운전시 사고발생 가능성이 높아진다.

82 도로교통법령상 길가장자리 구역에 대한 설명으로 맞는 2가지는?
① 경계 표시는 하지 않는다.
② 보행자의 안전 확보를 위하여 설치한다.
③ 보도와 차도가 구분되지 아니한 도로에 설치한다.
④ 도로가 아니다.

> 길가장자리 구역이란 보도와 차도가 구분되지 아니한 도로에서 보행자의 안전을 위하여 안전표지 등으로 경계를 표시한 도로의 가장자리 부분을 말한다. (도로교통법 제2조 11호)

83 도로교통법령상 자전거가 통행할 수 있는 도로의 명칭에 해당하지 않는 2가지는?
① 자전거 전용도로
② 자전거 우선차로
③ 자전거·원동기장치자전거 겸용도로
④ 자전거 우선도로

> 자전거가 통행할 수 있는 도로에는 자전거전용도로, 자전거전용차로, 자전거우선도로, 자전거·보행자 겸용도로가 있다.

84 도로교통법상 "차로"를 설치할 수 있는 곳 2가지는?
① 교차로
② 터널 안
③ 횡단보도
④ 다리 위

> 차로는 횡단보도, 교차로, 철길 건널목에는 설치할 수 없다. (도로교통법 시행규칙 제15조)

85 도로교통법령상 자전거 통행방법에 대한 설명으로 맞는 2가지는?
① 자전거 운전자는 안전표지로 통행이 허용된 경우를 제외하고는 2대 이상이 나란히 차도를 통행하여서는 아니 된다.
② 자전거 운전자가 횡단보도를 이용하여 도로를 횡단할 때에는 자전거를 끌고 통행하여야 한다.
③ 자전거 운전자는 도로의 파손, 도로 공사나 그 밖의 장애 등으로 도로를 통행할 수 없는 경우에도 보도를 통행할 수 없다.
④ 자전거 운전자는 자전거 도로가 설치되지 아니한 곳에서는 도로 중앙으로 붙어서 통행하여야 한다.

> 자전거도로가 따로 있는 곳에서는 그 자전거도로로 통행하여야 하고, 자전거도로가 설치되지 아니한 곳에서는 도로 우측 가장자리에 붙어서 통행하여야 하며, 길가장자리구역(안전표지로 자전거의 통행을 금지한 구간은 제외)을 통행하는 경우 보행자의 통행에 방해가 될 때에는 서행하거나 일시정지하여야 한다.

86 '착한운전 마일리지' 제도에 대한 설명으로 적절치 않은 2가지는?
① 교통법규를 잘 지키고 이를 실천한 운전자에게 실질적인 인센티브를 부여하는 제도이다.
② 운전자가 정지처분을 받게 될 경우 누산점수에서 공제할 수 있다.
③ 범칙금이나 과태료 미납자도 마일리지 제도의 무위반·무사고 서약에 참여할 수 있다.
④ 서약 실천기간 중에 교통사고를 유발하거나 교통법규를 위반하면 다시 서약할 수 없다.

> 도로교통법 시행규칙 [별표 28] 운전자가 정지처분을 받게 될 경우 누산점수에서 이를 공제할 수 있다. 운전면허를 소지한 누구나 마일리지 제도에 참여할 수 있지만, 범칙금이나 과태료 미납자는 서약할 수 없고, 서약 실천기간 중에 교통사고를 발생하거나 교통법규를 위반해도 다시 서약할 수 있다(운전면허 특혜점수 부여에 관한 기준 고시

87 도로교통법령상 범칙금 납부 통고서를 받은 사람이 2차 납부기간을 경과한 경우에 대한 설명으로 맞는 2가지는?
① 지체 없이 즉결심판을 청구하여야 한다.
② 즉결심판을 받지 아니한 때 운전면허를 40일 정지한다.
③ 과태료 부과한다.
④ 범칙금액에 100분의 30을 더한 금액을 납부하면 즉결심판을 청구하지 않는다.

> 범칙금 납부 통고서를 받은 사람이 2차 납부기간을 경과한 경우 지체 없이 즉결심판을 청구하여야 한다. 즉결심판을 받지 아니한 때 운전면허를 40일 정지한다. 범칙금액에 100분의 50을 더한 금액을 납부하면 즉결심판을 청구하지 않는다. (도로교통법 제165조)

88 도로교통법령상 연습운전면허 취소사유로 맞는 것 2가지는?
① 단속하는 경찰공무원등 및 시·군·구 공무원을 폭행한 때
② 도로에서 자동차의 운행으로 물적 피해만 발생한 교통사고를 일으킨 때
③ 다른 사람에게 연습운전면허증을 대여하여 운전하게 한 때
④ 난폭운전으로 2회 형사입건된 때

> 도로교통법 시행규칙 별표29 도로에서 자동차등의 운행으로 인한 교통사고를 일으킨 때 연습운전면허를 취소한다. 다만, 물적 피해만 발생한 경우를 제외한다.

89 좌석안전띠에 대한 설명으로 맞는 2가지는?
① 운전자가 안전띠를 착용하지 않은 경우 과태료 3만원이 부과된다.
② 일반적으로 경부에 대한 편타손상은 2점식에서 더 많이 발생한다.
③ 13세 미만의 어린이가 안전띠를 착용하지 않으면 범칙금 6만원이 부과된다.
④ 안전띠는 2점식, 3점식, 4점식으로 구분된다.

> ① 운전자가 안전띠를 착용하지 않은 경우 범칙금 3만원이 부과된다.
> ② 일반적으로 경부에 대한 편타손상은 2점식에서 더 많이 발생한다.
> ③ 13세 미만의 어린이가 안전띠를 착용하지 않으면 과태료 6만원이 부과된다.
> ④ 안전띠는 착용방식에 따라 2점식, 3점식, 4점식으로 구분된다.

90 교통사고 현장에서 증거확보를 위한 사진 촬영 방법으로 맞는 2가지는?
① 블랙박스 영상이 촬영되는 경우 추가하여 사진 촬영할 필요가 없다.
② 도로에 엔진오일, 냉각수 등의 흔적은 오랫동안 지속되므로 촬영하지 않아도 된다.
③ 파편물, 자동차와 도로의 파손부위 등 동일한 대상에 대해 근접촬영과 원거리 촬영을 같이 한다.
④ 차량 바퀴의 진행방향을 스프레이 등으로 표시하거나 촬영을 해 둔다.

> 파손부위 근접 촬영 및 원거리 촬영을 하여야 하고 차량의 바퀴가 돌아가 있는 것 까지도 촬영해야 나중에 사고를 규명하는데 도움이 된다.

91 보행자 신호등이 없는 횡단보도로 횡단하는 노인을 뒤늦게 발견한 승용차 운전자가 급제동을 하였으나 노인을 충격(2주 진단)하는 교통사고가 발생하였다. 올바른 설명 2가지는?
① 보행자 신호등이 없으므로 자동차 운전자는 과실이 전혀 없다.
② 자동차 운전자에게 민사책임이 있다.
③ 횡단한 노인만 형사처벌 된다.
④ 자동차 운전자에게 형사 책임이 있다.

> 횡단보도 교통사고로 운전자에게 민사 및 형사 책임이 있다.

정답 82. ②, ③ 83. ②, ③ 84. ②, ④ 85. ①, ② 86. ③, ④ 87. ①, ② 88. ①, ③ 89. ②, ④ 90. ③, ④ 91. ②, ④

92 자동차 운전자입이 관한 설명으로 맞는 2가지는?

① 고속도로에서 자동차 운전자에게는 좌석안전띠 착용 의무가 있다.
② 자동차운전자는 명시 중인 자동차안전기준 제27조에 의한 인명보호 장구를 착용하여야 한다.
③ 좌석안전띠는 허리 위로 고정시켜 교통사고 충격에 대비한다.
④ 동승자에게도 좌석안전띠를 착용하도록 하여야 한다.

해설 모든 차의 운전자는 자동차를 운전할 때에는 좌석안전띠를 매어야 하며, 모든 좌석의 동승자에게도 좌석안전띠(어린이는 유아보호용 장구를 장착한 후의 좌석안전띠를 말한다)를 매도록 하여야 한다. (도로교통법 제39조)

93 좌석 안전띠 착용에 대한 설명으로 맞는 2가지는?

① 공무상 부상으로 안전띠 착용이 곤란한 경우는 착용하지 않아도 된다.
② 자동차운전자는 좌석안전띠를 착용하여야 하며, 모든 좌석의 동승자에게도 좌석안전띠를 착용하도록 하여야 한다.
③ 어린이는 앉은 키가 낮기 때문에 좌석안전띠 대신 성인용 안전띠를 사용한다.
④ 긴급한 용무로 인하여 경찰용 자동차의 이동을 운행하는 경우는 좌석안전띠를 착용하지 않아도 된다.

94 도로교통법상 아이이동통학버스 신고에 관한 설명 중 맞는 것 2가지는?

① 아이이동통학버스를 운영하려면 미리 도로교통공단에 신고하고 신고증명서를 발급받아야 한다.
② 아이이동통학버스는 원칙적으로 승차정원 9인승(어린이 1명을 포함한다) 이상의 자동차로 한다.
③ 아이이동통학버스 신고증명서가 헐어 못쓰게 된 경우에는 다시 발급 받아야 한다.
④ 아이이동통학버스 신고증명서는 그 자동차의 앞면 창유리 우측상단의 보기 쉬운 곳에 부착하여야 한다.

해설 도로교통법 제52조 (아이이동통학버스의 신고 등) ① 아이이동통학버스를 운영하려는 자는 미리 관할 경찰서장에게 신고하고 신고증명서를 발급받아야 한다. 도로교통법 제35조 (아이이동통학버스의 신고 등) ③ 아이이동통학버스로 사용되는 자동차에는 대통령령으로 정하는 어린이 보호표지를 부착하여야 하며, 그 자동차의 앞면 창유리 우측 상단과 뒷면 창유리 중앙 하단의 보기 쉬운 곳에 부착하여야 한다.

95 도로교통법상 신호에 대한 설명으로 맞는 2가지는?

① 녹색 등화 점멸 - 차마는 다른 교통 또는 안전표지의 표시에 주의하면서 진행할 수 있다.
② 황색 등화 - 차마가 이미 교차로에 진입하고 있는 경우에는 신속히 교차로 밖으로 진행하여야 한다.
③ 녹색 등화 - 차마는 좌회전을 할 수 있다.
④ 황색 등화 점멸 - 차마는 다른 교통 또는 안전표지의 표시에 주의하면서 진행할 수 있다.

해설 황색의 등화 : 1. 차마는 정지선이 있거나 횡단보도가 있을 때에는 그 직전이나 교차로의 직전에 정지하여야 하며, 이미 교차로에 차마의 일부라도 진입한 경우에는 신속히 교차로 밖으로 진행하여야 한다. 2. 차마는 우회전할 수 있고 우회전하는 경우에는 보행자의 횡단을 방해하지 못한다. 황색등화의 점멸 : 차마는 다른 교통 또는 안전표지의 표시에 주의하면서 진행할 수 있다. (도로교통법시행규칙 별표2)

96 엔진의 시동을 걸기 위한 준비 중으로 잘못된 것 2가지는?

① 엔진 속도를 조종하기 위해 회전수(공회전 수치) RPM 등을 조정한다.
② 트로틀밸브는 엔진이 시동된 후 열어야 운동한다.
③ 엔진이 쉽게 시동될 수 있도록 냉각기온을 조정한다.
④ 터그라이기가 작동되도록 한다.

해설 ① RPM이 놓은 상태로 시동을 거는 것은 자동차에 좋지 않다. ② 트로틀밸브는 요동하기 위한 것으로 시동 시에는 열지 않는다. ③ 냉각장치에 해당하는 것으로 개별로 속한 상황에 맞게 사용하는 것이 좋다. ④ 터그라이기와 시동 거는 것은 상관관계가 없다.

97 교차로에서 우회전할 때 가장 안전한 운전 방법 2가지는?

① 우회전할 때에는 미리 도로의 우측 가장자리를 서행하면서 우회전하여야 한다.
② 횡단보도 보행신호가 녹색등일 때 신속히 통과한다.
③ 먼 비옵시 차가 지나가고 있는 경우라도 지나가도록 바로 우회전한다.
④ 교차로 안쪽이 정체되어 있더라도 신호가 놓이면 진입한다.
⑤ 우회전할 때에는 이용장치를 반드시 사용하여야 한다.

해설 자동차가 우회전할 때에는 미리 도로의 우측 가장자리를 서행하면서 우회전하여야 하며, 주행신호가 녹색등이라도 보행자가 있는 경우 일시정지하여 보행자를 보호해야 한다. (도로교통법 제25조)

정답
92. ①,③ 93. ②,④ 94. ②,④ 95. ①,③ 96. ③,④ 97. ①,③

Chapter 03 대형·특수 화물 문제

01 화물을 적재한 덤프트럭이 내리막길을 내려오는 경우 다음 중 가장 안전한 운전 방법은?

① 기어를 중립에 놓고 주행하여 연료를 절약한다.
② 브레이크 페달을 나누어 밟으면 제동의 효과가 없어 한 번에 밟는다.
③ 앞차의 급정지를 대비하여 충분한 차간 거리를 유지한다.
④ 경음기를 크게 울리고 속도를 높이면서 신속하게 주행한다.

해설 짐을 실은 덤프트럭은 적재물의 무게로 인해 브레이크 장치가 파열될 우려가 있으므로 저단으로 기어를 유지하여 엔진브레이크를 사용하며 브레이크 페달을 자주 나누어 밟아 브레이크 장치에 무리를 최소화하도록 하고 안전거리를 충분히 유지하여야 한다.

02 다음 중 화물의 적재불량 등으로 인한 교통사고를 줄이기 위한 운전자의 조치사항으로 가장 알맞은 것은?

① 화물을 싣고 이동할 때는 반드시 덮개를 씌운다.
② 예비 타이어 등 고정된 부착물은 점검할 필요가 없다.
③ 화물의 신속한 운반을 위해 화물은 느슨하게 묶는다.
④ 가까운 거리를 이동하는 경우에는 화물을 고정할 필요가 없다.

해설 화물을 싣고 이동할 때는 반드시 가까운 거리라도 화물을 튼튼히 고정하고 덮개를 씌워 유동이 없도록 하고 출발 전에 예비 타이어 등 부착물의 이상 유무를 점검□확인하고 시정 후 출발하여야 한다.

03 화물자동차의 화물 적재에 대한 설명 중 가장 옳지 않은 것은?

① 화물을 적재할 때는 적재함 가운데부터 좌우로 적재한다.
② 화물자동차는 무게 중심이 앞 쪽에 있기 때문에 적재함의 뒤쪽부터 적재한다.
③ 적재함 아래쪽에 상대적으로 무거운 화물을 적재한다.
④ 화물을 모두 적재한 후에는 화물이 차량 밖으로 낙하하지 않도록 고정한다.

해설 화물운송사 자격시험 교재 중 화물취급요령, 화물 적재함에 화물 적재 시 앞쪽이나 뒤쪽으로 무게가 치우치지 않도록 균형되게 적재한다.

04 다음 중 대형화물자동차의 운전특성에 대한 설명으로 가장 알맞은 것은?

① 무거운 중량과 긴 축거 때문에 안정도는 낮다.
② 고속주행 시에 차체가 흔들리기 때문에 순간적으로 직진안정성이 나빠지는 경우가 있다.
③ 운전대를 조작할 때 소형승용차와는 달리 핸들복원이 원활하다.
④ 운전석이 높아서 이상기후 일 때에는 시야가 더욱 좋아진다.

해설 대형화물차가 운전석이 높다고 이상기후 시 시야가 좋아지는 것은 아니며, 소형승용차에 비해 핸들복원력이 원활치 못하고 무거운 중량과 긴 축거 때문에 안정도는 승용차에 비해 높다.

05 다음 중 운송사업용 자동차 등 도로교통법상 운행기록계를 설치하여야 하는 자동차 운전자의 바람직한 운전행위는?

① 운행기록계가 설치되어 있지 아니한 자동차 운전행위
② 고장 등으로 사용할 수 없는 운행기록계가 설치된 자동차 운전행위
③ 운행기록계를 원래의 목적대로 사용하지 아니하고 자동차를 운전하는 행위
④ 주기적인 운행기록계 관리로 고장 등을 사전에 예방하는 행위

해설 도로교통법 제50조(특정 운전자의 준수사항) 제5항 각 호
운행기록계가 설치되어 있지 아니하거나 고장 등으로 사용할 수 없는 운행기록계가 설치된 자동차를 운전하거나 운행기록계를 원래의 목적대로 사용하지 아니하고 자동차를 운전하는 행위를 해서는 아니 된다.

06 다음 중 저상버스의 특성에 대한 설명이다. 가장 거리가 먼 것은?

① 노약자나 장애인이 쉽게 탈 수 있다.
② 차체바닥의 높이가 일반버스 보다 낮다.
③ 출입구에 계단 대신 경사판이 설치되어 있다.
④ 일반버스에 비해 차체의 높이가 1/2이다.

해설 바닥이 낮고 출입구에 계단이 없는 버스이다. 기존 버스의 계단을 오르내리기 힘든 교통약자들, 특히 장애인들의 이동권을 보장하기 위해 도입되었다.

07 운행기록계를 설치하지 않은 견인형 특수자동차(화물자동차 운수사업법에 따른 자동차에 한함)를 운전한 경우 운전자 처벌 규정은?

① 과태료 10만 원
② 범칙금 10만 원
③ 과태료 7만 원
④ 범칙금 7만 원

해설 도로교통법 제50조 제5항, 도로교통법 시행령 별표8 16호 운행기록계가 설치되지 아니한 승합자동차등을 운전한 경우에는 범칙금 7만 원, 교통안전법 제55조제1항, 교통안전법 시행령 별표9 운행기록장치를 부착하지 아니한 경우에는 과태료 50~150만 원

08 화물자동차의 적재물 추락방지를 위한 설명으로 가장 옳지 않은 것은?

① 구르기 쉬운 화물은 고정목이나 화물받침대를 사용한다.
② 건설기계 등을 적재하였을 때는 와이어, 로프 등을 사용한다.
③ 적재함 전후좌우에 공간이 있을 때는 멈춤목 등을 사용한다.
④ 적재물 추락방지 위반의 경우에 범칙금은 5만 원에 벌점은 10점이다.

해설 도로교통법 시행령 별표8, 적재물 추락방지 위반 : 4톤 초과 화물자동차 범칙금 5만 원, 4톤 이하 화물자동차 범칙금 4만 원, 도로교통법 시행규칙 별표28, 적재물 추락방지위반 벌점 15점

09 유상운송을 목적으로 등록된 사업용 화물자동차 운전자가 반드시 갖추어야 하는 것은?

① 차량정비기술 자격증
② 화물운송종사 자격증
③ 택시운전자 자격증
④ 제1종 특수면허

해설 사업용(영업용) 화물자동차(용달·개별·일반) 운전자는 반드시 화물운송종사자격을 취득 후 운전하여야 한다.

10 다음은 대형화물자동차의 특성에 대한 설명이다. 가장 알맞은 것은?

① 화물의 종류에 따라 선회 반경과 안정성이 크게 변할 수 있다.
② 긴 축간거리 때문에 안정도가 현저히 낮다.
③ 승용차에 비해 핸들복원력이 원활하다.
④ 차체의 무게는 가벼우나 크기는 승용차보다 크다.

해설 대형화물차는 승용차에 비해 핸들복원력이 원활하지 못하고 차체가 무겁고 긴 축거 때문에 상대적으로 안정도가 높으며, 화물의 종류에 따라 선회반경과 안정성이 크게 변할 수 있다.

11 다음 중 대형화물자동차의 특징에 대한 설명으로 가장 알맞은 것은?

① 적재화물의 위치나 높이에 따라 차량의 중심위치는 달라진다.
② 중심은 상·하(上下)의 방향으로는 거의 변화가 없다.
③ 중심높이는 진동특성에 거의 영향을 미치지 않는다.
④ 진동특성이 없어 대형화물자동차의 진동각은 승용차에 비해 매우 작다.

해설 대형화물차는 진동특성이 있고 진동각은 승용차에 비해 매우 크며, 중심높이는 진동특성에 영향을 미치며 중심은 상·하 방향으로도 미친다.

정답 01. ③ 02. ① 03. ② 04. ② 05. ④ 06. ④ 07. ④ 08. ④ 09. ② 10. ① 11. ①

12 다음 중 대형승합자동차의 최고속도로 맞는 것은?(단, 편도 2차로 사용기 제외)

① 25시간 ② 35시간 ③ 45시간 ④ 55시간

예시
고속도로 제1차로에서 이륜자동차 또는 대형승합자동차의 경우 법정속도(매시)는 시속 40km(이내) 이어야 한다. 공사차량이 작업 중인 경우 대형승합자동차도 통행할 수 있다.

13 대형 및 특수 자동차 운행등화에 대한 설명으로 옳은 것은?

① 방향에 따라 양쪽 달라도 된다.
② 타이어 공기압에 따라 달라진다.
③ 차종에 따라 달라진다.
④ 자동차의 길이나 너비에 따라 달라진다.

예시
차량의 등화(燈火)는 차종에 따라 정해진 규격기준이 있으며, 자동차의 길이나 너비에 따라 유지가 되어야 한다.

14 다음 중 대형 화물자동차가 사거리교차로 진입 시 안전운행에 대한 설명으로 가장 알맞은 것은?

① 신호가 바뀌자마자 빨리 가는 것이 좋다.
② 앞, 뒤 차량이 교차로를 통과하는 중에는 멈춰야 한다.
③ 공간이 좁아도 차량으로 무리하게 진입해도 된다.
④ 황색신호에 따라 재차 교차로에 진입하여 빠져 나온다.

예시
대형화물자동차의 미지한 안의가 운전자의 수많은 안전과 교통흐름을 방해하고 있어, 운행 시 신중하게 판단하여 안전하게 운행하여야 한다.

15 대형차량이 공진으로 달릴 때 공통점으로 맞는 것은?

① 수평운동을 많이 받기 때문에 앞뒤가 좋아지는 심한 흔들림 현상이 나타난다.
② 수평운동이 있을 때 공진이 발생하고 바퀴가 튀어오르는 불안한 현상이 일어난다.
③ 차량의 힘이 있어 차선이 튀어 차체가 변형된다.
④ 차량의 움직임이 일정하고 앞축에 큰 영향이 없다.

16 운전자 및 자동차종의 안정감 증대의 기준에 따른 검사 가장 가까운 자동차(인임전자를 장착한 자동차)의 각이 ( )미터를 초과하여서는 아니 된다. ( )에 기준으로 맞는 것은?

① 10 ② 11 ③ 12 ④ 13

예시
자동차 및 자동차동종의 성능에 관한 기준 제4조 (안정감 증대 및 뒤풀이)
1. 길이: 13m(단, 연결자동차의 경우에는 16.7m를 초과하지 아니하도록 한다.
2. 너비: 2.5m(단, 간접시력장치·환기장치 등 일부 분류는 25cm 이내, 그 외는 30cm 이내 이어야 함. 10cm이내)
3. 높이: 4m

17 다음 제1종 특수면허에 대한 설명 중 옳은 것은?

① 소형견인차 면허는 총중량 3.5톤 이하의 견인형 특수자동차를 운전할 수 있다.
② 소형견인차 면허는 적재중량 4톤의 화물자동차를 운전할 수 있다.
③ 구조견인차 면허는 승차정원 12명인 승합자동차를 운전할 수 있다.
④ 대형견인차 면허는 적재중량 10톤의 화물자동차를 운전할 수 있다.

예시
도로교통법시행규칙 별표 18
① 소형견인차 면허는 총중량 3.5톤 이하 견인형 특수자동차를 운전할 수 있다.
③ 구조견인차 면허는 승차정원 10명 이하의 승합자동차를 운전할 수 있다.
④ 대형견인차 면허는 승차정원 4톤의 화물자동차를 운전할 수 있다.

18 대형승합자동차 운행 중 승하차 중이 사상자가 발생한 경우 운전자의 조치사항은?

① 면허정지 10일, 벌점 40점
② 면허정지 30일, 벌점 40점
③ 면허정지 11일, 벌점 50점
④ 면허정지 12일, 벌점 60점

예시
운전면허 취소·정지 처분 기준(별표 28) 승합자동차 등(4호, 도로교통법 시행규칙 8호, 공공자치단체 및 공공기관 소유)에 따른 중대한 과실로 10인 이상의 사상자가 발생한 경우, 도로교통법 제49조

19 도로교통법상 화물자동차의 적재용량 안전기준에 관한 설명은?

① 자동차 길이의 10분의 2를 더한 길이
② 후사경으로 뒤쪽을 확인할 수 있는 범위의 너비
③ 지상으로부터 3.9미터 높이
④ 구조 및 성능에 따르는 적재중량의 105퍼센트

20 4,5톤 화물자동차가 화물을 적재하여 도로를 사용하고 있을 때 단속되어야 하는가?

① 5톤 ② 4톤 ③ 3톤 ④ 2톤

예시
도로교통법 시행령 제22조(운행상의 안전기준) 3. 화물자동차의 적재용량은 다음 각 목의 기준을 넘지 아니할 것
가. 길이: 자동차 길이에 그 길이의 10분의 1을 더한 길이. 다만, 이륜자동차는 그 승차장치의 길이 또는 적재장치의 길이에 30센티미터를 더한 길이를 말한다.
나. 너비: 자동차의 후사경(後寫鏡)으로 뒤쪽을 확인할 수 있는 범위(후사경의 높이보다 낮게 적재한 경우에는 그 화물을, 후사경의 높이보다 높게 적재한 경우에는 뒤쪽을 확인할 수 있는 범위)의 너비 이내.
다. 높이: 화물자동차는 지상으로부터 4미터(도로구조의 보전과 통행의 안전에 지장이 없다고 인정하여 고시한 도로노선의 경우에는 4미터 20센티미터, 소형 3륜자동차는 지상으로부터 2미터 50센티미터의 높이

21 화물자동차의 이륜자동차 적재용량으로 통행되지 않은 것은?

① 4톤 ② 3톤 ③ 2톤 ④ 5톤

예시
도로교통법 제49조 제1종 제1호, 시행령 제22조 제8호, 4톤 초과 화물자동차의 적재용량 초과

22 도로교통법상 승용 자동차와 화물자동차의 주행속도에 관련하여 틀린 설명은?

① 화물자동차의 적재용량은 정해진 안전기준으로 이행되어야 공공단체 공사업에 주장된다.
② 화물자동차의 승차정원은 120퍼센트 이내이어야 한다.
③ 승객자동차의 안전기준 중 승차정원은 승차정원의 2할 이내이어야 한다.
④ 공공물의 몰리기나 떨어지지 아니하도록 덮개를 씌우거나 묶는 등 확실하게 고정해야 한다.
⑤ 공공물이 떨어지지 아니하도록 확실하게 고정해야 한다.

23 다음 중 편도 3차로 고속도로에서 승합자동차의 주행(버스전용차로 없음)

① 1차로 ② 2차로 ③ 3차로 ④ 갓길

도로교통법 시행규칙 [별표 9] 참조

정답 12. ④ 13. ④ 14. ④ 15. ② 16. ① 17. ② 18. ② 19. ① 20. ① 21. ② 22. ② 23. ③

24 고속버스가 밤에 도로를 통행할 때 켜야 할 등화에 대한 설명으로 맞는 것은?

① 전조등, 차폭등, 미등, 번호등, 실내조명등 ② 전조등, 미등
③ 미등, 차폭등, 번호등   ④ 미등, 차폭등

> 해설: 고속버스가 밤에 통행할 때 켜야 할 등화는 전조등, 차폭등, 미등, 번호등, 실내조명등이다.

25 제1종 대형면허와 제1종 보통면허의 운전범위를 구별하는 화물자동차의 적재중량 기준은?

① 12톤 미만 ② 10톤 미만 ③ 4톤 이하 ④ 2톤 이하

> 해설: 적재중량 12톤 미만의 화물자동차는 제1종 보통면허로 운전이 가능하고 적재중량 12톤 이상의 화물자동차는 제1종 대형면허를 취득하여야 운전이 가능하다.

26 제1종 보통면허 소지자가 총중량 750kg 초과 3톤 이하의 피견인자동차를 견인하기 위해 추가로 소지하여야 하는 면허는?

① 제1종 소형견인차면허   ② 제2종 보통면허
③ 제1종 대형면허   ④ 제1종 구난차면허

> 해설: (도로교통법 시행규칙 별표 18 비고 3) 총중량 750kg 초과 3톤 이하의 피견인자동차를 견인하기 위해서는 견인하는 자동차를 운전할 수 있는 면허와 소형견인차면허 또는 대형견인차면허를 가지고 있어야 한다.

27 다음 중 총중량 750킬로그램 이하의 피견인자동차를 견인할 수 없는 운전면허는?

① 제1종 보통면허   ② 제1종 보통연습면허
③ 제1종 대형면허   ④ 제2종 보통면허

> 해설: 연습면허로는 피견인자동차를 견인할 수 없다.

28 고속도로가 아닌 곳에서 총중량이 1천5백킬로그램인 자동차를 총중량 5천킬로그램인 승합자동차로 견인할 때 최고속도는?

① 매시 50킬로미터 ② 매시 40킬로미터
③ 매시 30킬로미터 ④ 매시 20킬로미터

> 해설: 도로교통법시행규칙 제20조, 총중량 2천킬로그램 미만인 자동차를 총중량이 그의 3배 이상인 자동차로 견인하는 경우에는 매시 30킬로미터이다.

29 자동차 및 자동차부품의 성능과 기준에 관한 규칙상 트레일러의 차량중량이란?

① 공차상태의 자동차의 중량을 말한다.
② 적차상태의 자동차의 중량을 말한다.
③ 공차상태의 자동차의 축중을 말한다.
④ 적차상태의 자동차의 축중을 말한다.

> 해설: 차량중량이란 공차상태의 자동차의 중량을 말한다. 차량총중량이란 적차상태의 자동차의 중량을 말한다.

30 다음 중 도로교통법상 소형견인차 운전자가 지켜야할 사항으로 맞는 것은?

① 소형견인차 운전자는 긴급한 업무를 수행하므로 안전띠를 착용하지 않아도 무방하다.
② 소형견인차 운전자는 주행 중 일상 업무를 위한 휴대폰 사용이 가능하다.
③ 소형견인차 운전자는 운행 시 제1종 특수(소형견인차)면허를 취득하고 소지하여야 한다.
④ 소형견인차 운전자는 사고현장 출동 시에는 규정된 속도를 초과하여 운행할 수 있다.

> 해설: 소형견인차의 운전자도 도로교통법 상 모든 운전자의 준수사항을 지켜야 하며, 운행 시 소형견인차 면허를 취득하고 소지하여야 한다.

31 다음 중 트레일러 차량의 특성에 대한 설명으로 가장 적정한 것은?

① 좌회전 시 승용차와 비슷한 회전각을 유지한다.
② 내리막길에서는 미끄럼 방지를 위해 기어를 중립에 둔다.
③ 승용차에 비해 내륜차(內輪差)가 크다.
④ 승용차에 비해 축간 거리가 짧다.

> 해설: 트레일러는 좌회전 시 승용차와 비슷한 회전각을 유지하게 되면 뒷바퀴에 의한 좌회전 대기 차량을 충격하게 되므로 승용차보다 넓게 회전하여야 하며 내리막길에서 기어를 중립에 두는 경우 대형사고의 원인이 된다.

32 다음 중 특수한 작업을 수행하기 위해 제작된 총중량 3.5톤 이하의 특수자동차(구난차등은 제외)를 운전할 수 있는 면허는?

① 제1종 보통연습면허   ② 제2종 보통연습면허
③ 제2종 보통면허   ④ 제1종 소형면허

> 해설: 도로교통법 시행규칙 별표18
> 총중량 3.5톤 이하의 특수자동차는 제2종 보통면허로 운전이 가능하다.

33 자동차를 견인하는 경우에 대한 설명으로 바르지 못한 것은?

① 3톤을 초과하는 자동차를 견인하기 위해서는 견인하는 자동차를 운전할 수 있는 면허와 제1종 대형견인차면허를 가지고 있어야 한다.
② 편도 2차로 이상의 고속도로에서 견인자동차로 다른 차량을 견인할 때에는 최고속도의 100분의 50을 줄인 속도로 운행하여야 한다.
③ 일반도로에서 견인차가 아닌 차량으로 다른 차량을 견인할 때에는 도로의 제한속도로 진행할 수 있다.
④ 견인차동차가 아닌 일반자동차로 다른 차량을 견인하려는 경우에는 해당 차종을 운전할 수 있는 면허를 가지고 있어야 한다.

> 해설: 도로교통법 시행규칙 제19조
> - 편도 2차로 이상 고속도로에서의 최고속도는 매시 100킬로미터[화물자동차(적재중량 1.5톤을 초과하는 경우에 한한다. 이하 이 호에서 같다)·특수자동차·위험물운반자동차(별표 9 (주) 6에 따른 위험물 등을 운반하는 자동차를 말한다. 이하 이호에서 같다) 및 건설기계의 최고속도는 매시 80킬로미터], 최저속도는 매시 50킬로미터
> 도로교통법 시행규칙 제20조
> - 견인자동차가 아닌 자동차로 다른 자동차를 견인하여 도로(고속도로를 제외한다)를 통행하는 때의 속도는 제19조에 불구하고 다음 각 호에서 정하는 바에 의한다.
> 1. 총중량 2천킬로그램 미만인 자동차를 총중량이 그의 3배 이상인 자동차로 견인하는 경우에는 매시 30킬로미터 이내
> 2. 제1호 외의 경우 및 이륜자동차가 견인하는 경우에는 매시 25킬로미터 이내
> 같은법 시행규칙 별표18
> - 피견인자동차는 제1종 대형면허, 제1종 보통면허 또는 제2종 보통면허를 가지고 있는 사람이 그 면허로 운전할 수 있는 자동차(「자동차관리법」 제3조에 따른 이륜자동차는 제외한다)로 견인할 수 있다. 이 경우, 총중량 750킬로그램을 초과하는 3톤 이하의 피견인자동차를 견인하기 위해서는 견인하는 자동차를 운전할 수 있는 면허와 소형견인차면허 또는 대형견인차 면허를 가지고 있어야 하고, 3톤을 초과하는 피견인자동차를 견인하기 위해서는 견인하는 자동차를 운전할 수 있는 면허와 대형견인차면허를 가지고 있어야 한다.

34 차체 일부가 견인자동차의 상부에 실리고, 해당 자동차 및 적재물 중량의 상당 부분을 견인자동차에 분담시키는 구조의 피견인자동차는?

① 풀트레일러   ② 세미트레일러
③ 저상트레일러   ④ 센터차축트레일러

> 해설:
> ① 풀트레일러 - 자동차 및 적재물 중량의 대부분을 해당 자동차의 차축으로 지지하는 구조의 피견인자동차
> ② 세미트레일러 - 그 일부가 견인자동차의 상부에 실리고, 해당 자동차 및 적재물 중량의 상당 부분을 견인자동차에 분담시키는 구조의 피견인자동차
> ③ 저상 트레일러 - 중량물의 운송에 적합하고 세미트레일러의 구조를 갖춘 것으로서, 대부분의 상면지상고가 1,100밀리미터 이하이며 견인자동차의 커플러 상부높이보다 낮게 제작된 피견인자동차
> ④ 센터차축트레일러 - 균등하게 적재한 상태에서의 무게중심이 차량축 중심의 앞쪽에 있고, 견인자동차와의 연결장치가 수직방향으로 굴절되지 아니하며, 차량총중량의 10퍼센트 또는 1천 킬로그램보다 작은 하중을 견인자동차에 분담시키는 구조로서 1개 이상의 축을 가진 피견인자동차

35 다음 중 트레일러의 종류에 해당되지 않는 것은?

① 풀트레일러 ② 저상트레일러 ③ 세미트레일러 ④ 고가트레일러

> 해설: 트레일러는 풀트레일러, 저상트레일러, 세미트레일러, 센터차축트레일러, 모듈트레일러가 있다.

정답 24.① 25.① 26.① 27.② 28.③ 29.① 30.③ 31.③ 32.③ 33.③ 34.② 35.④

36 다음 중 카고트럭에서 4.5톤 초과의 자동차를 검사하는 경우 가장 적절한 검사방법은?

① 자동차 바퀴 등을 들어서 검사한다.
② 가시 폭로 가능 자동차 검사로 들어가 검사한다.
③ 자동 용이한 자동차는 방법하여 유효하다.
④ 검사원이 자동차 하부에 직접 들어가서 검사 하여야 한다.

37 자동차 및 자동차부품의 성능과 기준에 관한 규칙상 긴급자동차 중 특수자동차가 갖추어야 할 구조장치가 표시되어야 하는 것은?

① 최고속도제한장치
② 자동변속장치의 수동조작 변환 가능한 구조
③ 자동변속장치의 수동조작 변환 가능 운전 구조
④ 자동전자장치·차체도색·차폭등도색·좌체경광등

38 화물용 자동차가 자동차검사 기준 50킬로미터 이상 도로용 공동 점검할 때 가장 인화하여야 하는 것은?

자동차의 안정성 점검 검사는 자동차검사원에 있어서 자동차의 안정성 점검 검사는 1년 이내이며, 자동차안정점검 기준표의 자동점검·공정점검이 이루어진 공연한 자동차의 검사 이내 자동차의 안정성 점검 결과를 표시할 수 있다.

① 공회전 이하 안전상 상태 안정성이 운전상에 있다.
② 혼잡장치 의해 변경되도록 이용을 자동차 있다.
③ 원동기 출력에 의해 상승하여 적정 속도를 감지한다.
④ 정전환장치에 이해 좋은 정도의 이용이 안정상에 있다.

39 다음 중 도로교통법상 자동차를 경우하는 경우에 대한 설명으로 바르지 않은 것은?

① 긴급자동차 외의 자동차에 대한 고속도로에서의 자동차의 최고속도는 시속 3.5킬로미터로 정한다.
② 동일차로를 경우하는 10톤 이상 공동자동차의 최저속도는 시속 50킬로미터로 정한다.
③ 경비차로 수공하는 10톤 이상 공동자동차를 우선 적용하되, 제6항의 상의 적용 이어 자동차의 통행속도를 기준으로 한다.
④ 경찰공무원은 1년 이상 자동차를 경우함에 있어 5톤 이상인 공사용자동차는 자동차 속도를 감지하여야 한다.

40 자동차관리법령 유형별로 자동차 특수자동차에 해당하지 않는 것은?

① 경인형 ② 구난형 ③ 일반형 ④ 특수작업형

자동차관리법상 자동차의 유형별 세부기준 대상으로는, 가시형, 특수작업형이 있다.

---

41 강설·폭설 시 피견인차가 원심 공동으로 밀리 나아가 시 자동차에 발생할 것을 말하는 용어는?

① 스윙-아웃(swing-out) ② 잭 나이프(jack knife)
③ 하이드로플래닝(hydroplaning) ④ 베이퍼 록(vapor lock)

42 도로에서 견인자동차와 피견인 자동차 공동 운행 시 기상 등 원인의 의해 피견인 자동차가 좌우로 흔들리는 증상은?

① 잭 나이프(jack knife) ② 스웨이(Sway) 현상
③ 하이드로플래닝(Hydroplaning) 현상 ④ 휠 얼라인먼트(wheel alignment) 현상

43 자동차 및 자동차부품의 성능과 기준에 관한 규칙상 견인자동차가 갖추어야 하는 주 안전 인 가장 자동차의 길이는?

① 13.5미터 ② 16.7미터 ③ 18.9미터 ④ 19.3미터

자동차 및 자동차부품의 성능과 기준에 관한 규칙의 규정에 의하여 제5종 견인자동차의 길이는 16.7미터 이하이다. 단, 제2종 견인자동차의 길이는 19미터 이하이다.

44 다음 중 견인자동차 트레일러를 연결하고 분리하는 장치는?

① 후크 ② 커플러 ③ 아우트리거 ④ 붐

커플러(coupler, 연결기): 트레일러(피견인)의 트레일러 킹핀을 연결하여 분리할 수 있는 장치로서 견인자동차의 후방, 약 20센티미터의 위치에 수평 상태로 설치되어 있다.

45 트레일러 용적용을 운송용 상차로 적재한 도로 2대 이상의 자동차에 공동하여 출입할 수 있는 측면 위 소형용 공동을 가시로 공단 위한 전기에 적용 간의 공인 자동차는?

① 세미트레일러 ② 자동차트레일러
③ 총동트레일러 ④ 세미트레일러

① 세미트레일러 — 그 일부가 견인자동차의 상부에 적재되고, 해당 자동차의 견인자동차에 의해 크게 통상을 하도가 견인자동차에 이용되는 구조의 피견인자동차
② 총동트레일러 — 총중량의 제동가 견인자동차에 의해 크게 통상을 보이지 않는 피견인자동차, 차단성능이 1,100킬로그램 이하일 때, 해당 자동차가 견인자동차와 접속을 중 2개 이상의 고정된 주축을 가진 피견인자동차
③ 자동트레일러 — 공동장치 외에 다른 특수한 구조나 기능을 가진 견인자동차 또는 공동트레일러

46 다음 가동차의 가동 상상에 대응 설명으로 옳은 것은?

① 크레인(boom) : 크레인의 종류에 따라 붐의 길이와 공간이 크기가 결정된다. 일반적으로 붐(boom)을 줄여 원을 유동시키고자 한다.
② 받침데(outrigger) : 크레인 작업 시 안정성이 지지하고 무게에 의해 차체의 받침다리를 견고히 한다.
③ 크레인 작업시에 아우트리거를 작동하고 PTO를 사용시 작업하다.
④ 후크(hook) : 크레인의 뒤에 있어 피운 것에 걸어 연결하는 장치로서 회전 중에 수평이 유지되도록 자유 회전이 가능한 구조로 되어 있다.

47 다음 중 대형화물자동차의 선회특성과 진동특성에 대한 설명으로 가장 알맞은 것은?
① 진동각은 차의 원심력에 크게 영향을 미치지 않는다.
② 진동각은 차의 중심높이에 크게 영향을 받지 않는다.
③ 화물의 종류와 적재위치에 따라 선회 반경과 안정성이 크게 변할 수 있다.
④ 진동각도가 승용차보다 작아 추돌사고를 유발하기 쉽다.

해설 대형화물차는 화물의 종류와 적재위치에 따라 선회반경과 안정성이 크게 변할 수 있고 진동각은 차의 원심력과 중심높이에 크게 영향을 미치며, 진동각도가 승용차보다 크다.

48 트레일러 운전자의 준수사항에 대한 설명으로 가장 알맞은 것은?
① 운행을 마친 후에만 차량 일상점검 및 확인을 해야 한다.
② 정당한 이유 없이 화물의 운송을 거부해서는 아니 된다.
③ 차량의 청결상태는 운임요금이 고가일 때만 양호하게 유지한다.
④ 적재화물의 이탈방지를 위한 덮개·포장 등은 목적지에 도착해서 확인한다.

해설 운전자는 운행 전 적재화물의 이탈방지를 위한 덮개, 포장을 튼튼히 하고 항상 청결을 유지하며 차량의 일상점검 및 확인은 운행 전은 물론 운행 후에도 꾸준히 하여야 한다.

49 트레일러의 특성에 대한 설명이다. 가장 알맞은 것은?
① 차체가 무거워서 제동거리가 일반승용차보다 짧다.
② 급 차로변경을 할 때 전도나 전복의 위험성이 높다.
③ 운전석이 높아서 앞 차량이 실제보다 가까워 보인다.
④ 차체가 크기 때문에 내륜차(內輪差)는 크게 관계가 없다.

해설 ① 차체가 무거우면 제동거리가 길어진다. ② 차체가 길기 때문에 전도나 전복의 위험성이 높고 급 차로변경 시 잭 나이프현상이 발생할 수 있다. (잭나이프현상 - 트레일러 앞부분이 급 차로변경을 해도 뒤에 연결된 컨테이너가 차로 변경한 방향으로 가지 않고 진행하던 방향 그대로 튀어나가는 현상) ③ 트레일러는 운전석이 높아서 앞 차량이 실제 차간거리보다 멀어보여 안전거리를 확보하지 않는 경향 (운전자는 안전거리가 확보되었다고 착각함)이 있다. ④ 차체가 길고 크므로 내륜차가 크게 발생한다.

50 자동차 및 자동차부품의 성능과 기준에 관한 규칙에 따른 자동차의 길이 기준은? (연결자동차 아님)
① 13미터 ② 14미터 ③ 15미터 ④ 16미터

해설 자동차 및 자동차부품의 성능과 기준에 관한 규칙 제4조 제4조(길이·너비 및 높이)
① 자동차의 길이·너비 및 높이는 다음의 기준을 초과하여서는 아니 된다.
1. 길이 : 13미터(연결자동차의 경우에는 16.7미터를 말한다)
2. 너비 : 2.5미터(간접시계장치·환기장치 또는 밖으로 열리는 창의 경우 이들 장치의 너비는 승용자동차에 있어서는 25센티미터, 기타의 자동차에 있어서는 30센티미터. 다만, 피견인자동차의 너비가 견인자동차의 너비보다 넓은 경우 그 견인자동차의 간접시계장치에 한하여 피견인자동차의 가장 바깥쪽으로 10센티미터를 초과할 수 없다)
3. 높이 : 4미터

51 자동차관리법상 구난형 특수자동차의 세부기준은?
① 피견인차의 견인을 전용으로 하는 구조인 것
② 견인·구난할 수 있는 구조인 것
③ 고장·사고 등으로 운행이 곤란한 자동차를 구난·견인할 수 있는 구조인 것
④ 위 어느 형에도 속하지 아니하는 특수작업용인 것

해설 자동차관리법 시행규칙 별표1
특수자동차 중에서 구난형의 유형별 세부기준은 고장, 사고 등으로 운행이 곤란한 자동차를 구난·견인할 수 있는 구조인 것을 말한다.

52 구난차로 고장차량을 견인할 때 견인되는 차가 켜야 하는 등화는?
① 전조등, 비상점멸등 ② 전조등, 미등
③ 미등, 차폭등, 번호등 ④ 좌측방향지시등

해설 도로교통법 제37조, 같은법 시행령 제19조 견인되는 차는 미등, 차폭등, 번호등을 켜야 한다.

53 다음 중 편도 3차로 고속도로에서 구난차의 주행 차로는? (버스전용차로 없음)
① 1차로 ② 왼쪽차로 ③ 오른쪽차로 ④ 모든 차로

해설 도로교통법 시행규칙 별표9 참조

54 교통사고 발생 현장에 도착한 구난차 운전자의 가장 바람직한 행동은?
① 사고차량 운전자의 운전면허증을 회수한다.
② 도착 즉시 사고차량을 견인하여 정비소로 이동시킨다.
③ 운전자와 사고차량의 수리비용을 흥정한다.
④ 운전자의 부상 정도를 확인하고 2차 사고에 대비 안전조치를 한다.

해설 구난차(레커) 운전자는 사고처리 행정업무를 수행할 권한이 없어 사고현장을 보존해야 한다. 다만, 부상자의 구호 및 2차 사고를 대비 주변 상황에 맞는 안전조치를 취할 수 있다.

55 구난차 운전자의 행동으로 가장 바람직한 것은?
① 고장차량 발생 시 신속하게 출동하여 무조건 견인한다.
② 피견인차량을 견인 시 법규를 준수하고 안전하게 견인한다.
③ 견인차의 이동거리별 요금이 고가일 때만 안전하게 운행한다.
④ 사고차량 발생 시 사고현장까지 신호는 무시하고 가도 된다.

해설 구난차운전자는 신속하게 출동하되 준법운전을 하고 차주의 의견을 무시하거나 사고현장을 훼손하는 경우가 있어서는 안 된다.

56 구난차가 갓길에서 고장차량을 견인하여 주행차로로 진입할 때 가장 주의해야 할 사항으로 맞는 것은?
① 고속도로 전방에서 정속 주행하는 차량에 주의
② 피견인자동차 트렁크에 적재되어있는 화물에 주의
③ 주행차로 뒤쪽에서 빠르게 주행해오는 차량에 주의
④ 견인자동차는 눈에 확 띄므로 크게 신경 쓸 필요가 없다.

해설 구난차가 갓길에서 고장차량을 견인하여 주행차로로 진입하는 경우에는 주행차로를 진행하는 후속 차량의 통행에 방해가 되지 않도록 주의하면서 진입하여야 한다.

57 부상자가 발생한 사고현장에서 구난차 운전자가 취한 행동으로 가장 적절하지 않은 것은?
① 부상자의 의식 상태를 확인하였다.
② 부상자의 호흡 상태를 확인하였다.
③ 부상자의 출혈상태를 확인하였다.
④ 바로 견인준비를 하며 합의를 종용하였다.

해설 사고현장에서 사고차량 당사자에게 사고처리 하지 않도록 유도하거나 사고에 대한 합의를 종용해서는 안 된다.

58 구난차 운전자가 FF방식(Front engine Front wheel drive)의 고장난 차를 구난하는 방법으로 가장 적절한 것은?
① 차체의 앞부분을 들어 올려 견인한다.
② 차체의 뒷부분을 들어 올려 견인한다.
③ 앞과 뒷부분 어느 쪽이든 관계없다.
④ 반드시 차체 전체를 들어 올려 견인한다.

해설 FF방식(Front engine Front wheel drive)의 앞바퀴 굴림방식의 차량은 엔진이 앞에 있고, 앞바퀴 굴림방식이기 때문에 손상을 방지하기 위하여 차체의 앞부분을 들어 올려 견인한다.

59 다음 중 자동차관리법령상 특수자동차의 유형별 구분에 해당하지 않는 것은?
① 견인형 특수자동차 ② 특수용도형 특수자동차
③ 구난형 특수자동차 ④ 도시가스 응급복구용 특수자동차

해설 자동차관리법 시행령 [별표1] 특수자동차의 유형별 구분에는 견인형, 구난형, 특수용도형으로 구분된다.

정답 47. ③ 48. ② 49. ② 50. ① 51. ③ 52. ③ 53. ③ 54. ④ 55. ② 56. ③ 57. ④ 58. ① 59. ④

60 다나가 운전자가 교통사고 현장에서 한 조치이다. 가장 바람직한 것은?

① 교통사고 당사자에게 민사합의를 종용한다.
② 교통사고 당사자끼리 부상 정도를 확인하게 한다.
③ 가해자와 피해자의 합의 여부와 관계없이 경찰공무원에게 신고한다.
④ 교통사고 당사자 의사와는 무관하게 경찰공무원에게 신고한다.

> 해설
> 교통사고 당사자에게 책임을 전가하는 행위 등을 하여서는 아니 되며, 사고당사자간 합의 여부와 관계없이 신고하여야 한다.

61 다음 중 난폭운전자가 가장 바람직한 행동은?

① 돌발상황에 대비하여 고속으로 주행하지 마라야 한다.
② 사고방지를 위하여 고속도로 등에서 정차·주차를 금한다.
③ 경음기 사용을 줄이고 승차자에게 안정감을 준다.
④ 교통사고 발생 시 처벌을 줄이기 위하여 사고처리 합의를 종용한다.

> 해설
> 나폭운전자는 사고발생이 가장 많은 운전유형 중 하나이다. 자동차 운전 시 돌발 상황에 대비하여 과속을 금지하여야 한다.

62 나타나 운전자가 RR방식(Rear engine Rear wheel drive)이 고장날 때를 운전방법으로 가장 적절한 것은?

① 차체의 앞부분이 가벼울 경우 주행한다.
② 후류비퀴에 동력 전달이 이루어진다.
③ 앞쪽이 무거워 조향이 쉽게 된다.
④ 뒤로 밀리는 경향 등이 많은 것이 특징이다.

> 해설
> RR방식(Rear engine Rear wheel drive)이 란 뒤쪽 차축에 엔진이 있고, 엔진과 디퍼런셜 기어 사이에 구동축이 없이 바로 연결된 형태를 말한다.

63 다음 중 자동차의 주행 중 급제동 시 자동차의 뒤쪽이 좌우로 움직이는 현상은 무엇인가?

① 피시테일링(fishtailing)
② 하이드로플래닝(hydroplaning)
③ 스텐딩 웨이브(standing wave)
④ 베이퍼록(vapor lock)

> 해설
> 피시테일링(fishtailing)은 자동차나 선박 등이 주행·항해 시 꼬리가 좌우로 반복적으로 혼들리는 현상을 말한다. 하이드로플래닝(hydroplaning)은 고속주행시 타이어와 노면 사이에 수막이 생겨 타이어가 노면접지력을 상실하는 현상이다. standing wave는 자동차가 고속 주행할 때 타이어 접지 부분에 열이 축적되어 변형이 나타나는 현상이고, vapor lock은 자동차의 브레이크 파이프 속의 브레이크액이 가열되어 기포가 발생하여 제대로 작동하지 않게 되는 현상이다.

64 난폭운전자가 자영에서 꼭 사용하는 것은?

① 난폭운전자의 과속운전은 연료 절약에 효과적이다.
② 난폭운전자는 고속도로 주행 시 교통체증 발생의 원인이 된다.
③ 교통사고 발생 시 보행자의 사망위험과 과속한다.
④ 난폭운전자 고속 주행 시 시공차를 단축할 수 있다.

> 해설
> 난폭운전자는 교통사고 위험이 높고, 또한 교통체증 발생의 원인이 될 수 있고, 신호위반해야 한다. 과속, 신호위반 등.

65 차량속도 매시 100킬로미터 이상 고속도로에서 24시간 고속주행이 있는 경우 시 145킬로미터 주행하다 과속으로 적발되었다. 범칙금과 벌점은 얼마인가?

① 범칙금 70점, 벌점금 14점 원
② 범칙금 60점, 벌점금 13점 원
③ 범칙금 30점, 벌점금 10점 원
④ 범칙금 15점, 벌점금 7점 원

> 해설
>
> 도로교통법 시행규칙 [별표 8], 시행령 [별표 28] 고속도로 매시 80킬로미터이상 매시 100킬로미터 이하 초과한 경우 범칙금 60점, 벌점 60점이고, 매시 60킬로미터 초과한 경우 범칙금 145킬로미터 고속도로 시속 100킬로미터 주행한 자동차 운전자의 경우 범칙금 13만 원, 벌점 60점이다.

66 다음 중 난폭운전자가 자동차 도식(通行)이나 표지를 할 수 있는 것은?

① 교통사고 야기자동차 표지 및 표지
② 범칙자동차 사용신고표시 및 표시
③ 긴급자동차의 주의 모든 표지
④ 응급환자가 탑승할 수 있는 자동차 표지

> 해설
> 도로교통법 시행규칙 제24조, 응급환자 사용 관련규정, 도로교통법 시행규칙 제27조 난폭운전자 사용신고필증, 긴급자동차임을 표시하는 표시 등이 되어 있는 자동차는 도로교통법 제24조 긴급자동차임을 표시하는 자동차로 볼 수 없다.

67 교통사고 현장에 동승한 난폭운전자의 동전자세로 가장 바람직한 것은?

① 사고자를 구호조치하여 신속하게 주행한다.
② 인근병원으로 후송하며 최고 속도로 주행해야 한다.
③ 고속도로의 차선 변경 시 방향지시기를 작동한다.
④ 신속이송을 위하여 사고자에게 고지하고 교통신호를 준수하지 않고 주행한다.

> 해설
> 교통사고 발생시 긴급한 경우 응급조치가 가능하도록 우선 인도자는 해야 한다.

68 시가 중 난폭운전자·승용자동차의 기초등성 생활에 대한 내용이다. 옳은 것은?

① 승용자동차 시속 매시 100킬로미터 일 때 앞치기리 90점 이상이다.
② 승용자동차는 시동 후 5분 이내 출발, 가속도 등을 활용하여 주행한다.
③ 승용자동차 시동 전 계기판, 라이트 등을 확인 시 자기 5분 이상한다.
④ 승용자동차 시속 100킬로미터 주행 시 앞치기리 5점 이상 정단한다.

> 해설
> 고속도로 사용자동차 제66조 급출발 급정지 금지, 승합자동차 시기, 정차 시, 출발 시, 가속 시 급출발·급가속을 금지하고, 각 기준에 맞게 달성하기 위해 운전해야 한다. 각 기준, 공회전기준 90점 이상이다.

69 난폭운전자가 교통사고가 현장에서 난폭운전자를 대면하였을 때 가장 바람직한 것은?

① 읽은 주의자가 연기에게 미시 후반을 한다.
② 사고자의 환인이 우선이다.
③ 사고차는 수시로 빼놓고 다시 기자사한다.
④ 발생 증거물에 대한 사회 신경과 공정으로 처리한다.

> 해설
> 난폭운전자는 자신이 없는 사람의 유실물이나 공지하여야 하고, 주행중 기상악화로 시작한 기상상태는 이용하여야 한다.

70 교통사고 현장에 동승한 난폭운전자가 난폭운전자에게 응급조치를 해야 하는 가장 큰 이유는 무엇인가?

① 난폭자가 빨리 증호 위하여
② 난폭자의 고통을 즐여주기 위하여
③ 난폭자의 재산을 보호하기 위하여
④ 난폭자의 사망할을 줄이기 위하여

Chapter 04 안전표지형 문제 - 4지 1답형

01 다음의 횡단보도 표지가 설치되는 장소로 가장 알맞은 곳은?

① 포장도로의 교차로에 신호기가 있을 때
② 포장도로의 단일로에 신호기가 있을 때
③ 보행자의 횡단이 금지되는 곳
④ 신호가 없는 포장도로의 교차로나 단일로

해설 도로교통법 시행규칙 별표 6. 132.횡단보도표지

02 다음 안전표지에 대한 설명으로 맞는 것은?

① 유치원 통원로이므로 자동차가 통행할 수 없음을 나타낸다.
② 어린이 또는 유아의 통행로나 횡단보도가 있음을 알린다.
③ 학교의 출입구로부터 2킬로미터 이후 구역에 설치 한다.
④ 어린이 또는 유아가 도로를 횡단할 수 없음을 알린다.

해설 도로교통법 시행규칙 별표 6. 133.어린이보호표지
어린이 또는 유아의 통행로나 횡단보도가 있음을 알리는 것, 학교, 유치원 등의 통학, 통원로 및 어린이놀이터가 부근에 있음을 알리는 것

03 다음 안전표지가 뜻하는 것은?

① 노면이 고르지 못함을 알리는 것
② 터널이 있음을 알리는 것
③ 과속방지턱이 있음을 알리는 것
④ 미끄러운 도로가 있음을 알리는 것

해설 도로교통법 시행규칙 별표 6. 129.과속방지턱
과속방지턱, 고원식 횡단보도, 고원식 교차로가 있음을 알리는 것

04 다음 안전표지가 있는 경우 안전 운전방법은?

① 도로 중앙에 장애물이 있으므로 우측 방향으로 주의하면서 통행한다.
② 중앙 분리대가 시작되므로 주의하면서 통행한다.
③ 중앙 분리대가 끝나는 지점이므로 주의하면서 통행한다.
④ 터널이 있으므로 전조등을 켜고 주의하면서 통행한다.

해설 도로교통법 시행규칙 별표 6. 121.우측방향통행표지
도로의 우측방향으로 통행하여야 할 지점이 있음을 알리는 것

05 도로교통법령상 그림의 안전표지와 같이 주의표지에 해당되는 것을 나열한 것은?

① 오르막경사표지, 상습정체구간표지
② 차폭제한표지, 차간거리확보표지
③ 노면전차전용도로표지, 우회로표지
④ 비보호좌회전표지, 좌회전 및 유턴표지

해설 도로교통법 시행규칙 별표6, 횡풍표지(주의표지 137번), 야생동물보호표지(주의표지 139번)
① 오르막경사표지와 상습정체구간표지는 주의표지이다. ② 차폭제한표지와 차간거리확보표지는 규제표지이다. ③노면전차전용도로표지와 우회로표지는 지시표지이다. ④ 비보호좌회전표지와 좌회전 및 유턴표지는 지시표지이다.

06 도로교통법령상 다음 안전표지에 대한 내용으로 맞는 것은?

① 규제표지이다.
② 직진차량 우선표지이다.
③ 좌합류 도로표지이다.
④ 좌회전 금지표지이다.

해설 도로교통법 시행규칙 별표6, 좌합류도로표지(주의표지 108번)

07 다음 안전표지의 뜻으로 맞는 것은?

① 전방 100미터 앞부터 낭떠러지 위험 구간이므로 주의
② 전방 100미터 앞부터 공사 구간이므로 주의
③ 전방 100미터 앞부터 강변도로이므로 주의
④ 전방 100미터 앞부터 낙석 우려가 있는 도로이므로 주의

해설 도로교통법 시행규칙 별표 6. 130.낙석도로표지
낙석우려지점 전 30미터 내지 200미터의 도로 우측에 설치

08 다음 안전표지의 뜻으로 맞는 것은?

① 철길표지
② 교량표지
③ 높이제한표지
④ 문화재보호표지

해설 도로교통법 시행규칙 별표 6. 138의 2.교량표지 교량이 있음을 알리는 것, 교량이 있는 지점 전 50미터에서 200미터의 도로우 측에 설치

09 다음 안전표지의 뜻으로 맞는 것은?

① 전방에 양측방 통행 도로가 있으므로 감속 운행
② 전방에 장애물이 있으므로 감속 운행
③ 전방에 중앙 분리대가 시작되는 도로가 있으므로 감속 운행
④ 전방에 두 방향 통행 도로가 있으므로 감속 운행

해설 도로교통법 시행규칙 별표 6. 123.중앙분리대시작표지

10 다음 안전표지가 의미하는 것은

① 좌측방 통행
② 우합류 도로
③ 도로폭 좁아짐
④ 우측차로 없어짐

해설 도로교통법 시행규칙 별표 6. 119.우측차로 없어짐 편도 2차로 이상의 도로에서 우측차로가 없어질 때 설치

11 다음 안전표지가 의미하는 것은?

① 중앙분리대 시작
② 양측방 통행
③ 중앙분리대 끝남
④ 노상 장애물 있음

해설 도로교통법 시행규칙 별표 6. 123.중앙분리대 시작표지 중앙분 리대가 시작됨을 알리는 것

정답 01.④ 02.② 03.③ 04.① 05.① 06.③ 07.④ 08.② 09.③ 10.④ 11.①

12 다음 안전표지가 의미하는 것은?

① 노면이 고르지 못함
② 터널이 있음
③ 과속방지턱 있음
④ 미끄러운 도로

도로교통법 시행규칙 별표6, 128.노면고르지못함표지로 노면이 고르지 못함을 알리는 것이다.

13 다음 안전표지가 도로에서 표시하는 공사장소는?

① 교량 있음을 사용한다.
② 터널이 있음을 표시한다.
③ 과속방지턱 있음을 사용한다.
④ 노면이 고르지 못함을 표시한다.

도로교통법 시행규칙 별표6, 116. 오르막경사표지로 오르막경사가 있음을 알리는 것

14 다음 안전표지가 있는 도로에서의 안전운전 방법은?

① 신호기의 진행신호가 있을 때 서서히 진입 통과한다.
② 차단기가 내려가고 있을 때 신속히 진입 통과한다.
③ 철도건널목 진입 전에 일시정지하여 안전을 확인한 후 통과한다.
④ 차단기가 올라가고 있을 때 기어를 자주 바꾸면서 통과한다.

도로교통법 시행규칙 별표6, 110.철길건널목이 있음을 알리는 것

15 다음 안전표지가 뜻하는 것은?

① 우선도로에서 우선도로가 아닌 도로와 교차함
② 일방통행 교차로를 나타내는 표지이다.
③ 동일방향 통행도로에서 양측방으로 통행하여야 할 지점임을 표시하는 것이다.
④ 2방향 통행이 실시됨을 알리는 표지이다.

도로교통법 시행규칙 별표6, 11. 개정기준. 106.우선도로표지에서 우선도로가 아닌 도로와 교차하는 경우

16 도로교통법상 다음 안전표지에 대한 설명으로 맞는 것은?

① 도로가 좌측으로 굽어 미끄러운 도로를 알리는 표지
② 도로가 좌측으로 굽어 있음을 알리는 표지
③ 도로가 이중으로 굽어 미끄러운 도로를 알리는 표지
④ 도로가 이중으로 굽어 있음을 알리는 표지

도로교통법 시행규칙 별표6, 장단기표지(주의표지 127번). 도로모양이 이중으로 굽은·하향·개량 등

17 다음 안전표지에 대한 설명으로 맞는 것은?

① 강변도로 표지이다.
② 상습결빙표지이다.
③ 연약지반 표지이다.
④ 중앙분리대 시작 표지이다.

도로교통법 시행규칙 별표6, 주의표지 122 상습결빙표지로 도로주행중에 결빙이 자주 발생하는 장소임을 알리는 것

18 다음 안전표지가 설치되는 장소로 가장 알맞은 곳은?

① 도로가 좁아 차가 이탈할 위험이 있는 도로
② 도로가 이중으로 굽어 차가 이탈할 위험이 있는 도로
③ 도로가 이중으로 굽어 미끄러질 위험이 있는 도로
④ 비탈길이 경사가 심하여 속도를 줄여야 하는 도로

19 다음 안전표지에 대한 설명으로 바르지 않은 것은?

① 도시부 도로임을 알리는 것으로 시가지도로에서 시작지점에 설치한다.
② 이 표지가 설치된 지역 내 도로의 일반적인 최고속도는 매시 50킬로미터 이하이다.
③ 도로의 구간 내 이용 종점에 설치할 수 있다.
④ 도시부 도로임을 알리는 것으로 해당 지역의 이용을 벗어나는 지점에 설치한다.

20 다음 안전표지에 대한 설명으로 맞는 것은?

① 회전형교차로
② 좌우회전 교차로표지
③ 교차로표지
④ 좌로 굽은 도로

도로교통법 시행규칙 별표6, 주의표지 109 회전형교차로표지로 교차로 전 30미터에서 120미터의 도로 우측에 설치

21 도로교통법상 다음 안전표지에 대한 설명으로 맞는 것은?

① 시내도로에서 자동차의 최고속도를 매시 50킬로미터로 제한한다.
② 승용자동차의 최고속도를 매시 50킬로미터로 제한한다.
③ 시가지도로에서 자동차의 최고속도를 매시 50킬로미터로 제한한다.
④ 차내표지로, 자동차의 최고속도를 매시 50킬로미터를 초과해서는 아니 된다.

도로교통법 시행규칙 별표6, 규제표지 224. 최고속도제한표지로 표지판에 표시한 속도로 자동차 등의 최고속도를 지정하는 것

22 도로교통법상 다음 안전표지가 설치된 곳에서의 운전방법으로 맞는 것은?

① 자동차와 자전거는 차간거리를 50미터 이상 확보하며 운전한다.
② 자동차는 자전거와의 차간거리를 50미터 이상 확보해야 한다.
③ 자동차와 자전거는 차간거리를 50미터 이상 유지한다.
④ 안전표지를 차간거리 50미터 이내로 교통량이 적은 도로에 설치하였다.

도로교통법 시행규칙 별표6, 규제표지 223. 차간거리표지로 표지판에 표시된 차간거리 이상 자동차 간의 거리를 확보할 것을 지시하는 것

정답 12.③ 13.② 14.③ 15.① 16.③ 17.② 18.② 19.③ 20.① 21.④ 22.①

23 다음 안전표지에 대한 설명으로 맞는 것은?

① 차의 우회전 할 것을 지시하는 표지이다.
② 차의 직진을 금지하게 하는 주의표지이다.
③ 전방 우로 굽은 도로에 대한 주의표지이다.
④ 차의 우회전을 금지하는 주의표지이다.

해설 도로교통법 시행규칙 별표6, 주의표지 111 우로굽은 도로표지 전방 우로 굽은 도로에 대한 주의표지이다.

24 다음 안전표지가 의미하는 것은?

① 자전거 통행이 많은 지점
② 자전거 횡단도
③ 자전거 주차장
④ 자전거 전용도로

해설 도로교통법 시행규칙 별표 6. 134.자전거표지 자전거 통행이 많은 지점이 있음을 알리는 것

25 다음 안전표지에 대한 설명으로 맞는 것은?

① 보행자는 통행할 수 있다.
② 보행자뿐만 아니라 모든 차마는 통행할 수 없다.
③ 도로의 중앙 또는 좌측에 설치한다.
④ 통행금지 기간은 함께 표시할 수 없다.

해설 도로교통법 시행규칙 별표6, 규제표지 201, 통행금지표지로 보행자 뿐 아니라 모든 차마는 통행할 수 없다.

26 다음 안전표지에 대한 설명으로 가장 옳은 것은?

① 이륜자동차 및 자전거의 통행을 금지한다.
② 이륜자동차 및 원동기장치자전거의 통행을 금지한다.
③ 이륜자동차와 자전거 이외의 차마는 언제나 통행할 수 있다.
④ 이륜자동차와 원동기장치자전거 이외의 차마는 언제나 통행 할 수 있다.

해설 도로교통법 시행규칙 [별표6] 규제표지 205, 이륜자동차 및 원동기장치 자전거의 통행금지표지로 통행을 금지하는 구역, 도로의 구간 또는 장소의 전면이나 도로의 중앙 또는 우측에 설치

27 다음 안전표지에 대한 설명으로 맞는 것은?

① 차의 진입을 금지한다.
② 모든 차와 보행자의 진입을 금지한다.
③ 위험물 적재 화물차 진입을 금지한다.
④ 진입금지기간 등을 알리는 보조표지는 설치할 수 없다.

해설 도로교통법 시행규칙 별표6, 규제표지 211, 진입금지표지로 차의 진입을 금지하는 구역 및 도로의 중앙 또는 우측에 설치

28 다음 규제표지를 설치할 수 있는 장소는?

① 교통정리를 하고 있지 아니하고 교통이 빈번한 교차로
② 비탈길 고갯마루 부근
③ 교통정리를 하고 있지 아니하고 좌우를 확인할 수 없는 교차로
④ 신호기가 없는 철길 건널목

해설 도로교통법 시행규칙 [별표6] 규제표지 226, 서행규제표지로 차가 서행하여야 하는 도로의 구간 또는 장소의 필요한 지점 우측에 설치

29 다음 안전표지가 있는 도로에서의 운전 방법으로 맞는 것은?

① 다가오는 차량이 있을 때에만 정지하면 된다.
② 도로에 차량이 없을 때에도 정지해야 한다.
③ 어린이들이 길을 건널 때에만 정지한다.
④ 적색등이 켜진 때에만 정지하면 된다.

해설 도로교통법 시행규칙 [별표6] 규제표지 227, 일시정지표지로 차가 일시정지 하여야 하는 교차로 기타 필요한 지점의 우측에 설치

30 다음 안전표지에 대한 설명으로 가장 옳은 것은?

① 직진하는 차량이 많은 도로에 설치한다.
② 금지해야 할 지점의 도로 좌측에 설치한다.
③ 이런 지점에서는 반드시 유턴하여 되돌아가야 한다.
④ 좌·우측 도로를 이용하는 등 다른 도로를 이용해야 한다.

해설 도로교통법 시행규칙 별표6, 규제표지 212, 직진금지표지로 차의 직진을 금지하는 규제표지이며, 차의 직진을 금지해야 할 지점의 도로우측에 설치

31 도로교통법령상 다음 안전표지에 대한 설명으로 맞는 것은?

① 차마의 유턴을 금지하는 규제표지이다.
② 차마(노면전차는 제외한다.)의 유턴을 금지하는 지시표지이다.
③ 개인형 이동장치의 유턴을 금지하는 주의표지이다.
④ 자동차등(개인형 이동장치는 제외한다.)의 유턴을 금지하는 지시표지이다.

해설 도로교통법 시행규칙 별표6, 규제표지 216번, 유턴금지표지로 차마의 유턴을 금지하는 것이다. 유턴금지표지에서 제외 되는 차종은 정하여 있지 않다.

32 다음 안전표지에 관한 설명으로 맞는 것은?

① 화물을 싣기 위해 잠시 주차할 수 있다.
② 승객을 내려주기 위해 일시적으로 정차할 수 있다.
③ 주차 및 정차를 금지하는 구간에 설치한다.
④ 이륜자동차는 주차할 수 있다.

해설 도로교통법 시행규칙 [별표6] 규제표지 219, 주차금지표지로 차의 주차를 금지하는 구역, 도로의 구간이나 장소의 전면 또는 필요한 지점의 도로우측에 설치

33 다음 안전표지가 뜻하는 것은?

① 차폭 제한
② 차 높이 제한
③ 차간거리 확보
④ 터널의 높이

해설 도로교통법 시행규칙 [별표6] 규제표지 221, 차높이제한표지로 표지판에 표시한 높이를 초과하는 차(적재한 화물의 높이를 포함)의 통행을 제한하는 것

34 다음 안전표지가 뜻하는 것은?

① 차 높이 제한
② 차간거리 확보
③ 차폭 제한
④ 차 길이 제한

해설 도로교통법 시행규칙 [별표6] 규제표지 222, 차폭제한표지로 표지판에 표시한 폭이 초과된 차(적재한 화물의 폭을 포함)의 통행을 제한하는 것

정답 23.③ 24.① 25.② 26.② 27.① 28.② 29.② 30.④ 31.① 32.② 33.② 34.③

35 다음 규제표지가 의미하는 것은?

① 위험물 적재 차량 통행금지
② 청소년 출입 금지 인근 공장 통행 금지
③ 자동차가 접근하면 안전사고 위험 표시
④ 이용 통행 등 화재 위험 통행금지

해설 도로교통법 시행규칙 [별표 6] 규제표지 231. 위험물적재차량통행금지표지 차량위반을 적재한 차량의 통행을 금지하는 규제표지이다.

36 다음 규제표지가 있는 지역에서 금지된 차량은?

① 이륜자동차
② 승용자동차
③ 승합자동차
④ 원동기장치자전거

해설 도로교통법 시행규칙 [별표 6] 규제표지 204. 승합자동차(승차정원 30명 이상인 것)의 통행을 금지하는 것

37 다음 규제표지가 의미하는 것은?

① 유턴 금지
② 자동차 진입금지
③ 유턴 금지
④ 과속방지턱 설치 지역

해설 도로교통법 시행규칙 [별표 6] 규제표지 217. 앞지르기 금지표지로 차의 앞지르기를 금지하는 것

38 다음 규제표지가 설치된 지역에서 하지하는 차량은?

① 화물자동차
② 승용차
③ 트랙터
④ 경운기

해설 도로교통법 시행규칙 [별표 6] 규제표지 207. 경운기·트랙터 및 손수레의 통행을 금지하는 것이다.

39 다음의 안전표지에 대한 설명으로 맞는 것은?

① 좌측도로의 폭이 5.5미터 이상의 자동차 통행을 제한하는 것
② 좌측도로의 높이 5.5미터 이상의 자동차 통행을 제한하는 것
③ 좌측도로의 폭이 5.5미터 초과 차량 통행을 제한하는 것
④ 좌측도로의 총중량 5.5톤 초과 차량 통행을 제한하는 것

해설 도로교통법 시행규칙 [별표 6] 규제표지 220. 차량중량제한표지로 표지판에 표시한 중량을 초과하는 차량의 통행을 제한하는 것이다.

40 다음 안전표지에 대한 설명으로 맞는 것은?

① 신호에 관계없이 차량 통행이 없을 때 좌회전할 수 있다.
② 적색 신호에 다른 교통에 방해가 되지 않을 때에는 좌회전할 수 있다.
③ 비보호이므로 신호와 관계없이 좌회전할 수 있다.
④ 녹색신호에 다른 교통에 방해가 되지 않을 때 좌회전할 수 있다.

해설 도로교통법 시행규칙 [별표 6] 지시표지 329. 비보호좌회전표지 시 녹색신호에서 좌회전할 수 있다. 모든 차의 운전자는 아니하도록 주의하여야 한다.

41 다음 안전표지의 뜻으로 맞는 것은?

① 철길 표지
② 교량표지
③ 높이제한표지
④ 낙석 위험 표지

해설 도로교통법 시행규칙 [별표 6] 주의표지 141. 낙석도로표지로 도로 위에 낙석이 떨어질 우려가 있는 지점 전방

42 다음 안전표지에 대한 설명으로 맞는 것은?

① 승용자동차만 통행을 금지하는 것이다.
② 위험물 운반 자동차 통행을 금지하는 것이다.
③ 승합자동차 통행을 금지하는 것이다.
④ 화물자동차 통행을 금지하는 것이다.

해설 도로교통법 시행규칙 [별표 6] 규제표지 203. 화물자동차 통행금지 표지로 화물자동차(차체 중량이 8톤 이상이거나 적재중량이 8톤 이상인 화물자동차) 통행을 금지하는 것

43 다음 규제표지에 대한 설명으로 맞는 것은?

① 차간거리 제한표지
② 최고속도 제한표지
③ 차간거리 확보표지
④ 안전속도 유지표지

해설 도로교통법 시행규칙 [별표 6] 규제표지 225. 최고속도제한표지로 표지판에 표시한 속도로 차의 최고속도를 지정하는 것

44 다음 안전표지에 대한 설명으로 맞는 것은?

① 차가 우회전할 것을 지시하는 안전표지이다.
② 차가 좌우로 이중 굽은 도로가 있음을 알리는 안전표지이다.
③ 차가 회전진행할 것을 지시하는 안전표지이다.
④ 차의 우회전 각도가 지나치게 큰 도로가 있음을 알리는 주의표지이다.

해설 도로교통법 시행규칙 [별표 6] 지시표지 309의2, 우회로표지로 차가 우회할 것을 지시하는 것, 이면 안전표지는 지시표지이다.

45 다음 안전표지에 대한 설명으로 맞는 것은?

① 최고속도 매시 50킬로미터 제한표지
② 최저속도 50킬로미터 표지
③ 차간거리 50미터 표지
④ 안전속도 50킬로미터 표지는 아니다.

해설 도로교통법 시행규칙 [별표 6] 규제표지 224. 최고속도제한표지 매시 50킬로미터 최고속도 제한 차량표지이다.

46 다음 교통안전표지에 대한 설명으로 맞는 것은?

① 최고속도 제한 표지
② 최저속도 제한 표지
③ 최저속도 매시 70킬로미터 규제표지
④ 최고속도 매시 70킬로미터 안내표지이다.

해설 최저속도제한표지로 최저속도가 시속 70킬로미터 규제표지

정답 35. ② 36. ① 37. ② 38. ③ 39. ④ 40. ④ 41. ① 42. ④ 43. ② 44. ① 45. ① 46. ②

47 다음 안전표지의 명칭으로 맞는 것은?

① 양측방 통행표지
② 양측방 통행금지 표지
③ 중앙분리대 시작표지
④ 중앙분리대 종료표지

해설 도로교통법 시행규칙 [별표6] 지시표지 312, 양측방통행표지로 차가 양측방향으로 통행할 것을 지시하는 표지이다.

48 다음 안전표지에 대한 설명으로 맞는 것은?

① 주차장에 진입할 때 화살표 방향으로 통행할 것을 지시하는 것
② 좌회전이 금지된 지역에서 우회 도로로 통행할 것을 지시하는 것
③ 회전형 교차로이므로 주의하여 회전할 것을 지시하는 것
④ 좌측면으로 통행할 것을 지시하는 것

해설 도로교통법 시행규칙 [별표6] 지시표지316, 우회로표지로 차의 좌회전이 금지된 지역에서 우회 도로로 통행할 것을 지시하는 것

49 다음 안전표지에 대한 설명으로 맞는 것은?

① 자전거도로에서 2대 이상 자전거의 나란히 통행을 허용한다.
② 자전거의 횡단도임을 지시한다.
③ 자전거만 통행하도록 지시한다.
④ 자전거 주차장이 있음을 알린다.

해설 도로교통법 시행규칙 [별표6] 지시표지333 자전거 나란히 통행 허용표지이다.

50 다음 안전표지가 의미하는 것은?

① 좌측도로는 일방통행 도로이다.
② 우측도로는 일방통행 도로이다.
③ 모든 도로는 일방통행 도로이다.
④ 직진도로는 일방통행 도로이다.

해설 도로교통법 시행규칙 [별표6] 지시표지 328 일방통행로표지로 전방으로만 진행할 수 있는 일방통행로임을 지시하는 표지이다. 일방통행 도로의 입구 및 구간내의 필요한 지점의 도로양측에 설치하고 구간의 시작 및 끝의 보조표지를 부착·설치하며 구간 내에 교차하는 도로가 있을 경우에는 교차로 부근의 도로양측에 설치한다.

51 다음 안전표지가 설치된 차로 통행방법으로 올바른 것은?

① 전동킥보드는 이 표지가 설치된 차로를 통행할 수 있다.
② 전기자전거는 이 표지가 설치된 차로를 통행할 수 없다.
③ 자전거인 경우만 이 표지가 설치된 차로를 통행할 수 있다.
④ 자동차는 이 표지가 설치된 차로를 통행할 수 있다.

해설 도로교통법 시행규칙 별표6, 자전거전용차로표지(지시표지 318번) 자전거등만 통행할 수 있도록 지정된 차로의 위에 설치한다. 도로교통법 제2조(정의)에 의해 자전거등이란 자전거와 개인형 이동장치이다. 자전거란 자전거 이용 활성화에 관한 법률 제2조제1호 및 제1호의2에 따른 자전거 및 전기자전거를 말한다. 도로교통법 시행규칙 제2조의2(개인형 이동 장치의 기준)에 따라 전동킥보드는 개인형 이동장치이다. 따라서 전동킥보드는 자전거등만 통행할 수 있도록 지정된 차로를 통행할 수 있다.

52 다음 안전표지에 대한 설명으로 맞는 것은?

① 자전거만 통행하도록 지시한다.
② 자전거 및 보행자 겸용 도로임을 지시한다.
③ 어린이보호구역 안에서 어린이 또는 유아의 보호를 지시한다.
④ 자전거횡단도임을 지시한다.

해설 도로교통법 시행규칙 [별표6] 지시표지303 자전거 및 보행자 겸용도로표지

53 다음 안전표지가 의미하는 것은?

① 자전거 횡단이 가능한 자전거횡단도가 있다.
② 자전거 횡단이 불가능한 것을 알리거나 지시하고 있다.
③ 자전거와 보행자가 횡단할 수 있다.
④ 자전거와 보행자의 횡단에 주의한다.

해설 도로교통법 시행규칙 [별표6] 지시표지325, 자전거횡단도표지이다.

54 다음 안전표지가 설치된 교차로의 설명 및 통행방법으로 올바른 것은?

① 중앙교통섬의 가장자리에는 화물차 턱(Truck Apron)을 설치할 수 없다.
② 교차로에 진입 및 진출 시에는 반드시 방향지시등을 작동해야 한다.
③ 방향지시등은 진입 시에 작동해야 하며 진출 시는 작동하지 않아도 된다.
④ 교차로 안에 진입하려는 차가 화살표방향으로 회전하는 차보다 우선이다.

해설 도로교통법 시행규칙 별표6, 회전교차로표지(지시표지 304번) 회전교차로(Roundabout)에 설치되는 회전교차로표지이다. 회전교차로(Round About)는 회전교차로에 진입하려는 경우 교차로 내에서 반시계 방향으로 회전하는 차에 양보해야 하고, 진입 및 진출 시에는 반드시 방향지시등을 작동해야 한다. 그리고 중앙교통섬의 가장자리에 세미트레일러가 밟고 지나갈 수 있도록 만든 화물차 턱(Truck Apron)이 있다. 회전교차로와 로터리 구 분은 "도로의구조·시설 기준에 관한규칙 해설"(국토교통부) 및 "회전교차로 설계지침"(국토교통부)에 의거 설치·운영

〈회전교차로와 교통서클의 차이점〉. 자료출처:"회전교차로 설계지침"(국토교통부)

구분	회전교차로(Roundabout)	교통서클(Traffic Circle)
진입방식	· 진입자동차가 양보 (회전자동차가 진입자동차에 대해 통행우선권을 가짐)	· 회전자동차가 양보
진입부	· 저속 진입 유도	· 고속 진입
회전부	· 고속의 회전차로 주행방지를 위한 설계(대규모 회전반지름 지양)	· 대규모 회전부에서 고속 주행
분리교통섬	· 감속 및 방향 분리를 위해 필수 설치	· 선택 설치
중앙교통섬	· 지름이 대부분 50m 이내 · 도시지역에서는 지름이 최소 2m인 초소형 회전교차로도 설치 가능	· 지름 제한 없음

55 다음 안전표지의 의미와 이 표지가 설치된 도로에서 운전행동에 대한 설명으로 맞는 것은?

① 진행방향별 통행구분 표지이며 규제표지이다.
② 차가 좌회전·직진 또는 우회전할 것을 안내하는주의표지이다.
③ 차가 좌회전을 하려는 경우 교차로의 중심 바깥쪽을 이용한다.
④ 차가 좌회전을 하려는 경우 미리 도로의 중앙선을따라 서행한다.

해설 도로교통법 시행규칙 별표6, 진행방향별통행구분표지(지시표지 315번) 차가 좌회전·직진 또는 우회전할 것을 지시하는 것이다. 도로교통법 25조(교차로 통행방법)제1항 모든 차의 운전자는 교차로에서 우회전을 하려는 경우에는 미리 도로의 우측 가장자리를 서행하면서 우회전하여야 한다. 이 경우 우회전하는 차의 운전자는 신호에 따라 정지하거나 진행하는 보행자 또는 자전거 등에 주의하여야 한다. 제2항 모든 차의 운전자는 교차로에서 좌회전을 하려는 경우에는 미리 도로의 중앙선을 따라 서행하면서 교차로의 중심 안쪽을 이용하여 좌회전하여야 한다.

56 다음과 같은 노면표시에 따른 운전행동으로 맞는 것은?

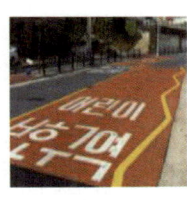

① 어린이 보호구역으로 주차는 불가하나 정차는 가능하므로 짧은 시간 길가장자리에 정차하여 어린이를 태운다.
② 어린이 보호구역 내 횡단보도 예고표시가 있으므로 미리 서행해야 한다.
③ 어린이 보호구역으로 어린이 및 영유아 안전에 유의해야 하며 지그재그 노면표시에 의하여 서행하여야 한다.
④ 어린이 보호구역은 시간제 운영 여부와 관계없이 잠시 정차는 가능하다.

해설 도로교통법 시행규칙 별표6, 서행표시(노면표시 520번), 정차·주차금지 표시(노면표시 516번), 어린이보호구역표시 (노면표시 536번), 도로교통법 제2조(정의) 어린이란 13세 미만의 사람을 말한다.

정답 47.① 48.② 49.① 50.④ 51.① 52.② 53.① 54.② 55.④ 56.③

정답 57. ① 58. ② 59. ② 60. ④ 61. ③ 62. ④ 63. ④ 64. ④ 65. ① 66. ③ 67. ④

57 다음 안전표지가 의미하는 것은?

① 비보호좌회전 표시로 대향 방향의 차량은 통행할 수 있다.
② 좌회전신호 동시신호에 따라 좌회전하는 차량은 통행할 수 있다.
③ 비보호좌회전 차량은 통행할 수 없다.
④ 좌회전 표시 차량은 통행할 수 없다.

도로교통법 시행규칙 [별표 6] 시내지시 332 좌회전우선차로 표시, 좌회전차로가 있는 경우에 진행 표지이다.

58 다음 안전표지의 명칭은?

① 양측방통행 표지
② 좌·우회전 표지
③ 중앙분리대 시작 표지
④ 중앙분리대 종료 표지

도로교통법 시행규칙 [별표 6] 시내지시 310 양측방통행표지이다.

59 다음 안전표지에 대한 설명으로 맞는 것은?

① 자전거전용도로 표지이다.
② 자전거횡단도 표지이다.
③ 자전거 주차장 표지이다.
④ 자전거 및 보행자 겸용도로 표지이다.

도로교통법 시행규칙 [별표 6] 시내지시 317 자전거 및 보행자 겸용도로 표지이다.

60 도로교통법상 지시표지가 설치된 도로의 통행방법으로 맞는 것은?

① 보행자가 통행할 수 있는 도로이다.
② 자전거만 통행할 수 있는 도로이다.
③ 노면전차만 통행할 수 있는 도로이다.
④ 노면전차 외의 차마는 노면전차 전용도로를 횡단하거나 출입 또는 통행할 수 없다. 다만, 도로를 횡단하는 경우 횡단보도를 설치·운영할 수 있다.

도로교통법 시행규칙 [별표 6] 시내지시 301번 노면전차전용도로 표지, 노면전차 전용도로의 통행방법을 지정하는 것이다.

61 다음 안전표지에 대한 설명으로 맞는 것은?

① 차가 좌·우회전할 수 있는 표지이다.
② 차가 좌·우회전을 금지하는 표지이다.
③ 차가 좌회전 후 우회전할 수 있는 표지이다.
④ 차가 직진 또는 우회전할 수 있는 표지이다.

도로교통법 시행규칙 [별표 6] 시내지시 309번, 직진 및 우회전할 수 있음을 지시하는 표지이다.

62 다음 안전표지에 대한 설명으로 맞는 것은?

① 우측통행을 지시하는 표지이다.
② 우측차로로 진입을 지시하는 표지이다.
③ 차마의 우측통행을 지시하고 있다.
④ 위험방지를 위하여 우측으로 통행할 것을 지시하는 것이다.

도로교통법 시행규칙 [별표 6] 시내지시(시내지시 322번), 위험방지를 위하여 우측으로 통행할 것을 지시하고 있다.

---

63 고속도로에서 다음 안전표지의 설명으로 맞는 것은?

① 앞쪽에 우측 합류 표지
② 우측차로 해제 표지
③ 출발지 표지판
④ 출구감속 유도표지

고속도로의 본선 출구지점 및 감속유도표지(도로교통표지 426-3번) 출발지점으로부터 300m, 200m, 100m 지점에 각각 설치된다.

64 다음의 안전표지에 대한 설명으로 맞는 것은?

① 노면전차 전용차로의 지시표지를 나타내는 표지
② 노면전차 전용도로의 다른 차의 경우 통행할 수 있는 경우를 지시하는 표지
③ 노면전차 전용차로 표지이다.
④ 노면전차를 우선 통행시키는 경우를 지시하는 표지이다.

도로교통법 시행규칙 [별표 6] 시내지시(시내지시 323번), 노면전차전용도로 안의 통행방법을 지시한다.

65 다음 안전표지가 설치된 도로를 통행할 수 있는 차량은?

① 자전거
② 이륜자동차
③ 개인형 이동장치
④ 이륜자동차 및 개인형 이동장치

도로교통법 시행규칙 [별표 6] 시내지시 302번, 자전거전용도로 또는 자전거전용구간임을 지정하는 것이다. 1. 자전거등, 2, 3 이륜차 등이 통행할 수 있는 자전거 도로이다.

66 다음 안전표지에 대한 설명으로 맞는 것은?

① 보행자 전용도로에 어린이 및 유아의 통행을 지시한다.
② 보행자가 횡단할 수 있는 횡단보도를 표시한다.
③ 보행자 전용도로를 표시한다.
④ 노인보호구역 안에서 노인의 통행을 지시한다.

도로교통법 시행규칙 [별표 6] 시내지시321 보행자전용도로표지이다.

67 다음 안전표지에 대한 설명으로 바르지 않은 것은?

① 어린이 보호를 위하여 어린이통학버스가 어린이 승하차 표지에 정지하기 위한 정차 또는 주차할 수 있다.
② 어린이 보호를 위하여 어린이통학버스가 어린이 승하차 표지에 정지하기 위해 정차 또는 주차할 수 있다.
③ 어린이 보호를 위하여 어린이통학버스가 어린이 승하차 표지에 정지하기 위해 정차할 수 있다.
④ 어린이 승하차 표지에 어린이통학버스 외의 차량이 정차하거나 주차할 수 있다.

도로교통법 시행규칙 별표6 320의4 어린이 승하차 표지, 어린이의 승하차를 위해 자동차를 정차하거나 주차할 수 있도록 지시하는 것으로, 어린이를 태우거나 내려주기 위해 잠시 정차하거나 주차할 수 있는 장소·시간.

68 다음 안전표지 중 도로교통법령에 따른 규제표지는 몇 개인가?

① 1개　② 2개
③ 3개　④ 4개

해설 도로교통법시행규칙 별표6, 4개의 안전표지 중에서 규제표지는 3개, 보조표지는 1개이다.

69 다음 안전표지 중에서 지시표지는?

① ② ③ ④

해설 도로교통법 시행규칙 별표6, 회전교차로표지(지시표지 304번), ⓐ 규제표지, ⓑ 보조표지, ⓓ 주의표지 도로교통법의 안전표지에 해당하는 종류로는 주의표지, 지시표지, 규제표지, 보조표지 그리고 노면표시가 있다.

70 다음 안전표지의 종류로 맞는 것은?

① 우회전 표지
② 우로 굽은 도로 표지
③ 우회전 우선 표지
④ 우측방 우선 표지

해설 도로교통법 시행규칙 별표6, 우회전 표지(지시표지 306)이다.

71 다음과 같은 교통안전시설이 설치된 교차로에서의 통행방법 중 맞는 것은?

① 좌회전 녹색 화살표시가 등화된 경우에만 좌회전할 수 있다.
② 좌회전 신호 시 좌회전하거나 진행신호 시 반대 방면에서 오는 차량에 방해가 되지 아니하도록 좌회전할 수 있다.
③ 신호등과 관계없이 반대 방면에서 오는 차량에 방해가 되지 아니하도록 좌회전할 수 있다.
④ 황색등화 시 반대 방면에서 오는 차량에 방해가 되지 아니하도록 좌회전할 수 있다.

해설 도로교통법 제5조, 도로교통법시행규칙 제6조, 도로교통법시행규칙 제8조 신호등의 좌회전 녹색 화살표시가 등화된 경우 좌회전할 수 있으며, 진행신호 시 반대 방면에서 오는 차량에 방해가 되지 아니하도록 좌회전할 수 있다.

72 다음 노면표시가 표시하는 뜻은?

① 전방에 과속방지턱 또는 교차로에 오르막 경사면이 있다.
② 전방 도로가 좁아지고 있다.
③ 차량 두 대가 동시에 통행할 수 있다.
④ 산악지역 도로이다.

해설 도로교통법 시행규칙 별표6, 오르막경사면표시(노면표시 544) 오르막경사면 노면표시로 전방에 오르막 경사면 또는 과속방지턱이 있음을 알리는 것

73 다음 안전표지에 대한 설명으로 맞는 것은?

① 자전거 전용도로임을 표시하는 것이다
② 자전거의 횡단도임을 표시하는 것이다.
③ 자전거주차장에 주차하도록 지시하는 것이다.
④ 자전거도로에서 2대 이상 자전거의 나란히 통행을 허용하는 것이다.

해설 도로교통법 시행규칙 별표6 자전거횡단도표시(노면표시 534) 도로에 자전거 횡단이 필요한 지점에 설치, 횡단보도가 있는 교차로에서는 횡단보도 측면에 설치

74 다음의 노면표시가 설치되는 장소로 맞는 것은?

① 차마의 역주행을 금지하는 도로의 구간에 설치
② 차마의 유턴을 금지하는 도로의 구간에 설치
③ 회전교차로 내에서 역주행을 금지하는 도로의 구간에 설치
④ 회전교차로 내에서 유턴을 금지하는 도로의 구간에 설치

해설 도로교통법 시행규칙 별표6, 유턴금지표시(노면표시 514번) 차마의 유턴을 금지하는 도로의 구간 또는 장소내의 필요한 지점에 설치한다.

75 다음 상황에서 적색 노면표시에 대한 설명으로 맞는 것은?

① 차도와 보도를 구획하는 길가장자리 구역을 표시하는 것
② 차의 차로변경을 제한하는 것
③ 보행자를 보호해야 하는 구역을 표시하는 것
④ 소방시설 등이 설치된 구역을 표시하는 것

해설 도로교통법 시행규칙 별표6 노면표시516의3 소방시설 등이 설치된 곳으로부터 각각 5미터 이내인 곳에서 신속한 소방 활동을 위해 특히 필요하다고 인정하는 곳에 정차·주차금지를 표시하는 것

76 다음 안전표지에 대한 설명으로 맞는 것은?

① 차가 회전 진행할 것을 지시한다.
② 차가 좌측면으로 통행할 것을 지시한다.
③ 차가 우측면으로 통행할 것을 지시한다.
④ 차가 유턴할 것을 지시한다.

해설 도로교통법 시행규칙 [별표6] 지시표지313 우측면통행표지로 차가 우측면으로 통행할 것을 지시하는 것

77 다음 안전표지에 대한 설명으로 틀린 것은?

① 고원식횡단보도 표시이다.
② 볼록 사다리꼴과 과속방지턱 형태로 하며 높이는 10cm로 한다.
③ 운전자의 주의를 환기시킬 필요가 있는 지점에 설치한다.
④ 모든 도로에 설치할 수 있다.

해설 도로교통법 시행규칙 별표6 고원식횡단보도표시(노면표시 533) 제한속도를 시속 30킬로미터 이하로 제한할 필요가 있는 도로에서 횡단보도임을 표시하는 것

78 다음 안전표지에 대한 설명으로 맞는 것은?

① 전방에 안전지대가 있음을 알리는 것이다
② 차가 양보하여야 할 장소임을 표시하는 것이다.
③ 전방에 횡단보도가 있음을 알리는 것이다.
④ 주차할 수 있는 장소임을 표시하는 것이다.

해설 도로교통법 시행규칙 별표6 횡단보도표시(노면표시 529) 횡단보도 전 50미터에서 60미터 노상에 설치, 필요할 경우에는 10미터에서 20미터를 더한 거리에 추가 설치

79 중앙선표시 위에 설치된 도로안전시설에 대한 설명으로 틀린 것은?

① 중앙선 노면표시에 설치된 도로안전시설물은 중앙분리봉이다.
② 교통사고 발생의 위험이 높은 곳으로 위험구간을 예고하는 목적으로 설치한다.
③ 운전자의 주의가 요구되는 장소에 노면표시를 보조하여 시선을 유도하는 시설물이다.
④ 동일 및 반대방향 교통흐름을 공간적으로 분리하기 위해 설치한다.

해설 ① 문제의 도로안전시설은 시선유도봉이다. 도로안전시설 설치 및 관리지침(국토교통부예규 제318호) –제1편 시선유도시설편 시선유도봉은 교통사고 발생의 위험이 높은 곳으로서, 운전자의 주의가 현저히 요구되는 장소에 노면표시를 보조하여 동일 및 반대방향 교통류를 공간적으로 분리하고 위험 구간을 예고할 목적으로 설치하는 시설이다.

정답 68.③　69.③　70.①　71.②　72.①　73.②　74.②　75.④　76.③　77.④　78.③　79.①

정답 80. ④ 81. ② 82. ② 83. ③ 84. ② 85. ③ 86. ① 87. ④ 88. ② 89. ④ 90. ②

80 다음 안전표지에 대한 설명으로 맞는 것은?

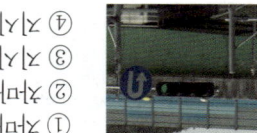

① 대각선 횡단보도표지를 나타낸다.
② 모든 방향으로 통행이 가능한 횡단보도임을 표시한다.
③ 보도 통행량이 많거나 어린이 등의 교통사고 위험이 있는 지역에 설치한다.
④ 횡단보도 표시 사이 빈 공간은 횡단보도에 포함되지 않는다.

해설 도로교통법 시행규칙 별표6, 532의2. 대각선횡단보도표시 모든 방향으로 통행이 가능한 횡단보도(횡단보도 표시 사이 빈 공간도 횡단보도에 포함한다)임을 표시하는 것. 보도 통행량이 많거나 어린이 등의 교통사고 위험이 있는 지역에 설치한다.

81 다음 안전표지에 대한 설명으로 맞는 것은?

① 일방통행인 어린이보호구역을 알리는 표지
② 좌· 우회전할 수 없는 어린이보호구역을 알리는 표지
③ 좌·우회전 가능한 어린이보호구역을 알리는 표지
④ 진입금지 어린이보호구역을 알리는 표지

해설 진입금지, 통행금지 표지로 통행할 수 없는 차가 해당됨을 알린다.

82 다음 차로 머리 위에 설치된 안전표지에 대한 설명으로 맞는 것은?

① 버스전용차로임을 지시하는 표지
② 고속도로 버스전용차로임을 지시하는 표지
③ 승합차, 화물차, 승용차 전용차로임을 지시하는 표지
④ 버스를 이용하는 사람이 승하차 할 수 있는 장소임을 표시하는 것

해설 도로교통법 시행규칙 별표6, 고속도로버스전용차로 제132조에 따라 고속도로버스전용차로를 사용하는 차가 있음을 표시하는 것

83 다음 안전표지의 의미로 맞는 것은?

① 고속도로에서 차로변경이 가능한 구간에 다른 방향의 교통류가 합류하는 지점에 설치하는 표지
② 고속도로에서 차로변경이 불가능한 구간에 다른 방향의 교통류가 합류하는 지점에 설치하는 표지
③ 고속도로에서 차로변경이 가능한 구간에 다른 방향의 교통류가 분류되는 지점에 설치하는 표지
④ 고속도로에서 차로변경이 불가능한 구간에 다른 방향의 교통류가 분류되는 지점에 설치하는 표지

해설 도로교통법 시행규칙 별표6, 도류화유도선표시 525의2

84 다음 안전표지의 뜻으로 가장 옳은 것은?

① 이륜자동차 및 자전거의 통행금지 08:00~20:00을 금하는 표시
② 자동차와 이륜자동차 및 원동기장치자전거의 통행금지 08:00~20:00을 금하는 표시
③ 자동차와 이륜자동차의 통행금지 08:00~20:00을 금하는 표시
④ 자동차와 자전거의 통행금지 08:00~20:00을 금하는 표시

해설 도로교통법 시행규칙 별표6, 이륜자동차 및 원동기장치자전거 통행금지 시간에 사고로 인해 이륜자동차 및 원동기장치자전거 통행을 금지하는 규제표지 제 206번

85 다음 사진 속의 유턴표지에 대한 설명으로 틀린 것은?

중앙 분리대 개구부

① 차마가 좌회전 차로에서 유턴하는 것을 지시한다.
② 차마가 유턴할 지점의 도로의 우측에 설치할 수 있다.
③ 지시표지이다.
④ 신호등 및 그 밖의 다른 교통안전시설에 표시되어 있는 경우 제외한다.

해설 도로교통법 시행규칙 별표6, 유턴표지(지시표지 311번) 차마가 유턴할 지점의 노면에 설치

86 다음 안전표지의 의미로 맞는 것은?

① 양보표시
② 진행방향 안내표지
③ 차량진행방향표지
④ 일방통행표지

해설 도로교통법 시행규칙 별표6, 진행방향 535의2 자동차 운전자 주의 표시

87 다음 안전표지의 의미로 맞는 것은?

① 주정차 표시
② 차로변경 제한선 표시
③ 유도선 표시
④ 김 가장자리 구역선 표시

해설 도로교통법 시행규칙 별표6, 소방시설 505번 설치 주정차금지 표시

88 다음 노면표시의 의미로 맞는 것은?

① 차가 양보하여야 할 장소임을 표시하는 것
② 차가 일시정지 하여야 할 장소임을 표시하는 것
③ 차가 서행하여야 할 장소임을 표시하는 것
④ 차가 갈 수 있는 장소임을 표시하는 것

해설 도로교통법 시행규칙 별표6, 양보표시 529번 서행하여 차가 양보할 지점을 알리는 것

89 고속도로에 진입시 표지판 속의 대전까지 남은 143km가 의미하는 것은?

① 대전광역시청까지의 잔여거리
② 대전광역시 행정구역 경계선까지의 잔여거리
③ 위 안내표지판 설치 지점부터 대전광역시 행정구역 경계선까지의 잔여거리
④ 해당 고속도로 기점에서 대전광역시까지로 진출입 가능한 가장 가까운 나들목, 갈림목 또는 분기점까지의 잔여거리

90 다음 안내표지판의 설명으로 맞는 것은?

① 150m 앞에서 6번 일반국도와 만나는 나들목(IC)이 있다.
② 나들목(IC)의 명칭은 군포다.
③ 고속도로 기점에서 6번째 나들목(IC)이라는 의미이다.
④ 고속도로와 고속도로를 연결해 주는 분기점(JCT) 표지이다.

해설 고속도로 6 기점에서 6번째 나들목인 군포 나들목(IC)이 150m 앞에 있고, 나들목으로 나가면 군포 및 국도 47호선을 만날 수 있다는 의미이다.

91 다음의 안전표지에 따라 견인되는 경우가 아닌 것은?

① 운전자가 차에서 떠나 4분 동안 화장실에 다녀오는 경우
② 운전자가 차에서 떠나 10분 동안 짐을 배달하고오는 경우
③ 운전자가 차를 정지시키고 운전석에 10분 동안 앉아 있는 경우.
④ 운전자가 차를 정지시키고 운전석에 4분 동안 앉아 있는 경우

도로교통법 제2조(정의) 주차란 운전자가 승객을 기다리거나 화물을 싣거나 차가 고장 나거나 그 밖의 사유로 차를 계속 정지 상태에 두는 것 또는 운전자가 차에서 떠나서 즉시 그 차를 운전할 수 없는 상태에 두는 것을 말한다. 정차란 운전자가 5분을 초과하지 아니하고 차를 정지시키는 것으로서 주차 외의 정지 상태를 말한다. 도로교통법 시행규칙 별표6, 주차금지표지(규제표지 219번) 차의 주차를 금지하는 것이다. 견인지역표지(보조표지 428번)

92 다음 그림에 대한 설명 중 적절하지 않은 것은?

■녹색로

① 건물이 없는 도로변이나 공터에 설치하는 주소정보시설(기초번호판)이다.
② 녹색로의 시작 지점으로부터 4.73km 지점의 오른쪽 도로변에 설치된 기초 번호판이다.
③ 녹색로의 시작 지점으로부터 40.73km 지점의 왼쪽 도로변에 설치된 기초번 호판이다.
④ 기초번호판에 표기된 도로명과 기초번호로 해당 지점의 정확한 위치를 알 수 있다.

기초번호판은 가로등·교통신호등·도로표지 등이 설치된 지주, 도로구간의 터널 및 교량 등에서 위치를 표시해야 할 필요성이 있는 장소, 그 밖에 시장 등이 필요하다고 인정하는 장소에 설치한다.
도로명주소법 제9조(도로명판과 기초번호판의 설치) 제2항
도로명주소법 제9조(도로명판과 기초번호판의 설치) 제1항
주소정보시설규칙 제15조(기초번호판의 설치방법) 제1항 제3호
주소정보시설규칙 제14조(기초번호판의 설치장소 등)
도로명주소법 제11조(건물번호의 부여), 같은 법 시행령 제23조(건물번호의 부여 기준)

93 다음 안전표지에 대한 설명으로 맞는 것은?

① 횡단보도임을 표시하는 것이다.
② 차가 들어가 정차하는 것을 금지하는 표시이다.
③ 차가 양보하여야 할 장소임을 표시하는 것이다.
④ 교차로에 오르막 경사면이 있음을 표시하는 것이다.

도로교통법 시행규칙 별표6, 양보표시(노면표시 522번) 차가 양보하여야 할 장소임을 표시하는 것이다.

94 다음 안전표지에 대한 설명으로 맞는 것은

① 차가 양보하여야 할 장소임을 표시하는 것이다.
② 노상에 장애물이 있음을 표시하는 것이다.
③ 차가 들어가 정차하는 것을 금지하는 것을 표시이다.
④ 주차할 수 있는 장소임을 표시하는 것이다.

도로교통법 시행규칙 별표6 정차금지지대표시(노면표시 524) 광장이나 교차로 중앙지점 등에 설치된 구획부분에 차가 들어가 정차하는 것을 금지하는 표시이다.

95 다음 중 관공서용 건물번호판은?

① ② ③ ④

①과 ②는 일반용 건물번호판이고, ③은 문화재 및 관광용 건물번호판, ④는 관공서용 건물번호판이다.(도로명 주소 안내시스템 http://www.juso.go.kr)

96 다음 도로명판에 대한 설명으로 맞는 것은?

① 왼쪽과 오른쪽 양 방향용 도로명판이다.
② "1 → "이 위치는 도로 끝나는 지점이다.
③ 강남대로는 699미터이다.
④ "강남대로"는 도로이름을 나타낸다.

강남대로의 넓은 길 시작점을 의미하며 "1→"이 위치는 도로의 시작점을 의미하고 강남대 로는 6.99킬로미터를 의미한다.

97 다음 안전표지의 설치장소에 대한 기준으로 바르지 않은 것은?

① A 표지는 노면전차 교차로 전 50미터에서 120미터 사이의 도로 중앙 또는우측에 설치한다.
② B 표지는 회전교차로 전 30미터 내지 120미터의 도로 우측에 설치한다.
③ C 표지는 내리막 경사가 시작되는 지점 전 30미터 내지 200미터의 도로 우측에 설치한다.
④ D 표지는 도로 폭이 좁아지는 지점 전 30미터 내지 200미터의 도로 우측에설치한다.

A. 노면전차 주의표지 – 노면전차 교차로 전 50미터에서 120미터 사이의 도로 중앙 또는 우측(주의표지 110의2)
B. 회전형교차로 표지 – 교차로 전 30미터 내지 120미터의 도로 우측(주의표지 109)
C. 내리막 경사 표지 – 내리막 경사가 시작되는 지점 전 30미터 내지 200미터의 도로 우측(주의표지 117)
D. 도로 폭이 좁아짐 표지 – 도로 폭이 좁아지는 지점 전 50미터 내지 200미터의 도로 우측(주의표지 118)

98 다음과 같은 기점 표지판의 의미는?

① 국도와 고속도로 IC까지의 거리를 알려주는 표지
② 고속도로가 시작되는 기점에서 현재 위치까지 거리를 알려주는 표지
③ 고속도로 휴게소까지 거리를 알려주는 표지
④ 톨게이트까지의 거리안내 표지

고속도로가 시작되는 기점에서 현재 위치까지 거리를 알려주는 표지
차가 고장 나거나 사고 예기치 못한 상황에서 내 위치를 정확히 알 수 있다.
- 초록색 바탕 숫자 : 기점으로 부터의 거리(km)
- 흰색 바탕 숫자 : 소수점 거리(km)

99 다음 건물번호판에 대한 설명으로 맞는 것은?

① 평촌길은 도로명, 30은 건물번호이다.
② 평촌길은 주 출입구, 30은 기초번호이다.
③ 평촌길은 도로시작점, 30은 건물주소이다.
④ 평촌길은 도로별 구분기준, 30은 상세주소이다.

100 다음 3방향 도로명 예고표지에 대한 설명으로 맞는 것은?

① 좌회전하면 300미터 전방에 시청이 나온다.
② '관평로'는 북에서 남으로 도로구간이 설정되어 있다.
③ 우회전하면 300미터 전방에 평촌역이 나온다.
④ 직진하면 300미터 전방에 '관평로'가 나온다.

도로구간은 서→동, 남→북으로 설정되며, 도로의 시작지점에서 끝지점으로 갈수록 건물번호가 커진다.

정답 91.④ 92.② 93.③ 94.③ 95.④ 96.④ 97.④ 98.② 99.① 100.④

Chapter 05 사진형 문제 - 5지 2답형

01 야간운전하기 가장 어두운 교차로를 통과하려고 한다. 가장 안전한 운전 방법 2가지는?

① 어두워서 전방이 잘 안 보이므로 특히 주의한다.
② 경음기를 울리면서 지나친다. 이에 대비 운전한다.
③ 속도를 높여 신속히 지나간다.
④ 정지선 직전에 정지한다.
⑤ 서행하며 빠져나간다.

도로교통법 시행규칙 [별표 2] 야간 교차로에 이미 진입하고 있는 경우에는 신속히 바깥으로 진출하여야 한다.

02 교차로를 통과 하던 중 차량 신호가 녹색에서 황색으로 변경된 경우 가장 안전한 운전 방법 2가지는?

① 교차로 밖으로 신속하게 빠져나가야 한다.
② 그 자리에 정지하여야 한다.
③ 사방하여 진행하여야 한다.
④ 일시정지 후 진행하여야 한다.
⑤ 속도를 줄여 신속히 진행한다.

도로교통법 시행규칙 [별표 2] 이미 교차로에 차마의 일부라도 진입한 경우에는 신속히 바깥으로 진출하여야 한다.

03 다음 상황에서 가장 안전한 운전 방법 2가지는?

① 정지선 직전에 일시정지하여 전방 차량 신호가 녹색일 경우 진행한다.
② 경음기를 울려 전방차량에 양보를 요청한다.
③ 서행하면서 우회전한다.
④ 신호가 없으므로 횡단보도를 피해 나간다.
⑤ 일시정지 후 보행자가 없으면 진행한다.

모든 차의 운전자는 보행자가 횡단보도를 통행하고 있는 때에는 그 횡단보도 앞(정지선이 설치되어 있는 곳에서는 그 정지선을 말한다.)에서 일시 정지하여 보행자의 횡단을 방해하거나 위험을 주지 아니하도록 하여야 한다.

04 도심 학원가로에서 중앙 교통섬을 이용한 회전 교차로 통행 방법 중 맞는 것 2가지는?

① 회전하는 승용차가 우선
② 대형 트럭
③ 대형 트럭
④ 오토바이 등 이륜자동차
⑤ 자전거

용량이 큰 회전교차로의 중심을 통과할 수 있고 회전차로의 폭 등이 규정에 따라 설치된 교통섬이 설치된 회전교차로에서의 통행(진입차로, 회전차로, 특히 등) 양은 교통섬을 이용할 수 있다.(도로설계시설기준 4.5.3)

05 편도 3차로 도로에서 우회전하기 위해 차로를 변경하려 한다. 가장 안전한 운전방법 2가지는?

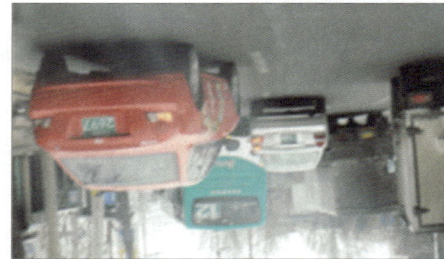

① 차로 변경 중 2차로로 끼어드는 화물차에 주의할 필요가 있다.
② 차로 변경은 신속하게 하는 것이 다른 차에 방해가 되지 않는다.
③ 차로 변경 중 2차로로 끼어드는 화물차로 인해 편도에 끼어들기 발생할 수 있으므로 주의한다.
④ 방향지시등은 차로 변경 완료 후 사용하고 끼어든 차들을 뒤따라간다.
⑤ 앞차와의 안전거리를 확보하여 운전한다.

차로를 변경하고 지하는 차로 다른 차의 통행에 방해가 되지 않아야 하며, 끼어들기 차로변경은 다른 차량의 운전자가 매우 당황할 수 있어 대형 사고의 원인이 되기도 한다. 따라서 차로 변경은 미리 방향지시등을 켜고 안전하게 한다.

06 다음과 같은 도로 상황에서 가장 안전한 운전방법 2가지는?

① 도로가 좁은 왼쪽 길을 이용한다.
② 과속방지턱을 넘기 전에 감속한다.
③ 사람들이 길 가장자리로 피하므로 그대로 주행한다.
④ 계속 같은 속도를 유지하며 빨리 진행한다.
⑤ 속도를 줄여 조심스럽게 통과한다.

① 속도를 줄이지 않고 주행하다 보행자와 사고의 위험이 있다.

정답

01. ①, ④   02. ①, ⑤   03. ①, ⑤   04. ②, ③   05. ①, ③   06. ①, ⑤

07 비보호좌회전 하는 방법에 관한 설명 중 맞는 2가지는?

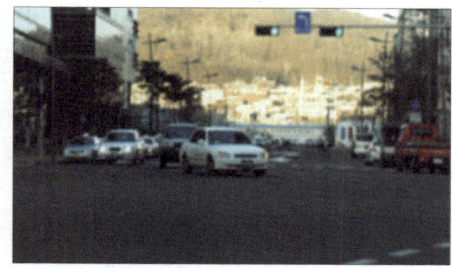

① 반대편 직진 차량의 진행에 방해를 주지 않을 때 좌회전한다.
② 반대편에서 진입하는 차량이 있으므로 일시정지하여 안전을 확인한 후 좌회전한다.
③ 비보호좌회전은 우선권이 있으므로 신속하게 좌회전한다.
④ 비보호좌회전이므로 좌회전해서는 안 된다.
⑤ 적색 등화에서 좌회전한다.

> **해설** 반대편에서 좌회전 차량과 직진하는 차량이 있으므로 안전하게 일시정지하여 녹색 등화에서 마주 오는 차량의 진행에 방해를 주지 않을 때 좌회전할 수 있다.

08 고장 난 신호기가 있는 교차로에서 가장 안전한 운전방법 2가지는?

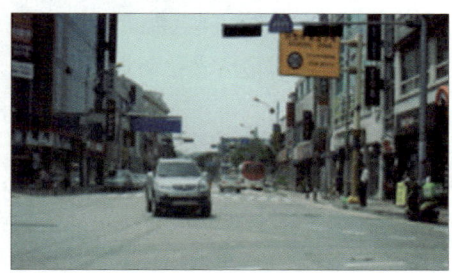

① 좌회전 차량에게 경음기를 사용하여 정지시킨 후 교차로를 통과한다.
② 직진차량이 통행 우선순위를 가지므로 교차로에 진입하여 좌회전 차량을 피해 통과한다.
③ 교차로에 진입하여 정지한 후 좌회전 차량이 지나가면 통과한다.
④ 반대편 좌회전 차량이 먼저 교차로에 진입하였으므로 좌회전 차량에게 진로를 양보한 후 통과한다.
⑤ 교차로 직전에서 일시정지한 후 안전을 확인하고 통과한다.

> **해설** 교차로에 먼저 진입한 차에게 진로를 양보하고 교차로에서 접근하는 다른 차량이 없는지 확인한 후 통과해야 한다.

09 다음 상황에서 가장 안전한 운전 방법 2가지는?

① 전방 도로에 설치된 노면표시는 횡단보도가 있음을 알리는 것이므로 속도를 줄여 진행한다.
② 전방에 설치된 노면표시는 신호등이 있음을 알리는 것이므로 속도를 줄여 진행한다.
③ 속도 규제가 없으므로 매시 90킬로미터 정도의 속도로 진행한다.
④ 전방 우측 버스 정류장에 사람이 있으므로 주의하며 진행한다.
⑤ 좌측으로 급차로 변경하여 진행한다.

> **해설** 전방에 횡단보도 예고 표시가 있으므로 감속하고, 우측에 보행자가 서 있으므로 우측보행자를 주의하면서 진행하여야 한다.

10 화물차를 뒤따라가는 중이다. 충분한 안전거리를 두고 운전해야 하는 이유 2가지는?

① 전방 시야를 확보하는 것이 위험에 대비할 수 있기 때문에
② 화물차에 실린 적재물이 떨어질 수 있으므로
③ 뒤 차량이 앞지르기하는 것을 방해할 수 있으므로
④ 신호가 바뀔 경우 교통 흐름에 따라 신속히 빠져나갈 수 있기 때문에
⑤ 화물차의 뒤를 따라 주행하면 안전하기 때문에

> **해설** 화물차 뒤를 따라갈 경우 충분한 안전거리를 유지해야만 전방 시야를 넓게 확보할 수 있다. 이것은 운전자에게 전방을 보다 넓게 확인할 수 있고 어떠한 위험에도 대처할 수 있도록 도와준다.

11 다음 상황에서 가장 올바른 운전방법 2가지는?

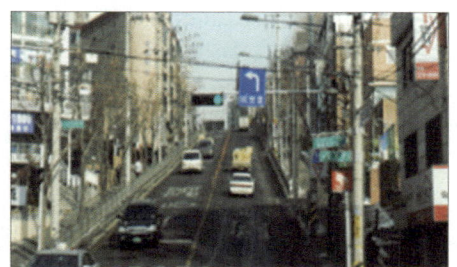

① 최고 속도에 대한 특별한 규정이 없는 경우 시속 70킬로미터 이내로 주행해야 한다.
② 전방에 비보호좌회전 표지가 있으므로 녹색 신호에 좌회전할 수 있다.
③ 오르막길을 올라갈 때는 최고 속도의 100분의 20으로 감속해야 한다.
④ 횡단보도 근처에는 횡단하는 보행자들이 있을 수 있으므로 주의한다.
⑤ 앞서 가는 차량이 서행으로 갈 경우 앞지르기를 한다.

> **해설** 도로교통법 제17조, 같은법 시행규칙 제19조의 해설
> - 주거지역·상업지역 및 공업지역의 일반도로에서는 매시 50킬로미터 이내. 다만, 시·도 경찰청장이 원활한 소통을 위하여 특히 필요하다고 인정하여 지정한 노선 또는 구간에서는 매시 60킬로미터 이내,
> - 주거지역·상업지역 및 공업지역외의 일반도로에서는 매시 60킬로미터 이내. 다만, 편도 2차로 이상의 도로에서는 매시 80킬로미터 이내

12 회전교차로에 진입하고 있다. 가장 안전한 운전 방법 2가지는?

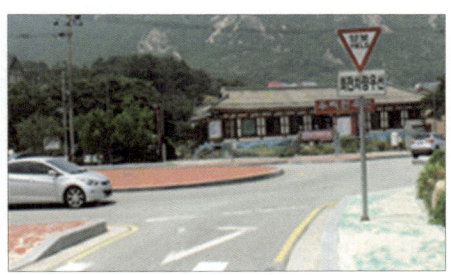

① 좌측에서 회전하는 차량이 우선이므로 회전차량이 통과한 후 진입한다.
② 진입차량이 우선이므로 신속히 진입한다.
③ 일시정지 후 안전을 확인하면서 진입한다.
④ 우측 도로에 있는 차가 우선이므로 그대로 진입한다.
⑤ 회전차량이 멈출 수 있도록 경음기를 울리며 진입한다.

> **해설**
> - 모든 차의 운전자는 회전교차로에서는 반시계방향으로 통행하여야 한다.
> - 모든 차의 운전자는 회전교차로에 진입하려는 경우에는 서행하거나 일시정지하여야 하며, 이미 진행하고 있는 다른 차가 있는 때에는 그 차에 진로를 양보하여야 한다

정답 07. ①, ② 08. ④, ⑤ 09. ①, ④ 10. ①, ② 11. ②, ④ 12. ①, ③

13 다음 상황에서 가장 올바른 운전방법 2가지는?

① 비보호좌회전을 할 수 있는 교차로이다.
② 유턴을 할 수 있는 교차로이다.
③ 좌회전 차량은 녹색신호에 좌회전하면 된다.
④ 녹색 신호에 따라 직진할 수 있다.
⑤ 녹색 신호에 따라 우회전할 수 있다.

※ 신호등의 색상과 녹색화살표 표시등이 있는 교차로의 통행방법이다.

14 다음과 같이 고장으로 인하여 자동차가 멈추었을 경우 가장 옳은 조치로 맞는 2가지는?

① 기어를 중립(N)으로 둔다.
② 견인에 대비하여 주차 브레이크를 작동하지 않는다.
③ 조향장치를 도로 가장자리(자동차 진행방향 기준)으로 돌려놓는다.
④ 바퀴 방향을 11자로 나란히 둔다.
⑤ 경사로의 방향에 따라 바퀴에 고임목 등을 설치한다.

※ 도로교통법 시행령 제11조 1호(정차 또는 주차의 방법 등)에 따라 자동차의 주차제동장치를 작동한 후에 조향장치를 도로의 가장자리(자동차에서 가까운 쪽을 말한다) 방향으로 돌려놓을 것, 경사의 내리막 방향으로 바퀴에 고임목, 고임돌, 그 밖에 고무, 플라스틱 등 자동차의 미끄럼 사고를 방지할 수 있는 것을 설치할 것.

15 다음 상황에서 가장 안전한 운전방법 2가지는?

① 버스에서 하차한 사람들이 버스 앞쪽으로 갑자기 횡단할 수도 있으므로 일시정지한다.
② 하차하는 버스의 문이 보이지 않아 승객의 하차가 종료된 것으로 보고 버스 옆을 통과해 주행한다.
③ 하차하는 사람들을 피해 옆 차로로 changing 하여 통과한다.
④ 뒤 따르는 차량과 버스에서 하차하는 사람들의 안전을 위해 일시정지한다.
⑤ 버스 옆을 통과하는 경우 버스 승객이 보이지 않으므로 시속 80킬로미터 속도로 주행한다.

※ 버스정류장에서 하차한 승객은 버스 앞쪽으로 갑자기 뛰어드는 경우가 있다. 또한 버스로 인해 안 보이는 공간이 발생하므로 항상 일시정지하는 습관이 필요하다.

16 신호등 없는 교차로에서 앞차를 따라 좌회전 중이다. 가장 안전한 운전방법 2가지는?

① 반대편 직진 차량에 주의해야 한다.
② 앞차가 갑자기 정지할 수 있으므로 서행한다.
③ 교차로 부근에는 무단횡단 하는 보행자가 많으므로 주의한다.
④ 앞차가 최대한 빠르게 진행할 수 있도록 앞차의 바로 뒤를 따라 간다.
⑤ 신호등이 없으므로 교차로 통과하면 빠르게 통과하여야 한다.

17 복잡한 교차로에서 자회전할 때 가장 안전한 운전방법 2가지는?

① 앞에 있는 차량이나 보행자에 주의하면서 진행한다.
② 앞차가 교차로 내에 정지해 있을 때에는 진입하지 않는다.
③ 앞차를 따라 진입할 때에는 앞차가 정지하면 바로 경적을 울려 전진을 유도한다.
④ 다른 방향에서 오는 차량에 주의하지 않고 앞차를 따라 진입한다.
⑤ 정체 중인 차량 사이로 보행자가 나올 수 있으므로 주의한다.

※ 도로교통법 제25조 5항 모든 차의 운전자는 신호기로 교통정리를 하고 있는 교차로에 들어가려는 경우에는 진행하려는 진로의 앞쪽에 있는 차의 상황에 따라 교차로에 정지하게 되어 다른 차의 통행에 방해가 될 우려가 있는 경우에는 그 교차로에 들어가서는 아니 된다.

18 교차로에 진입하기 전에 황색신호로 바뀌었다. 가장 안전한 운전 방법 2가지는?

① 속도를 높여 신호를 통과한다.
② 정지선 또는 횡단보도에 정지한다.
③ 신호에 따라 진행하는 다른 차마에 주의하며 진행한다.
④ 황색신호이므로 교차로에 재빨리 진입하여 신속히 빠져나가야 한다.
⑤ 앞에 정차한 차량이 있으므로 정지할 수 없어 그대로 진행한다.

※ 교차로에 진입하기 전에 황색신호로 바뀌면 정지선 또는 횡단보도에 정지하여야 한다.

정답

13. ②,④ 14. ③,⑤ 15. ①,② 16. ①,② 17. ①,② 18. ②,③

19 교차로에서 우회전하려고 한다. 가장 안전한 운전 방법 2가지는?

① 차량신호등이 적색이므로 우회전을 하지 못한다.
② 횡단보도를 건너려고 하는 사람이 있으므로 일시정지하여야 한다.
③ 보도에 사람들이 있으므로 서행하면서 우회전한다.
④ 보도에 있는 보행자가 차도로 나오지 못하게 경음기를 계속 울린다.
⑤ 신호에 따라 정지선에서 일시정지 하여야 한다.

> **해설**
> 도로교통법 제27조, 같은법 시행규칙 [별표2]
> - 운전자는 보행자가 횡단보도를 통행하고 있거나 통행하려고 하는 때에는 보행자의 횡단을 방해하거나 위험을 주지 아니하도록 그 횡단보도 앞에서 일시정지하여야 한다.
> - 운전자는 교통정리를 하고 있는 교차로에서 좌회전이나 우회전을 하려는 경우에는 신호기 또는 경찰공무원등의 신호나 지시에 따라 도로를 횡단하는 보행자의 통행을 방해하여서는 아니 된다. 보도에 있는 보행자와 좌회전하고 있는 차량에 주의하면서 서행으로 우회전한다.

20 전방에 공사 중인 차로로 주행하고 있다. 다음 중 가장 안전한 운전 방법 2가지는?

① 좌측 차로로 신속하게 끼어들기 한다.
② 좌측 방향지시기를 작동하면서 좌측 차로로 안전하게 차로 변경한다.
③ 공사구간이 보도이므로 진행 중인 차로로 계속 주행한다.
④ 공사관계자들이 비킬 수 있도록 경음기를 울린다.
⑤ 좌측 차로가 정체 중일 경우 진행하는 차로에 일시 정지한다.

> **해설** 좌측 방향지시기를 작동하면서 좌측 차로로 안전하게 차로 변경하고, 좌측 차로가 정체 중일 경우 진행하는 차로에 일시정지 후 안전을 확인 후 진로변경 한다.

21 전방에 마주 오는 차량이 있는 상황에서 가장 안전한 운전방법 2가지는?

① 상대방이 피해 가도록 그대로 진행한다.
② 전조등을 번쩍거리면서 경고한다.
③ 통과할 수 있는 공간을 확보하여 준다.
④ 경음기를 계속 사용하여 주의를 주면서 신속하게 통과하게 한다.
⑤ 골목길에서도 보행자가 나올 수 있으므로 속도를 줄인다.

> **해설** 주택가 이면 도로에서는 돌발 상황 예측, 방어 운전, 양보운전이 중요하다.

22 다음 상황에서 우회전하는 경우 가장 안전한 운전 방법 2가지는?

① 전방 우측에 주차된 차량의 출발에 대비하여야 한다.
② 전방 우측에서 보행자가 갑자기 뛰어나올 것에 대비한다.
③ 신호에 따르는 경우 전방 좌측의 진행 차량에 대비할 필요는 없다.
④ 서행하면 교통 흐름에 방해를 줄 수 있으므로 신속히 통과한다.
⑤ 우측에 불법 주차된 차량에서는 사람이 나올 수 없으므로 속도를 높여 주행한다.

> **해설** 우측에 주차된 차량과 보행자의 갑작스러운 출현에 대비하여야 한다.

23 다음 상황에서 가장 안전한 운전방법 2가지는?

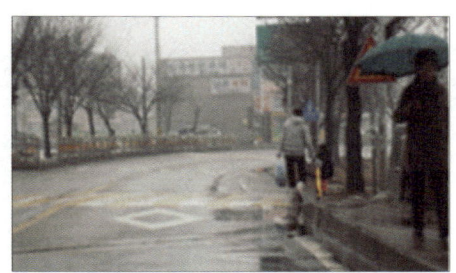

① 빗길에서는 브레이크 페달을 여러 번 나누어 밟는 것보다는 급제동하는 것이 안전하다.
② 물이 고인 곳을 지날 때에는 보행자나 다른 차에게 물이 튈 수 있으므로 속도를 줄여서 주행한다.
③ 과속방지턱 직전에서 급정지한 후 주행한다.
④ 전방 우측에 우산을 들고 가는 보행자가 차도로 들어올 수 있으므로 충분한 거리를 두고 서행한다.
⑤ 우산을 쓰고 있는 보행자는 보도 위에 있으므로 신경 쓸 필요가 없다.

> **해설** 비가 오는 날 주행 시에는 평소보다 속도를 줄이고 보행자 또는 다른 차에 물이 튈 수 있으므로 주의해야 한다.

24 전방에 고장 난 버스가 있는 상황에서 가장 안전한 운전 방법 2가지는?

① 경음기를 울리며 급제동하여 정지한다.
② 버스와 거리를 두고 안전을 확인한 후 좌측 차로를 이용해 서행한다.
③ 좌측 후방에 주의하면서 좌측 차로로 서서히 차로 변경을 한다.
④ 비상 점멸등을 켜고 속도를 높여 좌측 차로로 차로 변경을 한다.
⑤ 좌측 차로로 차로 변경한 후 그대로 빠르게 주행해 나간다.

> **해설** 버스와 거리를 두고 안전을 확인 한 후 좌측 후방에 주의하면서 서행으로 진행하여야 한다.

정답 19. ②,⑤ 20. ②,⑤ 21. ③,⑤ 22. ①,② 23. ②,④ 24. ②,③

정답 25. ①,④ 26. ①,③ 27. ②,⑤ 28. ①,④ 29. ②,⑤ 30. ①,③

25 다음과 같은 도로에서 가장 안전한 운전 방법 2가지는?

① 언제든지 정지할 수 있는 속도로 주행한다.
② 주차된 차들 사이로 보행자가 나타날 수 있으므로 서행으로 운전한다.
③ 전방 우측 보도 위에 걸어가고 있는 보행자를 피해 차로를 변경하여 운행한다.
④ 자동차 사이에 기다리고 있는 보행자가 있는지 살피면서 주행한다.
⑤ 경음기를 울려 자동차의 출현을 알리며 주행한다.

26 다음 상황에서 가장 안전한 운전방법 2가지는?

① 주차된 차량들 중에서 갑자기 출발하려는 차량이 있을 수 있으므로 주의하며 운전한다.
② 폭이 좁은 도로이므로 자동차의 속도를 높여 신속히 통과한다.
③ 차량의 마주 오는 자동차가 있을 수 있으므로 가급적 중앙선을 넘지 않고 주행한다.
④ 마주오는 자동차가 나타날 것에 대비하여 경음기를 계속 울리면서 주행한다.
⑤ 주차된 차량들 사이에서 보행자가 나타날 수 있으므로 서행한다.

27 고가도로 아래에서 가장 안전한 운전방법 2가지는?

① 계속 속도를 그대로 유지한다.
② 다른 방향에서 나오는 차량이 있을 수 있으므로 주의한다.
③ 속도를 높인다.
④ 비상점멸등을 켜고 운행한다.
⑤ 다른 방향에서 나오는 차량이 있으므로 속도를 줄여 주행한다.

28 내 차 앞에 서로 엇갈려 주행하는 보행자가 있다. 가장 안전한 운전 방법 2가지는?

① 일시 정지하여 보행자의 횡단을 보호한다.
② 자동차가 지나갈 수 있도록 경음기를 계속 울린다.
③ 충돌 직전 속도를 대폭 줄여 보행자에게 경고를 한다.
④ 비상점멸등을 켜서 뒤차에게 위험상황을 알려준다.
⑤ 경음기를 울려 자동차가 접근하고 있음을 알려준다.

29 다음 상황에서 가장 안전한 운전방법 2가지는?

① 보행자가 갑자기 뛰어나올 수 있으므로 주의한다.
② 전조등을 상향등으로 켜고 빠르게 주행한다.
③ 경음기 등을 계속 울리면서 교차로를 통과한다.
④ 사람이나 차량이 갑자기 나타날지 모르므로 주의한다.
⑤ 사고 예방을 위해 상향등을 켜고 운행한다.

30 보행자가 횡단보도를 건너는 중이다. 가장 안전한 운전방법 2가지는?

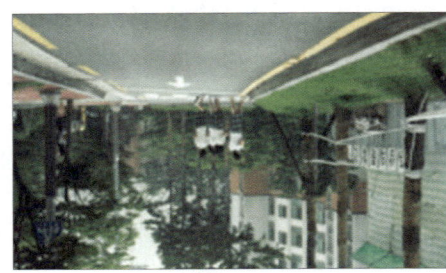

① 보행자가 안전하게 횡단하도록 정지선에 일시정지한다.
② 빨리 속도를 내서 빠져나간다.
③ 횡단보도 우측에서 보행자가 나타날 수 있으므로 주의한다.
④ 정지선 직전에 정지하지 않고 그대로 좌회전하기 위해 서서히 진입한다.
⑤ 횡단보도에 보행자가 있으므로 경음기를 계속 사용하여 주행한다.

31. 비오는 날 횡단보도에 접근하고 있는 상황에서 가장 안전한 운전방법 2가지는?

① 물방울이나 습기로 전방을 보기 어렵기 때문에 신속히 통과한다.
② 비를 피하기 위해 서두르는 보행자를 주의한다.
③ 차의 접근을 알리기 위해 경음기를 계속해서 사용하며 진행한다.
④ 우산에 가려 차의 접근을 알아차리지 못하는 보행자를 주의한다.
⑤ 빗물이 고인 곳을 통과할 때는 미끄러질 위험이 있으므로 급제동하여 정지한 후 통과한다.

> 비오는 날 횡단보도 부근의 보행자의 특성은 비에 젖고 싶지 않아 서두르고 발밑에만 신경을 쓴다. 또한 주위를 잘 살피지 않고 우산에 가려 주위를 보기도 어렵다. 특히 물이 고인곳을 통과할 때에는 미끄러지기 쉬워 속도를 줄이고 서행으로 통과하되 급제동하여서는 아니 된다.

32. 편도 2차로 오르막 커브 길에서 가장 안전한 운전 방법 2가지는?

① 앞차와의 거리를 충분히 유지하면서 진행한다.
② 앞차의 속도가 느릴 때는 2대의 차량을 동시에 앞지른다.
③ 커브 길에서의 원심력에 대비해 속도를 높인다.
④ 전방 1차로 차량의 차로 변경이 예상되므로 속도를 줄인다.
⑤ 전방 1차로 차량의 차로 변경이 예상되므로 속도를 높인다.

> 차로를 변경하기 전 뒤따르는 차량 진행여부를 확인하고 오르막 차로에서는 특히 앞차와의 거리를 충분히 유지하여야 한다. 커브 길에서는 속도를 줄여 차량의 주행안정성을 확보하여야 하며, 반대편 차로로 넘어가지 않도록 주의하여 주행해야 한다.

33. 황색점멸신호의 교차로에서 가장 안전한 운전방법 2가지는?

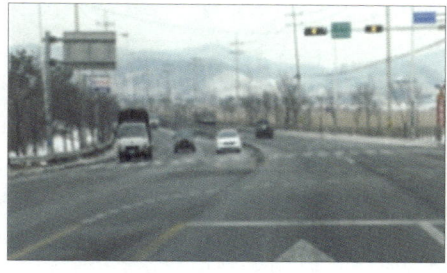

① 주변차량의 움직임에 주의하면서 서행한다.
② 위험예측을 할 필요가 없이 진행한다.
③ 교차로를 그대로 통과한다.
④ 전방 좌회전하는 차량은 주의하지 않고 그대로 진행한다.
⑤ 횡단보도를 건너려는 보행자가 있는지 확인한다.

> 도로교통법 시행규칙 [별표2] - 차량이 밀집되는 교차로는 운전자의 시야확보에 어려움이 있으므로 차간거리를 넓히고 서행하여 시야를 확보해야 하며, 교차로를 지나 횡단보도가 있는 경우 특히 보행자의 안전에 주의해야 한다.

34. 다음과 같은 지방 도로를 주행 중이다. 가장 안전한 운전 방법 2가지는?

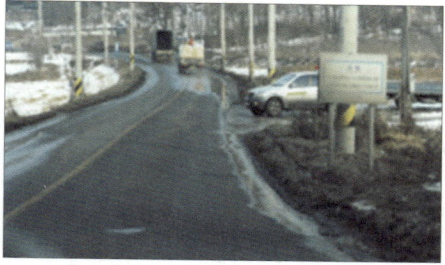

① 언제든지 정지할 수 있는 속도로 주행한다.
② 반대편 도로에 차량이 없으므로 전조등으로 경고하면서 그대로 진행한다.
③ 전방 우측 도로에서 차량 진입이 예상되므로 속도를 줄이는 등 후속 차량에도 이에 대비토록 한다.
④ 전방 우측 도로에서 진입하고자 하는 차량이 우선이므로 모든 차는 일시정지하여 우측 도로 차에 양보한다.
⑤ 직진 차가 우선이므로 경음기를 계속 울리면서 진행한다.

> 편도 1차로의 내리막 도로이고, 우측 도로에서 진입코자 하는 승용차가 대기 중이므로 감속하여 서행으로 통과하도록 한다.

35. 다음 상황에서 가장 안전한 운전방법 2가지는?

① 반대편 차량의 앞지르기는 불법이므로 경음기를 사용하면서 그대로 주행한다.
② 반대편 앞지르기 중인 차량이 통과한 후 우측의 보행자에 주의하면서 커브길을 주행한다.
③ 커브길은 신속하게 진입해서 천천히 빠져나가는 것이 안전하다.
④ 커브길은 중앙선에 붙여서 운행하는 것이 안전하다.
⑤ 반대편 앞지르기 중인 차량이 안전하게 앞지르기 할 수 있도록 속도를 줄이며 주행한다..

> 불법으로 앞지르기하는 차량이라도 안전하게 앞지르기할 수 있도록 속도를 줄여야 하고, 커브 길은 속도를 줄이고 보행자에 주의하면서 안전하게 통과한다.

36. 회전교차로에서 가장 안전한 운전방법 2가지는?

① 회전하는 차량이 우선이므로 진입차량이 양보한다.
② 직진하는 차량이 우선이므로 그대로 진입한다.
③ 회전하는 차량에 경음기를 사용하며 진입한다.
④ 회전차량은 진입차량에 주의하면서 회전한다.
⑤ 첫 번째 회전차량이 지나간 다음 바로 진입한다.

> - 모든 차의 운전자는 회전교차로에 진입하려는 경우에는 서행하거나 일시정지하여야 하며, 이미 진행하고 있는 다른 차가 있는 때에는 그 차에 진로를 양보하여야 한다.
> - 회전차량은 진입차량에 주의 하면서 회전하여야 한다.

정답 31. ②,④ 32. ①,④ 33. ①,⑤ 34. ①,③ 35. ②,⑤ 36. ①,④

37 야간에 교차로를 통과하여야 하는 경우 가장 안전한 운전방법 2가지는?

① 반대편 도로에 차가 없을 경우라도 전조등의 방향을 상향으로 전환하여 주행한다.
② 교차로 직전에 전조등을 상향으로 점등한다.
③ 교차로 통과 시 전조등을 소등한다.
④ 교차로 이르기 전 30미터 이상의 지점에서부터 전조등을 하향으로 조정한다.
⑤ night 교차로에 접근할 때에는 전조등의 불빛의 방향을 계속 아래로 유지한다.

⑩ 교차로 또는 그 부근에서 마주보고 진행하는 이르기 전 30미터 지점에서부터 전조등의 불빛의 밝기를 줄이고, 속도 를 줄여 사고 위험으로부터 대비하여 충돌한 후 통과하여야 한다.

38 다음 상황에서 시내버스가 출발하지 않을 때 가장 안전한 운전방법 2가지는?

① 정지선 직전에 일시정지하여 좌우를 살핀 후 버스 옆을 주의하며 통과한다.
② 경음기를 울려 주의를 주며 신속히 앞지르기한다.
③ 정지선 직전에 일시정지한 후 버스 뒤쪽 차량의 움직임을 살피며 앞지르기한다.
④ 버스 승객들이 하차 중일 때에는 일시정지한다.
⑤ 버스에 대한 시야가 충분히 확보되는 경우 서행으로 통과한다.

⑩ 승객을 안전하게 하차시키기 위해 시내버스가 오래 정차할 수도 있으므로 그 옆을 통과할 때에는 일시정지한 후 버스의 움직임을 살피면서 주의하여야 하며, 하차하는 승객이 갑자기 도로를 횡단할 수도 있으므로 주의 깊게 보아야 한다.

39 신호등이 없거나 황색 때 가장 안전한 운전방법 2가지는?

① 안전지대에 주·정차한다.
② 방향지시등을 조작하지 않고 진행한다.
③ 신호를 무시하고 진행하는 차량에도 주의하며 진행한다.
④ 교차로 통과 후 지연출발한다.
⑤ 신호등 없는 교차로의 통행방법에 준하여 주의하며 진행한다.

---

40 다음과 같은 도로 상황에서 맞는 운전방법 2가지는?

① 앞지르기 금지 장소이지만 앞차가 매우 느리기 때문에 중앙선을 넘어 앞지르기한다.
② 앞차를 앞지르기 위해 앞차의 우측으로 주행한다.
③ 중앙선을 넘어 앞지르기하는 것은 불법이므로 안 된다.
④ 교량 위에서는 앞지르기가 금지되어 있으므로 앞지르기를 할 수 없다.
⑤ 경음수만 울린다 앞지르기를 시도한다.

⑩ 황색실선 구간에서는 앞지르기를 할 수 없고 황색 상에서 앞지르기는 불법이며, 교량 위는 앞지르기 금지 장소이므로 앞지르기는 사고 위험성이 크므로 대비하여야 한다.

41 다음과 같은 지하차도 부근에서 금지되는 운전행동 2가지는?

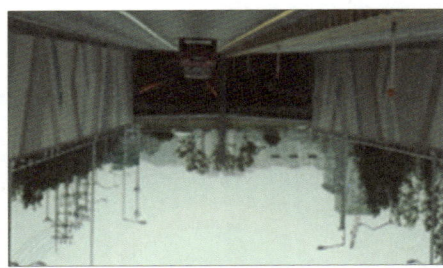

① 앞지르기
② 차로변경
③ 경음기 사용
④ 방향지시등 사용
⑤ 진로변경

⑩ 차선은 실선이므로 차로변경 및 앞지르기를 할 수 없다.

42 제한속도가 시속 90킬로미터인 고속도로를 주행 중 다음과 같은 상황에서 가장 안전한 운전방법 2가지는?

① 제한속도 90킬로미터로 계속 주행한다.
② 최고속도를 초과하여 주행하다가 무인 단속장비 앞에서 속도를 줄인다.
③ 안전표지 속도를 준수하여 시속 100킬로미터로 주행한다.
④ 가변형 속도제한표지에 표시된 속도보다 안전한 속도로 주행한다.
⑤ 비가 내려 젖은 노면이므로 시속 72킬로미터 이하로 주행한다.

⑩ 비가 내려 노면이 젖어있는 경우 최고속도의 100분의 20을 줄인 속도로 운행하여야 하며, 가변형 속도제한표지로 정해진 최고속도가 진행하며 가변형 속도제한표지에 따라야 한다.

정답 37.④,⑤ 38.②,③ 39.②,④ 40.③,⑤ 41.①,⑤ 42.①,⑤

43 전방 버스를 앞지르기 하고자 한다. 가장 안전한 운전방법 2가지는?

① 앞차의 우측으로 앞지르기 한다.
② 앞차의 좌측으로 앞지르기 한다.
③ 전방버스가 앞지르기를 시도할 경우 동시에 앞지르기 하지 않는다.
④ 뒤차의 진행에 관계없이 급차로 변경하여 앞지르기 한다.
⑤ 법정속도 이상으로 앞지르기 한다.

> 도로교통법 제21조, 제22조 - 앞지르기는 반드시 좌측으로 하고 앞지르기에 필요한 시간과 거리를 사전에 확인하고, 앞지르기 금지 장소가 아닌지 또한 확인해야 한다. 뒤차가 앞지르기를 시도할 때에는 서행하며 양보해 주어야 하고, 속도를 높여 경쟁하거나 앞을 가로막는 행동으로 방해해서는 안 된다. 앞지르기를 할 때는 전방상황을 예의 주시하며 법정속도 이내에서만 앞지르기를 해야 한다.

44 오르막 커브길 우측에 공사 중 표지판이 있다. 가장 안전한 운전방법 2가지는?

① 공사 중이므로 전방 상황을 잘 주시한다.
② 차량 통행이 한산하기 때문에 속도를 줄이지 않고 진행한다.
③ 커브길이므로 속도를 줄여 진행한다.
④ 오르막길이므로 속도를 높인다.
⑤ 중앙분리대와의 충돌위험이 있으므로 차선을 밟고 주행한다.

> 커브길에서의 과속은 원심력으로 인해 차가 길 밖으로 벗어날 수 있으므로 급제동이나 급핸들 조작을 하지 않도록 하며, 커브 진입 전에 충분히 감속해야 한다. 또한 오르막 도로는 반대편 방향을 볼 수 없기 때문에 중앙선 침범 등의 돌발상황에 대비하여 안전하게 주행하여야 한다. 도로가 공사 중일 때에는 더욱 더 전방 상황을 잘 주시하여야 한다.

45 전방 정체 중인 교차로에 접근 중이다. 가장 안전한 운전 방법 2가지는?

① 차량 신호등이 녹색이므로 계속 진행한다.
② 횡단보도를 급히 지나 앞차를 따라서 운행한다.
③ 정체 중이므로 교차로 직전 정지선에 일시정지한다.
④ 보행자에게 빨리 지나가라고 손으로 알린다.
⑤ 보행자의 움직임에 주의한다.

> 도로교통법 제25조 - 차량 신호가 진행신호라도 교차로 내가 정체이면 진행하지 말고 정지선 앞에 일시정지하여 교차로내 차량의 진행상황을 살펴 녹색신호에 교차로를 통과할 수 있을지 여부를 확인하고 진행하여야 한다.

46 교외지역을 주행 중 다음과 같은 상황에서 안전한 운전방법 2가지는?

① 우로 굽은 길의 앞쪽 상황을 확인할 수 없으므로 서행한다.
② 우측에 주차된 차량을 피해 재빠르게 중앙선을 넘어 통과한다.
③ 제한속도 범위를 초과하여 빠르게 빠져 나간다.
④ 원심력으로 중앙선을 넘어갈 수 있기 때문에 길 가장자리 구역선에 바싹 붙어 주행한다.
⑤ 주차된 차량 뒤쪽에서 사람이 갑자기 나타날 수도 있으므로 서행으로 통과한다.

> 교외지역에 비정상적으로 주차된 차량을 피해 통과하려면 도로 전방 상황을 충분히 잘 살피고 서행으로 주행하여야 하며, 주차 차량 주변에서 사람이 갑자기 나타날 수 있음을 충분히 예상하고 안전하게 운전하여야 한다.

47 고속도로를 주행 중 다음과 같은 상황에서 가장 안전한 운전 방법 2가지는?

① 터널 입구에서는 횡풍(옆바람)에 주의하며 속도를 줄인다.
② 터널에 진입하기 전 야간에 준하는 등화를 켠다.
③ 색안경을 착용한 상태로 운행한다.
④ 옆 차로의 소통이 원활하면 차로를 변경한다.
⑤ 터널 속에서는 속도감을 잃게 되므로 빠르게 통과한다.

> 터널 주변에서는 횡풍(옆에서 부는 바람)에 주의하여야 하며, 터널 안에서는 야간에 준하는 등화를 켜야 한다.

48 지하차도 입구로 진입하고 있다. 가장 안전한 운전방법 2가지는?

① 지하차도 안에서는 앞차와 안전거리를 유지하면서 주행한다.
② 전조등을 켜고 전방을 잘 살피면서 안전한 속도로 주행한다.
③ 지하차도 안에서는 교통 흐름을 고려하여 속도가 느린 다른 차를 앞지르기 한다.
④ 지하차도 안에서는 속도감이 빠르게 느껴지므로 앞차의 전조등에 의존하며 주행한다.
⑤ 다른 차가 끼어들지 못하도록 앞차와의 거리를 좁혀 주행한다.

> 지하차도는 터널과 마찬가지로 주간이라도 야간에 준하는 등화를 켜고, 앞차와의 안전거리를 유지하면서 실선구간이므로 차로변경 없이 통과하여야 한다.

정답 43. ②, ③ 44. ①, ③ 45. ③, ⑤ 46. ①, ⑤ 47. ①, ② 48. ①, ②

정답 49. ②, ⑤ 50. ②, ⑤ 51. ③, ④, ⑤ 52. ④, ⑤ 53. ①, ⑤ 54. ②, ③

49. 3차로에서 2차로로 차로를 변경하려 할 때 가장 안전한 운전방법 2가지는?

① 2차로에 진입할 때는 속도를 최대한 줄인다.
② 2차로에서 주행하는 차량의 위치나 속도를 확인 후 진입한다.
③ 다소 위험하더라도 급차로 변경을 한다.
④ 2차로에서 주행 중인 차량의 뒤쪽으로 안전하게 차로 변경한다.
⑤ 황색 점선으로 차로가 표시되어 있을 때에는 주의하며 진입한다.

50. 다음과 같은 고속도로에서 차량을 주행할 때 가장 안전한 운전 방법 2가지는?

① 앞차가 브레이크 페달을 밟을 때 그 뒤에 있는 차는 더욱 주의하여 감 속 운행한다.
② 속도를 높여 운전할 경우 미끄러질 위험이 있으므로 감속운행한다.
③ 앞차의 바로 뒤쪽으로 주행하여 이용돌이 현상을 이용해 빠른 속도로 주행한다.
④ 앞차와의 거리를 3초 정도로 유지하며 주행한다.
⑤ 교차로에서 가장 긴급한 차량의 진입 순서로 차량의 진입 순서에 해당 되는 차로 바꾸어 속도를 높여 주행한다.

51. 다음 상황에서 가장 안전한 운전방법 2가지는?

① 2차로에 진행 차량이 없으므로 바로 진로변경을 이용하여 앞 차를 앞지른다.
② 2차로에서 주행 중인 차량 앞으로 신속하게 진로변경한다.
③ 앞 차가 빠른 속도로 진행하더라도 안전한 속도로 주행한다.
④ 2차로의 앞쪽 차량이 안전하게 진로변경 후 주행한다.
⑤ 공간이 좁아 진로변경이 어려워도 지나는 경우가 있으므로 주의한다.

52. 차로변경하려는 차가 있을 때 가장 안전한 운전 방법 2가지는?

① 고속도로 우측 진입 후 주행하는 차로에 즉시 차로변경한다.
② 계속 속도를 낮춰 진입하는 차로에 정상적으로 진입하도록 한다.
③ 진입로 옆 갓길을 이용하여 빠른 속도로 진입한다.
④ 진입로를 지나서 고속도로로 진입한 경우 비상점멸등을 켜고 후진한다.
⑤ 진입하는 차량의 속도와 앞차와의 거리를 정확하게 판단한 후 급차로 변경을 한다.

53. 진입 고속도로 같은 고속도로 진입하려고 할 때 가장 안전 한 운전방법 2가지는?

① 고속도로 우측 진입로로 천천히 진입한다.
② 계속 속도를 낮춰 진입하는 차로 진입한다.
③ 진입 전 가속 차로에서 충분히 속도를 높인다.
④ 다른 차가 진입을 양보해 줄 때까지 길가장자리에서 기다린다.
⑤ 진입 시 기존 고속도로의 흐름을 방해하지 않는 속도로 가속한다.

54. 다음 상황에서 가장 안전한 운전방법 2가지는?

① 경음기가 작동될 정도로 진입할 때 속도를 낮춰 안전하게 통과한다.
② 경음기가 높이 진입할 수 있으므로 속도를 높여 신속하게 통과한다.
③ 경음기가 높아 진입할 수 없으므로 미끄러지지 않도록 신중하게 속도 를 내려 주행한다.
④ 경음기가 작동할 수 없으므로 경음기를 사용하여 주의를 촉구하며 진행한다.
⑤ 경음기에 진입해야 하므로 기어를 저단으로 바꾸고 가장 안전한 속도로 진행한다.

55. 다음 자동차 전용도로(주행차로 백색실선)에서 차로변경에 대한 설명으로 맞는 2가지는?

① 2차로를 주행 중인 화물차는 1차로로 차로변경을 할 수 있다.
② 2차로를 주행 중인 화물차는 3차로로 차로변경을 할 수 없다.
③ 3차로에서 가속 차로로 차로변경을 할 수 있다.
④ 가속 차로에서 3차로로 차로변경을 할 수 있다.
⑤ 모든 차로에서 차로변경을 할 수 있다.

해설
도로교통법 제14조, 제19조, 같은법 시행규칙 [별표6] 506,507 진로변경 제한선 표지
- 백색 점선 구간에서는 차로 변경이 가능하지만 백색 실선 구간에서는 차로 변경을 하면 안 된다. 또한 점선과 실선이 복선일 때도 점선이 있는 쪽에서만 차로 변경이 가능하다.

56. 다음 상황에서 가장 안전한 운전방법 2가지는?

① 우측 전방의 화물차가 갑자기 진입할 수 있으므로 경음기를 사용하며 속도를 높인다.
② 신속하게 본선차로로 차로를 변경한다.
③ 본선 후방에서 진행하는 차에 주의하면서 차로를 변경한다.
④ 속도를 높여 본선차로에 진행하는 차의 앞으로 재빠르게 차로를 변경한다.
⑤ 우측 전방에 주차된 화물차의 앞 상황에 주의하며 진행한다.

해설
고속도로 본선에 진입하려고 할 때에는 방향지시등으로 진입 의사를 표시한 후 가속차로에서 충분히 속도를 높이고 주행하는 다른 차량의 흐름을 살펴 안전을 확인한 후 진입한다. 진입 시 전방우측에 주차차량이 있다면 상황을 잘 살피고 안전하게 진입하여야 한다.

57. 다음 상황에서 안전한 진출방법 2가지는?

① 우측 방향지시등으로 신호하고 안전을 확인한 후 차로를 변경한다.
② 주행차로에서 서행으로 진행한다.
③ 주행차로에서 충분히 가속한 후 진출부 바로 앞에서 빠져 나간다.
④ 감속차로를 이용하여 서서히 감속하여 진출부로 빠져 나간다.
⑤ 우측 승합차의 앞으로 나아가 감속차로로 진입한다.

해설
우측 방향지시등으로 신호하고 안전을 확인한 후 감속차로로 차로를 변경하여 서서히 속도를 줄이면서 진출부로 나아간다. 이 때 주행차로에서 감속을 하면 뒤따르는 차에 교통흐름의 방해를 주기 때문에 감속차로를 이용하여 감속하여야 한다.

58. 도로법령상 고속도로 톨게이트 입구의 화물차 하이패스 혼용차로에 대한 설명으로 옳지 않은 것 2가지는?

① 화물차 하이패스 전용차로이며, 하이패스 장착 차량만 이용이 가능하다.
② 화물차 하이패스 혼용차로이며, 일반차량도 이용이 가능하다.
③ 4.5톤 이상 화물차는 하이패스 단말기 장착과 상관없이 이용이 가능하다.
④ 4.5톤 미만 화물차나 승용자동차만 이용이 가능하다.
⑤ 하이패스 단말기를 장착하지 않은 승용차도 이용이 가능하다..

해설
도로법 제78조 3항(적재량 측정 방해 행위의 금지 등)에 의거 4.5톤 이상 화물차는 적재량 측정장비가 있는 화물차 하이패스 전용차로 또는 화물차 하이패스 혼용차로를 이용하여야 하고, 화물차 하이패스 혼용차로는 전차량이 이용이 가능하며, 단말기를 장착하지 않은 차량은 통행권이 발권됨

59. 전방의 저속화물차를 앞지르기 하고자 한다. 안전한 운전 방법 2가지는?

① 경음기나 상향등을 연속적으로 사용하여 앞차가 양보하게 한다.
② 전방 화물차의 우측으로 신속하게 차로변경 후 앞지르기 한다.
③ 좌측 방향지시등을 미리 켜고 안전거리를 확보한 후 좌측차로로 진입하여 앞지르기 한다.
④ 좌측 차로에 차량이 많으므로 무리하게 앞지르기를 시도하지 않는다.
⑤ 전방 화물차에 최대한 가깝게 다가간 후 앞지르기 한다.

해설
좌측 방향지시등을 미리 켜고 안전거리를 확보 후 좌측 차로로 진입한 후 앞지르기를 시도해야 한다.

60. 다음 고속도로의 도로전광표지(VMS)에 따른 설명으로 맞는 2가지는?

① 모든 차량은 앞지르기차로인 1차로로 앞지르기하여야 한다.
② 고속도로 지정차로에 대한 안내표지이다.
③ 승용차는 모든 차로의 통행이 가능하다.
④ 승용차가 정속 주행한다면 1차로로 계속 통행할 수 있다.
⑤ 승합차 운전자가 지정차로 통행위반을 한 경우에는 범칙금 5만 원과 벌점 10점이 부과된다.

해설
도로교통법 제60조, 도로교통법 시행령 별표8. 제39호. 승합자동차등 범칙금 5만 원
도로교통법 시행규칙 제16조, 제39조, 별표9, 별표28. 제21호 별점 10점
앞지르기를 할 때에는 지정된 차로의 왼쪽 바로 옆 차로로 통행할 수 있으며, 모든 차는 지정된 차로보다 오른쪽에 있는 차로로 통행할 수 있다.

정답 55. ②, ④ 56. ③, ⑤ 57. ①, ④ 58. ①, ④ 59. ③, ④ 60. ②, ⑤

61 자동차 전용도로에서 우측으로 진로변경하고자 한다. 진로변경이 끝나기 전 어느 지점에서 방향지시등을 켜야 하는가?

① 진로변경을 하고자 하는 지점에 이르기 전 30미터 이상의 지점에 이르렀을 때 방향지시등을 켠다.
② 진로변경을 하고자 하는 지점에 이르기 전 10미터 이상의 지점에 이르렀을 때 방향지시등을 켠다.
③ 진로변경을 하고자 하는 지점에 이르기 전 20미터 이상의 지점에 이르렀을 때 방향지시등을 켠다.
④ 진로변경을 하고자 하는 지점에 이르기 전 40미터 이상의 지점에 이르렀을 때 방향지시등을 켠다.
⑤ 진로변경을 하고자 하는 지점에서 방향지시등을 켠다.

해설 진로를 변경하고자 하는 경우는 그 변경하고자 하는 지점에 이르기 전 30미터(고속도로에서는 100미터) 이상의 지점에 이르렀을 때 방향지시등을 켜야 한다.

62 다음 사진의 주행하는 중 장발 바람이 불어와 차량이 심하게 흔들릴 경우 가장 안전한 운전방법 2가지는?

① 빠른 속도로 주행한다.
② 급가속하여 주행한다.
③ 핸들을 느슨히 잡는다.
④ 핸들을 평소보다 꽉 잡는다.
⑤ 빠른 속도로 감속하여 주행한다.

해설 자동차가 빠른 속도로 운행 중 갑자기 차체가 심하게 흔들이기 때문에 핸들을 평소보다 꽉 잡고 감속하여 주행하여야 한다. 또한 강풍이 부는 도로에서는 모든 자동차가 심하게 흔들리고 전도될 위험이 있으므로 감속하여야 한다.

63 고속도로를 주행 중이다. 가장 안전한 운전 방법 2가지는?

① 앞차 앞차의 후미등을 지켜보며 방향 변경 후 앞지르기 한다.
② 앞차가 진로변경을 위해 방향지시등을 켜고 있다.
③ 앞차를 앞지르기 위해 과속으로 진로변경을 하고 앞지르기 한다.
④ 앞차 가 급제동할 수 있으므로 안전거리를 충분히 유지한다.
⑤ 감속하여 앞차와의 안전한 거리를 계속 유지한다.

해설 모든 차의 운전자는 다른 차를 앞지르려고 하는 때에는 앞차의 좌측으로 통행하여야 한다. 다만, 자동차(이륜자동차는 제외한다) 의 운전자는 그 왼쪽 방향지시등 등을 조작하여야 하며, 그 교통 상황과 앞차의 속도·진로 및 그 밖의 도로 상황에 따라 방향지시기·등화 또는 경음기를 사용하는 등 안전한 속도와 방법으로 앞지르기를 하여야 한다.

64 다음 상황에서 가장 안전한 운전 방법 2가지?

① 전방에 교통 정체 상황이므로 안전거리를 확보하며 주행한다.
② 정차 중인 차량 뒤에 정차하여 차량을 대기한다.
③ 응급상황이 발생할 때를 대비한다.
④ 대 열을 이루어 주행하는 긴급자동차를 뒤에 두고 통행한다.
⑤ 앞지르기 금지 장소이기 때문에 앞지르기 대하여 가장 정지한다.

해설 통행차의 바로 도로에서 앞에 같이 긴급자동차가 인근경계 등으로 원자력을 하고 있을 때에는 속도를 줄여 진로를 양보하여야 한다.

65 편도 2차로 고속도로 주행 중 다음과 같은 도로시설물이 보일 때 운전 방법으로 맞지 않는 것 2가지는?

① 2차로로 주행하고 있을 때에는 1차로로 진로를 변경한다.
② 2차로로 주행하고 있을 때에는 속도를 일시적으로 높인다.
③ 정상적으로 주행하여도 된다.
④ 1차로로 주행 시 속도를 줄여 주행한다.
⑤ 고장차를 발견하였으면 속도에 맞춰 추월하여 주행한다.

해설 고속도로 공사장의 도로의 우측 차로가 차단 중일 경우, 고속도로의 인근경계 등은 해야 하며, 고속도로에서 진로변경하기 위해 방향지시등을 작동하는 경우 안전거리를 확보하여 진로변경할 수 있도록 도와야 한다.

66 다음과 같은 상황에서 운전자의 올바른 운전방법 2가지는?

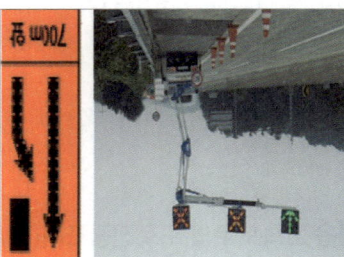

① 3차로를 주행하는 승용차는 앞지르기를 위해 충분히 속도를 내 며 변경한다.
② 2차로를 주행하는 승용자동차가 앞지르기를 위해 3차로로 진로를 변경한 것에 대비한다.
③ 2차로를 주행하는 승용자동차가 앞지르기를 위해 3차로로 진로를 변경한 것에 대비한다.
④ 2차로의 자동차가 앞지르기 할 수 있도록 2차로의 승용차량이 통행량 줄여야 한다.
⑤ 2차로를 주행하는 승용차는 앞차와의 안전거리를 더욱 좁혀 운행한다.

해설 2차로를 주행하는 자동차가 앞지르기를 위해 3차로로 진로변경 할 것에 대비하며, 2차로를 주행하는 자동차가 앞지르기하기 위해 3차로로 진로변경 할 것에 대비한다.

67 다음 상황에서 가장 안전한 운전 방법 2가지는?

① 차로를 변경하지 않고 현재 속도를 유지하면서 통과한다.
② 미끄러지지 않도록 감속 운행한다.
③ 장애인 전동차가 갑자기 방향을 바꿀 수 있으므로 주의한다.
④ 전방 우측에 정차 중인 버스 옆을 신속하게 통과한다.
⑤ 별다른 위험이 없어 속도를 높인다.

노면에 습기가 있으므로 미끄러지지 않도록 감속 서행하면서 앞서가는 장애인전동차의 방향전환에 대비하여 거리를 두고 서행으로 통과하여야 한다.

68 다음 고속도로의 차로제어시스템(LCS)에 대한 설명으로 맞는 2가지는?

① 화물차는 1차로를 이용하여 앞지르기할 수 있다.
② 차로제어시스템은 효율적인 교통흐름을 위한 교통관리기법이다.
③ 버스전용차로제가 시행 중인 구간이다.
④ 승용차는 정속 주행한다면 1차로 계속 운행할 수 있다.
⑤ 화물차가 2차로를 이용하여 앞지르기하는 것은 지정차로 통행위반이다.

도로교통법 시행규칙 제39조, [별표9] 버스전용차로제가 시행 중일 때는 전용차로 우측 차로가 1차로가 되어 앞지르기 차로가 됨.
※ 차로제어시스템(LCS, Lane Control Systems)은 차로제어신호기를 설치하여 기존차로를 가변활용 하거나 갓길의 일반 차로 활용 등으로 단기적인 서비스교통량의 증대를 통해 지·정체를 완화시키는 교통관리기법이다.

69 고속도로를 장시간 운전하여 졸음이 오는 상황이다. 가장 안전한 운전방법 2가지는?

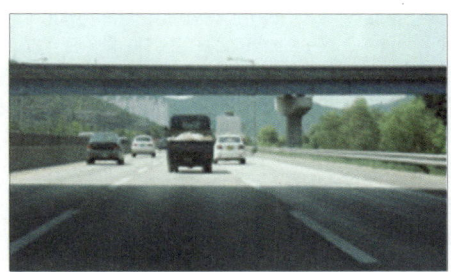

① 가까운 휴게소에 들어가서 휴식을 취한다.
② 졸음 방지를 위해 차로를 자주 변경한다.
③ 갓길에 차를 세우고 잠시 휴식을 취한다.
④ 졸음을 참으면서 속도를 높여 빨리 목적지까지 운행한다.
⑤ 창문을 열어 환기하고 가까운 휴게소가 나올 때까지 안전한 속도로 운전한다.

장시간 운전으로 졸음이 올 때에는 가까운 휴게소 또는 졸음쉼터에서 충분한 휴식을 취한 후 운전하는 것이 바람직하다.

70 다음 상황에서 가장 안전한 운전 방법 2가지는?

① 경음기를 계속 울려 차가 접근하고 있음을 보행자에게 알린다.
② 보행자 뒤쪽으로 서행하며 진행해 나간다.
③ 횡단보도 직전 정지선에 일시정지 한다.
④ 보행자가 신속히 지나가도록 전조등을 번쩍이면서 재촉한다.
⑤ 보행자가 횡단을 완료한 것을 확인한 후 출발한다.

도로교통법 제27조 – 모든 차의 운전자는 보행자가 횡단보도를 통행하고 있는 때에는 그 횡단보도 앞에서 일시정지하여 보행자의 횡단을 방해하거나 위험을 주어서는 아니 된다.

71 다음 상황에서 가장 안전한 운전방법 2가지는?

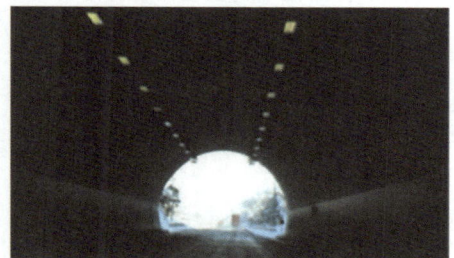

① 터널 밖의 상황을 잘 알 수 없으므로 터널을 빠져나오면서 속도를 높인다.
② 터널을 통과하면서 강풍이 불 수 있으므로 핸들을 두 손으로 꽉 잡고 운전한다.
③ 터널 내에서 충분히 감속하며 주행한다.
④ 터널 내에서 가속을 하여 가급적 앞차를 바싹 뒤따라간다.
⑤ 터널 내에서 차로를 변경하여 가고 싶은 차로를 선택한다.

터널 밖 빙판길인 경우 터널 내에서 충분히 감속 주행해야 하며, 터널을 나올 때에는 강풍이 부는 경우가 많으므로 핸들을 두 손으로 꽉 잡고 운전해야 한다.

72 다음 상황에서 가장 안전한 운전방법 2가지는?

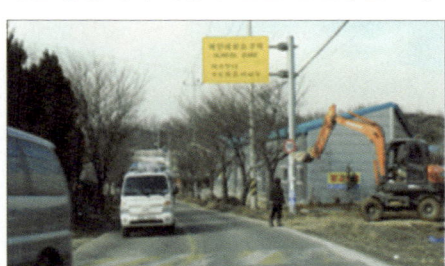

① 작업 중인 건설 기계나 작업 보조자가 갑자기 도로로 진입할 수 있으므로 대비한다.
② 도로변의 작업 차량보다 도로를 통행하는 차가 우선권이 있으므로 경음기를 사용하여 주의를 주며 그대로 통과한다.
③ 건설 기계가 도로에 진입할 경우 느린 속도로 뒤따라 가야하므로 빠른 속도로 진행해 나간다.
④ 어린이 보호구역이 시작되는 구간이므로 시속 30킬로미터 이내로 서행하여 갑작스러운 위험에 대비한다.
⑤ 어린이 보호구역의 시작 구간이지만 도로에 어린이가 없으므로 현재 속도를 유지한다.

어린이보호구역임을 알리는 표지와 속도제한표지판이 있으므로 제한속도를 확인하고, 전방 우측에 작업하는 건설 기계를 잘 살피면서 갑작스러운 위험 등에 대비한다.

정답 67. ②,③ 68. ②,③ 69. ①,⑤ 70. ③,⑤ 71. ②,③ 72. ①,④

73. 야간에 도로상에 대한 설명 중 옳은 것 2가지는?

① 야간에 중앙선 부근에 정차하고 있지 않은 정지된 보행자가 갑자기 진로 앞으로 뛰어나오는 경우 발견하기 어렵다.
② 교통사고 위험성 때문에 보행자 통행이 잦은 아간에는 감속운행해야 한다.
③ 야간에 흑색 복장의 보행자는 발견하기 쉽다.
④ 야간에는 상·하향 전조등을 적절하게 사용해야 한다.
⑤ 동일방향 주행 시 야간에 다른 차량의 전조등이 비추는 곳까지 주시하며 운전하여야 한다.

예설 도로교통법 제37조 제1항, 제2항, 제1항
- 야간에 흑색복장의 보행자는 교통사고가 잦고, 발견하기 어려우므로 주·정차가 금지된다.
- 야간에 반대편에서 오는 전조등 불빛 때문에 보행자가 뚜렷하지 않아 사고가 발생될 수 있으므로 필히 감속해야 한다.

74. 다음과 같이 장마철 자주 발생하는 국지성 폭우로 인해 도로가 순식간에 물에 잠기는 경우가 있다. 이때 올바른 조치로 가장 적당한 것 2가지는?

① 고임방지장치를 작동시킨다.
② 수동 운전 상태로 빠져나간 다음 서둘러 대피한다.
③ 급한 경우 119에 신고한다.
④ 물에 잠긴 차량 내부로 들어가 차량을 꺼낸다.
⑤ 자동차를 안전한 곳에 두고 피난한다.

예설 장마철 국지성 폭우로 인해 도로가 물에 잠기는 경우 약 10~20분간 만에 물에 잠길 수도 있으므로 신속히 진행한다.

75. 다음 상황에서 가장 안전한 운전 방법 2가지는?

① 도로 폭이 좁아지고 있으므로 그대로 통과한다.
② 사람이 나타날 수 있으므로 주의한다.
③ 주행하던 속도 그대로 빠르게 통과하여야 한다.
④ 반대편에서 오는 자전거에 주의하여 서행 주행한다.
⑤ 자전거를 피하여 감자기 진로를 변경하지 않도록 주의한다.

예설 자전거가 통행할 수 있는 곳에서는 충돌이 사용된다.

76. 다음과 같이 고속도로에서 하이패스 차로를 이용하여 통과하려고 할 때 가장 안전한 운전방법 2가지는?

① 하이패스 전용차로 이용 시 미리 진입 차로를 확인하여 안전하게 진입한다.
② 하이패스 이용차량이 아닌 경우에는 통행료를 지불하기 위하여 하이패스 차로로 진입하여야 한다.
③ 하이패스 이용차량은 앞차의 감속에 대비하여 안전거리를 유지하며 진입한다.
④ 하이패스 이용차량은 영상표시장치를 통과한 후 빠른 속도로 주행한다.
⑤ 하이패스 이용차량의 경우 다른 차로로 진입하는 차량을 주의하여 진입한다.

예설 고속도로 진입 전 미리 하이패스 차로를 확인하고, 안전하게 진입하려 통행하여야 한다.

77. 다음 상황에서 가장 안전한 운전 방법은?

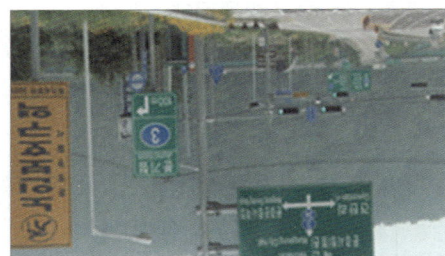

① 버스가 속도를 줄이고 있다.
② 버스가 정차하려 하므로 다른 차량들이 감속할 것에 대비한다.
③ 보행자에 대비해 감속하며 주행한다.
④ 보행자가 횡단하고 있으므로 나란히 버스를 사용하여 주행한다.
⑤ 버스 앞에 나타날 수 있는 보행자에 주의한다.

예설 버스정류장 부근에서는 무단횡단이 많고 정차한 버스가 시야를 가리고 있어 정지하고 있는 버스 옆으로 보행자가 나타날 수도 있다.

78. 다음과 같은 도로 상황에서 주의사항에 대한 설명으로 올바른 것 2가지는?

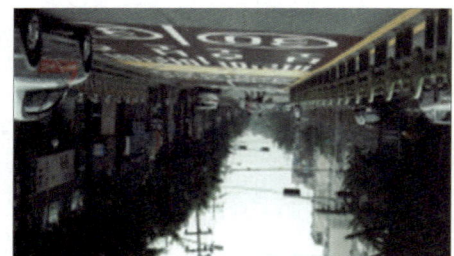

① 전방우측으로 이어진 도로를 이용하여 진출입 원할 수 있다.
② 전방우측 차로로 진로변경이 되지 않도록 유의하여 진행한다.
③ 진로변경 금지장소에서는 진로변경을 해서는 안 된다.
④ 안전지대 양쪽으로 차량의 갑작스러운 진입에 대비한다.
⑤ 속도 계측이 있으므로 속도에 유의한다.

예설 도로에는 교차로가 이어져 있지 않아 진로변경 중인 경우가 있다.

정답
73. ②,⑤ 74. ②,⑤ 75. ②,⑤ 76. ③,⑤ 77. ③,⑤ 78. ①,②

79 다음 상황에서 가장 안전한 운전방법 2가지는?

① 시속 30킬로미터 이하로 서행한다.
② 주·정차를 해서는 안 된다.
③ 내리막길이므로 빠르게 주행한다.
④ 주차는 할 수 없으나 정차는 할 수 있다.
⑤ 횡단보도를 통행할 때는 경음기를 사용하며 주행한다.

> **해설**
> 어린이 보호구역은 교통사고의 위험으로부터 어린이를 보호하기 위하여 필요하다고 인정하는 때에 유치원, 초등학교 등의 시설 주변도로 가운데 일정구간을 어린이 보호구역으로 지정하고 있다. 어린이보호구역의 속도제한 표시는 30km이므로 통행속도 이하로 서행하여야 하며, 주·정차를 금지하고 있다.

80 교차로에서 우회전을 하려는 상황이다. 가장 안전한 운전 방법 2가지는?

① 우산을 쓴 보행자가 갑자기 횡단보도로 내려올 가능성이 있으므로 감속 운행한다.
② 보행자가 횡단을 마친 상태로 판단되므로 신속하게 우회전한다.
③ 비오는 날은 되도록 앞차에 바싹 붙어 서행으로 운전한다.
④ 도로변의 웅덩이에서 물이 튀어 피해를 줄 수 있으므로 주의 운전한다.
⑤ 교차로에서 우회전을 할 때에는 브레이크 페달을 세게 밟는 것이 안전하다.

> **해설**
> 물이 고인 곳을 운행할 때에는 다른 사람에게 피해를 주지 않도록 해야 하며, 우천 시에는 보행자의 시야도 좁아지므로 돌발 행동에 주의하면서 감속 운행하여야 한다.

81 학교 앞 신호등이 없는 횡단보도에서 지켜야 하는 내용으로 맞는 2가지는?

① 차의 통행이 없을 때 주차는 가능하다.
② 보행자의 움직임에 주의하면서 전방을 잘 살핀다.
③ 제한속도보다 빠르게 진행한다.
④ 차의 통행에 관계없이 정차는 가능하다.
⑤ 보행자의 횡단여부와 관계없이 일시정지 한다.

> **해설**
> 도로교통법 제12조, 제27조 - 학교 앞 이면도로 횡단보도는 어린이 보호구역 내이므로 최고속도는 30km/h이내를 준수하고, 어린이의 움직임에 주의하면서 전방을 잘 살펴야 한다. 어린이 보호구역내 사고는 안전운전 불이행, 보행자 보호의무위반, 불법 주·정차, 신호위반 등 법규를 지키지 않는 것이 원인이다. 그리고 어린이보호구역내 횡단보도에서는 보행자의 횡단여부와 관계없이 일시정지한 후 안전을 확인하고 통과하여야 한다.

82 다음 상황에서 가장 안전한 운전 방법 2가지는?

① 차로를 변경하기 어려울 경우 버스 뒤에 잠시 정차하였다가 버스의 움직임을 보며 진행한다.
② 하차하는 승객이 갑자기 차도로 뛰어들 수 있으므로 급정지한다.
③ 뒤따르는 차량과 버스에서 하차하는 승객들의 움직임을 살피는 등 안전을 확인하며 주행한다.
④ 다른 차량들의 움직임을 살펴보고 별 문제가 없으면 버스를 그대로 앞질러 주행한다.
⑤ 경음기를 울려 주변에 주의를 환기하며 신속히 좌측 차로로 차로 변경을 한다.

> **해설**
> 정차 중인 버스 주위로 보행자가 갑자기 뛰어나올 수 있다. 차로를 안전하게 변경할 수 없을 때는 버스 뒤에 잠시 정차하였다가 버스가 움직일 때 진행하여야 한다. 버스를 피해 차로를 변경 할 때에도 서행하면서 주변의 보행자나 돌발상황에 대비하여야 한다.

83 다음과 같은 상황에서 자동차의 통행 방법으로 올바른 2가지는?

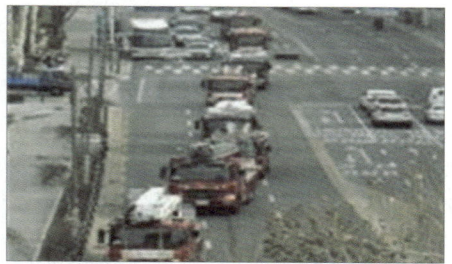

① 좌측도로의 화물차는 우회전하여 긴급자동차 대열로 끼어든다.
② 모든 차량은 긴급자동차에게 차로를 양보해야 한다.
③ 긴급자동차 주행과 관계없이 진행신호에 따라 주행한다.
④ 긴급자동차를 앞지르기하여 신속히 진행 한다.
⑤ 좌측도로의 화물차는 긴급자동차가 통과할 때까지 기다린다.

> **해설**
> 모든 자동차는 긴급자동차에 양보하여야 한다.

84 1·2차로를 걸쳐서 주행 중이다. 이때 가장 안전한 운전 방법 2가지는?

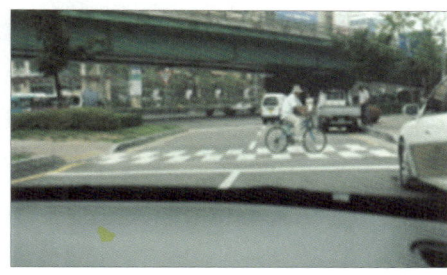

① 1차로로 차로 변경 후 신속히 통과한다.
② 우측 보도에서 횡단보도로 진입하는 보행자가 있는지를 확인한다.
③ 경음기를 울려 자전거 운전자가 신속히 통과하도록 한다.
④ 자전거는 보행자가 아니므로 자전거 뒤쪽으로 통과한다.
⑤ 정지선 직전에 일시정지한다.

> **해설**
> 자전거가 횡단보도를 통행하는 경우 정지선에 일시정지하여 자전거가 안전하게 통과할 수 있도록 하여야 한다.

정답 79. ①, ②   80. ①, ④   81. ②, ⑤   82. ①, ③   83. ②, ⑤   84. ②, ⑤

정답 85. ①, ② 86. ④, ⑤ 87. ①, ② 88. ①, ③ 89. ②, ③ 90. ①, ②

85 다음과 같은 도로상황에서 가장 안전한 운전방법 2가지는?

① 일시정지 표시가 있으므로 일시정지한다.
② 이 지점은 역주행할 수 있으므로 서행한다.
③ 차량이 없으므로 그대로 진행한다.
④ 어린이보호구역이므로 어린이의 안전에 주의한다.
⑤ 어린이보호구역이라도 도로의 상황에 따라 과속한다.

애설 어린이보호구역의 제한속도는 30km/h 이하이며, 어린이가 나올 수 있으므로 주의해야 한다.

86 다음과 같은 어린이보호구역을 통과할 때 예측할 수 있는 가장 위험한 요소 2가지는?

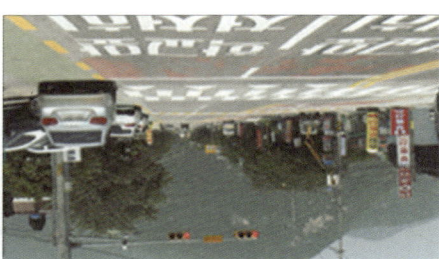

① 반대편 도로에 경찰차가 정차하고 있다.
② 반대편 차량 뒤에서 차가 나올 수 있다.
③ 골목에서 나오는 자전거
④ 주차된 차량 사이에서 뛰어나오는 어린이
⑤ 횡단하는 보행자

87 다음과 같은 도로상황에서 바람직한 운전방법 2가지는?

① 긴급자동차가 우선 통행할 수 있도록 진로를 양보한다.
② 긴급자동차보다 우선 진행한다.
③ 긴급자동차가 접근하므로 일시정지하고 그대로 가만히 있는다.
④ 긴급자동차가 지나가고 진로를 정리한 후 진행한다.
⑤ 긴급자동차는 2차로로 이용하여 진행하고 그대로 주행한다.

애설 긴급자동차가 접근하므로 미리 감속하고 정지할 수 있도록 진로를 양보해야 한다.

88 다음과 같은 도로 옆의 상황에서 가장 안전한 운전방법 2가지는?

① 물이 튀지 않도록 주행한다.
② 물 웅덩이를 피해 옆 차로로 이동하는 등 차로 변경을 주의한다.
③ 연장속도 준수 중 감속하여 주행한다.
④ 엔진이 꺼지지 않도록 주행한다.
⑤ 옆차를 따라가며 빠르게 통과한다.

애설 미끄러지기 쉬운 도로에서는 서행, 공동물 등으로 인해 충분한 감속이 필요하고, 도로 옆의 상황을 주시하면서 안전거리를 유지한다.

89 긴급자동차가 통행 중인 가장 바람직한 운전방법 2가지는?

① 긴급자동차와 관계없이 신호에 따라 주행한다.
② 긴급자동차가 지나갈 수 있도록 차로를 양보한다.
③ 긴급자동차보다 빠른 속도로 진로를 양보하기 위해 신속히 이동한다.
④ 긴급자동차는 기본 규정대로 진로를 양보할 필요가 없다.
⑤ 긴급자동차의 경적이 있을 때에만 양보한다.

애설 긴급자동차가 우선 통행할 수 있도록 이에 긴급자동차가 따라오는 경우 진로를 양보하여 긴급통행을 돕는다.

90 다음 상황에서 긴급자동차의 가장 바람직한 운전방법은?

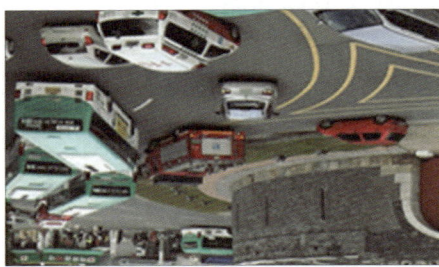

① 교차로의 중앙을 통과하는 긴급자동차는 교차로에 진입해 있는 경우라도 양보한다.
② 긴급자동차에 양보를 위해 정차하는 경우 주변에 파악하여 양보한다.
③ 교차로 내에서는 많은 차로가 있어도 한 곳에만 정지한다.
④ 긴급자동차는 일반차로나 가장자리를 양보하지 않을 수 있다.
⑤ 긴급자동차를 위하여 진로를 양보할 공간이 없다.

애설 모든 자동차는 긴급자동차에 우선 양보하여 이에 긴급자동차가 따라오는 경우 진로를 양보한다. 도로 양쪽 자동차는 긴급자동차가 빠져나가기 쉽게 진로를 양보해야 한다.

91 도로교통법령상 다음과 같은 개인형 이동장치를 도로에서 운전 시 올바른 2가지는?

① 안전모 등 인명보호 장구를 착용하지 않아도 된다.
② 운전면허 없이 운전하더라도 위법하지 않다.
③ 혈중알콜농도 0.03% 이상으로 운전 시 처벌받지 않는다.
④ 13세 미만의 어린이가 운전하면 보호자에게 과태료가 부과된다.
⑤ 동승자를 태우고 운전하면 처벌 받는다.

> 도로교통법 시행령 별표8 ① 38의2 (2만원 범칙금), ② 1의4 (10만원 범칙금), ③ 64의 2(10만원 범칙금), ④ 1의 3(10만원 과태료) ⑤ 3의4(범칙금 4만원)

92 다음 상황에서 가장 안전한 운전 방법 2가지는?

① 경음기를 울려 자전거를 우측으로 피양하도록 유도한 후 자전거 옆으로 주행한다.
② 눈이 와서 노면이 미끄러우므로 급제동은 삼가야 한다.
③ 좌로 급하게 굽은 오르막길이고 노면이 미끄러우므로 자전거와 안전거리를 유지하고 서행한다.
④ 반대 방향에 마주 오는 차량이 없으므로 반대 차로로 주행한다.
⑤ 신속하게 자전거를 앞지르기한다.

> 전방 우측에 자전거 운전자가 가장자리로 주행하고 있기 때문에 자전거 움직임을 잘 살피면서 서행하고, 자전거 옆을 지나갈 때 충분한 간격을 유지하여야 한다

93 다음 상황에서 가장 안전한 운전방법 2가지는?

① 경음기를 지속적으로 사용해서 보행자의 길 가장자리 통행을 유도한다.
② 주차된 차의 문이 갑자기 열리는 것에도 대비하여 일정 거리를 유지하면서 서행한다.
③ 공회전을 강하게 하여 보행자에게 두려움을 갖게 하면서 진행한다.
④ 보행자나 자전거가 전방에 가고 있을 때에는 이어폰을 사용하는 경우도 있기 때문에 거리를 유지하며 서행한다.
⑤ 전방의 보행자와 자전거가 길 가장자리로 피하게 되면 빠른 속도로 빠져나간다.

> 주택가 이면 도로에서 보행자의 통행이 빈번한 도로를 주행할 때에는 보행자 보호를 최우선으로 생각하면서 운행해야 하며, 특히 어린이들은 돌발 행동을 많이 하고, 이어폰 등으로 음악을 듣고 있는 경우에는 경음기 소리나 차의 엔진소리를 듣지 못할 가능성이 많으므로 더욱 주의하여 운전해야 한다. 또 주차된 차의 문이 갑자기 열릴 수 있으므로 차 옆을 지날 때는 일정한 간격을 두고 운행해야 한다.

94 다음은 하이패스 전용나들목에 대한 설명이다. 잘못된 2가지는?

① 하이패스 전용차로로 운영되는 간이형식의 나들목이다.
② 하이패스 단말기를 장착한 모든 차량이 이용이 가능하다.
③ 일반 나들목의 하이패스 차로와는 달리 정차 후 통과하여야 한다.
④ 근무자가 상시 근무하는 유인 전용차로이다.
⑤ 단말기 미부착 차량의 진입을 방지하기 위하여 차단기 및 회차 시설을 설치하여 운영한다.

> 하이패스 전용 나들목 : 고속도로와 국도간의 접근성을 높이기 위해 휴게소나 버스정류장 등을 활용하여 하이패스 전용차로를 운영하는 간이형식의 나들목이다.
> ■ 하이패스 전용 나들목 이용가능차량
>   - 1~3종 (승용·승합·소형화물·4.5톤 미만 화물차) 하이패스 단말기 부착차량
>   - 4.5톤 미만 화물차 중 하이패스 단말기 부착차량
> ■ 운영방안
>   - 일반 나들목의 하이패스 차로와는 달리 "정차 후 통과 시스템" 적용
> ※ 휴게소 등의 이용차량과의 교통안전을 위하여 정차 후 통과(차단기)
>   - 단말기 미 부착차량의 진입을 방지하기 위하여 차단기 및 회차 시설을 설치하여 본선 재진입 유도

95 두 대의 차량이 합류 도로로 진입 중이다. 가장 안전한 운전방법 2가지는?

① 차량 합류로 인해 뒤따르는 이륜차가 넘어질 수 있으므로 이륜차와 충분한 거리를 두고 주행한다.
② 이륜차는 긴급 상황에 따른 차로 변경이 쉽기 때문에 내 차와 충돌 위험성은 없다.
③ 합류 도로에서는 차가 급정지할 수 있어 앞차와의 거리를 충분하게 둔다.
④ 합류 도로에서 차로가 감소되는 쪽에서 끼어드는 차가 있을 경우 경음기를 사용하면서 같이 주행한다.
⑤ 신호등 없는 합류 도로에서는 운전자가 주의하고 있으므로 교통사고의 위험성이 없다.

> 두 차량이 이륜차 앞쪽에 가고 있으므로 두 차량 뒤쪽에 위치하여 안전거리 확보 후 운전하는 것이 바람직한 운전 방법이다.

정답 91. ④, ⑤ 92. ②, ③ 93. ②, ④ 94. ②, ④ 95. ①, ③

정답 ☞ 96.②,③ 97.②,③ 98.④,⑤ 99.②,③ 100.②,⑤

96 야간에 도로상에서 고장으로 인한 자동차를 정차할 경우 가장 옳은 방법 2가지는?

① 이륜자동차는 안전삼각대와 같이 불꽃신호기 등의 추가 안전 조치를 취하여야 한다.
② 수신호 등 부득이한 경우 이외에는 차로 내에 사람이 서 있어서는 안 된다.
③ 안전표지는 주간에는 안전삼각대, 야간에는 안전삼각대와 함께 사방 500미터 지점에서 식별할 수 있는 적색의 섬광신호·전기제등 또는 불꽃신호를 설치하여야 한다.
④ 비상자동점멸등을 점등할 필요는 없다.
⑤ 안전표지 설치로 고장자동차의 표지를 대신할 수 있다.

■해설 도로교통법 시행규칙 제40조(고장자동차의 표지)에 따라 자동차의 운전자는 고장이나 그 밖의 사유로 고속도로 등에서 자동차를 운행할 수 없게 된 때에는 자동차를 도로의 우측 가장자리로 이동시키는 등 필요한 조치를 하여야 한다.

97 다음 자동차에서 가장 안전한 운전 방법 2가지는?

① 앞차가 급제동할 경우를 대비하여 충분한 안전거리를 유지한다.
② 앞차가 급제동할 경우에 대비해 경음기를 사용한다.
③ 앞차가 진로변경할 때 급제동한다.
④ 앞차와 가까이 붙어서 진행한다.
⑤ 그 다음 차량의 움직임도 살피며 진로변경 차량을 따라 가다 차로를 변경한다.

■해설 자동차의 속도를 높이려는 경우에는 대기오염이 증가하고 자동차 비용이 증가하기 때문에 이를 줄이고 안전을 위해 일정 속도로 진행하는 것이 좋다.

98 다음과 같은 상황에서 우회전하려고 한다. 가장 안전한 운전방법 2가지는?

① 신호대기 중 정지선이후로 미리 진입해야 한다.
② 정속주행을 통해 교차로 진입시 신호 변경에 대응한다.
③ 우회전시 신호가 바뀌기 전에 건너가 있어야 한다.

99 자동차 운행 중 고장이 났을 때 가장 안전한 운전 방법 2가지는?

① 잠시 쉬어갈 겸 주차장소로 삼고 정비한다.
② 자동차 안에서 이동 중에 곤란할 수 있도록 사전에 조치한다.
③ 안전한 장소로 차를 이동시켜 정비소로 연락한다.
④ 신호에 따라 이동하여 정비소를 찾아간다.
⑤ 대피시는 반대방향으로 대피하는 것이 안전하다.

■해설 차량이 고장나 운행할 수 없을 때에는 비상 점멸등을 켠 상태로 안전한 곳에 정차시킨 후 안전삼각대를 설치하고 일정 거리 밖에서 정비소 등을 연락해 사용하여야 하며, 또한 자동차는 운행에 따른 후방 추돌의 위험이 있을 수 있으니 무조건 자동차 밖으로 대피하여야 한다.

100 겨울철 고갯길에서 우회전하기 위해 신호대기 중이다. 가장 안전한 운전 방법 2가지는?

① 기어가 중립상태인지 확인한다.
② 엔진브레이크를 자주 사용하여 브레이크를 유지한다.
③ 앞차와 일정한 거리를 두고 주는 차간 신호가 있을 경우 수시로 제동한다.
④ 앞차와의 안전거리를 유지하며 계속 운행기를 주의 한다.
⑤ 감속 수동기어가 유지 및 엔진브레이크를 사용하여 주행한다.

■해설 모든 자동차의 운전자는 고갯길 등 위험 장소에 이미 정차되어 있는 자동차가 자기의 차량보다 우선하도록 하여야 하며, 우측에 차량이 있어 그 사이로 자동차를 추월하거나 진입하는 행위는 해서는 안 된다.

Chapter 06 일러스트형 문제 - 5지 2답형

01 오른쪽으로 갔어야 하는데 길을 잘못 들었다. 이 때 가장 안전한 운전방법 2가지는?

도로상황
- 울산·양산 방면으로 가야 하는 상황
- 분기점에서 오른쪽으로 진입하려는 상황

① 안전지대로 진입하여 비상점멸등을 작동한 후 오른쪽으로 진입한다.
② 오른쪽 방향지시기를 작동하며 안전지대에 진입하여 오른쪽으로 진입한다.
③ 신속하게 가속하여 오른쪽으로 진입한다.
④ 대구방향으로 그대로 진행한다.
⑤ 다음에서 만나는 나들목 또는 갈림목을 이용한다.

해설 일부 운전자들은 나들목이나 갈림목의 직전에서 어느쪽으로 진입할 지를 결정하기 위해 급감속하거나 진입이 금지된 안전지대에 진입하여 대기하다가 무리하게 진입하기도 한다. 또 진입로를 지나친 경우 안전지대 또는 갓길에 정차한 후 후진하는 행동을 하기도 한다. 이와 같은 행동은 다른 운전자들이 예측할 수 없는 행동을 직접적인 사고의 원인이 될 수 있음으로 진입을 포기하고 다음 갈림목 또는 나들목을 이용하여 안전을 도모해야 한다. 가장 안전한 운전방법은 출발부터 목적지까지의 통행경로를 미리 파악하는 자세를 겸비하는 것이다.

02 다음 상황에서 가장 안전한 운전방법 2가지는?

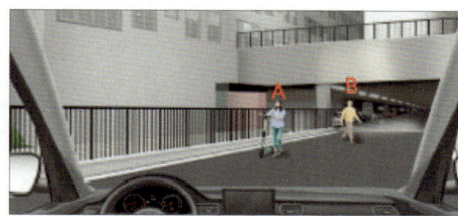

도로상황
- 아파트(APT) 단지 주차장 입구 접근 중

① 차의 통행에 방해되지 않도록 지속적으로 경음기를 사용한다.
② B는 차의 왼쪽으로 통행할 것으로 예상하여 그대로 주행한다.
③ B의 횡단에 방해되지 않도록 횡단이 끝날때까지 정지한다.
④ 도로가 아닌 장소는 차의 통행이 우선이므로 B가 횡단하지 못하도록 경적을 울린다.
⑤ B의 옆을 지나는 경우 안전한 거리를 두고서행해야 한다.

해설 도로교통법 제27조제6항 모든 차의 운전자는 다음 각 호의 어느 하나에 해당하는 곳에서 보행자의 옆을 지나는 경우에는 안전한 거리를 두고 서행하여야 하며, 보행자의 통행에 방해가 될 때에는 서행하거나 일시정지하여 보행자가 안전하게 통행할 수 있도록 하여야 한다. 〈개정 2022. 1. 11.〉 1. 보도와 차도가 구분되지 아니한 도로 중 중앙선이 없는 도로 2. 보행자우선도로 3. 도로 외의 곳

03 다음 상황에서 교차로를 통과하려는 경우 예상되는 위험 2가지는?

도로상황
- 교각이 설치되어있는 도로
- 정지해있던 차량들이 녹색신호에 따라 출발하려는 상황
- 3지 신호교차로

① 3차로의 하얀색 차량이 우회전 할 수 있다.
② 2차로의 하얀색 차량이 1차로 쪽으로 급차로 변경할 수 있다.
③ 교각으로 부터 무단횡단 하는 보행자가 나타날 수 있다.
④ 횡단보도를 뒤 늦게 건너려는 보행자를 위해 일시정지 한다.
⑤ 뒤차가 내 앞으로 앞지르기를 할 수 있다.

해설 도로에 교각이 설치된 환경으로 교각 좌우측에서 진입하는 이륜차와 보행자 등 위험을 예측하며 운전해야 한다.

04 직진 중 전방 차량 신호가 녹색 신호에서 황색 신호로 바뀌었다. 가장 위험한 상황 2가지는?

도로상황
- 우측 도로에 신호 대기 중인 승용차
- 후사경 속의 바싹 뒤따르는 택시
- 2차로에 주행 중인 승용차

① 급제동 시 뒤차가 내 차를 추돌할 위험이 있다.
② 뒤차를 의식하다가 내 차가 신호 위반 사고를 일으킬 위험이 있다.
③ 뒤차가 앞지르기를 할 위험이 있다.
④ 우측 차가 내 차 뒤로 끼어들기를 할 위험이 있다.
⑤ 우측 도로에서 신호 대기 중인 차가 갑자기 유턴할 위험이 있다.

해설 교차로 부근에서 신호가 바뀌는 경우 안전거리를 유지하지 않아 후속 차량이 추돌 사고를 야기할 우려가 매우 높으므로 브레이크 페달을 살짝 밟거나 비상등을 켜 차가 스스로 안전거리를 유지할 수 있도록 유도한다.

05 다음 상황에서 비보호좌회전할 때 가장 큰 위험 요인 2가지는?

도로상황
- 현재 차량 신호 녹색(양방향 녹색 신호)
- 반대편 1차로에 좌회전하려는 승합차

① 반대편 2차로에서 승합차에 가려 보이지 않는 차량이 빠르게 직진해 올 수 있다.
② 반대편 1차로 승합차 뒤에 차량이 정지해 있을 수 있다.
③ 좌측 횡단보도로 보행자가 횡단을 할 수 있다.
④ 후방 차량이 갑자기 불법 유턴을 할 수 있다.
⑤ 반대편 1차로에서 승합차가 비보호좌회전을 할 수 있다.

해설 비보호좌회전을 할 때에는 반대편 도로에서 녹색 신호를 보고 오는 직진 차량에 주의해야 하며, 그 차량의 속도가 생각보다 빠를 수 있고 반대편 1차로의 승합차 때문에 2차로에서 달려오는 직진 차량을 보지 못할 수도 있다.

06 다음의 도로를 통행하려는 경우 가장 올바른 운전방법 2가지는?

도로상황
- 중앙선이 없는 도로
- 도로 좌우측 불법주정차된 차들

① 자전거에 이르기 전 일시정지한다.
② 횡단보도를 통행할 때는 정지선에 일시정지한다.
③ 뒤차와의 거리가 가까우므로 가속하여 거리를 벌린다.
④ 횡단보도 위에 사람이 없으므로 그대로 통과한다.
⑤ 경음기를 반복하여 작동하며 서행으로 통행한다.

해설 위험예측. 어린이보호구역에 정차 및 주차를 위반한 자동차들이 확인된다. 어린이보호구역을 통행하는 운전자는 어린이의 신체적 특성 중 '작은 키'로 정차 및 주차를 위반한 자동차에 가려져 보이지 않는 점을 항시 기억해야한다. 문제의 그림에서는 왼쪽 화색자동차 앞으로 자전거가 차도쪽으로 횡단을 하려하는 상황이다. 이러한 때에는 횡단보도가 아니라고 하더라도 정지하여야 한다. 도로교통법 제12조 제3항. 차마 또는 노면전차의 운전자는 어린이보호구역에서 제1항에 따른 조치를 준수하고 어린이의 안전에 유의하면서 운행하여야 한다. 도로교통법 제27조 제7항. 모든 차 또는 노면전차의 운전자는 제12조제1항에 따른 어린이보호구역 내에 설치된 횡단보도 중 신호기가 설치되지 아니한 횡단보도 앞(정지선이 설치된 경우에는 그 정지선을 말한다)에서는 보행자의 횡단 여부와 관계없이 일시정지하여야 한다.

정답 01. ④, ⑤ 02. ③, ⑤ 03. ②, ③ 04. ①, ② 05. ①, ③ 06. ①, ②

07 다음 상황에서 가장 안전한 운전방법 2가지는?

■ 도로상황
■ 편도 1차로
■ 불법주차된 차들
■ 도로로 갑자기 뛰어나올 수 있는 어린이

① 전방 허용 속도를 지키기 위해 과속방지턱을 넘어 운전한다.
② 보행자가 갑자기 뛰어나올 수 있으므로 주의하며 운행한다.
③ 경음기를 크게 울려 아이들이 도로로 뛰어나오지 못하게 한다.
④ 주차된 차들 사이에서 뛰어나올 수 있는 어린이에 주의한다.
⑤ 골목길 보행자 안전을 위해 차폭등과 전조등을 켜고 운행한다.

08 다음 상황에서 운전자가 추월할 때 가장 안전한 방법 2가지는?

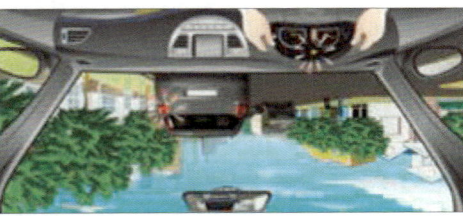

■ 도로상황
■ 편도 1차로 도로
■ 반대편 도로에 정지한 차량
■ 우측 도로변에 정차한 차량

① 반대편 도로에 차량이 정지하고 있을 경우
② 앞차량이 저속으로 운행되고 가로막고 있을 경우
③ 중앙선 표시가 황색 점선인 도로에서 서행하는 경우
④ 반대편 도로에 차량이 횡단하고 있지 않는 경우
⑤ 내 앞 차량이 사람들을 태우기 위해 정차한 경우

09 다음 상황에서 출발하기 위해 차로를 변경하려고 한다. 가장 안전한 운전 방법 2가지는?

■ 도로상황
■ 교차로 정지선에 정지한 차량
■ 차로를 바꾸기 위해 기다리는 차량

① 차로를 바꾸기 위해 신속하게 차로를 변경한다.
② 차로를 바꾸려고 할 때 30미터 전에서 지시등 신호를 보낸다.
③ 정체된 차로의 앞차가 움직이지 않도록 한다.
④ 안전거리를 두고 미리 차로를 줄인다.
⑤ 뒤차가 앞지르기를 통해 정확하게 통과하지 못하도록 한다.

10 다음 중 대비해야 할 가장 위험한 상황 2가지는?

■ 도로상황
■ 이면 도로
■ 대형자동차가 도로에 주차중
■ 주차중인 자동차 옆을 걸어가는 보행자

① 자동차 사이로 보행자가 뛰어나올 수 있다.
② 앞차 뒤쪽으로 보행자가 나타날 수 있다.
③ 주차 차량의 문이 갑자기 열려 사람이 나올 수 있다.
④ 대형차를 피해 좁은 길로 가려는 자전거가 있다.
⑤ 보행자가 자동차 사이로 뛰어다니기 위해 나올 수 있다.

11 다음 상황에서 A차량이 좌회전할 때 가장 주의해야 할 위험 요인 2가지는?

■ 도로상황
■ A차량 좌회전 중
■ 우측 후방 자전거
■ 전방 우측에서 다가오는 차량

① 내 앞에 좌회전하고 있는 차가 있을 수 있는 사람
② 맞은편 앞 도로 상황의 동향
③ 반대편 도로에서 다가오고 있는 자전거
④ A차량의 바로 뒤에 이어서 오는 자전거
⑤ 반대편 도로 우측 가로수의 이상

12 다음 상황에서 가장 올바른 안전수칙 2가지는?

■ 도로상황
■ 긴급차량 사이로 진행중인 자동차

① 긴급자동차에 양보하기 위해 우측으로 통행한다.
② 긴급자동차를 따라 가기 위해 뒤쫓아 속도를 높인다.
③ 긴급자동차와 안전한 거리를 두고 운행한다.
④ 긴급자동차가 지나가는 뒤로 따라간다.
⑤ 긴급자동차를 피해 급하게 그 옆에 피한다.

13 다음 상황에서 가장 안전한 운전방법 2가지는?

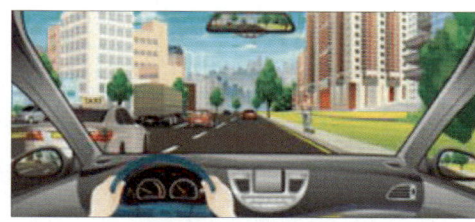

도로상황
- 편도 3차로 도로
- 우측 전방에 택시를 잡으려는 사람
- 좌측 차로에 택시가 주행 중
- 시속 60킬로미터 속도로 주행 중

① 우측 전방의 사람이 택시를 잡기 위해 차도로 내려올 수 있으므로 주의하며 진행한다.
② 우측 전방의 사람이 택시를 잡기 위해 차도로 내려올 수 있으므로 전조등 불빛으로 경고를 준다.
③ 2차로의 택시가 사람을 태우려고 3차로로 급히 들어올 수 있으므로 속도를 줄여 대비한다.
④ 2차로의 택시가 사람을 태우려고 3차로로 급히 들어올 수 있으므로 앞차와의 거리를 좁혀 진행한다.
⑤ 2차로의 택시가 3차로로 들어올 것을 대비해 신속히 2차로로 피해 준다.

해설 택시를 잡으려는 승객이 보이면 주변 택시를 살피면서 다음 행동을 예측하고 대비하여야 한다. 택시는 승객을 태워야 한다는 생각에 주변 차량들에 대한 주의력이 떨어지거나 무리한 차로 변경과 급제동을 할 수 있다. 또한 승객 역시 택시를 잡기 위해 주변 차량의 움직임을 살피지 않고 도로로 나오기도 한다. 특히 날씨가 춥고 바람이 불거나 밤늦은 시간일수록 빨리 택시를 잡으려는 보행자가 돌발적인 행동을 할 수 있다.

14 다음 상황에서 가장 안전한 운전방법 2가지로 맞는 것은?

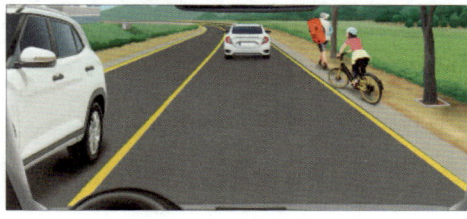

도로상황
- 편도 1차로
- (실내후사경)뒤에서 후행하는 차

① 자전거와의 충돌을 피하기 위해 좌측통행한다.
② 자전거 위치에 이르기 전 충분히 감속한다.
③ 뒤 따르는 자동차의 소통을 위해 가속한다.
④ 보행자의 차도진입을 대비하여 감속하고 보행자를 살핀다.
⑤ 보행자를 보호하기 위해 길가장자리구역을 통행한다.

해설 위험예측. 문제의 그림에서 확인되는 상황은 길가장자리구역에서 보행자와 자전거가 통행하고 있는 상황이다. 이러한 상황에서 일반적으로 자전거의 속도는 보행자의 속도보다 빠른 상태에서 자전거 운전자가 보행자를 앞지르기하는 운전행동이 나타난다. 자전거가 왼쪽 또는 오른쪽으로 앞지르기를 하는 과정에서 충돌이 이루어지고 차도로 갑자기 진입하거나 넘어지는 등의 교통사고가 빈번하다. 따라서 운전자는 길가장자리 구역에 보행자와 자전거가 있는 경우 미리 속도를 줄이고 보행자와 자전거의 차도진입을 예측하여 정지할 준비를 하는 것이 바람직하다. 또 이 때 보행자와 자전거를 피하기 위해 중앙선을 넘어 좌측통행하는 경우도 빈번하게 나타나는 데 이는 바람직한 행동이라 할 수 없다.

15 다음과 같은 도로에서 A차량이 동승자를 내려주기 위해 잠시 정차했다가 출발할 때 사고 발생 가능성이 가장 높은 2가지는?

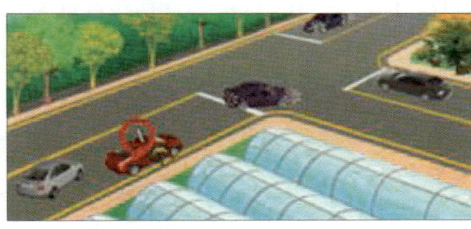

도로상황
- 신호등 없는 교차로

① 반대편 도로 차량이 직진하면서 A차와 정면충돌
② 뒤따라오던 차량이 A차를 앞지르기하다가 A차가 출발하면서 일어나는 충돌
③ A차량 앞에서 우회전 중이던 차량과 A차량과의 추돌
④ 우측 도로에서 우측 방향지시등을 켜고 대기 중이던 차량과 A차량과의 충돌
⑤ A차량이 출발해 직진할 때 반대편 도로 좌회전 차량과의 충돌

해설 차량이 정차했다가 출발할 때에는 주변 차량에게 나의 진행을 미리 알려야 한다. 뒤차가 정차 중인 차를 앞지르기할 경우에도 대비해야 하며, 반대편 차량이 먼저 교차로에 진입하고 있다면 그 차량이 교차로를 통과한 후에 진행하는 것이 안전하다.

16 다음 상황에서 가장 안전한 운전 방법 2가지는?

도로상황
- 교차로에서 직진을 하려고 진행 중
- 전방에 녹색 신호지만 언제 황색으로 바뀔지 모르는 상황
- 왼쪽 1차로에는 좌회전하려는 차량들이 대기 중
- 매시 70킬로미터 속도로 주행 중

① 교차로 진입 전에 황색 신호가 켜지면 신속히 교차로를 통과하도록 한다.
② 속도가 빠를 경우 황색 신호가 켜졌을 때 정지하기 어려우므로 속도를 줄여 황색 신호에 대비한다.
③ 신호가 언제 바뀔지 모르므로 속도를 높여 신호가 바뀌기 전에 통과하도록 노력한다.
④ 뒤차가 가까이 따라올 수 있으므로 속도를 높여 신속히 교차로를 통과한다.
⑤ 1차로에서 2차로로 갑자기 차로를 변경하는 차가 있을 수 있으므로 속도를 줄여 대비한다.

해설 이번 신호에 교차로를 통과할 욕심으로 속도를 높였을 때 발생할 수 있는 사고는 우선 신호가 황색으로 바뀌었을 때 정지하기 어려워 신호 위반 사고의 위험이 커지고, 무리하게 정지하려고 급제동을 하면 뒤차와 사고가 발생할 수 있으며, 1차로에서 2차로로 진입하는 차를 만났을 때 사고 위험이 높아질 수밖에 없다. 따라서 이번 신호에 반드시 통과한다는 생각을 버리고 교차로에 접근할 때 속도를 줄이는 습관을 갖게 되면 황색 신호에 정지하기도 쉽고 뒤차와의 추돌도 피할 수 있게 된다.

17 다음 상황에서 직진하려는 경우 가장 안전한 운전방법 2가지는?

도로상황
- 교차로 모퉁이에 정차중인 어린이통학버스
- 뒷차에 손짓을 하는 어린이통학버스 운전자

① 어린이통학버스가 출발할 때까지 교차로에 진입하지 않는다.
② 어린이통학버스가 정차하고 있으므로 좌측으로 통행한다.
③ 어린이통학버스 운전자의 손짓에 따라 좌측으로 통행한다.
④ 교차로에 진입하여 어린이통학버스 뒤에서 기다린다.
⑤ 반대편 화물자동차 뒤에서 나타날 수 있는 보행자에 대비한다.

해설 도로교통법 제13조 제3항. 차마의 운전자는 도로(보도와 차도가 구분된 도로에서는 차도를 말한다)의 중앙(중앙선이 설치되어 있는 경우에는 그 중앙선을 말한다. 이하 같다) 우측 부분을 통행하여야 한다. 도로교통법 시행규칙 별표2. 황색등화의 점멸은 '차마는 다른 교통 또는 안전표지의 표시에 주의하면서 진행할 수 있다'이므로 앞쪽의 어린이통학버스가 출발하여 교차로에 진입할 수 있는 때에도 주의를 살피고 진행해야 한다. 도로교통법 제51조.
① 어린이통학버스가 도로에 정차하여 어린이나 영유아가 타고 내리는 중임을 표시하는 점멸등 등의 장치를 작동 중일 때에는 어린이통학버스가 정차한 차로와 그 차로의 바로 옆 차로로 통행하는 차의 운전자는 어린이통학버스에 이르기 전에 일시정지하여 안전을 확인한 후 서행하여야 한다. ② 제1항의 경우 중앙선이 설치되지 아니한 도로와 편도 1차로인 도로에서는 반대방향에서 진행하는 차의 운전자도 어린이통학버스에 이르기 전에 일시정지하여 안전을 확인한 후 서행하여야 한다. ③ 모든 차의 운전자는 어린이나 영유아를 태우고 있다는 표시를 한 상태로 도로를 통행하는 어린이통학버스를 앞지르지 못한다.

18 버스가 우회전하려고 한다. 사고 발생 가능성이 가장 높은 2가지는?

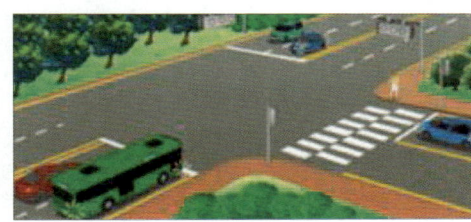

도로상황
- 신호등 있는 교차로
- 우측 도로에 횡단보도

① 우측 횡단보도 보행 신호기에 녹색 신호가 점멸할 경우 뒤늦게 달려들어 오는 보행자와의 충돌
② 우측도로에서 좌회전하는 차와의 충돌
③ 버스 좌측 1차로에서 직진하는 차와의 충돌
④ 반대편 도로 1차로에서 좌회전하는 차와의 충돌
⑤ 반대편 도로 2차로에서 직진하려는 차와의 충돌

해설 우회전할 때에는 우회전 직후 횡단보도의 보행자에 주의해야 한다. 특히 보행자 신호기에 녹색 신호가 점멸 중일 때 뒤늦게 뛰어나오는 보행자가 있을 수 있으니 이에 주의해야 하며 반대편에서 좌회전하는 차량에도 주의해야 한다.

정답 13. ①, ③ 14. ②, ④ 15. ②, ⑤ 16. ②, ⑤ 17. ①, ⑤ 18. ①, ④

19 다음 도로상황에서 가장 적절한 행동 2가지는?

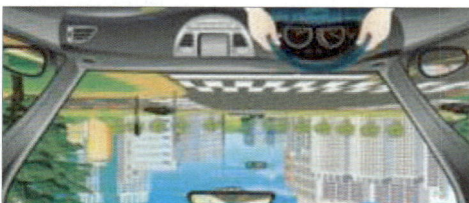

도로상황
■ 좌로 굽은 도로
■ 2차로 도로

① 시야가 좋지 않을 경우 미리 전조등을 켜고 통과한다.
② 반대편 도로에 차량이 없으므로 중앙선을 넘어 통과한다.
③ 커브 진입 전에 속도를 줄여 안전하게 통과한다.
④ 차로를 변경하여 곧바로 진입한다.
⑤ 반대편 도로에 차량이 있을 수 있으므로 전조등을 상향으로 켜고 주행한다.

해설
운전자의 시야가 제한된 커브길에서는 차로를 벗어나지 않도록 하며, 전방 상황을 잘 파악하고 속도를 줄여 안전하게 주행하여야 한다.

---

20 다음 도로상황에서 가장 안전한 운전방법 2가지는?

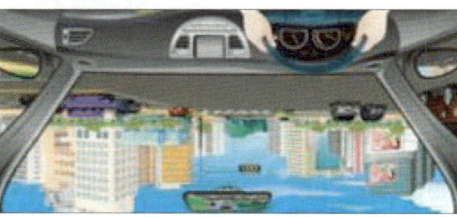

도로상황
■ 편도 1차로 좁은 도로
■ 시속 25킬로미터 속도로 주행 중

① 속도를 높여 앞차의 뒤를 따라간다.
② 앞차를 2차로로 앞지르기 한다.
③ 반대편에서 마주오는 차량이 있을 수 있다.
④ 반대편에서 오는 차량이 있을 수 있으므로 주의한다.
⑤ 속도를 줄이고 안전하게 서행하며 주행할 수 있다.

---

21 다음 도로상황에서 가장 안전한 운전행동 2가지는?

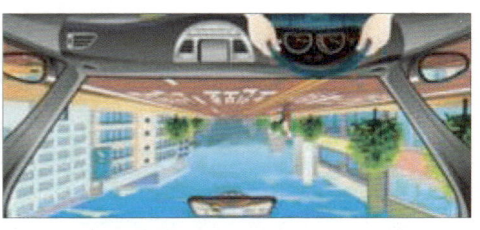

도로상황
■ 편도 1차로 도로
■ 반대편 도로 정체

① 경음기를 사용하여 정체차량을 비키도록 한다.
② 비상등을 켜서 뒤차에게 알린다.
③ 경찰차가 앞지르기 금지구역에서 속도를 줄여 통행한다.
④ 정차한 차들의 갑작스러운 출발에 대비하여 감속 주행한다.
⑤ 2차로로 차로변경한다.

해설
편도1차로의 도로에 마주오는 차량은 모두 교차로의 정체로 인하여 움직일 수 없는 상황이다. 이럴 경우 반대방향 차량의 교통에 방해가 되지 않도록 주행해야 한다.

---

22 다음 상황에서 가장 주의해야 할 사항 2가지는?

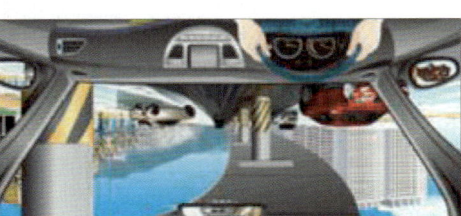

도로상황
■ 고속도로 진출하려는 그 순간
■ 도심지 인근 고속도로
■ 도로표지판 중 진출로 표지

① 안전지대로 차로변경
② 내비게이션 음성 속도
③ 진출로를 지나갈 경우
④ 다른 차들의 움직임
⑤ 내 차 뒤쪽으로 진입하려는 차시

---

23 다음과 같이 미등뉴확보에서 교차로에서 적색진행 경우 가장 적절한 행동 2가지는?

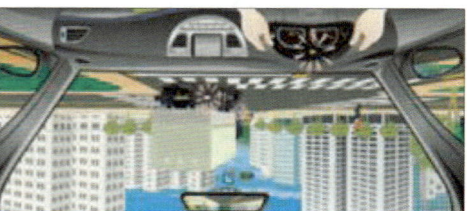

도로상황
■ 고층건물 등 녹색신호
■ 후사경 인근 차량이 없고
■ 앞에 추돌지지 않은 차량

① 서행하며 고속차도 통행한다.
② 반대편에는 교통량이 없어 신속히 진행한다.
③ 일반차도의 보행자 교통상황에 주의하며 진입한다.
④ 반대편 교통상황에 따라 차로 변경 후 진행
⑤ 기다리다 운행시간 장기화

해설
미추돌차량이 정지해 있는 교차로에서는 보행자와 녹색신호에 따른 운전자가 있을 수 있다. 그러므로 후방신호 및 각종차량에 유의하며 서행해야 한다.

---

24 다음 도로상황에서 가장 주의해야 할 위험요인 2가지는?

도로상황
■ 눈 쌓인 도로
■ 눈길 앞차 후행하여 가는 중
■ 후속 운행차

① 반대편에서 지나가는 자동차와 충돌할 수 있다.
② 반대편 차가 속도를 줄일 수 있다.
③ 반대편 차가 우회전 신호할 수 있다.
④ 반대편 차가 갑자기 내 앞에 끼어들 수 있다.
⑤ 오른쪽 인도에서 보행자가 차도로 내려올 수 있다.

해설
눈길에는 속도를 감소하고 안전거리를 확보한 후에 주행하여야 한다.

---

25 다음 상황에서 가장 안전한 운전방법 2가지는?

도로상황
■ 편도 1차로
■ 앞서 가는 4터미 자동차

① 앞차의 급정지상황에도 대비하여 주행한다.
② 경음기 공기압장치에 따른 주의를 하여 앞차의 뒤를 따른다.
③ 경음기 공기차가 노상에 적재물이 낙하할 것을 대비한다.
④ 경음기 공기차가 도로와 이상이 있고 그 뒤를 따른다.
⑤ 경음기 공기차를 안전하게 자기지 관찰한다.

해설
도로교통법 제1조 제3항 자동차가 자기차로로 앞(좌측면으로 앞지르기하는 경우)의 중앙(중앙선이 있는 도로에는 그 중앙선)과 자동차의 왼쪽(우측면으로 앞지르기하는 경우)을 말한다. 이런 상황에서는 속도를 줄이고 안전거리를 확보해야 하는 주의를 해야 한다. 다만,
1. 도로의유지보수
2. 도로의 파손, 도로공사나 그 밖의 장애 등으로 도로를 통행할 수 없는 경우
3. 도로의 우측 부분의 폭이 6미터가 되지 아니하는 도로에서 다른 차를 앞지르려는 경우. 다만 다음 어느 하나에 해당하는 경우에는 그러하지 아니하다.
가. 도로의 구분(구부러진 곳)
나. 터널 안, 다리 위 경우
다. 도로의 우측 부분을 확인할 수 없는 경우
4. 도로 우측 부분의 폭이 차마의 통행에 충분하지 아니한 경우
5. 가파른 비탈길의 구부러진 곳에서 교통의 위험을 방지하기 위하여 시·도경찰청장이 필요하다고 인정하여 지정한 경우에 그 지정에 따라 통행하는 경우 이 경우의 주의해야 하는 수도이다.

정답 19. ①,② 20. ①,④ 21. ②,④,⑤ 22. ③,③ 23. ④,⑤ 24. ④,⑤ 25. ④,⑤

26 다음 상황에서 가장 안전한 운전방법 2가지는?

도로상황
- 어린이보호구역의 'ㅏ'자형 교차로
- 교통정리가 이루어지지 않는 교차로
- 좌우가 확인되지 않는 교차로
- 통행하려는 보행자가 없는 횡단보도

① 우회전하려는 경우 서행으로 횡단보도를 통행한다.
② 우회전하려는 경우 횡단보도 앞에서 반드시 일시정지한다.
③ 직진하려는 경우 다른 차보다 우선이므로 서행하며 진입한다.
④ 직진 및 우회전하려는 경우 모두 일시정지한 후 진입한다.
⑤ 우회전하려는 경우만 일시정지한 후 진입한다.

해설
도로교통법 제31조(서행 또는 일시정지할 장소) 제2항. 모든 차 또는 노면전차의 운전자는 다음 각 호의 어느 하나에 해당하는 곳에서는 일시정지하여야 한다.
1. 교통정리를 하고 있지 아니하고 좌우를 확인할 수 없거나 교통이 빈번한 교차로
2. 시·도경찰청장이 도로에서의 위험을 방지하고 교통의 안전과 원활한 소통을 확보하기 위하여 필요하다고 인정하여 안전표지로 지정한 곳
보기의 상황은 오른쪽의 확인이 어려운 장소로서 일시정지하여야 할 장소이며, 이 때는 직진 및 우회전하려는 경우 모두 일시정지하여야 한다.
도로교통법 제27조 제7항. 모든 차 또는 노면전차의 운전자는 동법 제12조제1항에 따른 어린이 보호구역 내에 설치된 횡단보도 중 신호기가 설치되지 아니한 횡단보도 앞(정지선이 설치된 경우에는 그 정지선을 말한다.)에서는 보행자의 횡단 여부와 관계없이 일시정지하여야 한다.

27 다음과 같은 야간 도로상황에서 운전할 때 특히 주의하여야 할 위험 2가지는?

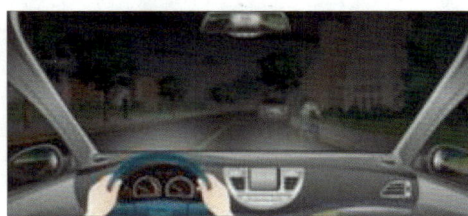

도로상황
- 시속 50킬로미터 주행 중

① 도로의 우측부분에서 역주행하는 자전거
② 도로 건너편에서 차도를 횡단하려는 사람
③ 내 차 뒤로 무단횡단 하는 보행자
④ 방향지시등을 켜고 우회전 하려는 후방 차량
⑤ 우측 주차 차량 안에 탑승한 운전자

해설
교외도로는 지역주민들에게 생활도로로 보행자들의 도로횡단이 잦으며 자전거 운행이 많은 편이다. 자전거는 차로서 우측통행을 하여야 하는데 일부는 역주행하거나 도로를 가로질러가기도 하며 특히 어두워 잘 보이지 않으므로 사고가 잦아 자전거나 보행자에 대한 예측이 필요하다.

28 다음 상황에서 가장 안전한 운전방법 2가지는?

도로상황
- 횡단보도 진입 전
- 왼쪽에 비상점멸하며 정차하고 있는 차

① 원활한 소통을 위해 앞차를 따라 그대로 통행한다.
② 자전거의 횡단보도 진입속도보다 빠르므로 가속하여 통행한다.
③ 횡단보도 직전 정지선에서 정지한다.
④ 보행자가 횡단을 완료했으므로 신속히 통행한다.
⑤ 정차한 자동차의 갑작스러운 출발을 대비하여 감속한다.

해설
위험예측. 문제의 그림 상황에서 왼쪽에 정차한 자동차 운전자는 조급한 상황이거나 오른쪽을 확인하지 않은 채 본래 차로로 갑자기 진입할 수 있다. 이와 같은 상황은 도로에서 빈번하게 발생하고 있다. 따라서 차로가장자리에서 정차하고 있는 차에 특별히 주의해야 한다. 그리고 왼쪽에 정차한 자동차의 뒤편에 자전거 운전자는 횡단보도를 진입하려는 상황인데, 비록 보행자는 아닐지라도 운전자는 그 대상을 보호해야 한다. 따라서 자전거의 진입속도와 자신의 자동차의 통행속도는 고려하지 않고 횡단보도 직전 정지선에 정지하여야 한다.

29 다음 상황에서 12시 방향으로 진출하려는 경우 가장 안전한 운전방법 2가지는?

도로상황
- 회전교차로 안에서 회전 중
- 우측에서 회전교차로에 진입하려는 상황

① 회전교차로에 진입하려는 승용자동차에 양보하기 위해 정차한다.
② 좌측방향지시기를 작동하며 화물차턱으로 진입한다.
③ 우측방향지시기를 작동하며 12시 방향으로 통행한다.
④ 진출 시기를 놓친 경우 한 바퀴 회전하여 진출한다.
⑤ 12시 방향으로 직진하려는 경우이므로 방향지시기를 작동하지 아니한다.

해설
도로교통법 제25조의2(회전교차로 통행방법) ① 모든 차의 운전자는 회전교차로에서는 반시계방향으로 통행하여야 한다. ② 모든 차의 운전자는 회전교차로에 진입하려는 경우에는 서행하거나 일시정지하여야 하며, 이미 진행하고 있는 다른 차가 있는 때에는 그 차에 진로를 양보하여야 한다. ③ 제1항 및 제2항에 따라 회전교차로 통행을 위하여 손이나 방향지시기 또는 등화로써 신호를 하는 차가 있는 경우 그 뒤차의 운전자는 신호를 한 앞차의 진행을 방해하여서는 아니 된다. 도로교통법 제38조(차의 신호) ① 모든 차의 운전자는 좌회전·우회전·횡단·유턴·서행·정지 또는 후진을 하거나 같은 방향으로 진행하면서 진로를 바꾸려고 하는 경우와 회전교차로에 진입하거나 회전교차로에서 진출하는 경우에는 손이나 방향지시기 또는 등화로써 그 행위가 끝날 때까지 신호를 하여야 한다.
승용자동차나 화물자동차가 양보없이 무리하게 진입하려는 경우 12시 방향 진출을 삼가고 다시 반시계 방향으로 360도 회전하여 12시로 진출한다.

30 다음 도로상황에서 대비하여야할 위험 2개를 고르시오.

도로상황
- 횡단보도에서 횡단을 시작하려는 보행자
- 시속 30킬로미터로 주행 중

① 역주행하는 자동차와 충돌할 수 있다.
② 우측 건물 모퉁이에서 자전거가 갑자기 나타날 수 있다.
③ 우회전하여 들어오는 차와 충돌할 수 있다.
④ 뛰어서 횡단하는 보행자를 만날 수 있다.
⑤ 우측에서 좌측으로 직진하는 차와 충돌할 수 있다.

해설
아파트 단지를 들어가고 나갈 때 횡단보도를 통과하는 경우가 있는데 이때 좌우의 확인이 어려워 항상 일시정지하는 습관이 필요하다.

31 다음 상황에서 가장 안전한 운전 방법 2가지는?

도로상황
- 자동차전용도로 분류구간
- 자동차전용도로로 부터 진출하고자 차로변경을 하려는 운전자
- 진로변경제한선 표시

① 진로변경제한선 표시와 상관없이 우측차로로 진로변경 한다.
② 우측 방향지시기를 켜서 주변 운전자에게 알린다.
③ 급가속하며 우측으로 진로변경 한다.
④ 진로변경은 진출로 바로 직전에서 속도를 낮춰 시도한다.
⑤ 다른 차량 통행에 장애를 줄 우려가 있을 때에는 진로변경을 해서는 안 된다.

해설
진로를 변경하고자 하는 경우에는 진로변경이 가능한 표시에서 손이나 방향지시기 또는 등화로써 그 행위가 끝날 때까지 주변운전자에게 적극적으로 알려야하며 다른 차의 정상적인 통행에 장애를 줄 우려가 있을 때에는 진로를 변경하여서는 아니 된다.
·도로교통법 제19조, 안전거리 확보 등 ③ 모든 차의 운전자는 차의 진로를 변경하려는 경우에 그 변경하려는 방향으로 오고 있는 다른 차의 정상적인 통행에 장애를 줄 우려가 있을 때에는 진로를 변경하여서는 아니 된다.
·도로교통법 제38조, 차의 신호
① 모든 차의 운전자는 좌회전·우회전·횡단·유턴·서행·정지 또는 후진을 하거나 같은 방향으로 진행하면서 진로를 바꾸려고 하는 경우에는 손이나 방향지시기 또는 등화로써 그 행위가 끝날 때까지 신호를 하여야 한다.

정답 26. ②, ④ 27. ①, ② 28. ③, ⑤ 29. ③, ④ 30. ②, ④ 31. ②, ⑤

정답 32. ④,⑤ 33. ②,⑤ 34. ①,④ 35. ②,③ 36. ①,⑤ 37. ②,③

32. 내리막길을 빠른 속도로 내려갈 때 가장 안전한 운전 방법 2가지는?

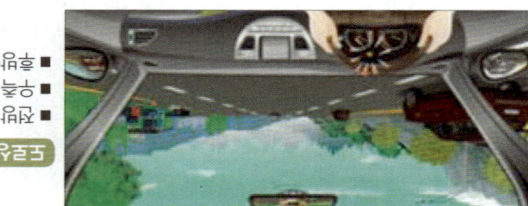

도로상황
- 편도 1차로 내리막길
- 내리막길 끝 부분에 신호등이 있는 교차로
- 차량 신호등 녹색

① 기어를 중립에 놓고 엔진브레이크를 사용하며 내려간다.
② 브레이크 페달을 강하게 밟아 속도를 줄인다.
③ 앞 차량과의 거리를 넓히고 브레이크 페달을 가볍게 자주 나누어 밟는다.
④ 엔진브레이크를 사용하여 속도를 줄인다.
⑤ 고단 기어를 저단 기어로 변속하여 브레이크 페달을 밟지 않고 속도를 줄인다.

해설 내리막길에서 기어를 저단으로 변속하지 않고 브레이크 페달을 밟으면 라이닝의 마찰에 의해 제동력이 떨어지므로 도로의 내리막이 시작되는 시점에서 브레이크 페달을 밟아 속도를 줄이면서 저단 기어로 변속하여 운행하는 것이 안전하다.

33. 다음 도로상황에서 안전한 운전 방법 2가지는?

도로상황
- 좌로 굽은 편도 1차로
- 반대편 도로에 정차 중인 화물자동차

① 중앙선을 넘어 앞지르기하는 차량이 있을 수 있으므로 자기 차로의 오른쪽 가장자리로 주행한다.
② 아이들이 길가에서 뛰어놀 수 있으므로 미리 경음기를 울리며 서행한다.
③ 반대편 도로에 정차 중인 화물자동차 옆을 통과할 때는 속도를 높여 신속히 지나간다.
④ 언제든지 정지할 수 있는 준비를 하며 주행한다.
⑤ 반대편 도로에 정차 중인 화물자동차를 피해 차로를 변경하여 운전한다.

해설 굽은 도로에서는 전방의 상황을 충분히 확인할 수 없으므로 감속 운행하여야 한다. 또한 반대편 도로에 정차 중인 차량을 통과할 때 차량 앞으로 사람이 뛰어나올 수 있기 때문에 서행으로 주행해야 한다.

34. 다음의 도로를 통행하려는 경우 가장 올바른 운전방법 2가지는?

도로상황
- 어린이를 태운 어린이통학버스 35인승
- 어린이통학버스 주변에 친구를 기다리는 초등학생
- 우측전방에 어린이통학버스 정차 중

① 어린이통학버스가 출발할 때까지 그 후방에서 정지하여야 한다.
② 어린이통학버스가 정차하고 있으므로 그 옆을 통과하지 않고 뒤에서 기다린다.
③ 3차로에 정지하여 어린이통학버스에 이상 탑승할 어린이가 있는지 살펴본다.
④ 어린이통학버스가 어린이가 타고 있다는 표시를 하고 있으므로 앞지르지 못한다.
⑤ 어린이통학버스에 이상 탑승할 어린이가 없으므로 그대로 주행한다.

해설 도로교통법 제51조(어린이통학버스의 특별보호) ① 어린이통학버스가 도로에 정차하여 어린이나 영유아가 타고 내리는 중임을 표시하는 점멸등 등의 장치를 작동 중일 때에는 어린이통학버스가 정차한 차로와 그 차로의 바로 옆 차로로 통행하는 차의 운전자는 어린이통학버스에 이르기 전에 일시정지하여 안전을 확인한 후 서행하여야 한다. ② 제1항의 경우 중앙선이 설치되지 아니한 도로와 편도 1차로인 도로에서는 반대방향에서 진행하는 차의 운전자도 어린이통학버스에 이르기 전에 일시정지하여 안전을 확인한 후 서행하여야 한다. ③ 모든 차의 운전자는 어린이나 영유아를 태우고 있다는 표시를 하고 도로를 통행하는 어린이통학버스를 앞지르지 못한다.

35. 우측 주유소로 들어가려고 할 때 사고 발생 가능성이 가장 높은 2가지는?

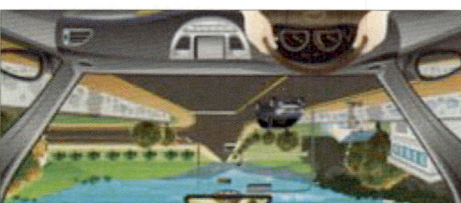

도로상황
- 우측 주유소
- 편도 3차로 도로
- 차량 신호등 녹색
- 3차로 전방 50미터

① 3차로에서 차량이 일시정지할 경우
② 주유를 마친 차량이 속도를 높여 진출 중일 경우
③ 입구에 진입하려는 내 차를 뒤차가 앞지르기하는 경우
④ 우측 후방에서 차량이 빠르게 진입해 오는 경우
⑤ 고장차량이 갓길에 정차하고 있는 경우

해설 도로교통법 제18조, 제38조 ① 우측 방향지시등을 3초 이상 작동하여야 한다. ② 주차장 입구에 진입하려는 경우 앞차가 급감속할 수도 있으며, 뒤차가 내 차를 앞지르기할 수도 있으므로 주의하여야 한다. ③ 진입 시 전방 주유소 진출입 차량에 주의하여야 한다.

36. 다음 상황에서 가장 안전한 운전방법 2가지는?

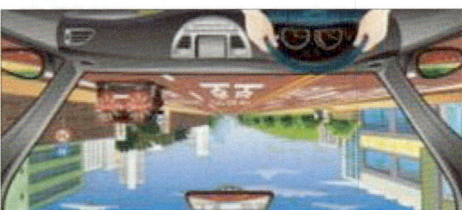

도로상황
- 편도 2차로 도로
- 전방 우측 도로변에 정차 중인 어린이통학버스
- 전방 우측 어린이 승하차 중

① 경음기로 어린이에게 위험을 알리며 지나간다.
② 전방 우측 차량의 움직임을 살피며 2차로로 서행한다.
③ 어린이통학버스가 오른쪽에서 좌회전할 수도 있으므로 미리 속도를 줄이며 진행한다.
④ 속도를 높여 신속히 지나간다.
⑤ 어린이통학버스 뒤에 연속하여 앞지르기를 한다.

해설 어린이통학버스 주변에서는 어린이들의 돌발행동이 발생할 수 있고, 이로 인해 뒤따르는 차량에 의한 교통사고가 많이 발생하고 있으므로 어린이통학버스 주변에서는 특별히 주의하며 서행하여야 한다.

37. 다음 상황에서 가장 바람직한 운전방법 2가지는?

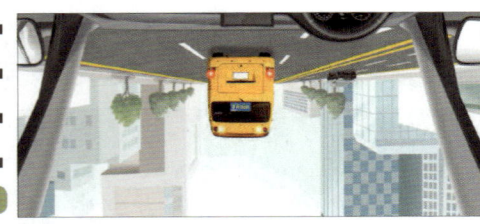

도로상황
- 편도 3차로 도로
- 고속기기 주행 중 가시거리 50미터 안개 낀 날

① 안개지역을 벗어날 때까지 표시등을 켜고 주행한다.
② 개인형 이동장치를 타고 안전한 길 가장자리로 이동한다.
③ 속도를 낮추어 주행한다.
④ 앞차와의 거리를 충분히 유지하며 주행한다.
⑤ 전방이 잘 보이지 않을 때는 차로변경을 하지 않고 앞차의 진행 방향을 추정하며 주행한다.

해설 상황에 따라 시야가 확보되지 않을 때에는 제동거리가 길어지므로 속도를 줄이고, 전조등과 안개등을 작동시켜 다른 차와의 원활한 소통을 하여야 하고 또한 감속운행과 함께 안전거리를 충분히 확보하여야 한다.

38. A차량이 진행 중이다. 가장 안전한 운전방법 2가지는?

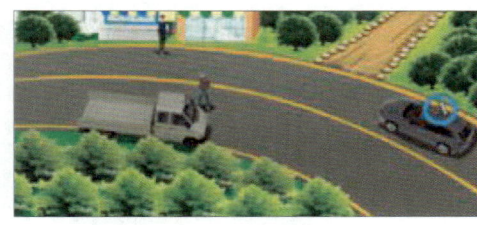

도로상황
- 좌측으로 굽은 편도 1차로 도로
- 반대편 도로에 정차 중인 화물차
- 전방 우측에 상점

① 차량이 원심력에 의해 도로 밖으로 이탈할 수 있으므로 중앙선을 밟고 주행한다.
② 반대편 도로에서 정차 중인 차량을 앞지르기하려고 중앙선을 넘어오는 차량이 있을 수 있으므로 이에 대비한다.
③ 전방 우측 상점 앞 보행자와의 사고를 예방하기 위해 중앙선 쪽으로 신속히 진행한다.
④ 반대편 도로에 정차 중인 차량의 운전자가 갑자기 건너올 수 있으므로 주의하며 진행한다.
⑤ 굽은 도로에서는 주변의 위험 요인을 전부 예측하기 어렵기 때문에 신속하게 커브 길을 벗어나도록 한다.

해설 굽은 도로에서는 전방의 위험을 정확하게 예측할 수가 없기 때문에 여러 가지 위험에 대비하여 속도를 줄이는 것이 안전하다.

39. 다음 상황에서 우선적으로 대비하여야 할 위험 상황 2가지는?

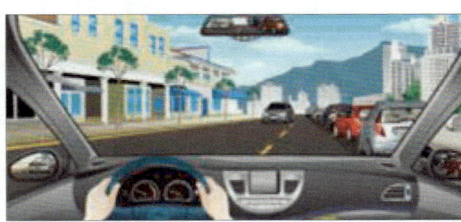

도로상황
- 편도 1차로 도로
- 주차된 차량들로 인해 중앙선을 밟고 주행 중
- 시속 40킬로미터 속도로 주행 중

① 오른쪽 주차된 차량 중에서 고장으로 방치된 차가 있을 수 있다.
② 반대편에서 오는 차와 충돌의 위험이 있다.
③ 오른쪽 주차된 차들 사이로 뛰어나오는 어린이가 있을 수 있다.
④ 반대편 차가 좌측에 정차할 수 있다.
⑤ 왼쪽 건물에서 나오는 보행자가 있을 수 있다.

해설 교통사고는 미리 보지 못한 위험과 마주쳤을 때 발생하는 경우가 많다. 특히 주차된 차들로 인해 어린이 교통사고가 많이 발생하고 있는데, 어린이는 키가 작아 승용차에도 가려 잘 보이지 않게 되고, 또 어린이 역시 다가오는 차를 보지 못해 사고의 위험이 매우 높다. 그리고 주차된 차들로 인해 부득이 중앙선을 넘게 될 때에는 반대편 차량과의 위험에 유의하여야 하는데, 반대편 차가 알아서 피해갈 것이라는 안이한 생각보다는 속도를 줄이거나 정지하는 등의 적극적인 자세로 반대편 차에 방해를 주지 않도록 해야 한다.

40. 다음 상황에서 오르막길을 올라가는 화물차를 앞지르기하면 안 되는 가장 큰 이유 2가지는?

도로상황
- 좌로 굽은 도로, 전방 좌측에 도로
- 반대편 길 가장자리에 정차 중인 이륜차

① 반대편 길 가장자리에 이륜차가 정차하고 있으므로
② 화물차가 좌측 도로로 좌회전할 수 있으므로
③ 후방 차량이 서행으로 진행할 수 있으므로
④ 반대편에서 내려오는 차량이 보이지 않으므로
⑤ 화물차가 계속해서 서행할 수 있으므로

해설 오르막에서는 앞 차량이 서행할 경우라도 절대 앞지르기를 해서는 안 된다. 왜냐하면 반대편에서 오는 차량이 보이지 않을 뿐만 아니라 좌측으로 도로가 있는 경우에 전방 차량이 좌회전할 수 있기 때문이다.

41. A차량이 우회전하려 할 때 가장 주의해야 할 위험 상황 2가지는?

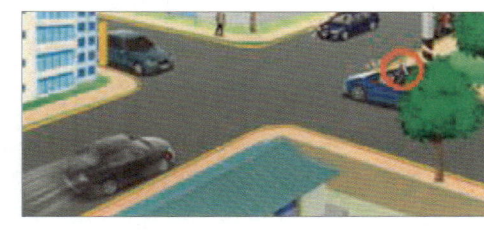

도로상황
- 우측 도로의 승용차, 이륜차
- 좌측 도로 멀리 진행해 오는 차량
- 전방 우측 보도 위의 보행자

① 좌측 및 전방을 확인하고 우회전하는 순간 우측도로에서 나오는 이륜차를 만날 수 있다.
② 좌측 도로에서 오는 차가 멀리 있다고 생각하여 우회전하는데 내 판단보다 더 빠른 속도로 달려와 만날 수 있다.
③ 우회전하는 순간 전방 우측 도로에서 우회전하는 차량과 만날 수 있다.
④ 우회전하는 순간 좌측에서 오는 차가 있어 정지하는데 내 뒤 차량이 먼저 앞지르기하며 만날 수 있다.
⑤ 우회전하는데 전방 우측 보도 위에 걸어가는 보행자와 만날 수 있다.

해설 우회전 시 좌측 도로에서 차가 올 때는 멀리서 오더라도 속도가 빠를 수 있으므로 안전을 확인 후 우회전하여야 한다. 특히 우회전할 때 좌측만 확인하다가 우측도로에서 나오는 이륜차나 보행자를 발견치 못해 발생하는 사고가 많으므로 반드시 전방 및 좌·우측을 확인한 후 우회전 하여야 한다.

42. 도심지 이면 도로를 주행하는 상황에서 가장 안전한 운전방법 2가지는?

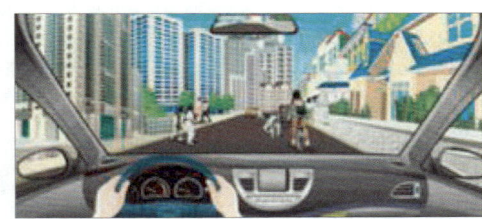

도로상황
- 어린이들이 도로를 횡단하려는 중
- 자전거 운전자는 애완견과 산책 중

① 자전거와 산책하는 애완견이 갑자기 도로 중앙으로 나올 수 있으므로 주의한다.
② 경음기를 사용해서 내 차의 진행을 알리고 그대로 진행한다.
③ 어린이가 갑자기 도로 중앙으로 나올 수 있으므로 속도를 줄인다.
④ 속도를 높여 자전거를 피해 신속히 통과한다.
⑤ 전조등 불빛을 번쩍이면서 마주 오는 차에 주의를 준다.

해설 어린이와 애완견은 흥미를 나타내는 방향으로 갑작스러운 행동을 할 수 있고, 한 손으로 자전거 핸들을 잡고 있어 비틀거릴 수 있으며 애완견에 이끌려서 갑자기 도로 중앙으로 달릴 수 있기 때문에 충분한 안전거리를 유지하고, 서행하거나 일시정지하여 자전거와 어린이의 움직임을 주시하면서 전방 상황에 대비하여야 한다.

43. 다음과 같은 도로를 주행할 때 사고 발생 가능성이 가장 높은 경우 2가지는?

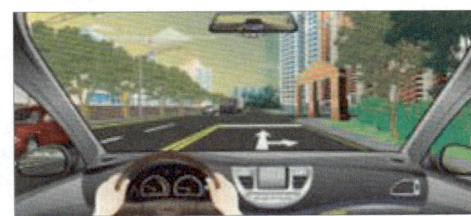

도로상황
- 신호등이 없는 교차로
- 전방 우측에 아파트 단지 입구
- 반대편에 진행 중인 화물차

① 직진할 때 반대편 1차로의 화물차가 좌회전하는 경우
② 직진할 때 내 뒤에 있는 후방 차량이 우회전하는 경우
③ 우회전 할 때 반대편 2차로의 승용차가 직진하는 경우
④ 직진할 때 반대편 1차로의 화물차 뒤에서 승용차가 아파트 입구로 좌회전하는 경우
⑤ 우회전 할 때 반대편 화물차가 직진하는 경우

해설 신호등이 없고 우측에 도로나 아파트 진입로가 있는 교차로에서는 직진이나 우회전할 때 반대편 차량의 움직임 및 아파트에서 나오는 차량에도 주의를 해야 한다. 반대편 도로에 있는 화물차 뒤에서 차량이 불법 유턴 등을 할 수 있으므로 보이지 않는 공간이 있는 경우에는 속도를 줄여 이에 대비한다.

정답 38. ②, ④ 39. ②, ③ 40. ②, ④ 41. ①, ② 42. ①, ③ 43. ①, ④

44 다음 상황에서 우선적으로 예측해 볼 수 있는 위험 상황 2가지는?

도로상황
■ 편도 2차로 도로
■ 시속 40킬로미터 속도로 주행 중

① 내 차량 앞쪽에서 중앙선을 넘어올 수 있다.
② 보행자가 횡단보도에서 횡단을 시작할 수 있다.
③ 반대편 차량이 비상점멸등을 켜고 좌회전할 수 있다.
④ 내 차로 주변 차량이 차로를 변경할 수 있다.
⑤ 반대편 차량이 속도를 줄일 수 있다.

해설 반대편 차량의 뒷부분에 차량이 보이지 않고, 수상한 뒷차가 중앙선을 넘어 앞지르기하려 할 수도 있으며, 이때 반대편에 정차 중인 차로 인해 반대편에서 진행하는 차가 중앙선을 넘어올 수 있다.

45 대형차의 바로 뒤를 따르고 있는 상황에서 가장 안전한 운전방법 2가지는?

도로상황
■ 편도 3차로
■ 1차로의 버스는 2차로로 차로 변경을 준비 중

① 대형차가 내 시야를 가리기 때문에 성급하게 앞지르기를 시도하여 대형차보다 앞서간다.
② 시야 확보가 어렵기 때문에 차간거리를 넓혀 시야를 확보한다.
③ 대형차의 바로 뒤에서 서행한다.
④ 앞 차량이 급제동을 할 수 있기 때문에 추돌을 피할 수 있는 거리를 유지한다.
⑤ 통풍을 위해 창문을 열고 주행한다.

해설 대형차의 바로 뒤를 따라서 주행할 때에는 대형차로 인해 전방 시야를 가리게 되어 전방의 교통정보를 얻을 수 없으므로 충분한 차간 거리를 유지해야 하며, 만약 전방에서 사고가 발생하여 급정지할 때 추돌사고의 위험이 있으므로 주의해야 한다.

46 장마기를 앞두고 있다. 이에 따른 자동차 관리 중 가장 잘못된 2가지는?

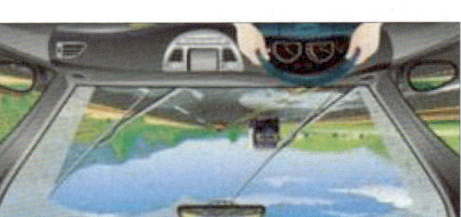

도로상황
■ 장마가 시작되기 직전
■ 자동차 운전자 정기 점검

① 비가 오지 않는 날 와이퍼가 정상적으로 작동되는지 확인한다.
② 겨울철 사용하였던 성에제거제로 차량유리를 깨끗하게 닦는다.
③ 타이어의 트레드 닳은 정도를 확인한다.
④ 비상시를 대비하여 자동차용 안전삼각대의 보유여부를 확인한다.
⑤ 겨울철에 사용했던 엔진오일을 교환한다.

해설 겨울철에 사용하였던 성에제거제로 차량유리를 닦는 것은 장마철 자동차 관리와 관련이 없다.

47 다음 교차로를 우회전하려 한다. 가장 안전한 운전방법 2가지는?

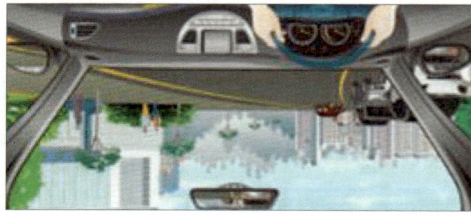

도로상황
■ 유치원이 앞에 있는 도로
■ 전방 우측에 车의 하차한 사람들

① 우측 도로의 화물차가 교차로를 통과하기 위하여 속도를 낼 수 있으므로 주의하며 운전한다.
② 방향지시기를 동작하지 않고 우회전한다.
③ 차량 좌측으로 다른 차량이 끼어들 수 있으므로 차로 변경에 주의하며 운전한다.
④ 속도를 높여 신속히 우회전한다.
⑤ 보도에 서 있는 사람이 갑자기 차도로 뛰어들 수 있으므로 주의하며 운전한다.

해설 우회전 차량이 화물차 등 큰 차에 가려 안 보일 수 있으므로 이에 주의하여야 하며, 보도에 있는 보행자와 자전거의 움직임에 주의하여야 한다.

48 다음 상황에서 우회전하는 경우 가장 안전한 운전방법 2가지는?

도로상황
■ 편도 1차로
■ 불법주차된 차량들

① 오른쪽 시야 확보가 어려우므로 정차 후 우회전한다.
② 방향지시등을 켜고 우회전하면 주변에 알리면서 진행한다.
③ 위험예측을 통해 미리 속도를 낮추고 우회전한다.
④ 경음기를 울려 차가 진행하고 있다는 것을 알리며 지나간다.
⑤ 반대편 도로에 차량이 접근하고 있으므로 신속히 우회전한다.

해설 우회전 시 방향지시등을 켜고 서행으로 진입하되, 전방 상황을 잘 살피고 미리 서행하면서 우회전하여야 하며, 언제든 정지할 수 있는 준비를 하여야 한다.

49 다음 도로상황에서 가장 안전한 운전방법 2가지는?

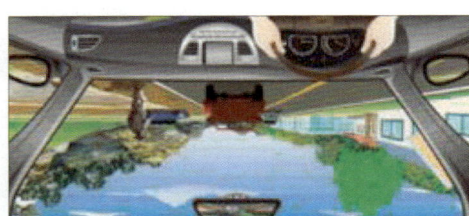

도로상황
■ 이면도로 주행 중
■ 물이 고인 곳
■ 전방 도로는 60킬로미터 제한

① 수막현상이 발생하여 미끄러질 수 있으므로 감속 운행한다.
② 물웅덩이 이전에 속도를 충분히 감속하여 통과한다.
③ 그 물 위를 넘어 지나갈 때는 브레이크를 세게 밟아 속도를 줄인다.
④ 브레이크 이후에 고인 물이 튈 수 있으므로 2차로로 진로변경한다.
⑤ 웅덩이를 만난 경우 수막현상이 발생하지 않도록 급가속한다.

50 급커브 길을 주행 중이다. 가장 안전한 운전 방법 2가지는?

도로상황
- 편도 2차로 급커브 길

① 마주 오는 차가 중앙선을 넘어올 수 있음을 예상하고 전방을 잘 살핀다.
② 원심력으로 차로를 벗어날 수 있기 때문에 속도를 미리 줄인다.
③ 스탠딩 웨이브 현상을 예방하기 위해 속도를 높인다.
④ 원심력에 대비하여 차로의 가장자리를 주행한다.
⑤ 뒤따르는 차의 앞지르기에 대비하여 후방을 잘 살핀다.

해설
급커브 길에서 감속하지 않고 그대로 주행하면 원심력에 의해 차로를 벗어나는 경우가 있고, 커브길에서는 시야 확보가 어려워 전방 상황을 확인할 수 없기 때문에 마주 오는 차가 중앙선을 넘어올 수도 있어 주의하여야 한다.

51 다음 상황에서 A차량이 주의해야 할 가장 위험한 요인 2가지는?

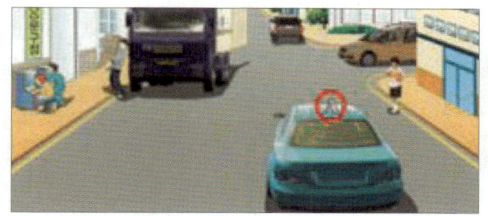

도로상황
- 문구점 앞 화물차
- 문구점 앞 어린이들
- 전방에 서 있는 어린이

① 전방의 화물차 앞에서 물건을 운반 중인 사람
② 전방 우측에 제동등이 켜져 있는 정지 중인 차량
③ 우측 도로에서 갑자기 나오는 차량
④ 문구점 앞에서 오락에 열중하고 있는 어린이
⑤ 좌측 문구점을 바라보며 서 있는 우측 전방의 어린이

해설
어린이 교통사고의 상당수가 학교나 집 부근에서 발생하고 있다. 어린이들은 관심 있는 무엇인가가 보이면 주변 상황을 생각하지 못하고 도로에 갑자기 뛰어드는 특성이 있다. 우측에서 오락기를 바라보고 있는 어린이가 갑자기 차도로 뛰어나올 수 있으므로 행동을 끝까지 주시하여야 한다. 또한 주변에 도로가 만나는 지점에서는 갑자기 나오는 차량에 대비하여야 한다.

52 전방에 주차차량으로 인해 부득이하게 중앙선을 넘어가야 하는 경우 가장 안전한 운전행동 2가지는?

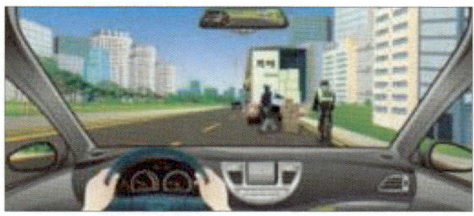

도로상황
- 시속 30킬로미터 주행 중

① 택배차량 앞에 보행자 등 보이지 않는 위험이 있을 수 있으므로 최대한 속도를 줄이고 위험을 확인하며 통과해야 한다.
② 반대편 차가 오고 있기 때문에 빠르게 앞지르기를 시도한다.
③ 부득이하게 중앙선을 넘어가야 할 때 경음기나 전조등으로 타인에게 알릴 필요가 있다.
④ 전방 자전거가 같이 중앙선을 넘을 수 있으므로 중앙선 좌측도로의 길가장자리 구역선 쪽으로 가급적 붙어 주행하도록 한다.
⑤ 전방 주차된 택배차량으로 시야가 가려져 있으므로 시야확보를 위해 속도를 줄이고 미리 중앙선을 넘어 주행하도록 한다.

해설
편도 1차로에 주차차량으로 인해 부득이하게 중앙선을 넘어야 할 때가 있다. 이때는 위반한다는 정보를 타인에게 알려줄 필요가 있으며 가볍게 경음기나 전조등을 사용할 수 있다. 특히 주차 차량의 차체가 큰 경우 보이지 않는 사각지대가 발생하므로 주차차량 앞까지 속도를 줄여 위험에 대한 확인이 필요하다.

53 다음 상황에서 사고 발생 가능성이 가장 높은 2가지는?

도로상황
- 전방 우측 휴게소
- 우측 후방에 차량

① 휴게소에 진입하기 위해 급감속하다 2차로에 뒤따르는 차량과 충돌할 수 있다.
② 휴게소로 차로 변경하는 순간 앞지르기하는 뒤차와 충돌할 수 있다.
③ 휴게소로 진입하기 위하여 차로를 급하게 변경하다가 우측 뒤 차와 충돌할 수 있다.
④ 2차로에서 1차로로 급하게 차로 변경하다가 우측 뒤차와 충돌할 수 있다.
⑤ 2차로에서 과속으로 주행하다 우측 뒤차와 충돌할 수 있다.

해설
고속도로 주행 중 휴게소 진입을 위하여 주행차로에서 급감속하는 경우 뒤따르는 차량과 충돌의 위험성이 있으며, 진입을 위해 차로를 급하게 변경하는 경우 우측 차선의 뒤차와 충돌의 위험이 있으므로, 주위상황을 살펴 미리 안전하게 차선을 변경하고 감속하여 휴게소에 진입하여야 한다.

54 다음 상황에서 가장 안전한 운전방법 2가지는?

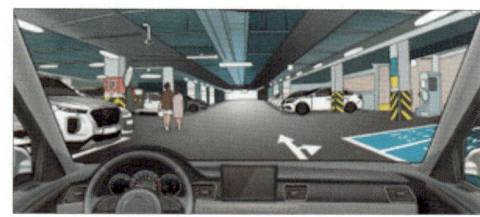

도로상황
- 지하주차장
- 지하주차장에 보행중인 보행자

① 주차된 차량사이에서 보행자가 나타날 수 있기 때문에 서행으로 운전한다.
② 주차중인 차량이 갑자기 출발할 수 있으므로 주의하며 운전한다.
③ 지하주차장 노면표시는 반드시 지키며 운전할 필요가 없다.
④ 내 차량을 주차할 수 있는 주차구역만 살펴보며 운전한다.
⑤ 지하주차장 기둥은 운전시야를 방해하는 시설물이므로 경음기를 계속 울리면서 운전한다.

해설
위험은 항상 잠재되어있다. 위험예측은 결국 잠재된 위험을 예측하고 대비하는 것이다. 지하주차장에서의 위험은 도로와 다른 또 다른 위험이 존재할 수 있으니 각별히 주의하며 운전해야 한다.

55 야간 운전 시 다음 상황에서 가장 적절한 운전 방법 2가지는?

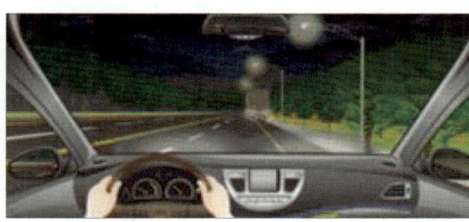

도로상황
- 편도 2차로 직선 도로
- 1차로 후방에 진행 중인 차량
- 전방에 화물차 정차 중

① 정차 중인 화물차에서 어떠한 위험 상황이 발생할지 모르므로 재빠르게 1차로로 차로 변경한다.
② 정차 중인 화물차에 경음기를 계속 울리면서 진행한다.
③ 전방 우측 화물차 뒤에 일단 정차한 후 앞차가 출발할 때까지 기다린다.
④ 정차 중인 화물차 앞이나 그 주변에 위험 상황이 발생할 수 있으므로 속도를 줄이며 주의한다.
⑤ 1차로로 차로 변경 시 안전을 확인한 후 차로 변경을 시도한다.

해설
야간 주행 중에 고장 차량 등을 만나는 경우에는 속도를 줄이고 여러 위험에 대비하여 무리한 진행을 하지 않도록 해야 한다.

정답 50. ①, ② 51. ③, ⑤ 52. ①, ③ 53. ①, ③ 54. ①, ② 55. ④, ⑤

56 다음 도로상황에서 주차하기 위해 뒷골목으로 우회전하려고 할 때 가장 주의해야 할 사항 2가지는?

- 우측 전방에 택시를 잡으려는 사람
- 짙은 청색 차량 뒤로 이동하는 사람
- 주차된 차들 사이에서 갑자기 나올 수 있는 어린이

① 주차된 차들 사이에서 갑자기 뛰어나올 수 있는 어린이
② 주차하고 있는 차의 운전자
③ 횡단하는 보행자
④ 주차된 차들 사이에서 일어날 수 있는 교통사고
⑤ 역주행하는 자전거

57 다음 교차로에서 우회전할 때 주의사항 2가지는?

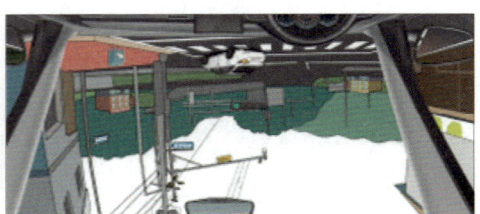

- 시속 30킬로미터 주행 중

① 우회전 시 앞바퀴보다는 뒷바퀴가 안쪽으로 진입하는 경향이 있어 이를 감안하여 주행해야 한다.
② 우회전 시 보도 위에 있는 보행자와 충돌할 수 있으므로 주의해야 한다.
③ 우회전 시 보행자 보호를 위해 일시정지해야 한다.
④ 우회전 시 내륜차 현상이 발생할 수 있으므로 주의해야 한다.
⑤ 우회전은 상시 신호에 관계없이 할 수 있다.

58 중앙선을 넘어 앞지르기 할 때, 사고 발생 가능성이 가장 높은 상황 2가지는?

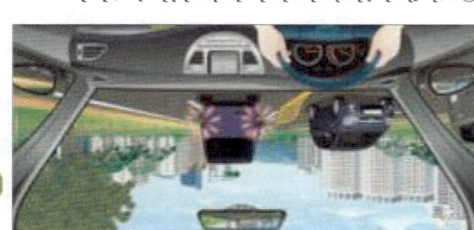

- 편도 1차로 도로
- 도로 우측 갓길에 있는 어린이
- 정차 중인 승용차

① 전방 우측 갓길에 어린이가 서 있는 상황
② 우측 도로에서 진입하고 있는 자전거
③ 횡단보도에 서 있는 보행자
④ 중앙선을 넘어 앞지르기하는 승용차
⑤ 우측 갓길에 정차되어 있는 승용차

59 반대편 차량의 전조등 불빛이 너무 밝을 때 가장 안전한 운전방법 2가지는?

- 시속 50킬로미터 주행 중

① 안전운전을 위해 가급적 주시하지 않는다.
② 상향등을 이용하여 상대 차량에게 불빛이 너무 밝음을 알려준다.
③ 차로를 변경하여 상대 차량을 피한다.
④ 시선을 다소 아래로 두어 대향차의 불빛을 직접 보지 않는다.
⑤ 최근 보급되고 있는 HID전조등이나 크세논 방전등은 일반전조등보다 훨씬 밝기 때문에 직접 주시하면 눈이 부시어 안전운전에 방해가 되므로 조심하여야 한다.

60 다음 상황에서 가장 안전한 운전방법 2가지는?

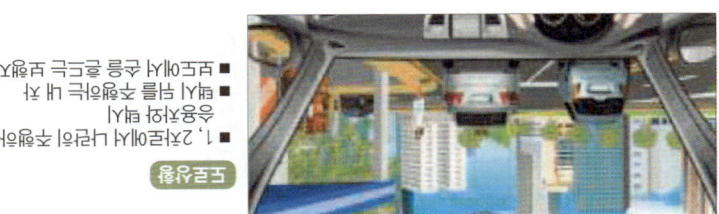

- 편도 2차로 도로
- 앞차가 우측 방향지시등을 켜고 있는 상황
- 2차로로 진로변경 준비 중

① 경음기를 울려 앞차가 지체하고 있음을 알려준다.
② 교차로에 접근하였으므로 그대로 다른 차로로 신속히 통과한다.
③ 신호가 바뀌면 앞차를 피해 좌측 차로로 진로를 변경한다.
④ 앞차가 지체하는 이유를 생각하며 천천히 속도를 줄인다.
⑤ 보행자가 없는지 확인하고 진행한다.

61 다음 상황에서 지켜야 할 가장 안전한 운전방법 2가지는?

- 편도 2차로에서 1, 2차로에 나란히 주행하는 승용차와 택시
- 택시 앞의 사람
- 2차로로 진로변경 중

① 1차로의 승용차 내 신호가 변경될 수 있으므로 미리 속도를 줄인다.
② 택시가 승객을 태우기 위해 일시정지할 수 있으므로 긴장하며 지켜본다.
③ 승용차와 택시 때문에 전방의 안전을 확인할 수 없으므로 1, 2차로 중간에 걸쳐서 주행한다.
④ 택시가 손님을 태우기 위해 급정지할 수도 있으므로 일정한 거리를 유지한다.
⑤ 택시가 우회전하기 위하여 감속할 수도 있으므로 미리 속도를 감속하여 뒤따른다.

정답 56. ②, ③ 57. ①, ⑤ 58. ②, ⑤ 59. ②, ④ 60. ①, ⑤ 61. ②, ⑤

62 다음 도로상황에서 가장 안전한 운전방법 2가지는?

도로상황
- 우측 전방에 정차 중인 어린이통학버스
- 어린이 통학버스에는 적색점멸등이 작동 중

① 경음기로 어린이에게 위험을 알리며 지나간다.
② 전조등으로 어린이통학버스 운전자에게 위험을 알리며 지나간다.
③ 비상등을 켜서 뒤차에게 위험을 알리며 일시정지 한다.
④ 어린이통학버스에 이르기 전에 일시정지하였다가 서행으로 지나간다.
⑤ 비상등을 켜서 뒤차에게 위험을 알리며 지나간다.

해설 어린이통학버스에 적색점멸등이 켜진 경우는 어린이가 버스에서 내리거나 탈 때이며 이때 뒤따르는 차는 일시정지한 후 서행으로 지나가야 한다.

63 다음 상황에서 가장 안전한 운전방법 2가지는?

도로상황
- 회전교차로
- 진입과 회전하는 차량

① 진입하려는 차량은 진행하고 있는 회전차량에 진로를 양보하여야 한다.
② 회전교차로에 진입하려는 경우에는 서행하거나 일시정지 하여야 한다.
③ 진입차량이 우선이므로 신속히 진입하여 가고자 하는 목적지로 진행한다.
④ 회전교차로에 진입할 때는 회전차량보다 먼저 진입한다.
⑤ 주변 차량의 움직임에 주의할 필요가 없다.

해설 회전교차로에서는 회전이 진입보다 우선이므로 항상 양보하는 운전자세가 필요하며 회전시 주변차량과 안전거리 유지와 서행하는 것이 중요하다.

64 다음 도로상황에서 사고발생 가능성이 가장 높은 2가지는?

도로상황
- 편도 4차로의 도로에서 2차로로 교차로에 접근 중
- 시속 70킬로미터로 주행 중

① 왼쪽 1차로의 차가 갑자기 직진할 수 있다.
② 황색신호가 켜질 경우 앞차가 급제동을 할 수 있다.
③ 오른쪽 3차로의 차가 갑자기 우회전을 시도할 수 있다.
④ 앞차가 3차로로 차로를 변경할 수 있다.
⑤ 신호가 바뀌어 급제동할 경우 뒤차에게 추돌사고를 당할 수 있다.

해설 안전거리를 유지하지 않거나 속도를 줄이지 않은 상태에서 신호가 황색으로 바뀌면 급제동하거나 신호를 위반하는 상황이 발생한다. 따라서 교차로에 접근할 때는 안전거리를 유지하고 속도를 줄이는 운전습관이 필요하다.

65 다음 상황에서 가장 주의해야 할 위험 요인 2가지는?

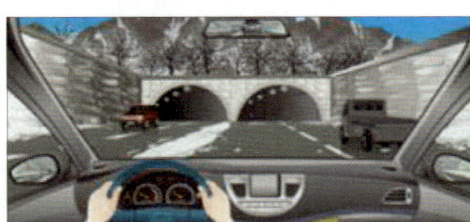

도로상황
- 내린 눈이 중앙선 부근에 쌓임
- 터널 입구에도 물이 흘러 얼어 있음

① 터널 안의 상황   ② 우측 전방의 차   ③ 터널 안 진행 차
④ 터널 직전의 노면   ⑤ 내 뒤를 따르는 차

해설 겨울철에 터널 입구의 노면은 터널 위에서 흘러내린 물 등으로 젖어 있거나 얼어 있어 미끄러운 경우가 많다. 따라서 터널 입구로 들어서거나 터널을 나올 때는 노면의 상황에 유의해야 한다.

66 A차량이 손수레를 앞지르기할 경우 가장 위험한 상황 2가지는?

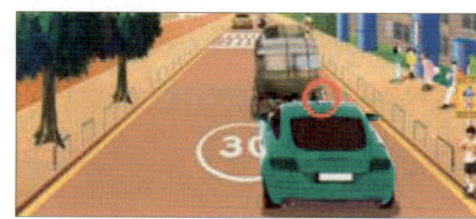

도로상황
- 어린이 보호구역
- 전방 우측 보도 위에 자전거를 탄 학생
- 반대편에서 주행하는 이륜차
- 좌측 전방 주차된 차량

① 전방 우측 보도 위에 자전거를 탄 학생이 손수레 앞으로 횡단하는 경우
② 손수레에 가려진 반대편의 이륜차가 속도를 내며 달려오는 경우
③ 앞지르기하려는 도중 손수레가 그 자리에 정지하는 경우
④ A차량 우측 뒤쪽의 어린이가 학원 차를 기다리는 경우
⑤ 반대편 전방 좌측의 차량이 계속 주차하고 있는 경우

해설 전방 시야가 확보되지 않은 상태에서 무리한 앞지르기는 예상치 못한 위험을 만날 수 있다. 전방 우측 보도 위의 자전거가 손수레 앞으로 도로를 횡단하거나 맞은편의 이륜차가 손수레를 피해 좌측으로 진행해 올 수 있다. 어린이 보호구역에서는 어린이들의 행동 특성을 고려하여 제한속도 내로 운전하여야 하고 주정차 금지 구역에 주차된 위반 차들로 인해 키가 작은 어린이들이 가려 안 보일 수 있으므로 주의하여야 한다.

67 다음 상황에서 가장 안전한 운전방법 2가지는?

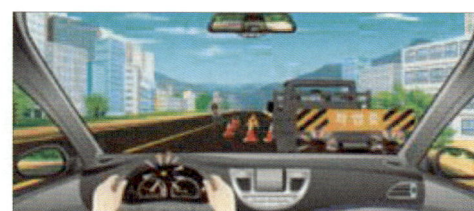

도로상황
- 뒤따라오는 차량

① 반대편에 차량이 나타날 수 있으므로 차가 오기 전에 빨리 중앙선을 넘어 진행한다.
② 전방 공사 구간을 보고 갑자기 속도를 줄이면 뒤따라오는 차량과 사고 가능성이 있으므로 빠르게 진행한다.
③ 전방 공사 현장을 피해 부득이하게 중앙선을 넘어갈 때 반대편 교통 상황을 확인하고 진행한다.
④ 전방 공사 차량이 갑자기 출발할 수 있으므로 공사 차량의 움직임을 살피며 천천히 진행한다.
⑤ 뒤따라오던 차량이 내 차를 앞지르기하고자 할 때 먼저 중앙선을 넘어 신속히 진행한다.

해설 공사 중으로 부득이한 경우에는 나의 운전 행동을 다른 교통 참가자들이 예측할 수 있도록 충분한 의사 표시를 하고 안전하게 진행한다. 또한 주차 차량에 운전자가 있을 때는 그 차의 움직임을 살펴야 한다.

68 다음 상황에서 발생 가능한 위험 2가지는?

도로상황
- 편도 4차로
- 버스가 3차로에서 4차로로 차로 변경 중
- 도로구간 일부 공사 중

① 전방에 공사 중임을 알리는 화물차가 정차 중일 수 있다.
② 2차로의 버스가 안전운전을 위해 속도를 낮출 수 있다.
③ 4차로로 진로 변경한 버스가 계속 진행할 수 있다.
④ 1차로 차량이 속도를 높여 주행할 수 있다.
⑤ 다른 차량이 내 앞으로 앞지르기 할 수 있다.

해설 항상 보이지 않는 곳에 위험이 있을 것이라는 생각하는 자세가 필요하다. 운전 중일 때는 눈앞에 위험뿐만 아니라 멀리 있는 위험까지도 예측해야 하며 위험을 대비할 수 있는 안전속도와 안전거리 유지가 중요하다.

정답 62. ③, ④   63. ①, ②   64. ②, ⑤   65. ②, ④   66. ①, ②   67. ③, ④   68. ①, ⑤

69 횡단보도 부근에서 자전거 운전자가 보행신호등이 녹색일 때 횡단을 시작하여 횡단 중 적색으로 변경된 경우 안전한 운전방법 2가지는?

- 교차로 우측도로
- 4색 신호등, 횡단보도 자전거 횡단도
- 1차로 승용자동차, 2차로 자전거

① 내 차량이 정지선에서 진행하는 상황이므로
② 1차로 정지선에 앞서 진행할 수 있다
③ 1차로 정차 후 녹색신호를 따라 진행할 수 있다
④ 자전거의 횡단을 방해하지 않도록 주의하여 서행으로 통과한다
⑤ 횡단하고 있는 자전거나 보행자가 신호가 바뀌어 중앙선 부근에 서 있을 때 주의하며 통과한다

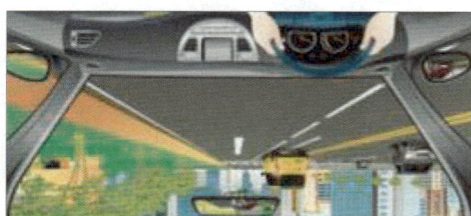

70 좌측 도로에서 진입하려는 승용차가 있고, 횡단하려는 보행자가 있는 상황에서 가장 안전한 운전방법 2가지는?

- 교차로(+) 모양
- 우측에 횡단보도 및 보행자
- 자전거와 바깥쪽 이륜차

① 일시정지하여 보행자가 안전하게 횡단하도록 한다
② 내 차의 좌측에 차량이 진입할 수 있으므로 주의하여 서행한다
③ 빠른 속도로 진입하는 자동차를 주의하며 우측으로 진행한다
④ 자전거 운전자에게 수신호로 정지할 것을 알리며 그대로 진행한다
⑤ 신호가 곧 바뀌기 때문에 속도를 높여 먼저 통과한다

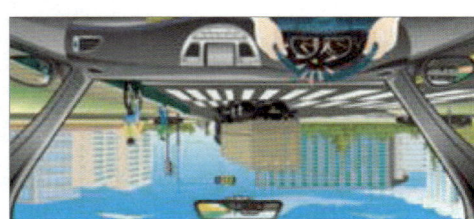

71 편도 1차로 도로를 주행 중인 상황에서 가장 안전한 운전방법 2가지는?

- 자전거 횡단도
- 교통 통행량 적은 자전거

① 경음기를 사용하여 자전거가 횡단하지 못하도록 경고한다
② 자전거가 횡단 중이므로 속도를 줄이고 기다린다
③ 자전거가 횡단하고 있으므로 일시정지하고 주의한다
④ 자전거가 횡단하고 있는 상황이 중앙선을 넘어 신속히 통과한다
⑤ 횡단하던 자전거가 갑자기 멈추게 되는 경우 자전거를 피해 왼쪽으로 진행한다

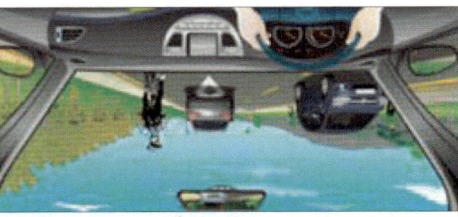

72 교차로에서 직진하기 위해 녹색신호등이 켜진 교차로에 진입하려고 한다. 가장 안전한 이유 2가지?

- 교차로 상황
- 속도를 줄이고 있는 상황

① 내 차량이 속도를 줄이며 교차로를 통과할 수 있으므로
② 교차로의 앞쪽에 있는 차량이 좌회전하기 위해 대기 중일 수 있으므로
③ 교차로 부근 보행자가 갑자기 뛰어 나올 수 있으므로
④ 주측도로에서 진입하는 차량이 갑자기 나올 수 있으므로
⑤ 횡단보도의 보행자가 갑자기 뛰어 나올 수 있으므로

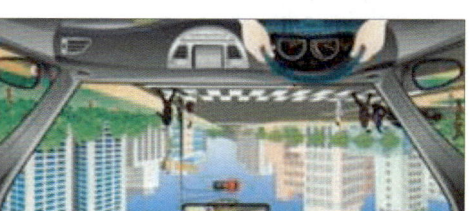

73 다음 상황에서 가장 안전한 운전방법 2가지는?

- 편도 1차로
- 좌회전하려는 승용차

① 교차로에 먼저 진입한 차가 우선이다
② 자전거 운전자에게 경적을 울려 정지시킨다
③ 1차로에서 교차로 좌회전 중 2차로 자전거가 보일 경우 대비해야 한다
④ 직진으로 진입하려는 자동차의 우측으로 진입하여 안전하게 정지한다
⑤ 자전거운전자가 속도를 내며 진행할 수 있으므로 주의한다

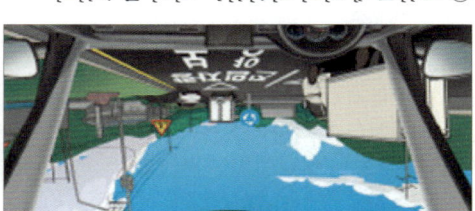

74 도로교통법상 다음 교통안전시설에 대한 설명으로 맞는 2가지는?

- 어린이보호구역
- 제한속도 표지
- 좌·우측에 운행 중
- 신호등 및 과속 카메라

① 제한속도는 매시 50킬로미터 이내 속도로 서행하여야 한다
② 제한속도는 매시 50킬로미터 이내 속도로 진행할 수 있다
③ 차도와 보도가 분리되지 않은 도로는 50킬로미터 이내
④ 신호등은 적색-녹색-황색-적색 순으로 변경된다
⑤ 신호등이 녹색일 때 자전거 탑승자가 있는 경우 주의하여 차로를 변경한다

정답 69. ④,⑤ 70. ①,② 71. ④,⑤ 72. ③,⑤ 73. ③,④ 74. ①,⑤

75. A차량이 좌회전하려고 할 때 사고 발생 가능성이 가장 높은 것 2가지는?

도로상황
- 뒤따라오는 이륜차
- 좌측 도로에 우회전하는 차

① 반대편 C차량이 직진하면서 마주치는 충돌
② 좌측 도로에서 우회전하는 B차량과의 충돌
③ 뒤따라오던 이륜차의 추돌
④ 앞서 교차로를 통과하여 진행 중인 D차량과의 추돌
⑤ 우측 도로에서 직진하는 E차량과의 충돌

해설 신호등 없는 교차로를 진행할 때에는 여러 방향에서 나타날 수 있는 위험 상황에 대비해야 한다.

76. 다음 도로상황에서 가장 위험한 요인 2가지는?

도로상황
- 녹색신호에 교차로에 접근 중
- 1차로는 좌회전을 하려고 대기 중인 차들

① 좌회전 대기 중이던 1차로의 차가 2차로로 갑자기 들어올 수 있다.
② 1차로에서 우회전을 시도하는 차와 충돌할 수 있다.
③ 3차로의 오토바이가 2차로로 갑자기 들어올 수 있다.
④ 3차로에서 우회전을 시도하는 차와 충돌할 수 있다.
⑤ 뒤차가 무리한 차로변경을 시도할 수 있다.

해설 좌회전을 하려다가 직진을 하려고 마음이 바뀐 운전자가 있을 수 있다. 3차로보다 소통이 원활한 2차로로 들어가려는 차가 있을 수 있다.

77. 교차로를 통과하려 할 때 주의해야 할 가장 안전한 운전방법 2가지는?

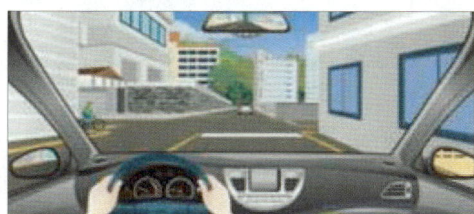

도로상황
- 시속 30킬로미터로 주행 중

① 앞서가는 자동차가 정지할 수 있으므로 바싹 뒤따른다.
② 왼쪽 도로에서 자전거가 달려오고 있으므로 속도를 줄이며 멈춘다.
③ 속도를 높여 교차로에 먼저 진입해야 자전거가 정지한다.
④ 오른쪽 도로의 보이지 않는 위험에 대비해 일시정지 한다.
⑤ 자전거와의 사고를 예방하기 위해 비상등을 켜고 진입한다.

해설 자전거는 보행자 보다 속도가 빠르기 때문에 보이지 않는 곳에서 갑작스럽게 출현할 수 있다. 항상 보이지 않는 곳의 위험을 대비하는 운전자세가 필요하다.

78. 황색 점멸등이 설치된 교차로에서 우회전하려 할 때 가장 위험한 요인 2가지는?

도로상황
- 전방에서 좌회전 시도하는 화물차
- 우측 도로에서 우회전 시도하는 승용차
- 좌회전 대기 중인 승용차
- 2차로를 주행 중인 내 차
- 3차로를 진행하는 이륜차
- 후사경 속의 멀리 뒤따르는 승용차

① 전방 반대 차로에서 좌회전을 시도하는 화물차
② 우측 도로에서 우회전을 시도하는 승용차
③ 좌회전 대기 중인 승용차
④ 후사경 속 승용차
⑤ 3차로 진행 중인 이륜차

해설 우회전 시는 미리 도로의 우측으로 이동하여야 하며 차로 변경 제한선 내에 진입하였을 때는 차로 변경을 하면 안 된다.

79. 어린이보호구역을 안전하게 통행하는 운전방법 2가지는?

도로상황
- 어린이보호구역 교차로 직진하려는 상황
- 신호등 없는 횡단보도 및 교차로
- 실내후사경 속의 후행 차량 존재

① 앞쪽 자동차를 따라 서행으로 A횡단보도를 통과한다.
② 뒤쪽 자동차와 충돌을 피하기 위해 속도를 유지하고 앞쪽 차를 따라간다.
③ A횡단보도 정지선 앞에서 일시정지한 후 통행한다.
④ B횡단보도에 보행자가 없으므로 서행하며 통행한다.
⑤ B횡단보도 앞에서 일시정지한 후 통행한다.

해설 도로교통법 제27조 제7항. 모든 차 또는 노면전차의 운전자는 동법 제12조제1항에 따른 어린이 보호구역내에 설치된 횡단보도 중 신호기가 설치되지 아니한 횡단보도 앞(정지선이 설치된 경우에는 그 정지선을 말한다.)에서는 보행자의 횡단 여부와 관계없이 일시정지하여야 한다.

80. 다음 상황에서 급차로 변경을 할 경우 사고 발생 가능성이 가장 높은 2가지는?

도로상황
- 편도 2차로 도로
- 앞 차량이 급제동하는 상황
- 우측 방향 지시기를 켠 후방 오토바이
- 1차로 후방에 승용차

① 승합차 앞으로 무단 횡단하는 사람과의 충돌
② 반대편 차로 차량과의 충돌
③ 뒤따르는 이륜차와의 추돌
④ 반대 차로에서 차로 변경하는 차량과의 충돌
⑤ 1차로에서 과속으로 달려오는 차량과의 추돌

해설 전방 차량이 급제동을 하는 경우 이를 피하기 위해 급차로 변경하게 되면 뒤따르는 차량과의 추돌 사고, 급제동 차량 앞쪽의 무단 횡단하는 보행자와의 사고 등이 발생할 수 있으므로 전방 차량이 급제동하더라도 추돌 사고가 발생하지 않도록 안전거리를 확보하고 주행하는 것이 바람직하다.

81. 다음 장소에서 자전거 운전자가 안전하게 횡단하는 방법 2가지는?

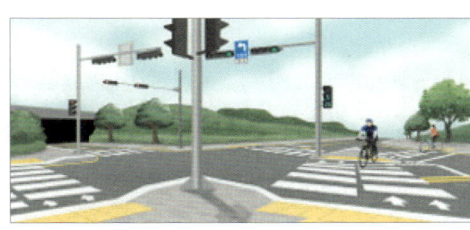

도로상황
- 자전거 운전자가 보도에서 대기하는 상황
- 자전거 운전자가 도로를 보고 있는 상황

① 자전거에 탄 상태로 횡단보도 녹색등화를 기다리다가 자전거를 운전하여 횡단한다.
② 다른 자전거 운전자가 횡단하고 있으므로 신속히 횡단한다.
③ 다른 자전거와 충돌가능성이 있으므로 자전거에서 내려 보도의 안전한 장소에서 기다린다.
④ 자전거 운전자가 어린이 또는 노인인 경우 보행자 신호등이 녹색일 때 운전하여 횡단한다.
⑤ 횡단보도 신호등이 녹색등화 일 때 자전거를 끌고 횡단한다.

해설 제13조의2(자전거등의 통행방법의 특례) 제6항. 자전거등의 운전자가 횡단보도를 이용하여 도로를 횡단할 때에는 자전거등에서 내려서 자전거등을 끌거나 들고 보행하여야 한다. 〈개정 2020. 6. 9.〉

정답 75. ①, ⑤ 76. ①, ③ 77. ②, ④ 78. ①, ⑤ 79. ③, ⑤ 80. ①, ⑤ 81. ③, ⑤

정답 82.②,⑤ 83.①,③ 84.②,③ 85.②,④

82 다음 상황에서 가장 안전한 운전방법 2가지는?

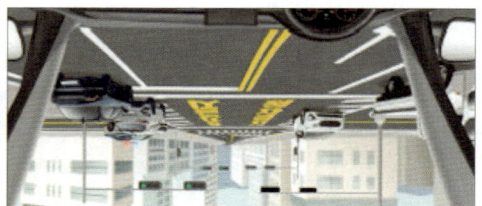

[도로상황]
- 자차가 우회전 하려는 차로에
- 정지한 차
- 차량 신호는 녹색(전방등)
- 전방속도 시속 40킬로미터

① 차로 변경 없이 그대로 진행하여 그대로 진행한다.
② 정지선 직전에 일시정지하여 전방 차량 흐름에 따라 안전하게 진행한다.
③ 차로를 변경하지 않고 그 차로의 정지선 앞쪽에 정차해 있는 차의 뒤에 정차한다.
④ 신호가 바뀔 때까지 대기하다 신호가 변경되는 시점에 통과한다.
⑤ 정지선 직전에 일시정지하여 안전을 확인한 후 진행한다.

해설

도로교통법 제31조(서행 또는 일시정지할 장소), 제27조(보행자의 보호) 등을 종합적으로 고려하여야 할 것이다. 그러므로 자차가 우회전하려는 차로 쪽에 안전하게 정차해야 한다. 다만 전방 자차가 있는 경우 그 자차가 대피할 수 있는 공간이 있어야 하며 전방의 신호에 따라 안전하게 진행할 수 있도록 주의하여 통행하여야 한다.

83 다음 상황에서 가장 안전한 운전방법은?

[도로상황]
- 편도 1차로
- 좌측보도 진입 차량
- 도로공사 중 표지판
- 적색 신호

① 정지선 직전에 일시정지하여 신호에 따라 도로를 통과한다.
② 우측으로 차로 변경하여 사고 없이 진행할 수 있도록 사용한다.
③ 우회하는 경우 정지선 직전에 일시정지하지 않고 그대로 사용한다.
④ 우측 자로로 진입 가능성 있는 차량에 주의하면서 자차를 통행한다.
⑤ 차선 우측으로 진입하여 방향 수소하기 위해 좌측으로 주행한다.

해설

도로교통법 제5조(신호 또는 지시에 따를 의무), 제25조(교차로 통행방법) 및 기타 규정에 따라 일시정지한 후 신호에 따라 도로를 통과해야 한다. 그러므로 일시정지하여 안전에 유의하면서 진행하여야 한다.

84 다음 상황에서 가장 바람직한 운전방법 2가지는?

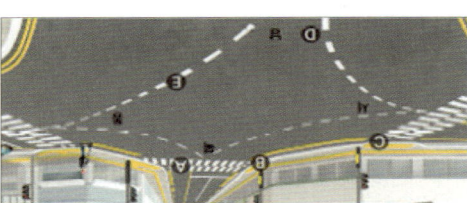

[도로상황]
- 편도 3차로 도로
- 횡단보도 신호등(적색등), 보행자 신호
- 사이클 차량

① 차의 운전자가 녹색신호에 그대로 그대로 진행한다.
② 보행자가 있는 경우 정지선 앞에 일시정지하여야 한다.
③ 2차로에서 1차로로 진로를 변경하여 주의하면서 진행할 수 있다.
④ 보행자 차로 여부를 확인하고 그대로 진행한다.
⑤ 보행자의 안전을 위해 정지선에 일시정지한다.

해설

도로교통법 제27조(보행자의 보호) 제6항. 모든 차의 운전자는 다음 각 호의 어느 하나에 해당하는 곳에서 보행자의 옆을 지나는 경우에는 안전한 거리를 두고 서행하여야 하며, 보행자의 통행에 방해가 될 때에는 일시정지하여 보행자가 안전하게 통행할 수 있도록 하여야 한다. (개정 2018. 3. 27.)

85 다음 상황에서 교차로가 혼잡하여도 안전하게 진행할 수 있는 방법은 무엇인가?

[도로상황]
- 교차로의 가장자리 차로 : 직진 및 좌회전
- 황색 신호
- 적색 등 황색 등

① A차량이 정지선에 일시정지한 후 신호가 녹색일 때 진행한다.
② 생방향의 신호가 녹색으로 변경될 때까지 기다려야 한다.
③ 정지선에 일시정지하여 반대방향의 녹색신호를 따라 진행한다.
④ 정지선에 일시정지하여 후 신호에 따라 녹색등화를 기다린다.
⑤ 신호등이 없는 상황에서 정지선 후 신호에 따라 주행한다.

해설

도로교통법 제25조 제5항 및 도로교통법 시행규칙 제6조(신호 또는 지시에 따를 의무), 제25조 "교통법" 행정법 제5항 17-0078, (아래의 교차로 내가 이미 정차되어 있는 경우 그 교차로에서 사용하는 녹색 신호등이 이미 점등되어 있는 경우) 진입 금지

※ 일시정지 : 차의 운전자가 그 차의 바퀴를 일시적으로 완전히 정지시키는 것을 말한다. 도로교통법 "용어" 제2조 제30호

그러므로, 정지선이 교차로 내의 이내와 더 편입되어야 하는 경우에는 일시 정지하기 위해 가장자리 차로의 정지선에 일시정지하여야 한다. "혼잡"을 이유로 하는 것이다.

Chapter 06 동영상형 문제 – 4지 1답형, 4지 2답형

01 다음 영상을 보고 확인되는 가장 위험한 상황은?

① 우측 정차 중인 대형차량이 출발하려고 하는 상황
② 반대방향 노란색 승용차가 신호위반을 하는 상황
③ 우측도로에서 우회전하는 검은색 승용차가 1차로에 진입하는 상황
④ 빗길 주행 중 수막현상(Hydroplaning)이 발생하는 상황

해설
우회전하려는 자동차가 직진하는 차의 속도를 느림으로 추정하는 경우 주차된 차들을 피해서 1차로로 한 번에 진입하는 사례가 많다. 따라서 우회전하는 자동차가 있는 경우 직진이 우선이라는 절대적 판단을 삼가고 우회전 자동차 운전자가 무리하게 진입하는 경우를 예측하며 운전할 필요성이 있다.

02 다음 영상을 보고 확인되는 가장 위험한 상황은?

① 앞쪽에서 선행하는 회색 승용차가 급정지하는 상황
② 반대방향 노란색 승용차가 중앙선 침범하여 유턴하려는 상황
③ 좌회전 대기 중인 버스가 직진하기 위해 갑자기 출발하는 상황
④ 오른쪽 차로에서 흰색 승용차가 내 차 앞으로 진입하는 상황

해설
교차로에 진입하여 통행하는 차마의 운전자는 진입한 위치를 기준으로 진출하기 위한 진행경로를 따라 안전하게 교차로를 통과해야 한다. 그러나 문제의 영상처럼 교차로의 유도선이 없는 경우 또는 유도선이 있는 경우라 하더라도 예상되는 경로를 벗어나는 경우가 빈번하다. 따라서 교차로를 통과하는 경우 앞쪽 자동차는 물론 옆쪽 자동차의 진행경로에 주의하며 운전할 필요성이 있다.

03 다음 영상을 보고 확인되는 가장 위험한 상황은?

① 반대방향 1차로를 통행하는 자동차가 중앙선을 침범하는 상황
② 우측의 보행자가 갑자기 차도로 진입하려는 상황
③ 반대방향 자동차가 전조등을 켜서 경고하는 상황
④ 교차로 우측도로의 자동차가 신호위반을 하면서 교차로에 진입하는 상황

해설
교차로 좌우측의 교통상황이 건조물 등에 의해 확인이 불가한 상황이다. 이 경우 좌우측의 자동차들은 황색등화나 적색등화가 확인되어도 정지하지 못하고 신호 및 지시위반으로 연결되어 교통사고를 일으킬 가능성이 농후하다. 따라서 진행방향 신호가 녹색등화 할지라도 교차로 접근 시에는 감속하는 운전태도가 필요하다.

04 다음 중 어린이보호구역에서 횡단하는 어린이를 보호하기 위해 도로교통법규를 준수하는 차는??

① 붉은색 승용차　　② 흰색 화물차
③ 청색 화물차　　　④ 주황색 택시

해설
도로교통법 제27조(보행자보호), 도로교통법 제49조(모든 운전자의 준수사항 등)
어린이보호구역에서는 어린이가 언제 어느 순간에 나타날지 몰라 속도를 줄이고 서행하여야 한다. 갑자기 나타난 어린이로 인해 앞차 급제동하면 뒤따르는 차가 추돌할 수 있기 때문에 안전거리를 확보하여야 한다. 어린이 옆을 통과할 때에는 충분한 간격을 유지하면서 반드시 서행하여야 한다.

05 다음 영상을 보고 확인되는 가장 위험한 상황은?

① 교차로에 대기 중이던 1차로의 승용자동차가 좌회전하는 상황
② 2차로로 진로변경 하는 중 2차로로 주행하는 자동차와 부딪치게 될 상황
③ 입간판 뒤에서 보행자가 무단횡단하기 위해 갑자기 도로로 나오는 상황
④ 횡단보도에 대기 중이던 보행자가 신호등 없는 횡단보도 진입하려는 상황

해설
입간판이나 표지판 뒤에 있는 보행자는 장애물에 의한 사각지대에 있으므로 운전자가 확인하기 어렵다. 이 때 보행자는 멀리에서 오는 자동차의 존재에 관심이 없거나 또는 그 자동차를 발견했을지라도 상당히 먼 거리이므로 횡단을 할 수 있다고 오판하여 무단횡단을 할 가능성이 있다. 또한 횡단보도의 앞뒤에서 무단횡단이 많다는 점도 방어운전을 위해 기억해야 하겠다.

06 다음 영상을 보고 확인되는 가장 위험한 상황은?

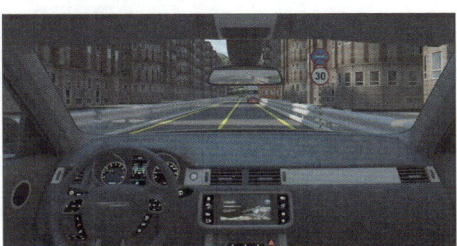

① 주차금지 장소에 주차된 차가 1차로에서 통행하는 상황
② 역방향으로 주차한 차의 문이 열리는 상황
③ 진행방향에서 역방향으로 통행하는 자전거를 충돌하는 상황
④ 횡단 중인 보행자가 넘어지는 상황

해설
편도1차로의 도로에 불법으로 주차된 차량들로 인해 중앙선을 넘어 주행할 수밖에 없다. 이 경우 운전자는 진행방향이나 반대방향에서 주행하는 차마에 주의하면서 운전하여야 한다. 특히 어린이보호구역에서는 도로교통법을 위반하는 어린이 및 청소년이 운전하는 자전거 등에 유의할 필요성이 있다.

정답　01. ③　02. ④　03. ④　04. ③　05. ③　06. ③

정답 07. ④ 08. ④ 09. ④ 10. ① 11. ① 12. ③

07 다음 중 고가도로에서 정난차의 곡회를 이유로 도로교통법령상 긴급 자동차를 따라서 통행하여야 하는 차는?

① 경찰용 SUV차
② 도로순찰 택시
③ 우편집배 차
④ 긴급한 승용차

해설 도로교통법 제2조, 도로교통법 시행령 제2조 (긴급자동차 범위)
응급환자를 수송 중인 자동차는 긴급자동차에 해당된다. 응 급환자 수송차량에 대한 양보 및 일시정지의 의무가 있어 다른 자동차는 긴급자동차의 긴급활동을 방해하지 않도록 주의하여야 한다.

08 교차로에서 직진하려고 한다. 이 때 가장 주의해야 할 차는?

① 반대방향에서 우회전하려는 차
② 내차 앞에서 우회전하려는 차
③ 좌측도로에서 우회전하는 차
④ 우측도로에서 우회전하려는 차

해설 도로교통법 제25조 (교차로 통행방법). 도로교통법 시행규칙 별표2 (신호기가 표시하는 신호의 종류 및 신호의 뜻)
• 교차로에서는 다른 차량의 진로를 방해하고, 신호기, 자전거, 보행자 등의 주의해야 한다.
• 특히, 자전거는 우회전하는 차와 같이 진행할 수 있기 때문에 교차로에서 우회전하는 경우에는 반드시 대비하여야 한다.

09 다음 영상에서 긴급자동차가 해야 할 행동으로 옳은 것은?

① 긴급차 뒤에 서행으로 통행한다.
② 긴급차 긴급자동차 이동행동을 즉시 시도한다.
③ 응급 긴급차에 안전한 공간이 있는 경우 앞지르기 한다.
④ 긴급차 긴급한 상황이 없어 앞지르기 안 한다.

해설 영상에서 사용차로 통행하는 경우 가장 자연스러운 상황으로 영상의 긴급차와 같은 정차된 자동차를 우회통행한다. 속도를 줄이고 사용의 근접 도로교통과 같은 자동차 속도보다 긴급차 긴급자동차의 공간이 없으면 정차하며, 긴급차 시야를 확보해야 한다.

10 다음 영상에서 나타나는 가장 위험한 상황은?

① 안전지대에 정차한 자동차의 도로진입 상황
② 내 차 뒤쪽에 앞지르기 시도하는 자동차의 통행 상황
③ 안전지대 좌측 방향지시등 점등으로 인해 끼어드는
④ 진로변경 금지 안전지대에서 진로변경으로 가는 상황

해설 도로에서 안전지대에 정차한 자동차들이 들어와 거기서 그 서행하는 상황을 주의해야 하는 경우 사진과 같이 안전지대 도로는 인터체인지(IC;INTERCHANGE) 또는 나들목(JCT;JUNCTION)이 나 분기점에는 많이 있고. 그러나 돌발 상황 운전자는 이에 인지하지 못해 사고발생 결정이 결합되어 과속 및 짧은 공간에서 진로변경을 하는 자동차들이 의도하지 않은 행동을 하는 경우가 많다. 이 진행방향 추적해야 하는 자동차는 그 차가 나타내는 신호와 움직임을 예의주시하며 대응해야 한다.

11 다음 영상에서 가장 위험한 상황으로 맞는 것은?

① 도로 가장자리에서 우회전하려는 이륜차와 충돌 가능성
② 오토바이 등 이륜차의 운전자의 시야 가능성
③ 반대방향에서 앞지르기 시도 중 자동차와 충돌 가능성
④ 정방향에서 정차하려는 시내버스와 충돌 가능성

해설 영상 속 이륜차 운전자는 우회전하려는 차량의 대기 등 유도 운전 중이고 있는 것이나 단지 다른 자동차의 위험성이 방어되 어 늘어나. 이 때 정로변경으로 진행하고 있던 자동차가 진로변경 을 시도할 경우 이륜차와 충돌할 가능성이 크다. 이륜차의 진행 이 분명히 중요한 사고를 내는 것이다.

12 다음 영상에서 나타나는 상황 중 가장 위험한 경우는?

① 우회전 때 동시 진입하여 좌측에서 오는 차와 충돌 가능성
② 교차로 내 정지한 앞공간차의 진행으로 인한 충돌 가능성
③ 정방향으로 좌측 도로의 대기 차량이 갑자기 진입 가능성
④ 교로 오른쪽의 정차자의 움직임에 갑자기 돌진 가능성

해설 녹색 신호에 교차로에 접근할 때 속도를 줄이며 대기하던 차량의 움직임에 특히 주의해야 한다. 그리고 우회전할 때에는 사각에 들어오는 이륜차에 각별한 주의를 기울여야 한다.

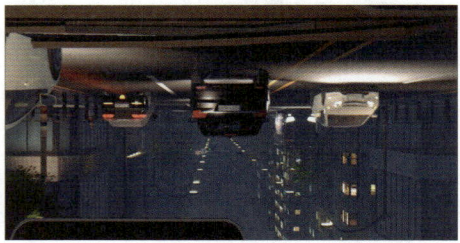

13 다음 영상에서 예측되는 가장 위험한 상황은?

① 1차로에서 주행하는 검은색 승용차가 차로변경을 할 수 있다.
② 승객을 하차시킨 버스가 후진 할 수 있다.
③ 1차로의 승합자동차가 앞지르기 할 수 있다.
④ 이면도로에서 우회전하는 승용차와 충돌 할 수 있다.

> **해설** 이면도로 등 우측 도로에서 진입하는 차량들과 충돌 할 수 있기 때문에 교통사고에 유의하며 운행하여야 한다.

14 다음 영상에서 운전자가 운전 중 예측되는 위험한 상황으로 발생 가능성이 가장 낮은 것은?

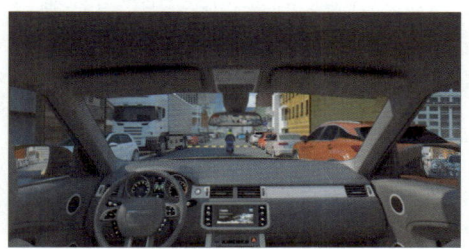

① 골목길 주정차 차량 사이에 어린이가 뛰어 나올 수 있다.
② 파란색 승용차의 운전자가 차문을 열고 나올 수 있다.
③ 마주 오는 개인형 이동장치 운전자가 일시정지 할 수 있다.
④ 전방의 이륜차 운전자가 마주하는 승용차 운전자에게 양보하던 중에 넘어질 수 있다.

> **해설** 항상 보이지 않는 곳에 위험이 있을 것이라는 대비하는 운전자세가 필요하다. 단순히 위험의 실마리라는 생각이 아니라 최악의 상황을 대비하는 자세이다. 운전자는 충분히 예측할 수 있는 위험이 나타났을 때에는 쉽게 대비할 수 있으나 학습이나 경험하지 않은 위험에 대하여 소홀히 하는 경향이 있다. 특히 주택지역 교통사고는 위험을 등한히 할 때 발생된다.

15 ├ 자형 교차로로 접근 중이다. 이 때 예측할 수 있는 위험요소가 아닌 것은?

① 좌회전하는 차가 직진하는 차의 발견이 늦어 충돌할 수 있다.
② 좌회전하려고 나오는 차를 발견하고, 급제동할 수 있다.
③ 직진하는 차가 좌회전하려는 차의 발견이 늦어 충돌할 수 있다.
④ 좌회전하기 위해 진입하는 차를 보고 일시정지할 수 있다.

> **해설** 도로교통법 제19조(안전거리 확보 등), 도로교통법 제20조(진로양보의무)
> • 전방주시를 잘하고 합류지점에서는 속도를 줄이고, 충분한 안전거리를 확보하면서 주행하되, 합류지점에서 진입하는 차의 발견이 늦어 급제동이나 이를 피하기 위한 급차로변경을 할 경우 뒤따른 차와의 추돌 등의 위험이 있다.

16 다음 영상에서 예측되는 가장 위험한 상황으로 맞는 것은?

① 전방의 화물차량이 속도를 높일 수 있다.
② 1차로와 3차로에서 주행하던 차량이 화물차량 앞으로 동시에 급차로 변경하여 화물차량이 급제동 할 수 있다.
③ 4차로 차량이 진출램프에 진출하고자 5차로로 차로 변경할 수 있다.
④ 3차로로 주행하던 승용차가 4차로로 차로 변경할 수 있다.

> **해설** 위험예측은 위험에 대한 인식을 갖고 사고예방에 관심을 갖다보면 도로에 어떤 위험이 있는지 관찰하게 된다. 위험에 대한 지식은 관찰을 통해 도로에 일반적이지 않은 교통행동을 알고 대비하는 능력을 갖추어야 하는데 대부분 경험을 통해서 위험을 배우는 것이 전부이다. 경험을 통해서 위험을 인식하는 것은 위험에 대한 한정된 지식만을 얻게 되어 위험에 노출될 가능성이 높다.

17 다음 중 고속도로에서 도로교통법규를 준수하면서 앞지르기하는 차는?

① 검정색 차
② 노란색 승용차
③ 빨간색 승용차
④ 주황색 택시

> **해설** 도로교통법 제19조(안전거리 확보 등), 도로교통법 제20조(진로양보의무), 도로교통법 제21조(앞지르기 방법 등) 도로교통법 제22조(앞지르기 금지의 시기 및 장소)
> • 앞차의 좌측에 다른 차가 앞차와 나란히 가고 있는 경우, 앞차가 다른 차를 앞지르고 있거나 앞지르려고 하는 경우, 위험방지를 위해 정지 또는 서행하는 경우 등은 앞지르기를 금지하고 있다.
> • 특히, 앞지르기를 할 때 반드시 좌측으로 통행하여야 하며, 반대방향의 교통과 앞차 앞쪽의 교통에도 주의를 충분히 기울여야 하며, 앞차의 속도, 진로와 그 밖의 도로 상황에 따라 방향지시기, 등화 또는 경음기를 사용하는 등 안전한 속도와 방법으로 앞지르기 하여야 한다.

18 다음 영상에서 운전자가 해야할 조치로 맞는 것은?

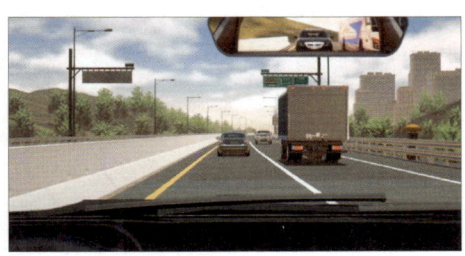

① 앞쪽 자동차 운전자에게 상향등을 작동하여 대응한다.
② 비상점멸등을 작동하며 갓길에 정차한 후 시시비비를 다툰다.
③ 경음기와 방향지시기를 작동하여 앞지르기 한 후 급제동한다.
④ 고속도로 밖으로 진출하여 안전한 장소에 도착한 후 경찰관서에 신고한다.

> **해설** 불특정 운전자가 지그재그 운전을 하거나, 내가 통행하는 차로에서 고의로 제동을 하면서 진로를 막는 행위를 하는 경우 그 운전자에게 직접 대응하지 않고 도로의 진출로로 회피 및 우회하거나, 휴게소 등으로 진입하여 자동차 문을 잠그고 즉시 신고하여 대응하는 것이 바람직하다.

정답 13. ④ 14. ③ 15. ④ 16. ② 17. ① 18. ④

19 다음 중 블랙아이스가 발생할 수 있는 환경에서 가장 적절한 운전행동으로 옳은 것은?

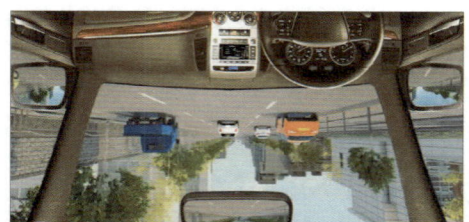

① 속도를 높여 통과한다.
② 경사진 도로에서는 고단기어로 주행한다.
③ 급제동을 피하고 저단기어로 주행한다.
④ 햇볕이 잘 드는 도로에서 가장 속도를 높인다.

예시
• 블랙아이스 현상이 자주 발생할 수 있는 지역에서 운전 시에는 가급적이면 속도를 줄이고 앞차와의 안전거리를 유지하며, 저단기어를 사용하여 엔진브레이크를 적절히 사용해야 한다.
• 블랙아이스가 발생할 때 급제동이나 급핸들 조작은 매우 위험하므로 이를 피하고, 가급적이면 브레이크 페달을 여러 번 나누어 밟는다. 이 때 엔진 브레이크를 사용하면 더욱 효과적이다.
• 도로교통법 제25조(교차로 통행방법), 도로교통법 시행규칙 별표2(신호기가 표시하는 신호의 종류 및 신호의 뜻)

20 신호등이 없는 회전교차로에 진입하려고 한다. 통행방법으로 가장 안전한 것은?

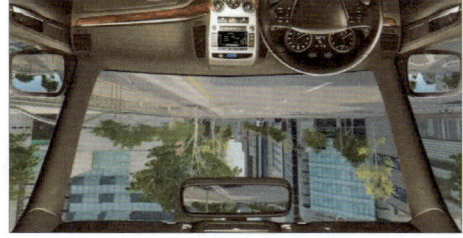

① 회전교차로 내에 여유 공간이 있을 때까지 양보선에서 대기한다.
② 회전교차로 진입은 속도를 줄이지 않고 진입한다.
③ 진입차량이 우선이므로 신속히 진입한다.
④ 회전교차로에 진입할 때는 경음기를 울리며 진입한다.

예시
• 회전교차로에서는 회전이 진입보다 우선이므로 항상 양보하는 운전자세가 필요하며 회전 시 주변차량과 안전거리 유지와 서행하는 것이 중요하다.

21 좌로 굽은 도로를 주행 중이다. 이 때 안전운전으로 가장 적절한 대응은?

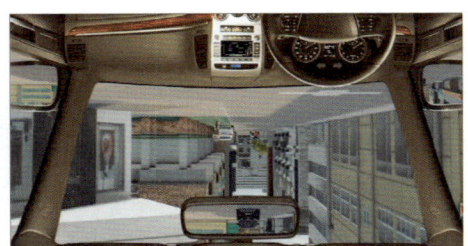

① 원심력으로 차량이 도로 밖으로 나갈 수 있기 때문에 속도를 줄인다.
② 원심력을 극복하기 위해 속도를 높인다.
③ 원심력과 무관하게 기존 속도를 유지한다.
④ 원심력은 저속에서 발생하므로 속도를 높인다.

예시
• 도로교통법 제31조(서행 또는 일시정지할 장소), 도로교통법 제27조(보행자의 보호)
• 커브길에서는 원심력이 작용하기 때문에 속도를 줄이고 안전하게 진입하여야 한다. 또한 마주 오는 이륜차나 자전거 등이 있을 수 있으므로 항상 예측하여야 한다.

22 다음 영상에서 가장 올바른 운전행동으로 옳은 것은?

① 1차로의 주행 중인 승용차가 진로변경할 수 있다.
② 2차로의 주행 중인 승용차가 진로변경할 수 있다.
③ 3차로의 주행 중인 승합차가 속도를 낮추어 2차로로 진로변경 할 수 있다.
④ 3차로의 승합차가 속도를 높여 교차로를 빨리 진행하려 할 수 있다.

예시
교차로에 진입하는 차량은 속도를 줄이고 교차로의 교통상황에 대비하여야 한다. 그 이유는 앞서가는 차량이 정지할 경우 이를 피하기 위해 진로변경하는 등의 행동을 할 수 있기 때문에 교차로에 진입할 때는 주의하여야 사고를 예방할 수 있다.

23 교차로에 접근 중이다. 이 때 가장 주의해야 할 자는?

① 좌로 굽은 도로에서 이탈할 경우 정지한 차
② 반대방향에서 좌회전하려는 택시
③ 좌회전하고 있는 정면의 승용차
④ 정지하고 있는 반대방향의 승용차

예시
• 도로교통법 제5조(신호 또는 지시에 따를 의무), 도로교통법 제27조(보행자의 보호)
• 교차로에 접근할 때 반대방향 좌회전 차량에 주의해야 하며, 특히 해당 차량의 진로를 예측하기 어려우므로 주의하여야 한다.

24 회전교차로에서 회전할 때 우선권이 있는 차는?

① 회전하고 있는 빨간색 승용차
② 진입하려는 흰색 화물차
③ 진입하려는 트럭
④ 동시에 진입하는 모든 자동차

예시
• 회전교차로는 신호교차로에 비해 자동차가 서행으로 교차로에 진입하고, 진입한 자동차는 회전차로를 따라 일방통행으로 운행하는 교차로이다.

정답
19. ② 20. ① 21. ④ 22. ③ 23. ③ 24. ①

25. 영상과 같은 하이패스차로 통행에 대한 설명이다. 잘못된 것은?

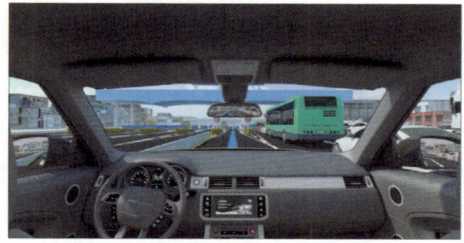

① 단차로 하이패스이므로 시속 30킬로미터 이하로 서행하면서 통과하여야 한다.
② 통행료를 납부하지 아니하고 유료도로를 통행한 경우에는 통행료의 5배에 해당하는 부가통행료를 부과할 수 있다.
③ 하이패스카드 잔액이 부족한 경우에는 한국도로공사의 홈페이지에서 납부할 수 있다.
④ 하이패스차로를 이용하는 군작전용차량은 통행료의 100%를 감면받는다.

해설 단차로 하이패스는 통과속도를 시속 30킬로미터 이하로 제한하고 있으며, 다차로 하이패스는 시속80킬로미터 이하로 제한하고 있다. 또한 통행료를 납부하지 아니하고 유료도로를 통행한 경우에는 통행료의 10배에 해당하는 부가통행료를 부과, 수납할 수 있다.(유료도로법 시행령 제14조제5호)

26. 다음 중 이면도로에서 위험을 예측할 때 가장 주의하여야 하는 것은?

① 정체 중인 차 사이에서 뛰어나올 수 있는 어린이
② 실내 후사경 속 청색 화물차의 좌회전
③ 오른쪽 자전거 운전자의 우회전
④ 전방 승용차의 급제동

해설 도로교통법 제27조(보행자보호), 도로교통법 제49조(모든 운전자의 준수사항 등)
이면도로를 지나갈 때는 차와 차 사이에서 갑자기 나올 수 있는 보행자에 주의하여야 한다. 이면도로는 중앙선이 없는 경우가 대부분으로 언제든지 좌측 방향지시등 켜지 않고 갑자기 차로를 변경하여 진입하는 차에 주의하여야 한다. 우회전이나 좌회전할 때 차체 필러의 사각지대 등으로 주변 차량이나 보행자를 잘 볼 수 없는 등 위험 요소에 주의하여야 한다.

27. 다음 중 교차로에서 우회전할 때 횡단하는 보행자 보호를 위해 도로교통법규를 준수하는 차는?

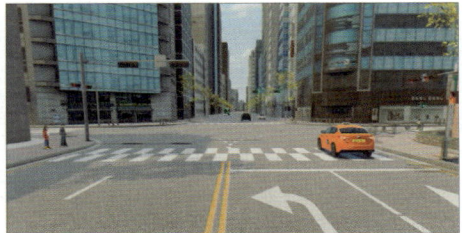

① 주황색 택시 ② 청색 화물차
③ 갈색 SUV차 ④ 노란색 승용차

해설 도로교통법 제27조(보행자의 보호) 제2항, 도로교통법시행규칙 별표2(신호기가 표시하는 신호의 종류 및 신호의 뜻) 보행 녹색신호를 지키지 않거나 신호를 예측하여 미리 출발하는 보행자에 주의하여야 한다. 보행 녹색신호가 점멸할 때 갑자기 뛰기 시작하여 횡단하는 보행자에 주의하여야 한다. 우회전할 때에는 횡단보도에 내려서서 대기하는 보행자가 말려드는 현상에 주의하여야 한다. 우회전할 때 반대편에서 직진하는 차량에 주의하여야 한다.

28. 다음 영상에서 우회전하고자 경운기를 앞지르기 하는 상황에서 예측되는 가장 위험한 상황은?

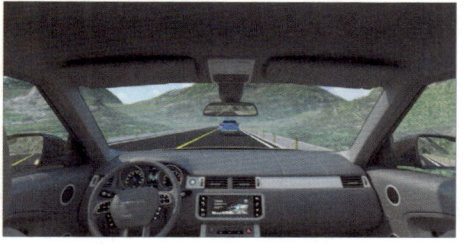

① 우측도로의 화물차가 교차로를 통과하기 위하여 속도를 낮출 수 있다.
② 좌측도로의 빨간색 승용차가 우회전을 하기 위하여 속도를 낮출 수 있다.
③ 경운기가 우회전 하는 도중 우측도로의 하얀색 승용차가 화물차를 교차로에서 앞지르기 할 수 있다.
④ 경운기가 우회전하기 위하여 정지선에 일시정지 할 수 있다.

해설 도로교통법 제19조(안전거리 확보 등), 도로교통법 제20조(진로양보의무)
• 진입로 부근에서는 진입해 오는 자동차를 일찍 발견하여 그 자동차와의 거리 및 속도 차이를 감안해 자기 차가 먼저 갈지, 자신의 앞에 진입시킬 지를 판단하여야 한다.
• 이 경우 우측에서 진입하려는 차가 있는데 뒤차가 이미 앞지르기 차로로 진로를 변경하려고 있어, 좌측으로 진로를 변경하는 것은 위험하다. 가속차로의 차가 진입하기 쉽도록 속도를 일정하게 유지하여 주행하도록 한다.

29. 고속도로에서 진출하려고 한다. 올바른 방법으로 가장 적절한 것은?

① 신속한 진출을 위해서 지체없이 연속으로 차로를 횡단한다.
② 급감속으로 신속히 차로를 변경한다.
③ 감속차로에서부터 속도계를 보면서 속도를 줄인다.
④ 감속차로 전방에 차가 없으면 속도를 높여 신속히 진출로를 통과한다.

해설 고속도로 주행은 빠른 속도로 인해 긴장된 운행을 할 수 밖에 없다. 따라서 본선차로에서 진출로로 빠져나올 때 뒤따르는 차가 있으므로 급히 감속하게 되면 뒤차와의 추돌이 우려도 있어 주의하여야 한다. 본선차로에서 나와 감속차로에 들어가면 감각에 의존하지 말고 속도계를 보면서 속도를 확실히 줄여야 한다.

30. 한적한 도로 전방에 경운기가 있다. 이 때 위험요소가 아닌 것은?

① 갑자기 경운기가 진행방향을 바꿀 수 있다.
② 경운기에 실은 짚단이 떨어질 수 있어 급제동할 수 있다.
③ 다른 차량보다 속도가 느리기 때문에 앞지르기 할 수 있다.
④ 앞차가 속도를 높이면서 도로 중앙으로 이동할 수 있다.

해설 도로교통법 제19조(안전거리 확보 등), 도로교통법 제20조(진로양보의무)
• 경운기는 레버로 방향을 전환하고, 방향지시등과 후사경 등이 안전장치가 없어 경운기의 움직임을 정확하게 파악할 수 없기 때문에 경운기를 뒤따라가는 경우, 충분한 공간과 안전거리를 유지하면서 움직임에 대비하여야 한다.

정답 25. ② 26. ① 27. ② 28. ③ 29. ③ 30. ③

31 야간에 도로 상에서 주정차 시 가장 안전한 장소는?

① 골목길에 주차한다.
② 차 사이 한적한 곳에 주정차한다.
③ 속도를 푹 줄여 고지대에 주차한다.
④ 가로등 불빛 아래 시가지 중 감시 등이 있는 곳에 주정차한다.

도로교통법 제17조(자동차등의 속도), 도로교통법 제20조(진로양보의 의무), 도로교통법 제31조(서행 또는 일시정지의 장소)
• 야간 주정차 시에도 안전한 장소에서 주정차하여야 안전하며, 감시카메라 등이 있는 장소에서 주정차하면 진로방해 등 피하지 않 고 차량 적응하는 사고 등이 발생될 수 있다.

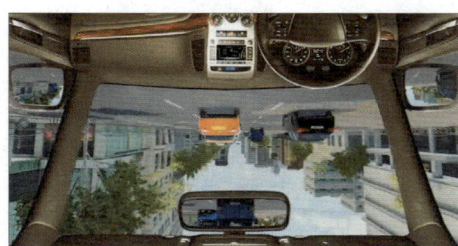

32 야간에 가로 중앙선이 없는 도로에서 마주 오고 있다. 어떻게 해야 하는가?

① 도로의 우측가장자리를 본다.
② 불빛을 이용하여 속도를 가늠한다.
③ 불빛을 이용하여 속도를 조절한다.
④ 도로의 좌측가장자리를 본다.

도로교통법 제19조(안전거리 확보 등), 도로교통법 제20조(진로양보의 의무), 도로교통법 제31조(서행 또는 일시정지의 장소)
• 야간 같은 도로와 대하고 교차자동차 등이 보이는 경우에는 상향등을 하향등으로 변환하여 다른 차 마주오는 자동차 등의 운전자 의 눈부심을 줄이고, 다른 교차점에 장치에 장애물이 나타나는 경우에는 속도를 줄일 준비가 되어야 한다.

33 다음 중 직선도로로 주정차하는 운전자를 추월하기 위해 도로교통을 남겨 주수하는 차는?

① 합계 승용차
② 청색 화물차
③ 흰색 승용차
④ 검정 승용차

도로교통법 제27조(청색차의 보호)
차도에 접해 있는 청색도로에는 차량도 주정차와 보행자간 사이의 거리를 가까이 하여 오는 직장자에 마 주 잠자로 수 있도록 하기 때문에, 청색도로와 때문으로 자전거가 있으나 청색도로를 통해 자전거가 이나 자전거가 진출할 수 있기 때문에, 청색도로 끝 마주 보행자와 자전거가 지정되지 않게 주정차하 도로 교차로에 주의하여야 한다.

34 다음 중 비좌측차로의 교차로에서 도로교통법상 수정하기 가장 안전한 차는?

① 녹색신호에 녹색 신호가 들어 마는 차
② 녹색신호에 녹색 신호가 들어 중인 차
③ 녹색신호에 비보호좌회전 할 수 있는 차
④ 녹색신호가 꺼진 후에 움직이는 차

도로교통법 제25조(교차로 통행방법), 도로교통법시행규칙 별표2 (신호기가 표시하는 신호의 종류 및 신호의 뜻)
• 교차로에 있는 비보호좌회전 교차로
- 다른 교통에 방해되지 않게 녹색신호에서 좌회전 가능하고
- 녹색신호에서 좌회전한다
- 비보호좌회전표시 한다
- 다른 교통에 방해되면 신호위반 적용한다

35 녹색신호의 교차로 앞에 있다. 도로교통법령상 수정하는 차는?

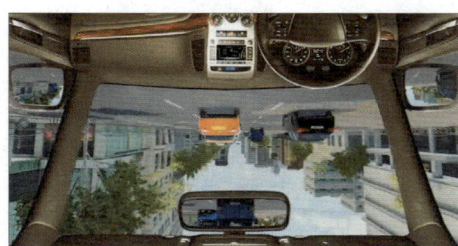

① 교차로에 진입하는 검정색 화물차
② 교차로에 이미 진입한 검정색 승용차
③ 정지선 정지하고 있는 적색 승용차
④ 녹색 횡단보도를 건너가기 직전 등은 차

도로교통법 제25조(교차로 통행방법), 도로교통법시행규칙 별표2 (신호기가 표시하는 신호의 종류 및 신호의 뜻)
• 교차로에 진입한 자동차가 교차로를 통과하여 진입할 수 없는 상태가 된 경우, 즉 네거리 사거리 등 지나기 전에 다다르려고 진입한 경우에는 신호가 바뀌더라도 다른 차 진입하지 못하도록 예의를 주며 진행할 수 있 음.

정답
31. ③ 32. ① 33. ① 34. ① 35. ②